大型水电工程建设总承包

论 文 集

中国水力发电工程学会　组编

中国电力出版社
CHINA ELECTRIC POWER PRESS

图书在版编目(CIP)数据

大型水电工程建设总承包论文集/中国水力发电工程学会组编. —北京：中国电力出版社，2018.11
ISBN　978-7-5198-2665-9

Ⅰ.①大…　Ⅱ.①中…　Ⅲ.①水利水电工程-承包工程-文集　Ⅳ.①TV-53

中国版本图书馆 CIP 数据核字(2018)第 273098 号

出版发行：中国电力出版社
地　　　址：北京市东城区北京站西街 19 号（邮政编码 100005）
网　　　址：http://www.cepp.sgcc.com.cn
责任编辑：孙建英（010-63412369）
责任校对：王小鹏
装帧设计：王红柳
责任印制：吴　迪

印　　　刷：三河市百盛印装有限公司
版　　　次：2018 年 12 月第一版
印　　　次：2018 年 12 月北京第一次印刷
开　　　本：787 毫米×1092 毫米　16 开本
印　　　张：24.75
字　　　数：634 千字
印　　　数：0001—1300 册
定　　　价：**190.00 元**

大型水电工程建设总承包 论文集

编委会名单

编审委员会

序

改革开放四十年来，我国水电事业取得了举世瞩目的成就，水电总装机、年发电量从改革开放初期的 1727 万 kW、446 亿 kWh 分别增长至 2017 年底的 3.41 亿 kW、1.19 万亿 kWh，形成了包括规划设计、建设施工、装备制造、运行管理、输变电等在内的全产业链整合能力，中国已经成为名副其实的世界水电大国和水电技术强国。中国与全球 100 多个国家建立了水电规划、建设和投资等的长期合作关系，当前国际在建水电工程约 70% 由中国企业承建，随着"一带一路"建设不断推向深入，这一比例仍将继续扩大。

中国水电建设管理模式的改革探索起始于 20 世纪 80 年代初吉林第二松花江红石水电站的概算总承包，之后的云南鲁布革水电站率先引入世界银行贷款，首次建立了"业主责任制、建设监理制和招标承包制"的水电建设管理制度，大型水电项目的市场化改革逐步在全国铺开。2015 年雅砻江流域杨房沟水电站全面推行工程建设总承包，开创了国内百万千瓦级大型水电工程实施总承包的先河，是我国大型水电工程建设管理模式的大胆创新和勇敢尝试。同时，在国家"走出去"战略指导下，中国大型水电建设企业依托多年实践积累的雄厚技术实力、丰富管理经验及投融资等优势，在国际市场竞争舞台上迅速崛起，除传统的施工总承包项目外，还积极探索和应用国际市场高端差异化的如 EPC、BOT、BOOT、TURN-KEY 等承包模式，打破了西方国家大型承包企业国际水电市场的垄断局面，实现了中国水电"走出去"的跨跃式发展，打造了"中国水电"这一亮丽国际名片。

2016 年国家发布《关于进一步推进工程总承包发展的若干意见》，要求深化建设项目组织实施方式改革，推广工程总承包制，标志着我国工程建设管理模式进入改革发展新阶段，必将对降低工程投资风险、促进工程建设提质增效、推动行业转型升级、提升企业国际竞争力等方面产生积极指导意义。水电工程总承包模式虽然在国际工程建设实践中较为成熟，但是在我国起步相对较晚，规范化进程稍显滞后，很多方面还需要我们不断探索和推进完善。

今年恰逢纪念国家改革开放四十年，中国水力发电工程学会组织全国水电系统的专家，总结梳理近年来中国企业参与的海内外大型水电工程建设总承包的技术管理创新成果和宝贵经验，并对未来水电工程建设总承包模式在体制机制改革创新、法律法规和规程规范配套完善、管理方法手段创新、各方资源整合和综合型技术管理人才培养等方面进行较为深入的思考，形成了系列文章，希望引起水电战线各位专家同仁以及国家行业管理部门的思考和共鸣，合力推进水电工程建设总承包模式的不断成熟规范和推广应用，共促我国水电事业健康可持续发展。

张野

2018 年 12 月

前　言

　　1978 年党的十一届三中全会开启了我国经济体制改革与对外开放的新征程，我国水电建设随之开展了建设管理体制的配套改革。20 世纪 80 年代初，在水电部水电总局的主导下，率先在吉林第二松花江红石水电站实施概算总承包试点，在计划经济条件下尝试打破大锅饭体制，推动水电建设生产力层面的改革。之后的 1982 年云南鲁布革水电站率先引入世界银行贷款，推进了水电建设遵循国际工程建设市场规则，首次建立了水电建设管理的三项制度（业主责任制、建设监理制和招标承包制），在计划经济条件下揭开了水电建设管理体制在生产关系层面的市场化改革序幕。1994 年随着《公司法》的出台，水电建设全面开展现代企业制度改制，在水电建设管理体制上逐步完成了由计划经济向市场经济的成功转轨。1997 年以政企分开为原则的电力体制改革，推动了中央电力投资主体的建立。2002 年以网厂分开为原则的电力体制改革，建立了电力全面市场化竞争发展格局。

　　中国水电随着国家经济体制改革的步伐，一步一步实现了由计划向市场的改革，改革有效推动了生产力的发展，我国水电装机容量从 1978 年 1700 多万千瓦，到 2002 年的 8607 万 kW，再到目前的 3.6 亿 kW，中国水电建设总体早已领先世界水平。

　　纵观四十年我国水电建设管理体制改革的实践来看，水电建设管理的承包制自始至终贯穿在发展的全过程中，从改革初期红石水电站的概算总承包，到鲁布革水电站的招标承包制，以及 1994 年《公司法》之后的全面市场经济模式下的经济合同制，它们的管理体制基础都是以合同为依据的承包制。从承包制的分类看，宏观上可分为两大类，一类是以项目业主为主体的工程分类（设计、施工、设备）合同承包，另一类是项目交钥匙（EPC）的总承包。我国大型水电建设主体主要是国有电力企业，由于普遍具有强大的专业技术与管理能力，因此到目前为止都是采用工程分类合同招标的承包模式，而交钥匙总承包模式则普遍在非专业（或管理力量相对有限）业主的中小水电项目，以及国际水电工程建设中（BOT 等模式）采用。两种承包模式各有千秋，分类合同承包管理有利于项目业主的精细化管控，但是对业主的技术与专业管理能力要求很高，而交钥匙总承包模式相对于业主管理层次简化，但是对总承包方的综合管理能力与职业素质要求却很高。

　　随着我国水电建设规模的不断扩大和后续水电发展的深入挑战，必然会对项目建设的业主方提出更高的管理要求，高效、精干、创新的业主管理模式研究已经迫不及待。2015 年，雅砻江流域水电开发有限公司在雅砻江干流杨房沟水电站（总装机容量 150 万 kW）率先尝试在大型水电工程建设中试行总承包的建设管理模式，开启了水电建设管理模式改革的又一个先河，这项改革需要应对在法规条件下的各方博弈，同时也必将会有效提升业主和总承包方的综合管理与管控能力，为水电后续发展，特别是在国家一带一路倡议下中国水电走出去具有重要实践意义。

如果从水电建设管理体制的主线来思考，尽管我国水电建设管理自 1994 年以后实现由计划经济向市场经济的成功转轨，但是由于水电资源开发的规划与预可行性研究的投资基本上属于国家行为，国家投资通过水电勘察设计企业形成水电规划设计产品，水电勘察设计企业代表国家行使对规划设计产品的产权所有，长期以来，政府计划投资行为与企业市场投资行为之间的复杂关系制约了水电资源规划与设计产品的市场定价和正常的市场流通，也就是设计产品商品化问题困扰了设计产品市场化，阻碍了设计招标的常态化，成为我国水电改革的最后一个计划经济的堡垒。而总承包模式形成的机制使得设计、施工和设备采购组合为一个联合承包商，业主采用总承包模式招标必然要涉及和涵盖到设计招标的内容与问题，目前水电项目总承包将会遇到与电站设计单位组成的联合体承包商将是铁定的中标方，因此，设计产品商品化问题也就必然并迫切地摆在了我们的面前，任重而道远。

针对大型水电工程总承包管理模式，行业内组织了系统的理论与实践研究，本书收录的关于总承包研究的文章，从业主管理理念与创新、承包商的统筹协调与优化，以及有关技术、经济与市场发展的研究，对水电工程总承包制形成了一个基本概括，希望能够为科学推进总承包制的研究与发展，促进水电建设管理体制的深化改革，提升大型水电建设管理科学化水平，以及服务"一带一路"水电走出国门的发展提供有益的借鉴。

编者

目contents录

杨房沟水电站 EPC 建设管理

陈云华

（雅砻江流域水电开发有限公司，四川成都 610000）

【摘　要】　在对国内水电项目 EPC 模式应用现状的调研以及对传统 DBB 模式的优势劣势、水电开发新形势的研究的基础上，雅砻江流域水电开发有限公司（以下简称"雅砻江公司"）结合国内水电开发建设实际和杨房沟水电项目特点，在杨房沟水电站这个百万千瓦装机规模的项目上采用 EPC 模式进行建设管理，并相应开展了 EPC 项目管理的一系列策划与实施，取得了一定成效。同时，基于该项目 EPC 模式的实践情况，对包括设计管理、设备管理、制度规范、EPC 模式推广等方面提出了相关建议。

【关键词】　EPC 模式；杨房沟水电站；建设管理

0　引　　言

杨房沟水电站位于四川省凉山彝族自治州木里县境内的雅砻江流域中游河段上，是中游河段"一库七级"开发的第六级。项目可行性研究报告于 2012 年 11 月通过审查，2015 年 6 月通过项目核准。

杨房沟水电站装机容量 1500MW，多年平均发电量约 69 亿 kWh。工程枢纽由混凝土双曲拱坝、泄洪消能建筑物（坝后水垫塘及二道坝）、左岸引水发电系统、地下厂房及尾水系统等主要建筑物组成。电站开发任务为发电，总工期为 95 个月，动态总投资约 200 亿元。

杨房沟水电站的建设条件良好，符合我国可持续发展战略和能源发展战略，有利于改善四川电力系统电源结构，有利于生态环境保护，带动民族地区经济发展，促进区域协调发展，项目经济效益、环境效益和社会效益较好。

1　杨房沟水电站建设管理模式的选择

1.1　EPC 模式的提出

2011 年 5 月，电网企业实施主辅分离改革及电力设计、施工企业一体化重组，组建了集设计施工业务于一体的中国电力建设集团有限公司和中国能源建设集团有限公司两大综合性电力建设集团。新组建的两大集团集行业发展规划、产业发展政策研究以及电力项目评估、审查、验收、咨询、设计、施工、监理于一体。在此背景下，雅砻江公司意识到，有必要启动新市场形势下工程建设管理模式的研究，适时选择和调整工程建设管理模式，通过新的建设管理模式和手段来适应新形势发展的要求。通过在国内外相关项目开展深入调研，对国际通行建设管理模式进行全面深入的比较和研究后，认为从

作者简介：陈云华（1962—　），男，教授级高级工程师，长期从事水电行业的管理、研究与实践工作。

国家政策层面和公司实际情况考虑，在新的市场形势下推行设计采购施工总承包建设管理模式（Engineering Procurement Construction，以下简称"EPC 模式"）是一个较好的选择。

1.2　EPC 模式的试点

考虑到当时的内外部建设环境，以及正值大力推进雅砻江下游水电项目建设开发的高峰，本着"先行先试、稳妥推进"的原则，雅砻江公司推进了在部分规模相对较小的项目上采用 EPC 模式的试点工作，相继在流域水电项目中的供电工程、桥梁工程、供水工程、弱电工程、绿化工程等单项工程上试点采用 EPC 模式。通过上述中小工程的试点和实践，在实施过程中不断总结 EPC 模式的经验和教训，试点的单项工程较好地实现了各项管理目标，为后续大型水电项目实施 EPC 模式打下了坚实的基础。

1.3　杨房沟水电站 EPC 模式的确定

1.3.1　国内水电项目 EPC 模式应用现状及思考

在国内，已有部分水电工程项目采用 EPC 模式进行建设管理，如大丫口（装机容量 102MW）、酉酬（装机容量 120MW）、柳洪（装机容量 180MW）、坪头（装机容量 180MW）、马鹿塘（装机容量 300MW）等水电工程，但工程规模相对较小；而大型水电项目，大都采用传统的设计—招标—建造建设管理模式（Design-Bid-Build，以下简称"DBB 模式"）而未采用 EPC 模式进行建设管理，究其原因，主要是存在以下问题和困惑。

（1）国内工程建设诚信体系尚未完全建立。大型水电项目在建设管理过程中，参建各方相互的理解和信任不够，部分参建单位在维护合同的严肃性方面还存在一定差距，参建单位及从业人员违约的成本相对较低，其主动履约、严格履约的自觉性不强，国内工程建设诚信体系尚未建立。而采用 EPC 模式，意味着整个项目将交给总承包人来实施，项目业主将承担更大风险。例如，某水电工程在项目建设过程中，先后出现了坝体透水率超标、混凝土低强和温度控制不满足设计要求等问题，给项目业主带来较大风险和损失。

（2）建设期风险识别和定量分析较为困难。大型水电项目规模大、范围广、建设周期长。在项目建设过程中，由于较多的不确定性，存在涉及方方面面、种类繁杂的风险因素，风险管理贯穿于工程建设的全过程。而对于建设期的风险识别和定量分析相对困难，工程建设面临较多不可预见风险，可能导致较多的工程设计变更甚至合同变更，如发生重大设计变更，EPC 总承包人可能无力承担。例如，某水电工程在地下厂房开挖过程中发现厂区岩溶发育且深度大，岩体透水性强，地下水丰富等不利地质条件，为确保电站施工和运行安全，对厂房布置进行了设计调整，给项目工期及费用带来重大影响。

对于上述问题和困惑，雅砻江公司结合自身实际和长期的建设管理经验，认为：

（1）国家授权雅砻江公司实施雅砻江流域的"一条江开发"，具备与参建单位建立长期合作共赢战略合作伙伴关系的优势。同时，雅砻江公司在下游水电项目的开发进程中，充分发挥业主主导作用，倡导"共同的电站，共同的荣辱"的建设管理理念，从自身的良好履约做起，切实履行业主责任和义务，及时合理解决各项合同问题，真正达到项目参建各方的共赢，在参建单位中具有较好的口碑。因此，雅砻江公司相信能够在市场中选择出相互信任、良好履约、合作共赢的总承包单位。

（2）针对大型水电项目风险识别及定量分析困难的问题，雅砻江公司主动作为，不断深化项目研究和设计工作，使项目设计达到招标设计甚至施工图深度，尽可能规避重大地质及设计风险。同时，对工程风险进行仔细认真的识别和分析，实事求是地对工程风险进行合理分摊。此外，考虑设置"风险费"项，以覆盖不可预见风险，确保合同双方的风险和利益对等。

1.3.2 传统 DBB 模式及水电开发新形势的思考

水电建设经过多年实践，DBB 模式的不足和弊端不断凸显：优化设计、优化施工动能不足、协调工作量大、管理费用高，管理层级多、链条长导致管理效率低，工期、投资控制难度大，工程完建后业主人员安置困难。

同时，电力市场竞争的日趋激烈倒逼项目业主必须严控项目建设成本。雅砻江公司认真研判水电开发新形势，结合公司自身创新与改革、转型与升级的需求，在广泛调研、项目试点的基础上，认为采用 EPC 模式将为我们推进水电资源健康有序开发提供一条可行之路[1]。

1.3.3 杨房沟水电站 EPC 模式研究分析及确定

2015 年 3 月，《中共中央、国务院关于进一步深化电力体制改革的若干意见》的出台，明确了电价的市场形成机制，参与电力市场交易的发电企业上网电价由用户或售电主体与发电企业通过协商、市场竞价等方式自主确定，彻底改变了电价原有的政府定价机制。

为此，雅砻江公司进一步加快并深化后续水电项目 EPC 模式的应用研究，紧锣密鼓深入开展了杨房沟水电站 EPC 模式的研究分析工作，进行了广泛的项目调研和分析，在综合评判杨房沟水电站项目特点及所面临内外部环境的前提下，考虑到杨房沟水电站的对外交通、施工供电、供水、通信等施工辅助工程均已基本完成，前期勘察设计较为充分，地质条件基本揭示清楚，主体工程包括大坝及引水发电系统的招标设计工作已完成审查，项目建设的主要风险识别较为充分，风险控制措施能有效落实，认为新的形势下在杨房沟水电站采用 EPC 模式是可行的。

2 杨房沟水电站 EPC 项目管理策划及实施

2.1 建设管理思路

深入研究和探索新时期工程项目管理的新形势、新理念，合理划分 EPC 参建各方的责权利，优选合作伙伴，不断总结提升，创新管理，达到合作共赢，将杨房沟水电工程建设为行业"EPC 建设管理标杆工程"，促进水电行业发展和进步。

2.2 工程建设目标

2016 年 11 月中旬实现大江截流，2021 年 11 月 30 日前实现首台机组投产发电，2023 年 6 月 30 日前合同工程完工，2024 年 12 月 31 日前工程竣工；通过达标投产验收，确保获得电力优质工程奖，争创国家级优质工程奖。

2.3 管理机构设置

自二滩水电站开始，通过二十多年的项目建设与管理，特别是在雅砻江下游水电项目开发的历程和经验，在综合考虑 EPC 建设管理的特点后，雅砻江公司决定在杨房沟水电站项目采用由公司宏观把控、现场派出管理机构具体负责的"两级管控、分级管理"的模式组建管理机构，即在项目所在地设立项目建设管理局，其作为公司进行项目管理的现场派出机构，在公司授权范围内代表公司对项目建设全过程进行管控；在公司总部，依托工程管理部、综合计划部、机电物资管理部、安全监察部、征地移民工作部、人力资源部、战略发展部、财务管理部等职能部门，对项目建设管理局发挥检查、监督、指导、协调、考核、服务等作用，对项目进行宏观把控。

2.4　管理制度策划

雅砻江公司在多年的经营管理过程中形成了一整套行之有效的框架制度和办法。在新的 EPC 模式下，部分原有的基建管理制度将不能适应项目管理的需要。为达到规范管理、高效运作的目标，公司在依法依规的前提下，开展了对 EPC 模式下基建管理制度的策划及修编工作。整个策划和修编工作历时一年左右的时间，从公司总部到项目建设管理局，分别形成了较为全面、完整的 EPC 建设管理框架制度及办法（细则），建立起较为完善的 EPC 项目管理体系，以期在 EPC 项目建设管理过程中，管理责任明确，工作程序清晰，为 EPC 项目的顺利实施保驾护航。

2.5　项目分标规划

在确定采用 EPC 模式后，为有利于杨房沟水电站整个项目的建设实施，公司进一步研究、细化并明确了后续的分标规划。杨房沟水电站主体工程采用 EPC 模式，主体工程设计采购施工为一个标段，且原有未完成的前期工程全部直接纳入总承包标段中；水泥、钢筋、粉煤灰等三大主材和主要机电设备采用发包人与总承包人联合采购的方式进行；为项目管理需要，设置包括 EPC 总承包监理、对外公路运维管理、技术咨询等服务标段。

2.6　招标文件编制

在深入研究 EPC 模式的基础上，结合杨房沟水电工程特点，依据以下主要原则及要点，雅砻江公司开展了招标文件的编制和审查工作。

杨房沟水电站 EPC 合同工作内容及范围基本覆盖除部分联合采购项目以及前期已实施项目外的整个项目的所有工作内容，部分未完项目亦采用签订移交协议方式纳入 EPC 合同范围。明确总承包人对总承包项目安全生产负总责，对安全标准化建设提出明确要求；明确质量管理目标、档案归档以及对质量管理标准示范展厅、BIM（Building Information Modeling）系统建设的要求，强调总承包人的"自律管理"。引入设计监理，采取设计监理与施工监理相结合的全新监理模式，工程监理需对设计成果及施工过程同时进行监理。对设计变更审批的权限及程序进行明确和约定；采用主要机电设备联合采购及总承包自购部分机电设备相结合的机电设备采购模式，采用对水泥、钢筋、粉煤灰等三大主材进行联合采购、"业主辅助管理、协助供应"的物资采购模式。考虑对总承包人"重奖重罚"，如质量管理方面，获得国家级优质工程奖给予 2000 万元奖励，发生质量问题每次处罚 10 万～100 万元；风险管理方面，物价波动风险及法律法规变化风险由业主承担。对外交通条件、施工供电等风险进行合理分摊；其余风险由总承包人自行评估并列报风险费用，明确不足部分应在单价或合价中予以考虑；由总承包人负责工程保险采购及管理。

2.7　杨房沟水电站 EPC 建设管理初步效果

杨房沟水电站自开工建设至今已两年半时间，参建各方通过不断沟通与磨合、总结与思考，杨房沟水电站项目建设和管理不断取得新的进展和成效。目前，整体工程形象进度满足合同要求，部分项目超前合同目标要求；工程质量标准化、安全文明施工标准化、水保环保管理水平等不断提高，工程质量、安全总体受控；项目勘测设计工作的计划性、主动性、设计质量等均有较大提升。相较于传统 DBB 模式，杨房沟水电站 EPC 模式的主要优势得到有效发挥。

2.7.1 设计施工高度融合，管理效率显著提高

在 EPC 模式下，中国水利水电第七工程局有限公司和中国电建华东勘测设计研究院有限公司依据联合体运营规则和章程，具有共同的目标，紧密联合，双方单位分别派员进入总承包项目部的相关职能部门，高度融合，相互交叉，联合体统一组织总承包合同的履约和项目实施，共同开展现场项目管理。

总承包人对整个项目宏观把控、统筹兼顾，减少了资源的重复配置和临建设施的重复建设，各项施工资源在总承包内部整合并统一调配，提高了资源利用率。同时，在技术层面，可从设计角度提前考虑施工组织、从施工角度提出设计深化建议，充分发挥设计技术优势和施工管理优势，设计成果更加可靠、施工更加便利，管理效率不断提升。

2.7.2 统一规划统筹实施，安全质量目标可控

根据合同要求，总承包人在进场后即开展了安全和质量标准化的策划工作，并在建设管理过程中陆续推进和实施。EPC 模式下，总承包人具备统筹规划统一实施项目安全、质量标准化的条件，有利于标准化的推行和管理。目前，已在项目现场设置了安全体验厅和质量示范展厅，有效地促进了安全、质量标准化水平的提高。

实行 EPC 模式后，进一步调动了总承包人安全管理和质量管理的主动性和积极性，设计人员深度参与现场安全和质量管理，不断提升安全、质量风险的预控能力，增强了安全、质量技术支持和保障能力。截至目前，工程安全质量管理目标持续可控受控。

2.7.3 项目风险合理分配，项目建设有序推进

针对杨房沟水电工程项目实施过程中可能存在的自然风险、经济风险、技术风险、管理风险等，雅砻江公司在招标阶段即按"风险合理分配、风险与费用匹配"的原则，明确了有关的合同及管理措施。同时，在项目实施阶段，参建各方在风险识别和分析的基础上，持续开展风险监控，及时采取有针对性的应对策略及措施。通过有效的风险管理，目前杨房沟水电工程项目风险可控受控，项目建设有序顺利推进。

2.7.4 监理职能充分发挥，综合管理能力提升

根据总承包监理合同规定，总承包监理对设计、施工、采购、试运行等建设期全过程开展监理工作，监理管理更系统、合同授权更充分。总承包监理在现场组建了较为完备的监理机构，后方成立了技术经济委员会，能从项目总体目标把控的角度发现问题、解决问题，设计监理与施工监理分工明确、协作配合，经常性地开展联合会商、现场踏勘，充分发挥总承包监理的技术优势和施工管理优势，监理工作效率不断提高，综合管理职能得到充分发挥。

2.7.5 变更索赔明显减少，工程投资更为可控

实行 EPC 模式后，充分地发挥了杨房沟水电工程的规模效应，极大地激发了国内水电行业各大设计、施工企业的积极性，踊跃参与项目投标，通过充分的市场竞争，一定程度上降低了项目投资。对于总承包人，由于其对资源进行高度整合，集约管理，更有利于工程建设成本控制；对于项目业主，由于采用"总价包干"及风险合理分配的原则，原 DBB 模式下常见的设计变更大为减少，标段之间相互干扰及设计施工不融合带来的索赔也鲜有发生，工程投资更为可控。

3 结 语

3.1 设计管理需重点关注并形成良好机制

EPC 模式下，由于"总价包干"，极大地调动了总承包人设计方的主动性和积极性，通过不断设计优化获取超期的经济利益。对于项目业主，在满足项目安全、功能和运行便利性的前提下，支持适当开展设计优化工作。但在实际建设过程中，设计优化管理方面还存在一定难度，总承包人有时出于利益考虑，部分设计产品在相关参数（系数）选取上可能考虑设计规范范围内的较小（低）值，一定程度上降低了设计产品的安全性及可靠性，甚至可能由于安全裕度或安全系数的较大调整，导致设计的过度优化，给项目的后续运行带来较大的风险。因此，设计管理特别是设计优化的问题需重点关注和研究，并形成良好的管理机制，以真正达到总承包合同双方的共赢。

3.2 设备管理需继续探索并做好质量管控

杨房沟水电工程机电设备采购采用联合采购方式实施。从目前来看执行效果较好，一方面充分发挥了业主流域统筹的优势，在保证设备品质的基础上大幅降低了机电设备采购费用；另一方面，调动了设备制造厂商、总承包人等参建方的主动性和积极性，提高了工作效率。但机电设备管理的相关制度、流程还需根据实际管理情况进一步修订和完善；对于机电设备管理的责、权、利关系还需进一步梳理，开展深入研究并不断探索，以更好地发挥 EPC 模式优势，充分保证机电设备产品质量。

3.3 法律法规规程规范需进一步完善配套

目前，我国正不断深化工程建设项目组织实施方式改革，大力推行工程总承包。对于水电行业来说，由于目前采用 EPC 模式实施的项目相对较少，现有的管理体制和制度体系不能完全适应 EPC 建设管理的需要，已有的 EPC 法律法规更多的是指导性意见，操作性还不够强。目前，对于项目业主、总承包人和监理三方的职责、权利、风险和利益规定还不够明确，随着 EPC 模式推进实施，三方责权利需重新划分和明确。此外，行业内涉及招标投标、项目监理、施工管理、工程验收等方面的法律法规、规程规范均迫切需要进一步配套完善，以进一步与国际接轨，建立起一整套适应时代需要的 EPC 模式下的法律法规及规程规范体系。

3.4 水电行业 EPC 模式需进一步推广实施

目前，我国在建筑领域大力推行工程总承包，与之相关的政策法规相继出台并实施，推进了工程总承包的快速发展。但在水电行业，缺乏推行 EPC 模式政策制度方面的引导，扶持力度不大，水电行业 EPC 总承包企业的培育还不够。新形势下，对于大中型水电项目，虽然 EPC 模式具有相较 DBB 模式明显的优势，但目前采用 EPC 模式的项目相对较少，水电行业 EPC 模式推广相对缓慢，有待行业内出台相关政策，进一步促进并推广应用 EPC 模式。

3.5 EPC 项目管理水平需进一步总结提升

自"一带一路"倡议提出以来，国内央企积极响应并迅速行动，在海外投资、建设、运营了众多重大基建工程项目，积累了丰富的建设管理和运营经验。在国内水电行业，目前采用 EPC 模式的项目相对较少，且项目管理团队大都为原参与 DBB 项目的管理人员，DBB 建设管理思维惯性较大，EPC 建设管理的意识不强，导致在 EPC 项目实施过程中项目业主、监理难以真正放手，其现场管理资源和参与管理的环节依然交叉重叠。同时，参建各方 EPC 建设管理经验相对不足，管理手段、方式方法上创新不够，内部激励方面还需进一步加强，需结合国内 EPC 项目管理特点，特别是大型水电项目，学习和借鉴国外 EPC 项目管理经验，继续探索和总结，提升 EPC 项目管理水平。

3.6　参建单位需创新管理适应 EPC 新模式

水电行业长期采用 DBB 模式，为适应这种模式，各设计、施工企业经过不断深化改革、调整和发展，建立起较为完善的内部管理体系，设计企业细分并配置了相对合理的专业技术部门，施工企业形成了分工明确的专业建设公司。对于大型水电项目而言，设计企业技术专业的过细划分不利于综合型人才的培养，施工企业内部条块的过度分割不利于总承包项目管理的实施。因此，设计、施工企业需进一步创新管理、整合资源、合理调配，努力培养综合型的技术人才和管理人才，提升企业设计施工综合管理水平和承建能力，以适应新形势下的 EPC 模式。

参考文献

[1]　陈云华. 大型水电工程建设管理模式创新[J]. 水电与抽水蓄能，2018，4(1)：5-10.

杨房沟水电站 EPC 工程总承包管理实践

申茂夏[1]，张春生[2]，李东林[1]，侯　靖[2]，陈雁高[1]，徐建军[2]，刘　军[1]

(1. 中国水利水电第七工程局有限公司，四川成都 610081；

2. 中国电建华东勘测设计研究院有限公司，浙江杭州 311122)

【摘　要】 工程通过 EPC 总承包管理进行建设，有利于总承包单位全面统筹考虑项目管理各相关要素，对设计—采购—施工进行深度融合，通过合同价格这个杠杆，促进科技创新与先进技术的应用。将业主从频繁协调具体项目管理事务的传统模式中解放出来，回归投资方的角色，专注于工程建成后的运营管理及新工程的前期筹划与开拓工作。超百万千瓦级大型水电工程采用 EPC 工程总承包目前在国内尚属首次，没有成功经验可循，发、承包双方只有务实的合作共赢理念，克服实施过程中各种困难与问题，才能推动这一管理模式的成功实践。

【关键词】 水电工程；EPC 工程总承包；管理模式；实践

0 引　言

雅砻江流域杨房沟水电站系国内首个百万千瓦级水电站采用 EPC 工程总承包模式进行建设的水电工程。2015 年年底，雅砻江流域水电开发公司通过公开招标，确定由中国水利水电第七工程局有限公司（以下简称"中国水电七局"）与中国电建华东勘测设计研究院有限公司（以下简称"中国电建华东院"）组成设计施工联合体中标杨房沟水电站设计施工总承包合同。总承包单位于 2016 年 1 月 1 日进场，正式开启杨房沟水电站的 EPC 工程总承包管理实践之路。

经过两年半的建设，经过参建各方的共同努力，工程进度、质量、安全及文明施工、环保水保等建设目标，有序推进，已累计完成合同产值约 20 亿元。截至目前，大坝泄洪系统正在紧张进行左右岸边坡开挖、基坑开挖，有望按合同工期转入混凝土施工；引水发电系统、地下厂房土建开挖已全部完成，提前半年转入混凝土浇筑。

在总承包合同的履约过程中，参建各方为了工程建设总体目标，能够齐心协力，解决工程具体问题，合同节点普遍提前实现。但在履约的过程中也发现，在复杂大型工程采用 EPC 的承发包模式，存在不少具体问题，需要各方发挥各自智慧加以研究解决。

1 工 程 概 述

杨房沟水电站是雅砻江中游规划的"一库七级"开发的第六级，项目位于四川省凉山彝族自治州木里县境内，上距规划的孟底沟水电站坝址约 33km，下距规划的卡拉水电站坝址约 37km。

本工程类别为一等大（1）型工程，开发任务主要为发电，并促进地方经济社会发

作者简介：申茂夏（1959—　）男，教授级高工，E-mail：362997080@qq.com。

展。水库总库容 5.12 亿 m³，装机容量 1500MW（4×375MW），多年平均发电量为 68.56 亿 kWh。工程采用混凝土双曲拱坝作为挡水建筑物，坝顶高程 2012m，最大坝高 155m；泄洪消能建筑物采用坝身表、中孔＋坝下水垫塘方案；引水发电系统建筑物均布置在左岸，主要包括进水口、引水隧洞、主副厂房、主变室、尾水、尾调及地面出线场等，主要工程量见表 1。

表 1　　　　　　　　杨房沟水电站主要工程量汇总表

序号	工程项目	单位	工程量	序号	工程项目	单位	工程量
1	土石方明挖	万 m³	622	5	固结灌浆	万 m³	17.9
2	石方洞挖	万 m³	192	6	帷幕灌浆	万 m³	13.6
3	土石方填筑	万 m³	143	7	预应力锚索	根	6208
4	混凝土	万 m³	209	8	金属结构设备制作及安装	万 t	1.3

合同总工期 108 个月，自 2016 年 1 月 1 日开工，2021 年 11 月 30 日首台机组投产发电，2024 年 12 月 31 日前工程竣工。

2　杨房沟水电站 EPC 工程总承包实施模式

EPC（Engineer-Procure-Construct）工程总承包模式是指设计、采购、施工管理一体化的工程项目总承包模式，从事工程总承包的企业，受业主委托，按照合同约定，对工程项目的勘察、设计、采购、施工、试运行（竣工验收）等，实施全过程或若干的承包。工程总承包企业按合同约定，对工程项目的质量、工期、造价等向业主负责[1]。总承包管理模式是建立在"商业化契约精神"及"信托责任理念"基础上的一种项目管理模式[2]。

建筑市场推广应用 EPC 总承包建设管理模式，是市场专业化分工的趋势和业主规避风险的客观要求。从宏观上来讲，有利于推动建筑行业的科学发展和有序推进，有利于提高行业的整体经营质量。从微观上来讲，有利于把投资方从项目建设管理的具体事务中解放出来，回归投资者的角色；有利于总承包单位以合同为准则，明确责、权、利，全面统筹工程建设相关要素，对设计—采购—施工进行深度融合，促进科技创新与先进技术的应用，促进总承包精细化管理。

为更好地发挥设计施工双方的优势，科学、高效和有序地进行项目管理，确保实现项目良好履约和追求整体效益最大化，中国水电七局与中国电建华东院秉持科学高效管理的总承包管理理念，按 60%：40% 的比例成立中国水电七局·华东院雅砻江杨房沟水电站设计施工总承包联合体（以下简称"总承包联合体"），对履约项目按紧密联合模式进行运营，按"统一领导、统一组织、统一规则、统一管理，两级核算"的基本运营规则进行管理。

根据总承包合同要求，结合项目实际需要，总承包联合体由董事会、监事会、总承包项目部（以下简称"总承包部"）、安全生产委员会、风险管理委员会、工程技术委员会组成。

总承包部是联合体在施工现场全面履行合同的实施机构，是董事会领导下的项目经理负责制。现场中国水电七局和中国电建华东院共同组建总承包部，双方派员进入联合体总承包部各个职能部门，统一组织履约项目实施，统一进行现场项目管理。根据合同要求，项目经理由责任方法人出任，现场派驻常务副经理代表项目经理对总承包项目进行管理，组织机构如图 1 所示。

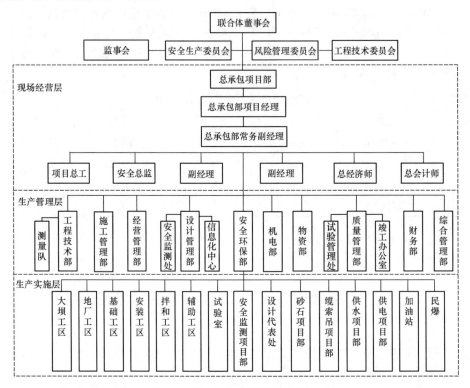

图 1　总承包联合体组织结构图

总承包部现场结构分为现场经营层、生产管理层（职能部门）及生产实施层（作业工区）。现场经营层由董事会聘任，对董事会负责，具体管理项目生产经营事务。职能部门受经营层领导，管理项目各对应职能，检查、监督并考核生产工区的安全、质量、进度及经营状况。作业工区分两种性质，一种性质采取自负盈亏的专业承包方式（如设计、基础处理、机电安装等），另一种性质是由总承包部直接管理，施工方对其经营成果负全责。

3　EPC 工程总承包管理实践

在超百万千瓦级水电工程项目中，雅砻江流域水电开发有限公司率先创新采用 EPC 工程总承包模式，把设计、采购、施工和试运行等作为一个整体全部委托给一个管理主体（总承包单位）组织实施，把出资人（业主）从传统项目管理中解放出来。总承包单位在负责 EPC 实施过程中，如果依然采用传统方式进行管理，不利于整个项目全生命周期的价值提升，实现业主方与总承包方共赢的格局。因此，杨房沟水电站总承包联合体提出"一家人，一体化"的总体要求，确定以施工为主体、以设计为龙头、设计施工高度融合的工程总承包形式。

3.1　实施手段与措施

正确处理设计、采购和施工三者之间的关系是工程总承包项目成功与否的关键因素之一。本项目总承包合同约定，主要机电设备和用于工程主体的大宗物资采取业主主导、总承包单位参与的方式进行招标采购，因此设计与施工有效地融合就成为实施总承包管理的首要任务。总承包部联合体经过充分酝酿，确立了"自律、创新、共赢"的总承包项目管理理念，自律是基础，创新是动力，共赢是目标，结合 EPC 工程总承包模式在其他领域实施的成功经验，摸索建立起符合杨房沟水电工程实际的管理体系，概括来说，主要有以下几个方面的手段与措施。

3.1.1 自律管理

市场经济本质上是一种契约经济，以健全、完备的法律为基础并通过法律来维系其运行的模式。完备的法律体系是市场经济良性运行的保证，但是，法治并非包治百病的良药，也存在着其自身无法完全克服的局限性。由于各种历史与文化的原因，我国目前诚信的自律与他律失灵，也导致工程建设各方出现诚信危机，无法基于契约（工程合同）建立起互信，严重影响工程建设领域的和谐。投标阶段，联合体提出构建工程自律管理体系的设想，就是希望努力通过这一体系的实施，重构工程领域的现代诚信机制[3]。

作为杨房沟这样一个庞大的水电工程，总承包方如何摆脱传统 DBB 模式的管理思维，让工程受控，让业主满意，建立起业主、监理及总承包三方的信任机制显得尤为重要。经过一年多的调研，总承包部基于契约与诚信的初衷，自 2017 年 5 月开始逐步尝试，以点带面，2017 年 10 月份全面构建起总承包部自律管理体系，成为通达三方信任的桥梁。

总承包部自律管理体系是"管理层的自律＋作业班组层的他律"相结合的管理体系。自律与他律属于哲学、伦理学的基本范畴，何谓"律"，律是指规范、约束人民行为的规定和准则。马克思以实践的观点为基础，把自律当作人类社会整体的内在制约，而不是仅仅作为孤立的个体意志的表象。对于管理者而言，自律是指在没有人现场监督的情况下，不受外界约束和情感支配，根据自己善良意志，通过自己要求自己，变被动为主动，自觉地遵循法度，拿它来约束自己的一言一行。由于人类精神的本质是理性，因此主观要把某件事做好这是客观必然性的，所以唤醒和激励人们具备自觉的道德意识和道德追求，只有这样，才有可能自觉地同化普遍性的道德规范，把自己教化成一个能与社会的普遍现实相适应、相协调的现实个体[4]。

自律是内在约束性的，是主体的自我约束。在工程实施过程中，自律对于管理者或许行之有效，而对于最基层的被管理者（作业工人），现阶段单纯靠自律还是无法有效管理他们的行为，所以引入了他律，即通过一系列的考核制度、建立起首建制、规范作业流程，通过一定时间的适应，能够形成系统的他律力量并影响到主体理性的自觉，使其不知不觉地同化，主动服从他律管理，其实我们发现，能自觉接受他律，也就是具有某种自律的表现[5]。自律管理最突出的特点就是通过这种管理方式，让整个管理决策过程公开透明，所有考评考核结果都有据可查，让业主、监理心里有底，心中有数。

总承包自律管理体系先从质量部开始试行，随后推广到整个一线部门（质量、安全、施工），再到所有职能部门，经过 8 个月的运行，自律管理体系得到参建各方的认可，诚信逐步建立与回归。

3.1.2 一体化

要使 EPC 工程总承包项目获得成功，必须运用系统工程学的理论，站在全方位、全过程的角度进行整体管理。一体化就是根据系统论的思维，将设计、采购、施工深度整合，并整体管理的项目管理方式，让相互交叉各方在总承包部的统一引领下，相互配合成为一个有机的整体，管理效率进一步加强，这也是 EPC 工程总承包管理模式最为闪光与引人注目的地方。

良好的设计，是实现工程建设目标的前提和保障，设计工作在项目实施的全过程中起主导作用，设计是工程成本控制的重点阶段，设计管理要考虑有利于采购、施工全过程的项目管理；有资料统计，设计费虽只占工程全部投资费用的 1.5%～3.0%，但对投资的影响程度却高达 70% 以上，成功的设计可以大幅度降低工程直接费用和管理费用。

精心的施工，是将设计成果变成现实的过程，最终项目成果只有通过具体的施工过程才能得以实现，施工过程的管理、进度、质量、安全及文明施工、环保水保是工程建设的总体目标，而成本控制的关键环节也体现在具体施工过程上，这也是实现总承包企业项目经营目标的关键手段。

设计与施工的深度融合，是实现工程建设目标和企业经营目标的保障，一体化的管理是最有效的组织手段。总承包部一体化主要体现在两个方面：一方面，联合体双方各派出相关专业技术与管理人员，进入各职能部门，根据各自专长分担相关管理任务，高度融合，严格按照联合体的薪酬考核办法发放薪酬；另一方面，设计深入现场，充分考虑施工现场的难点，同时也吸取施工现场管理的经验，从而促进设计方案更加务实科学，提高了设计效率，也为设计优化打下了坚实的基础。例如，设计图纸报设计监理审批前，设计部与设计工区提前与技术部、作业工区进行沟通与会签，现场施工经验也能及时反馈给设计，经过讨论与内部评审后的设计图纸或设计方案，更加贴近现场需要，现场施工更加理解设计意图，设计的初衷更好地通过施工加以呈现。遇到施工重难点、关键点和高风险点时，设计部、技术部共同提供技术支撑，在满足功能、安全、质量的前提下，设计调整或修改设计方法，优化施工方案，既便于施工，又节约成本。

3.1.3　信息化

总承包部有九个作业工区，六个代管单位（前期中标单位），管理的工作面广、涉及作业种类多、协调工作量大，如此复杂的系统管理，借助现代化的信息手段必不可少。

总承包部利用联合体成员企业自身资源，开发并建立了国内首个水电工程 BIM（Building Information Modeling）管理信息系统，现已使用八大模块，将设计管理、质量验评、进度管理、投资管理、安全监测、水情测报、视频监控、智能温控、智能灌浆、施工仿真等功能深度整合。实现远程在线图纸审核、手持移动端开展质量验评、现场高清视频实时监控等完全信息化，有效加快了信息流转速度，同时也增了 EPC 总承包管理的透明度。在参建各方共同的努力下，经过多次软件性能扩充，现在基本实现了基于 BIM 管理系统和数字化技术的进度、质量、投资、安全智能化管控。

总承包部建立了现代化的协同办公系统，利用信息协同工作平台，加速信息传递，增加了可视效果，提高管理效率。根据现场管理的需要，开发了质量管理 App、安全管理 App，主要解决现场发现的一般质量与安全隐患，通过手机客户端能够及时上传包含地点与缘由等准确信息，根据分级权限，身在不同管理岗位的管理者能够及时接收到管理指令，进行处理或监督，限期内处理完毕后，指令才得以闭合。

通过信息化手段提高信息在通道中的传递与处理速度，体现了信息的便携性、安全性与稳定性，大大简化日常事务处理流程，使得 EPC 总承包管理向智慧化的方向迈进。

3.1.4　标准化

标准化为科学管理奠定了基础，标准化的基本原理是统一、简化、协调和最优化。考虑到 EPC 工程总承包项目的复杂性和多样性，在工程实施过程中引入标准化是很有必要的。总承包部进场后立刻着手对工程质量、安全及整体形象进行统一策划。

在工程质量标准化方面，着力打造制度标准化与工艺标准化，出台《工程建设标准强制性条文实施计划》，根据工程进度，分批分序制定并发布主要施工工艺的标准化文件23份（施工工艺标准、施工工艺手册、施工质量明白卡），结合工艺标准化的使用范围与不同的受众，推广质量标准化管理理念，定期开展宣贯与培训。

在安全标准化方面，为了强化施工过程中的安全管理，打造本质安全项目，总承包部基于四个责任体系，制定《安全文明施工标准化手册》，不断强化培训与检查考核，在规范现场操作行为、提升现场形象等方面起到了积极的作用。

标准化策划与实施，是总承包部站在宏观的角度，整体认识工程，充分发挥整个工程的协同效应，这是传统发承包模式所不具备的优势，通过标准化的实施，促进项目环节冲突的消除，提升工程的整体效益。

3.2 现场实践情况

经过两年半的EPC工程总承包管理实践，目前总承包部内部信息传递基本通畅，管理理念也逐步趋同。采取统一管理、统一协调的管理方式也得到业主与监理的认可，工程安全形势受控，实体质量稳步提升，施工进度均有超前。

3.2.1 安全生态管理

以"六化管理"为工作抓手，强化"一个手册""两个规划""七个台账"为管理重心。建立了国内水电工程施工首个安全风险管理系统，打造具有杨房沟总承包特色的安全风险管理体系；建立了国内水电工程施工首个"地下洞室群施工智能安全管理系统"，对洞室施工实行封闭管理，对洞内作业人员、设备进行实时定位监控，提升了安全管理和应急救援能力；建立国内水电工程施工首个"安全培训体验厅"，通过以实景模拟、亲身体验等直观培训方式，提高员工安全意识。

从开工至今未发生安全事故，安全生产形势有序、受控。连续两年顺利通过电力工程建设项目安全生产标准化一级达标考核，杨房沟水电站也成为凉山州安全风险管理体系建设首个试点单位。

3.2.2 质量管理

总承包质量部严格自律管理体系，建立起"四体系"（保证体系、责任体系、检查体系、评价体系），运用"四化"（制度化、标准化、表单化、信息化）手段，全面过程跟踪质量管理人员的履职情况，每月对管理人员及作业工区落实"三检制"情况进行"月考核、季评价"，质量管理人员月度薪酬与绩效直接与考核结果挂钩，每月初质量专题会，公布上月考核结果，明确各质量管理人员的薪酬与绩效系数，真正做到奖优罚劣，各工区将发放结果反馈至总承包部质量部，这一考核循环完成闭合。

加强对作业班组的他律管理，强化班组员工的培训，完善首建制，强化工艺标准化，固定作业流程，分发质量明白卡（将作业重点、要点制作成方便携带的卡片发放给作业人员）给一线作业人员，建立奖罚制度，并实时跟踪一线作业人员的作业行为，对表现好的班组授予金牌班组，除每月考核给予奖励外，并定期组织观摩与交流，提高排名靠后班组的作业水平。

在业主的支持下，建成国内水电行业第一个质量展厅，展厅共分为工程整体形象厅、土建工艺厅、金结机电厅及教育培训厅等四部分，现场所有主要工艺标准与要求均在质量展厅加以呈现，特别是给新入场员工一个直观认识，使展厅发挥"宣传展示、管理对标、教育培训"的实效。

2016 年度评定 776 个单元工程，优良单元 731 个，综合优良率 94.2%；2017 年度评定 3075 个单元工程，优良单元 2994 个，综合优良率 97.4%。

3.2.3 进度管理

施工生产进度管理实行三级管理：一级为总承包部施工生产管理系统，由总承包部施工管理部及机电部具体负责执行；二级为工区施工生产管理系统，由工区施工部具体负责执行；三级为工区作业层施工生产管理系统，由作业班组级具体负责执行。进度计划包括工程项目总体、年、季、月及周进度计划。工程技术部负责组织编制各阶段的施工进度计划，把握施工重点和关键线路。当出现进度计划偏差时启动预警和纠偏措施，根据关键线路进度计划偏差的严重程度，分黄色（偏差 5～7 天）、橙色（7～15 天）、红色（15 天以上）三级预警。结合自律管理体系，对所辖工区及体系人员定期进行考核，确保关键节点近期实现，从而凸显总承包管理对资源的整体把控与整合优势。

目前，大坝及泄洪系统工期满足合同要求，地下厂房土建开挖已结束，对照合同工期提前 6 个月。

3.2.4 成本管理

目前，杨房沟总承包部采取的结算方式分为对外对内分序进行，业主对总承包部采用季度节点结算，每季度按年度确定的节点目标，提供相应的节点结算签证，即可办理结算；总承包部对内部作业工区采用的是"背靠背"结算，即节点完成后，业主进行确认并支付后，按内部承包合同向各工区进行结算支付。

由于采用 EPC 工程总承包模式后，项目只进行一次招标，业主将所有合同风险都转移到了总承包商身上。杨房沟工程地处高山峡谷地带，目前主要的成本风险均出现在与地质相关的项目，如危岩体处理、地质缺陷造成实际工程量与投标阶段预估工程量有较大的差异。

3.2.5 综合管理

EPC 工程总承包管理将原大多属业主管理的事项也转交到总承包单位，现场协调工作量十分巨大。对内，不同作业工区的关系协调与资源调度；对外，各利益相关方的沟通与协调，无论是对专注于技术的设计单位还是对长期着眼于工程的施工单位而言，都是一项极为严峻的挑战。

4 现阶段实践模式总结

杨房沟水电站主体工程开工建设转眼已经两年半的时间了，EPC 工程总承包模式也经历了两年多的探索与实践，参建各方也经历了一定时间的磨合，对工程的总体认知与管理理念也趋于一致，积累了许多宝贵的经验，也遇到了一些具体的棘手问题需要反思与解决。

4.1 EPC 总承包管理优势

毋庸置疑，总承包部在实施 EPC 工程总承包管理的过程中，相对于传统的管理模式，切实感受到这一模式表现出的特殊优越性。

4.1.1 简化管理环节，统一协调，资源整合能力得到显著提升

采用 EPC 管理模式，能充分发挥在总承包商一个主体协调下实施项目的优越性，DBB 管理模式中原本相互独立的标段间协调变成了内部关系，所有管理环节都要服从

总承包部项目经理的统一指挥，设计、采购与施工三者成为利益共同体，可以实现各环节的统一管理和协调，所有施工资源容易实现统一调度与调配，提高了资源的使用效率，并合理有效地进行进度深度交叉，能使工程建设总周期缩短。

正由于总承包单位转移承担了工程协调工作，EPC 总承包模式极大地减少了业主的协调管理工作量，无须再设置庞大的项目建设管理机构，大幅简化传统管理下的合同界面，有助于业主回归投资方的角色，将工作重心和资源放在工程建成后的运营管理上。

4.1.2　充分发挥设计与施工各自优势，有利于提高工程质量

国内尚不存在可独立承担大型水电工程项目设计与施工的总承包的单位，通过联合体的这种方式，促进设计与施工单位以工程项目为聚焦点，各自发挥专业特长，同时在总承包管理过程中相互学习、取长补短，既有利于提高工程实体质量，又有利于提升双方企业的核心竞争力。

4.1.3　项目管理专业化程度高

由于总承包合同涉及的工作内容多，专业种类复杂，能够承担工程总承包工作的单位是积累了丰富的工程建设经验的工程建设专业化队伍，为了实现全面整体管理，总承包单位需要派出比传统模式更多更强的专业技术人员与中高级管理人员，发挥自身技术优势与管理优势，为总承包管理提供强大的技术与管理支撑，解决质量、技术问题能力强，反应快，从而促进项目目标的顺利实现。

4.1.4　方便开展系统、并行与综合整体管理

系统管理是 EPC 管理模式在实施过程中区别 DBB 模式的最鲜明的特征，总承包人可以用全局与宏观的眼光分析并评价总承包项目所有工作内容，用综合总体管理的思路，运用并行方式，全面统筹、平衡、协调和控制项目管理各要素，寻求最佳管理方案，用经济高效的手段达到工程质量、安全与进度要求[6]。

4.1.5　降低业主风险

实施 EPC 工程总承包的业主与总承包商签订工程总承包合同后，将工程质量、安全、工期及工程成本风险转移给总承包单位，总承包单位将全面承担工程建设责任及工程建设的各类风险在约定的工程造价限制下，按期完成工程建设。对业主而言，工程管理的风险大大地降低，相应地，对于总承包商来说，必须承担更多责任，责任更多意味着风险加大。

4.1.6　成本导向作用更加突出

EPC 总承包合同是通过市场竞争获得的，自合同签订之日起，项目成本管理与控制就成为总承包方一切工作开展的核心与内在动力。为了实现项目成本管理的中心任务，有效加强各环节各要素间的联系，以设计为中心，以目标成本管理为手段，从而推动设计优化，推行限额设计，促进技术创新，动态核算各项成本支出，及时解决工程建设过程中所出现的问题，最终实现预期的造价控制。

4.2　EPC 工程总承包模式建议与反思

项目实施两年多来，虽然工程总体处在稳定推进的状态，但发、承包双方仍然存在许多的问题亟待解决。在地质情况复杂、工期漫长的大型水电工程推行 EPC 总承包模式仍有许多值得反思与总结的地方。

4.2.1 总承包方合同风险、费用承担过于集中

从理论上讲，在 EPC 模式下，业主通过总承包合同把管理风险转移给总承包商，这也意味着工程总承包商要承担更多的责任和风险，同时也应拥有更多获利的机会[7]。但项目能否中标，报价是决定因素，报价首先是满足业主的要求，在此基础上，才有可能谈充分发挥总承包方的优势，降低成本，保证有所盈利，在当前建筑业产能严重过剩的中国，既能中标又能保证总承包方的利润，难于登天[8]。

项目风险应由最能控制风险的一方承担，发包人在合同风险分配上占据绝对有利地位，如果发包人愿意承担更多的风险，承包商就可以减少风险费用，降低标价，这样的项目最终总成本才会最低。

4.2.2 合同工期长，总承包人投标价格难以估算出合理价格，如何有效分担风险值得思考

1999 年版 FIDIC《设计采购施工（EPC）/交钥匙工程合同条件》（银皮书）序言中明确提出，EPC 模式不适用于以下三种情况：①在招标投标阶段，承包商没有足够时间或资料用以仔细研究和证实业主的要求，或对设计及将要承担的风险进行评估；②建设内容涉及大量地下工程或承包商未调查区域内的工程；③业主需要对承包商的施工图纸进行严格审核并严密监督或控制承包商的工作进度[9]。

项目实施风险的大小，取决于报价阶段对风险的分析和估计，类似于杨房沟这类大型水电工程实施 EPC 总承包管理，前期勘察无法完全准确查明所有地质缺陷，加之业主角色的转变，对质量要求与成本并不挂钩，采用总价固定的承包方式是否适当，有待商榷。现阶段，危岩体清理合同清单列示为 8 万 m^2，现场实施已经超过 48 万 m^2（含清坡），左岸边坡 f_{27}、f_{37} 断层均在招标阶段均未能预测等实际情况均已出现。

诚信是契约精神的体现，合同正义也是一种契约精神，所有与契约结合所造成的经济上的从属使弱势缔约者难以享受真正的契约自由。承担责任、承担风险显然不合理的合同可以认为是显失公平的合同，实践表明，总承包单位无法承担超过自身能力所及的成本风险，如何化解和突破 EPC 总承包固定总价的难题，依然考验各方智慧。

4.2.3 出资人如何避免过度管理的问题

EPC 工程总承包模式克服传统管理方式中设计、采购与施工相互制约和脱节的矛盾，运用总承包方的专业项目管理人员，将自己从繁杂的管理活动中解放出来，并通过总承包模式将大部分风险转移给了项目总承包方。在工程总承包管理过程中，业主只负责整体性、原则性及目标性的管理，这使总承包商能够拥有更多的权利，为其发挥主观能动性创造更多的空间。

雅砻江流域水电开发有限公司在历经下游五个水电站的开发，施工现场蓄积了一大批有经验的水电建设管理精英，对工程管理的介入程度较深，甚至比 DBB 模式下管理得更细更加深入。通常说来，业主越多地介入工程管理，越容易产生经济纠纷和索赔，但由于是总承包管理，业主只关心工程质量和工程安全，对进度尤其是工程成本不再关心，经常组织到大型工程进行调研，力求把其他工程优秀的质量和安全文明施工在杨房沟进行体现，因此在现场管理过程中容易陷入片面强调质量和安全文明施工，发承包方在具体问题上的认同产生差异，对工程的推进有一定的影响。

业主介入具体组织实施的程度较浅，EPC 工程总承包商更能发挥主观能动性，充分运用其管理经验，为业主和承包商自身创造更多的效益。如何建立一种基于合作的柔性化项目管理机制，使项目参与各方相互信任、有效沟通和协调，避免不必要的过度管理，将会大大提高工程建设的效益、效率和项目各参与方的效益。

4.2.4 法律与审计风险

我国 EPC 工程总承包应用范围较广的是合同边界清晰的石化、冶炼、火电等领域，在大型水电站采用这一模式，存在建设周期长、地质条件复杂的实际情况，同时总承包商承担了大部分的合同责任，包括设计责任、招标选择分包商及协调管理责任等，显然这种合同模式对于承包人而言法律风险较大。由于是固定总价合同，结算办理相对简单，因此工程完工审计重点将由传统的业主单位转移到总承包单位，总承包合同实施期间，要求总承包单位对各类合同工程的签证、清理与归档的要求更高，审计风险也大幅增加[10,11]。

5 结 语

作为国内首个采用 EPC 工程总承包管理模式的百万千瓦级水电站项目，它的实施标志着大型水电工程积极探索建设管理模式正式迈步，给水电行业建设管理带来新的建设思路和冲击。由于工程建设本身天然存在复杂性，加之新模式缺乏相关可借鉴的成功经验，项目实施过程中必然难免会出现各类现实问题。营建各方良好的伙伴关系是项目管理成功的基础，不能寄希望用某一种管理模式解决工程实施过程中的所有问题，只有立足现实不断探索创新，本着互相理解、互利共惠的原则，加强沟通与协调，不断消除各类障碍，才能达到预期目标。同样，只有不断总结经验，才能让新的管理模式逐渐走向成熟，从而将国内 EPC 工程总承包管理模式成功推向一个更高的水平。

参考文献

[1] 中华人民共和国建设部. 关于培育发展工程总承包和工程项目管理企业的指导意见 [Z]. 2003-2-13.

[2] 姚颖. EPC、DB、EPCM、PMC 四种典型总承包管理模式的介绍和比较[J]. 中国水运, 2012(12)：106-110.

[3] 王春梅. 现代契约精神的异化与回归[J]. 江汉论坛, 2014(1)：99-102.

[4] 黄文发. 两种理论取向：自律和他律——康德与黑格尔美学思想比较研究[R]. 上海：复旦大学, 2008.

[5] 马景顺. "诚信"的自律与他律研究[J]. 河北法学, 2007, 25(5)：197-200.

[6] 李明明. EPC 工程项目管理模式的研究与应用[R]. 哈尔滨：哈尔滨工业大学, 2007.

[7] 刘会军. EPC 工程总承包项目管理模式的优越性[J]. 中国科技信息, 2014(13)：217-219.

[8] 金国江. EPC 工程总承包项目风险管理研究[R]. 天津：天津大学, 2013.

[9] 国际工程咨询工程师联合会. 设计采购施工(EPC)/交钥匙工程合同条件[M]. 北京：机械工业出版社, 2005.

[10] 李媛. EPC 合同发包人法律风险分析及对策研究[R]. 北京：对外经济贸易大学, 2015.

[11] 向谷峰. EPC 总承包审计特点及完善对策[J]. 财务与会计, 2013(6)：30-31.

浅析工程总承包模式的国际发展与实践绩效

张东成，强茂山，温　祺，夏冰清，安　楠，郑俊萍

（清华大学水沙科学与水利水电工程国家重点实验室，

项目管理与建设技术研究所，北京 100084）

【摘　要】 工程总承包模式在国际市场上经历了几十年的发展和实践，呈现出显著的项目绩效，已经成为一种成熟的工程建设管理模式。本文阐述了工程总承包的国际起源和发展；以美国为例对该模式在各细分市场的发展和实践现状进行了分析；基于大量研究中的项目执行绩效数据对总承包与传统 DBB 两种模式的项目绩效的对比，实证了总承包模式的实践效益。最后，结合我国国情，对国内总承包模式的发展提出了建议。

【关键词】 建设管理模式；工程总承包；国际发展；实践绩效

0　引　言

工程总承包是指从事工程总承包的企业受业主委托，按照合同约定对工程项目的可行性研究、勘察、设计、采购、施工、试运行（竣工验收）等实行全过程或若干阶段的承包[1]。在国际实践中，对于工程总承包模式，除"设计—采购—施工（Engineering-Procurement-Construction，EPC）"之外，还有"设计—建造（Design-Build，DB）"、"交钥匙（Turnkey）"等形式，国际研究和实践中大都将这些视为同一或类似模式。

设计—采购—施工一体化的工程总承包模式源于 20 世纪 60 年代的美国，其出现的背景是[2]：

（1）传统设计与施工相分离的模式中业主对监理方在控制成本和工期方面信心不足；

（2）当工程出现质量问题时，传统模式下的设计方与施工方往往互相推卸责任，业主难以辨别责任方，利益无法得到保障；

（3）在传统 DBB 模式下，当设计工作基本完成后才开始施工招标，导致工程工期较长；

（4）施工方与设计方经常就图纸问题发生争议，影响正常施工；

（5）由于各种原因业主可能无法及时向施工方提供所需的图纸、文件等资料，导致施工方向业主索赔。

在这种情况下，业主希望能够出现一种新型的建设模式，以有效解决上述问题，因此以 EPC 为主要代表的工程总承包模式应运而生。

1　工程总承包模式的国际起源和发展

20 世纪 80 年代以来，在境外建筑市场，工程总承包模式开始得到项目业主的青

基金项目： 国家自然科学基金资助项目（51479100，51779124，51379104）；中国电建集团重大科技专项（SDQJJSKF-2018-01）。

作者简介： 张东成（1995—　），男，博士研究生，E-mail：zhangdc1995@163.com。

昧，并且随着大型建设项目的增加（如电厂、电信项目等），由于这类项目本身技术含量高，各部分之间的联系密切，人们更关注工程的功能指标，业主更希望由一家承包商完成项目的设计、采购、施工和试运行全过程，以发挥全过程优化和一体化协调的优势。因此，总承包模式的工程总量和占总体建筑市场的比例都经历了持续、高速的增长。

下面以英国、美国、日本、新加坡、中国香港、中国台湾等国家和地区为例，阐述工程总承包模式的国际起源和发展[3]。

1.1　英国

据统计，1984—1991 年，英国工程总承包合同的市场份额由 5％增至 15％；20 世纪 90 年代初期到中期，15％～20％的工程采用了总承包模式。根据英国皇家测量师协会和里丁大学的研究，截至 1996 年，总承包模式在英国建筑市场的份额已达到 30％。

1.2　美国

美国的工程总承包模式可以追溯到 1913 年其国内的第一座电灯厂建设工程，早期的总承包工程多为石化工业建厂工程，如化工、矿厂等。但 1968 年后，总承包模式在小规模及简单工程上陆续成功的案例越来越多，19 世纪 80 年代已经扩展到一般工程及公路兴建。

从第二次世界大战结束到 20 世纪 80 年代，美国的财力充足，政府有能力对公共项目直接投资，而且 1972 年《布鲁克斯法案》的规定使得 DBB 成为基础设施的主要建造模式。按照 DBB 模式进行采购的管理体制逐渐派生出庞大的官僚机构，每年高达 3500 亿美元的基础设施维护管理费也使政府背上了不小的负担。20 世纪 90 年代之前，在美国，公共部门采用工程总承包模式进行采购的额度和领域也受到了法律法规的限制。

进入 20 世纪 90 年代以后，总承包模式开始在美国受到重视，1996 年《联邦采购条例》通过了允许公共部门采用两步招标法使用工程总承包模式进行联邦采购的规定，从而在法律上肯定了公共部门的总承包采购模式，于是总承包模式开始逐渐运用到多个领域。据研究者统计，1996 年超过一半的州采用过总承包模式，市场份额占到非住宅建筑市场（2860 亿美元）的 24％。2004 年，美国 16％的建筑企业约 40％的合同额来自总承包模式，5％的建筑企业约 80％的合同额来自总承包模式。工程总承包模式成为发展最快的，并被绝大多数州的公共部门所接受的建设管理模式。总体来看，20 世纪 90 年代以后美国的国内外工程总承包额增长迅速，根据 ENR（Engineering News-Record）对美国工程总承包企业 2003 年营业额前 250 名的排名，国内和国外完成的工程总承包营业额分别为 373.28 亿美元和 162.88 亿美元，总计超过 536 亿美元。

1.3　日本

工程总承包在日本具有悠久的历史，现在许多大型的商社发迹于 17 世纪的木匠工作，主要负责建筑设计。由于木匠在工作成果上自主追求品质至上的荣誉感，促使业主不断委托后续的营建工作。直到 1912 年西方建筑艺术传入日本，才出现了独立设计的建筑师，开始将设计权责从施工范畴加以划分。由于传统的施工者的设计能力在很长时间获得业主的认同，所以设计和施工分离的承包制度在日本并没有得到扩张。

据统计，1989 年许多日本营造商社的承揽量超过 1/3 为总承包工程。2000 年美国设计建造总承包协会（Design-Build Institute of America，DBIA）研究表明，日本有

70％的工程采用总承包模式。随后由于日本境内大兴土木，针对业主部门更为广泛和全面的需求，许多施工承包商不断扩编设计部门，成为更全面的承包商。

1.4 新加坡

新加坡的工程总承包从 1970 年开始，政府尝试以总包方式发包较小规模的项目。在 1970—1990 年，总承包模式的应用案例多为土木工程或一些以营利为目的的工程，属于初期发展阶段。

1990 年年初，新加坡政府决定全面推行工程总承包模式。工程总承包模式在新加坡所有住宅工程中的占有率由 1992 年的 1％开始，增加到 1998 年的 23％以上；在1992—2000 年总承包模式在公共工程中的占有率增长到 16％，在私人工程中的占有率增长到 34.5％。

1.5 中国香港

香港在 1997 年之前长期沿用英国的典章制度。据统计，香港有 9 成以上的民间住宅、商业大楼建筑工程及工业工程采用传统承包制度。这主要是因为香港地价昂贵、开发成本高，民间业主通常针对工程采购类别、承包商经验、财务能力稳定性、技术能力等分别进行多工种的承包商选择，以确保中标对象为有能力履约的承包商。因此，香港民间业主对由单一主体负责施工和设计的模式持观望态度。

20 世纪 80 年代以来，相较于民间工程，采用总承包模式的公共工程发展迅速。几个著名的公共建设工程项目案例如青马大桥、大老山隧道、东区海底隧道基本上都采取总承包采购理念。

1.6 中国台湾

工程总承包模式在我国台湾的实践已经有多年的历史。最早开始于 1973 年的中国造船厂船坞工程，但是随后只有高雄过港隧道工程、台北市区地铁工程等少数案例。这是由于受到建筑相关法律的限制，且欠缺相关的准则可供遵循，使得应用比较少。

1999 年在台湾实施的《政府采购法》明确了工程总承包制度，使得工程总承包制度逐渐被广泛接受，并且在政府公共工程建设中得到广泛的应用。台湾建设的公共工程包括高速公路、机场、大型购物中心、金融大楼、码头、垃圾焚化场等，大都采用了工程总承包模式。据研究者调研，台湾不少公共工程的业主具有高度的意愿采用总承包模式进行项目建设，且台湾工程界认为岛内 87％的公共工程有必要实施总承包模式。

2 工程总承包模式的实践现状及其适应性——以美国为例

由工程总承包模式的国际起源和发展可知，国际工程的总承包市场体量早在 20 世纪 80 年代就开始持续高速增长。进入 21 世纪后，工程总承包模式的国际应用市场发展已经日趋成熟和稳定。根据 ENR 于 2017 年发布的最新数据，全球前 100 名工程总承包公司的营业收入总额累计达到 1030.8 亿美元，市场规模已经相当巨大。

美国工程承包企业和中国企业都是国际建设工程的主力军，研究美国建设管理模式的实践历程和现状对我国有较强的借鉴意义。根据 ENR 于 2017 年发布的数据，全球最大的 250 家国际承包商中，中国企业上榜 65 家，位居第一位，美国企业上榜 43 家，位居第二位。而且，北美的基建市场依然占据着全球 15.5％的份额。同时，美国对工程总承包模式的实践应用已经成熟，是国际市场的典型代表。因此，下文将以美国为例，分别对工程总承包模式在非住宅建筑市场、交通工程市场、水务工程市场等领域的发展和实践现状进行分析和阐述。

2.1 非住宅建筑市场

美国的 RSMeans 咨询团队受美国 DBIA 协会委托，对美国非住宅建筑市场中 DBB、CM 和总承包三种建设管理模式所占的市场份额进行了调研和分析。

该市场调研采集了 2005—2014 年非住宅建筑市场的主要项目数据（采集的样本大约涵盖了美国 95% 的公共项目和 75% 的私人项目，具有极高的样本覆盖率），最终得出 2005—2014 年各种建设管理模式所占的市场份额如表 1 和图 1 所示。

表 1　　　　　　　　　　美国各种建设管理模式占非住宅建筑市场的份额

年　份	总承包（%）	CM（%）	DBB（%）
2005	28	4	68
2006	26	3	71
2007	29	3	68
2008	33	4	63
2009	34	8	58
2010	36	7	57
2011	39	6	55
2012	39	5	56
2013	40	8	52
2014	38	5	58

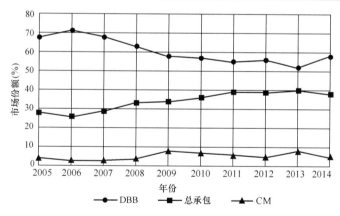

图 1　美国各种建设管理模式占非住宅建筑市场的份额

从数据可见，在经历了 20 世纪 80 年代开始后 20 年的迅速发展之后，2005—2011 年工程总承包模式的市场份额保持着平稳上升的趋势。相比而言，传统 DBB 模式的市场份额则在逐渐下降。2011 年之后，美国非住宅建筑市场中工程总承包模式的市场份额基本稳定在 40% 左右。

根据市场份额和各年市场总规模计算得出的 2005—2014 年美国非住宅建筑领域中工程总承包模式的市场规模如图 2 所示，图中曲线的上下波动受市场总量和总承包模式市场份额的变化共同影响。

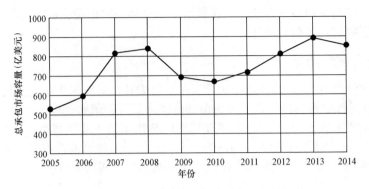

图 2　美国非住宅建筑领域工程总承包模式的市场规模

2014 年，针对非住宅建筑市场的各个细分领域，包括商业建筑、社区、教育、政府、工业、医药、军工、公寓、零售，总承包模式的市场份额如图 3 所示。相比而言，军工、商业和工业建筑领域的市场份额较高，均超过 60%。从各领域市场份额的排序可以看出，项目相对复杂、且规模相对较大的领域，工程总承包模式的应用更加广泛。

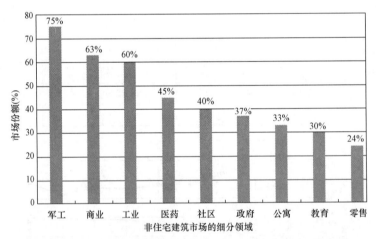

图 3　工程总承包模式在美国非住宅建筑市场细分领域的市场份额

2.2　交通工程市场

在交通工程领域，美国 DBIA 协会 2016 年对美国 35 个州的交通部进行了总承包模式的调研。调研发现，总承包模式在交通工程领域的发展非常迅速，而且仍在持续增长。2002 年，交通部完成的总承包工程项目有 140 个，总额度为 55 亿美元。到 2016 年，交通部完成了超过 1300 个项目，相比 2002 年的项目数量增长率超过 800%，年均增长率超过 17%。2016 年，美国交通工程领域的总市场规模大约为 1000 亿美元，据此可估算总承包模式在交通领域的市场份额已超过 50%。而且，根据对交通总承包工程业主调研的反馈，87% 的受访者表示将来还会再采用总承包模式，只有 13% 的受访者表示将来不再计划采用总承包模式，而其不选择总承包模式的首要原因则是法律地位还不够明确。

由此说明，总承包模式已经在美国的交通工程领域被广泛采用，其成效也在业界得到了广泛认可。并且可以预见，随着法律地位的进一步明确，总承包模式在交通领域的市场份额还将继续上升。

进一步的调查研究表明，采用工程总承包模式的州已经将该模式应用到了各种类型的交通工程项目中，包括高速公路（95％的州）、铁路（9％的州）、桥梁（65％的州）等。调研结果显示，总承包模式的应用在不同交通项目类型之间没有显著差异。总体而言，业主只是更倾向于对 2000 万美元以上的大项目选择采用总承包模式。

2.3 水务工程市场

水务工程包括污水处理、雨水管理、输水工程等。1970—2000 年，美国的水务工程主要通过 DBB 模式进行建造。从 2000 年开始，总承包模式在水务工程领域得到快速应用和发展。一方面，是因为总承包模式的成本节省和风险规避效应在交通工程领域起到了充分的示范作用；另一方面，进入 21 世纪后，水务工程变得越来越复杂，运营成本不断上升，出于降低成本、规避风险的考虑，各个州的立法明确规定了总承包模式在水务工程领域的法律地位，推动了总承包模式在水务工程领域的发展。

为了充分掌握总承包模式在水务工程市场中的应用实践现状，美国的水务总承包委员会调研了 2013—2016 年主要水务工程供应商的项目数据和国家层次的水务工程项目数据。结果显示，2013—2016 年总承包项目数量在平稳增加，如图 4 所示，每年大约开工 100 个项目，总合同额大约为 182 亿美元，其中 2016 年总承包项目数量最多，达119 个。

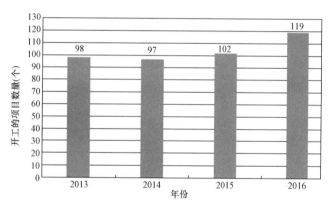

图 4　美国水务工程领域采用总承包模式的项目数量

在调研过程中发现，采用新技术或者复杂技术组合的水务工程项目更倾向于选择总承包模式。而且，当面临着必须快速完工的政府管控和市场需求压力时，水务工程项目会更多地采用总承包模式。

3　工程总承包模式的实践绩效

随着总承包模式在国际市场的蓬勃发展，许多相关的行业协会、研究机构对采用总承包模式和传统建设模式的项目进行了调查和对比研究，以实证总承包模式的实践绩效。

从 20 世纪 90 年代开始，国际理论界对工程总承包的实证研究成果，揭示了采用工程总承包模式的项目总体执行绩效高于其他模式。这些研究成果主要来自下述行业协会和研究机构：美国设计建造学会、美国建筑业学会、美国科岁拉多大学、香港大学、香港理工大学、英国皇家特许测量师学会、英国雷丁大学的工程管理学者。从研究结果来看，基本上印证了工程总承包模式倡导者的观点，即采用总承包模式建设的项目，与传统建设模式相比，的确在工期、费用、质量等方面有一定的优势。

在众多的研究中，研究规模较大、内容较全面、数据较客观、研究方法相对可靠的是美国宾夕法尼亚州立大学 Sanvido 教授团队所做的研究。Sanvido 教授负责美国宾夕法尼亚州立大学的建筑工程项目，在建筑工程领域做了大量的科研工作。为探究管理模式对工程项目绩效的影响，他专门成立了项目交付研究所（The Project Delivery Institute），研究和对比了工程建设中总承包、DBB 和 CM 三种主要管理模式对项目绩效表现的影响，得到了学术界和业界的广泛认同。该研究采集了美国 351 个建设项目的成本、进度、质量等数据，进行了全面的研究分析。研究表明，总承包模式在工期和成本方面比传统的 DBB 模式具有显著优势，具体表现为在交付速度上快 33.5%，在成本超支上低 5.2%，在工期延误程度上低 11.37%，此外总承包模式与传统模式相比质量绩效表现相同甚至更好[4]。

美国建筑业学会（Construction Industry Institute，CII）也通过调查大量的工程项目，对比了总承包、DBB 模式下的项目绩效。CII 主要采用了描述性统计方法，对所收集的项目信息进行统计分析。结果显示，从业主角度看，总承包项目在成本、进度、变更、返工等方面的绩效表现均比 DBB 项目好。

此外，部分类似研究的简要介绍和主要发现见表 2[5]。由表 2 可知，几乎所有研究者的实证研究都表明总承包模式在缩短工期方面相比传统的 DBB 模式有优势；在成本方面，大部分的实证研究也表明总承包模式可以更有效地避免项目成本超支，但也有两项研究发现，在某些项目中总承包模式的成本超支比 DBB 模式更高。

表 2   **总承包模式与 DBB 模式的绩效对比研究**

研究者	建设管理模式	采样规模	项目类型	工期	成本	绩效研究结果说明
Roth（1996）	总承包	6	海军儿童护理设施	N/A	C—	总承包模式的超支情况要低于 DBB 模式
	DBB	6				
Songerand（1996）	总承包	108	工业厂房，楼房，高速公路	T—	C—	成本节省和工期缩短是选择总承包模式的主要考虑因素
	DBB	N/A				
Molenaar（1999）	总承包	104	工业厂房，楼房，高速公路	T—	C—	59% 的总承包项目节省了 2% 以上的预算；77% 的总承包项目加快了 2% 的进度
	DBB	N/A				
Ibbs（2003）	总承包	24	楼房	T—	C+	总承包项目的成本超支比 DBB 项目高 7.8%，工期快 2.5%
	DBB	30				
Warne（2005）	总承包	21	高速公路	T—	C—	76% 的总承包项目提前完工；总承包项目的固定总价更高，成本超支更少
	DBB	N/A				
FHwA（2006）	总承包	11	高速公路	T—	C+	总承包项目的成本超支比 DBB 项目高 3.8%；总承包项目的工期延误比 DBB 项目低 9%
	DBB	11				
Darren（2009）	总承包	38	海军军工设施	T—	C—	总承包项目的工期延误程度更低，成本超支更少
	DBB	39				

注 表中，"T—"表示总承包模式的工期缩短，"T+"表示总承包模式的工期延长；"C—"表示总承包模式的成本超支减少，"C+"表示总承包模式的成本超支增加；N/A 表示未做对应研究。

4 结 语

工程总承包模式在国际市场上经历了几十年的发展，已成为一种成熟的建设管理模式。在市场份额上，根据对美国工程承包市场的分析，总承包模式的市场占有率已经达到了较高水平，部分细分市场的份额超过 50%，成为了主流的工程建设管理模式。实践表明，工程总承包模式较适用于建设过程相对复杂、且投资规模较大的工程建设领域（如军工、化工、石油、电力、大型交通工程、大型水务工程等），尤其是涉及复杂的技术组合、专业要求高、管理难度大的项目。在实践绩效上，根据大量实证研究结果，工程总承包模式的绩效表现优于 DBB 模式已经得到绝大多数研究者和业内人士的认可，这些研究成果为总承包模式的进一步广泛应用提供了坚实的理论基础。

目前，工程总承包模式在中国国内的实践应用还不够广泛。在"一带一路"和中国承包商"走出去"的战略大背景下，根据总承包模式在国际工程市场上的发展规律和绩效表现，中国大力推进工程总承包模式的发展已是必然选择。而且，根据国际市场的实践经验，应在项目复杂、且规模较大的领域重点加强总承包模式的应用，以规避风险、提高绩效，以水利水电工程为代表的基础设施项目最为适合，也给水电企业提供了难得的机遇，对其能力培养构成了挑战。同时，对国内项目政府应当进一步完善法律法规，明确总承包模式的法律地位和实施方案，这样才能打消企业的顾虑，为总承包模式在国内市场的落地提供法律保障。

参考文献

[1] 刘洋，甘明，杨宁. 工程总承包项目管理的技术要点探究[J]. 丝路视野，2017（31）：106-106.

[2] Florida Institute of Consulting Engineers. Design/Build for Design Firms. American Consulting Engineers Council，1991.

[3] 夏波. DB 模式应用的问题与对策研究[D]. 杭州：浙江大学，2006.

[4] Konchar M，Sanvido V. Comparison of US project delivery systems[J]. Journal of construction engineering and management，1998，124(6)：435-444.

[5] Hale D R，Shrestha P P，Gibson Jr G E，et al. Empirical comparison of design/build and design/bid/build project delivery methods[J]. Journal of Construction Engineering and Management，2009，135(7)：579-587.

中国水电行业建设管理模式发展历程与趋势分析

郑俊萍[1]，莫永彪[2]，强茂山[1]

（1. 清华大学水沙科学与水利水电工程国家重点实验室，项目管理与建设技术研究所，北京 100084；2. 中国水利水电第七工程局有限公司，四川成都 610081）

【摘　要】 中华人民共和国成立以来，我国水利水电建设体制经历了从自营式、招标承包与业主责任制到项目法人责任制的变革。伴随着水电建设管理体制的改革，水电开发与建设管理的模式也发生了巨大的变化。本文系统总结了我国水利行业建设管理体制的变迁及管理模式的发展历程，从市场需求变化、新模式绩效与政府改革等层面分析了建设管理模式发展背后的驱动因素。在此基础上，提出了未来水电行业建设管理模式社会化、专业化和一体化的创新发展方向。

【关键词】 水电行业；建设管理模式；发展历程；趋势

0　引　　言

近代项目管理科学起源于 20 世纪 40 年代，60 年代美国在阿波罗登月计划中运用关键路径法（Critical Path Method，CPM）和计划评审技术（Program Evaluation and Review Technique，PERT）取得成功后，项目管理开始风靡全球。工程项目的管理模式是指项目实施的基本组织模式以及各参与方在项目实施过程中所扮演的角色及合同关系，项目管理模式确定了工程项目管理的总体框架、项目参与各方的职责、义务和风险分担，因而在很大程度上决定了项目的合同管理方式及建设速度、工程质量和造价，对项目的成功至关重要[1]。

随着社会的发展，市场需求日新月异，项目管理的理论和技术不断发展，业主和建设企业等项目各干系人在工程项目中扮演的角色也不断转变，从而衍生出各类不同的建设管理模式。研究我国水电行业管理体制变迁、建设管理模式发展历程对企业更好地适应时代需求、准确把握未来建设管理模式的发展方向、合理科学决策具有现实意义。

1　建设管理体制变迁

我国水利水电工程管理体制与我国的投资体制和管理制度的改革同步发展。随着计划经济向市场经济的过渡，我国水利水电工程建设体制的变迁大体上经历了自营式管理、招标承包与业主责任制和项目法人责任制三个阶段[2]。

1.1　自营式管理

自 1949 年起，我国水利水电工程建设采用自营式管理。自营式是由国家拨款，国

基金项目： 国家自然科学基金资助项目（51479100，51779124，51379104）；中国电建集团重大科技专项（SDQJJSKF-2018-01）。

作者简介： 郑俊萍（1995—　　），女，博士研究生，E-mail：18800114799@163.com。

营工程局施工，由工程局全权负责建设资金的使用，工程建设的进度、质量和成本的控制。在管理上经行政任命由政府组建的工程建设指挥部进行项目管理，并通过行政命令直接指定或成立设计及施工单位，指挥部与设计、施工单位之间不存在经济合同关系，工程竣工后，由政府行政主管部门直接或另行成立单位负责运行管理[2]。自营式建设模式在当时特定的计划经济条件下发挥出很大的作用，但在计划经济向市场经济转型期，由于责权利不清，也造成了极大的资源浪费。

1.2   招标承包与业主责任制

20 世纪 80 年代初修建的鲁布革水电站，在世界银行的推动下，我国引进了国际上通行的招标承包和业主管理为中心的建设管理模式，大大缩短了工期，节约了成本，呈现出显著的管理绩效。随着改革开放的不断深入，以鲁布革工程为启迪，水利水电建设工程积极利用外资并引进国外的先进技术和管理经验。在学习借鉴国外管理经验的基础上，我国水利水电项目建设管理逐步突破以行政手段管理为主的传统模式，出现了多种新的管理形式。1984 年六届人大二次会议的《政府工作报告》明确提出了投资包干责任制的招标承包制，同时对有偿还能力的项目按照资金有偿使用原则实行拨改贷，通过签订投资包干协议，由建设单位代替国家负责全面的工程建设。1992 年 8 月，邹家华在全国基本建设项目管理座谈会上指出：建设项目要实行业主责任制[3]。招标承包制将竞争机制引入了工程建设，是建设管理体制变革的一项重大举措。业主责任制以工程项目为对象，以项目业主管理为基础，以取得综合经济效益为中心的市场管理制度，是水利水电工程从自营式向项目法人责任制转变的过渡阶段。业主责任制并未明确业主的地位，对承担相应职能和责任的对象没有做出清晰的界定。

二滩水电站是世界银行助推中国水电国际化改造的第二个有重大影响的项目，采用国际竞争性招标，在建设中实行了"四制"管理，即业主责任制、工程招标制、工程监理制、合同管理制。1989 年，二滩水电开发公司（雅砻江流域水电开发有限公司的前身）成立，并作为二滩项目的业主，负责水电站建设，在电站建成后负责经营管理并偿还贷款；1993 年 11 月雅砻江截流后，二滩建设遇到了后续资金供给的问题，世界银行对业主公司应建立与国际接轨的企业制度和组织机构提出了要求；随着 1994 年《公司法》的颁布，1995 年 2 月原二滩水电开发公司改组为二滩水电开发有限责任公司，二滩水电开发有限责任公司董事会宣告成立，并召开了第一次会议[4]。自此，公司向现代企业制度迈出了重要一步。二滩水电开发公司按照建立现代企业制度的要求，改造和组建项目法人单位，标志着真正意义上的项目业主开始出现。

二滩工程是 20 世纪建成的中国最大的水电站，取得了多个世界第一的成就。中国水电在参建过程中从世界银行和国际承包商身上学到了国际先进的项目管理体系和经验，开始接触业主、承包商、监理等各方利益主体责权利分配的规则。二滩工程的成功标志着中国水电的建设管理水平迈上了一个新的台阶。

1.3   项目法人责任制

1995 年 4 月 21 日水利部以"水建〔1995〕128 号"通知发布《水利工程建设项目管理规定（试行）》明确提出："水利工程建设项目要推行项目法人责任制、招标投标制、建设监理制，积极推行项目管理"，生产经营性的水利工程建设项目要积极推行项目法人责任制，其他类型的项目应积极创造条件，逐步实行项目法人责任制。随后 1996 年国家发改委以"计建设〔1996〕673 号"文印发《关于实行建设项目法人责任制的暂行规定》的通知进一步明确了项目法人责任制的地位。项目法人责任制在水利水电工程建设中的推行，解决了工程建设中责任缺位的问题，是建设管理体制改革中的一大成果。然而在实践过程中仍存在各方主体责任不明确，过程无法得到有效控制的现象，从而导致资源浪费与质量安全等问题。为更好地贯彻落实项目法人责任制，"代建制"应运而生。2004 年 7 月，国务院发布的《关于投资体制改革的决定》提出了加快推行"代建制"的意见。所谓"代建制"，是指政府通过招标等方式，选择专业化的项目管理单位（代建单位），负责项目的投资管理和建设实施的组织工作，严格控制项目投资、质量和工期，项目建成后交付使用单位的制度。对政府投资的水利工程项目特别是非经营性水利工程项目实行代建制，将项目建设管理任务交由专业化的代建单位，有利于充分发挥市场的资源配置作用，提高投资项目管理的专业化水平，提高管理效率。

南水北调工程即为积极探索和推行代建制建设管理模式的典型代表。在南水北调主体工程建设中，南水北调工程项目法人（以下简称"项目法人"）通过招标等方式择优选择具备项目建设管理能力，具有独立法人资格的项目建设管理机构或具有独立签订合同权利的其他组织（项目管理单位），承担南水北调工程中一个或若干个单项、设计单元、单位工程项目全过程或其中部分阶段建设管理活动的建设管理模式。项目管理单位在合同约定范围内就工程项目建设的质量、安全、进度和投资效益对项目法人负责，并在工程设计使用年限内负质量责任[5]。代建制管理模式的关键优势在于采用市场机制通过招标的方式选择优质的代建单位。为此，南水北调工程采用了相对严格的代建单位选拔机制。通过实施代建制，招标选择具有资质和经历的社会专业化队伍和管理资源组织管理南水北调工程建设，有效弥补了建设高峰期项目法人建设管理力量的不足，减少了项目法人（项目管理单位）需要直接派往现场的管理人员，减轻了项目法人（项目管理单位）在工程建成后运营期内安置管理人员的负担，同时也充分调动了地方和专业化队伍的积极性。

2　建设管理模式发展历程

随着水利水电建设管理体制的改革，水电开发与建设管理的模式也同步发展。

2.1　设计—招投标—施工模式

我国水电建设领域占据主导地位的是以业主为主的设计—招投标—施工（Design-Bid-Build，DBB）模式，DBB 模式于 20 世纪 80 年代从国外引进，至今已有 30 余年。

在 DBB 模式下，业主委托咨询单位进行可行性研究等前期工作，在完成项目评估立项后再进行设计工作，在设计阶段进行施工招标文件准备，之后通过招投标选定施工承包商。业主自身组建项目管理部，分别与设计方签订设计合同，与工程承包商签订施工承包合同，与监理公司签订工程监理合同，有关工程部位的分包和设备、材料的采购一般由承包商与分包商和供应商单独订立合同并组织实施。国内的大多数水利水电工程建设项目都采用了这种模式，具体组织形式如图 1 所示。

DBB 模式对业主的项目管理部提出了较高的能力要求，需配备足够数量的管理和技术专业人员，同时由于各合同方之间缺乏有机联系，还要耗费大量的精力去全程参与协调和平衡各方关系。因此，该组织模式一般适用于业主方人员充足且具备相应的专业技术能力，且小型的、专业结构单一的、资源调配关系不复杂的项目[6]。相对于工程承包商而言，这种模式管理最简单，风险最少；而相对于业主而言，管理要求更复杂、更高，风险承担也更多。

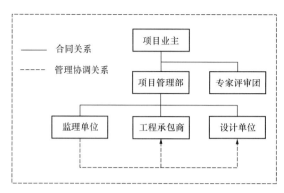

图 1　传统的 DBB 工程承包模式

注：以下各管理模式图中实线、虚线含义均与此图相同。

2.2　管理型承包模式

随着工程管理的实践，人们逐渐发现 DBB 模式的弊端，创新和发展工程交易方式的呼声越来越高。采用快速跟进模式，衔接设计与施工阶段的建设管理模式适应了市场需求；由业主通过招标聘请专业的项目管理承包商对项目全过程进行专业化管理的项目管理承包模式逐渐推广。

1. 建设管理模式

建设管理（Construction Management，CM）模式 20 世纪 60 年代发源于美国，1994 年 8 月，同济大学丁士昭教授首先在全国项目管理研讨会上提出"中国建筑要走国际化道路，应采取多项措施"，其中之一就是引进和推广 CM。CM 模式就是采用快速跟进（对项目阶段采用平行搭接的）方式进行，从项目开始阶段就雇用具有丰富设计和施工经验的 CM 单位参与到建设工程实施过程中，以便更好地协调设计、施工的关系，从而缩短工程从规划、设计到竣工的周期，节约投资成本，减少投资风险，并较早地取得收益。

常见的 CM 模式有两种（见图 2）：第一种为代理型建设管理（Agency-CM）模式，CM 经理是业主的咨询和工程管理的代理，业主需在各施工阶段与承包商签订工程施工合同；第二种为风险型建设管理（At-Risk-CM）模式，CM 经理同时扮演施工总承包商的角色，业主与 CM 单位签订 CM 合同，而与大部分分包商或供货商之间无直接的

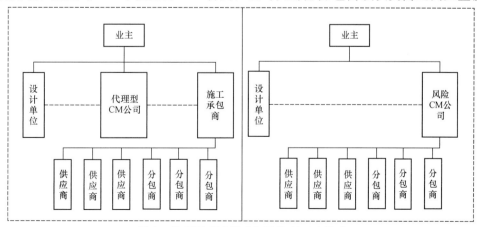

图 2　代理型 CM 模式与风险型 CM 模式

29

合同关系。因此，后者对业主来说，合同关系简单，对各分包商和供货商的组织协调工作量较小。

2. 项目管理承包模式

项目管理承包（Project Management Contract，PMC）模式出现于 20 世纪 70 年代中后期，现已成为国际上应用较为广泛的大型建设项目管理和承发包模式之一。PMC 模式在我国的应用则以 2003 年建设部出台的《关于培育发展工程总承包和工程项目管理企业的指导意见》为起始标志，是近年来我国鼓励和推行的项目管理方式之一。

PMC 模式是指业主聘请专业的项目管理公司，按照合同约定，代表业主在项目组织实施的项目全过程或若干过程中提供项目管理服务（见图 3）。具体工作内容可以包括：在工程项目决策阶段，为业主编制可行性研究报告，进行可行性分析和项目策划；在工程项目实施阶段，为业主提供招标代理、设计管理、采购管理、施工管理和试运行（竣工验收）等服务，代表业主对工程项目进行质量、安全、进度、费用、合同、信息等管理和控制。此外，还可以负责完成合同约定的工程初步设计（基础工程设计）等工作[7]。根据 PMC 的工作范围，一般可分为三种类型。

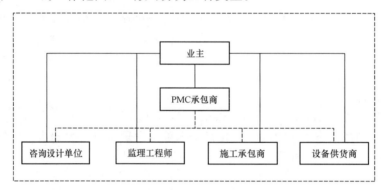

图 3　PMC 模式各方关系图

（1）项目管理承包，同时还承担项目的设计工作（初步设计工作或全部设计工作）。这种方式对 PMC 来说，风险高，相应的利润、回报也较高。

（2）项目管理服务，管理 EPC 承包商而不承担具体的 EPC 工作，相应的风险和回报都较上一类低。

（3）与业主合作共同管理，在业主的领导下对项目进行监督、管理，及时向业主汇报。这种 PMC 模式风险最低，但回报也低。

2.3　建设总承包模式

工程建设总承包是指"从事工程总承包的企业受业主委托，按合同约定对工程项目的勘察、设计、采购、施工、试运行（竣工验收）等实行全过程或若干阶段的承包"，其本质内涵是设计施工的一体化。自 1984 年国务院颁发《关于改革建筑业和基本建设管理体制若干问题暂行规定》后，我国开始推行工程总承包。住建部等相关部委 30 年来先后出台了一系列规定、办法或指导性文件，大力推动工程总承包在我国工程建设领域的应用。

在水电行业中常用的总承包模式包括设计—采购—施工总承包模式、设计—建造模式和建造—运营—移交模式等。

1. 设计—采购—施工总承包模式

设计—采购—施工总承包（Engineering-Procurement-Construction，EPC）模式20世纪60年代起源于美国，是一种典型的总承包管理模式。随着EPC管理模式设计、采购、施工一体化管理的优势日益凸显，我国国内EPC总承包工程的比例也在逐年增加。

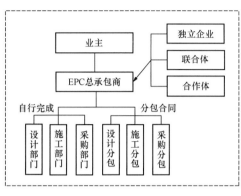

图4　EPC项目管理模式

EPC模式组织形式如图4所示。在EPC模式下，项目投资人（业主）与EPC承包商签订EPC合同，业主只需说明其投资意图和产品要求，EPC承包商即负责从项目设计、采购到施工的全面服务和管理。EPC模式的组织形式较为灵活，可以根据项目的复杂程度和企业的技术能力选择适应的组织方式：一是既有设计力量，又具有施工力量，可独立地承担建设工程项目设计、施工、采购全部任务的企业作为EPC总承包商，此为典型的模式；二是由设计单位和施工单位为一个特定的项目组成联合体或合作体承担建设工程项目的总承包任务，这种联合体或合作体依托项目成立，待项目结束后即解散；三是由施工单位承担建设工程项目总承包的任务，设计单位作为分包商承担其中的设计任务；四是由设计单位承接建设工程项目总承包的任务，施工单位则作为分包方承担其中的施工任务[8]。

2. 设计—建造模式

设计—建造（Design-Build，DB）模式是工程总承包模式的一种，其组织形式如图5所示。一般定义认为，业主将设计和建造的任务同时发包给一个总承包商，承包商负责组织项目的设计和施工，DB与EPC合同的差别主要是缺少采购职能。在这种模式下，项目原则确定后，业主只需选定一家公司负责项目的设计和施工，业主重在产品是否符合需求，而不参与设计与施工之间的关系协调。采用DB模式，避免了设计与施工的矛盾，可以显著减少项目的成本和工期，保证业主关注高质量的工程产品。

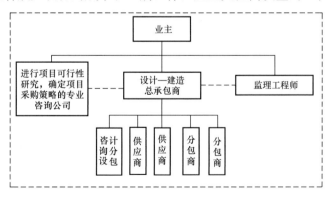

图5　DB项目管理模式的组织形式

3. 建造—运营—移交模式

建造—运营—移交（Build-Operate-Transfer，BOT）模式于20世纪80年代在国外兴起，是指依靠私人资本进行基础设施建设的一种融资和建造的项目管理方式，其参与各方的关系如图 6 所示。政府部门就某个基础设施项目与项目公司签订特许权协议，授予签约方的项目公司来承担该项目的投资、融资、建设、运营和维护，在协议规定的特许期限内，许可其融资建设和经营特定的公用基础设施，并准许其通过向用户收取费用或出售产品以清偿贷款，回收投资并赚取利润；政府对这一基础设施有监督权和调控权，在特许期满时，签约方的项目公司将该基础设施无偿移交给政府部门[9]。在国际融资领域，BOT 模式不仅仅包含了建设、运营和移交的过程，更被视为项目融资的一种方式。通过项目融资方式进行融资时，银行只能依靠项目资产或项目的收入回收贷款本金和利息，如果项目失败了，银行可能无法收回贷款本息，因此项目结构往往比较复杂。为了实现这种复杂的结构，需要做大量的前期工作，所以 BOT 项目前期费用较高。

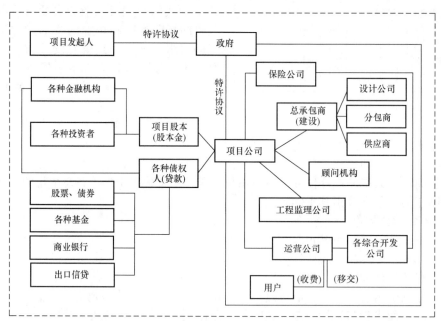

图 6　BOT 模式参与各方关系

3　建设管理模式变迁的驱动因素与发展方向

3.1　建设管理模式变迁的驱动因素

工程建设管理从最初的指挥部管理模式，到传统的设计与施工相分离的 DBB 模式，再到包括 CM、PMC 模式的管理型承包模式、以及包括 EPC、DB、BOT 模式在内的建设总承包模式，多种因素驱动着建设管理模式的变化和发展。这些因素可以归结为以下三类。

1. 市场需求变化呼唤模式创新

随着社会的发展，项目建设大型化、复杂化成为主流趋势，项目的融资需求、复杂性和风险也在不断增大。同时，市场竞争日益激烈，市场经济的发展使得业主的角色逐步向项目投资人的角色转变，更注重投资价值回报和项目的商业运作。与此同时，建筑企业在做大做强中成长，技术力量和资质水平提高，并通过合并重组、收购并购等方式，获得了工程咨询、勘察设计、施工、设备供应、项目运营等方面的资质，具备了一体化管理和实施项目的能力。在此背景下，项目投资人更愿意将部分职能、建设风险和相应利益转嫁给有能力的承包人，以简化自身管理工作，并得到更全面、更高效率的服务，更好地实现建设工程预定目标[6]。

2. 模式的绩效推进自身的持续创新

发展出的新模式更好地适应了项目和各参与方的需求变化，高效集成资源带来的项目增值成为模式持续发展的源动力。以工程总承包为例，在于通过将设计和施工发包给一个承包主体，实现了设计、采购、施工的深度融合，为总承包商优化工程提供了平台和空间，激发了设计施工总承包商优化工程的积极性，最终使项目产生明显的增值效果。

3. 政府改革引导模式创新

政府对建设管理体制、政策法规与时俱进的改进和完善成为了建设模式持续发展的引导力。不同模式的标准合同范本的完善为新模式的推行提供了基础保障；现行体制改革与法规完善适应了不断发展的建设模式，从而促进新模式在实践中的应用与推广；而法律法规与政策的强制执行力则能进一步确保新模式的顺利推行。

3.2 建设管理模式发展方向

在上述因素的驱动下，建设管理模式不断创新，持续朝着社会化、专业化和一体化的方向发展。

1. 社会化

由于政府投资建设项目的绩效难以评估，政府机构垄断政府投资类项目，不利于市场竞争体制和规范监督机制的建立，因此项目管理市场化改革势在必行。改革的总体趋势是，政府逐渐从项目管理中淡出，只承担投资人的角色，在一些大型工程中引进私人资本，使专业的管理机构成为了项目的主要管理者。与此同时，私人投资逐渐取代国际金融机构和各国政府投资，成为建筑市场的主要发包人。

2. 专业化

随着建设工程日趋大型化和复杂化，业主为实现建设工程预定的目标，希望得到全方位、全过程和单一主体的项目管理服务，为更好地满足业主的各种需求，建设项目管理的专业化成为发展趋势。专业化具体表现为建立合理完善的制度，明晰项目实施过程中每个单位及部门的责任、权利，使管理程序朝着标准化和流程化的方向发展，使项目得到有效运作，从而使项目管理效率和项目绩效不断提升。

3. 一体化

所谓"一体化"，包括设计、采购、施工的一体化及项目各参与方目标的一体化等。在传统的工程建设管理模式下，业主缺乏专业的管理队伍、管理经验和管理手段，容易引起管控失误。而监理单位职责单一，无法为业主提供全方位、全过程服务，导致项目管控的"碎片化"。一体化模式对工程项目全寿命周期集成，进行策划、协调和控制，使项目在预定的建设期限内、在计划的投资范围内顺利完成建设任务，并达到所要求的工程质量标准，满足投资商、工程项目经营者以及最终使用客户的需求[10]。业主把项目管理的日常工作交给专于此道的责任主体，自身可以把主要精力放在资金筹措、市场开发及自己的核心业务上。

4 结 语

建设管理模式对建设工程的规划、控制、协调起着十分重要的作用，是决定项目成功与否的关键。任何建设管理模式都有其优缺点和适用性，对于特定的建设项目，应充分考虑工程的阶段性和专业性等特点，根据业主的要求，可针对不同的项目、不同的行业选择不同的管理模式。就总体趋势而言，项目管理模式向着总承包、一体化的方向发展，总承包模式越来越受到政府、相关企业的青睐。工程项目管理模式还需依靠健全的法制、完善的市场竞争机制和规范的各方行为来支撑，才能真正发挥应有的作用。

参考文献

[1] 纪续. 公路工程施工企业的项目化管理——以济南金日公路工程有限公司为例[D]. 济南：山东大学，2008.

[2] 陈志鼎，郭琦. 水利工程项目代建制建设管理模式探讨[J]. 人民长江，2006(6)：84-85.

[3] 赵银亮. 浅析社会公益性水利工程项目管理体制[J]. 人民黄河，2004(2)：18-19.

[4] 范贵华. 中国水电开发与建设模式创新研究[D]. 成都：西南财经大学，2005.

[5] 国务院南水北调工程建设委员会办公室. 南水北调工程代建项目管理办法(试行)[Z]. 2004-11-24.

[6] 姚颖. EPC、DB、EPCM、PMC 四种典型总承包管理模式的介绍和比较[J]. 中国水运(下半月)，2012(10)：106-108.

[7] 中华人民共和国住房和城乡建设部. 关于培育发展工程总承包和工程项目管理企业的指导意见[Z]. 2003-02-13.

[8] 冯新红. 火电工程管理模式的选择及评价方法的研究[M]. 北京：机械工业出版社，2004.

[9] 金永祥. 公用事业特许经营与产业化运作[D]. 成都：西南财经大学，2005.

[10] 雷永勤. 工程建设项目管理体制(模式)探讨[D]. 西安：西安理工大学，2005.

浅谈项目策划对项目实施的重要性

李志明，韩　洋，辛玉宽，宋丽丽

（中国电建市政建设集团有限公司，山东德州 253000）

【摘　要】面对水电行业的不断发展，日趋复杂的市场环境和施工条件，对于以项目为主要产品的施工企业迎来更多机遇与挑战。本文通过对公司实施的两个不同类型项目案例的策划思路与实施过程进行论述，证明项目策划对于项目实施的重要性。希望通过本文对项目策划及落实过程的分析和总结，能够实现工程项目实施的"复制"，为后续新开项目的施工提供借鉴与参考。

【关键词】水电工程施工；项目策划；举例论证；船闸一字门；引水压力管道

0　引　言

随着水电市场的发展，施工企业施工项目逐渐增多，项目实施过程存在的问题也就是企业生存发展遇到的问题[1]。当前施工企业面临的主要问题有：项目地点分布在世界各地，项目建设与实施环境日趋复杂多变，风险越来越大；项目中标价格低，合同条件苛刻，甲方背景复杂，人员变动频繁，存在较大不确定性；项目管理人员短缺；如何使企业的标准和程序在项目上"落地"，保证项目提质增效等。总公司、分公司、项目部协同做好项目实施策划，把工程项目实施的重点工作有针对性策划、有验证、有分解、有落实地完成，把科技创新应用到项目实施过程中，是施工企业解决上述问题的方案，确保项目顺利实施，完成项目履约，最终实现企业效益的基础与保障。

1　项目策划的重要性

企业发展与生存的核心要素是规模、效率与效益，施工企业的主要产品是项目，所以，企业发展的目标就是：持续提升市场开发能力，保证项目数量快速增长；采取先进的方法，强化项目管控，提高项目过程的效率与效益。而要做好项目管控，使项目各项工作在受控状态下完成，首先要进行项目策划，项目策划是项目顺利实施的基础与保障[2]。

1.1　项目策划的实现

项目策划原则：全面策划；简单实用。

对于工程项目策划，首先，根据合同任务与工程条件确定总体策划方案与策划重点[3]，并对总体策划方案应用样板模型或方案对比论证等方法进行验证，确保整体策划的可行性；其次，在项目实施过程中，对整体策划进行分解形成各个详细策划方案，确保整体策划的实施与落实。

作者简介：李志明（1985—　），男，工程师，E-mail：125057145@qq.com.

1.2 项目策划的思路

项目策划的思路如图1所示。

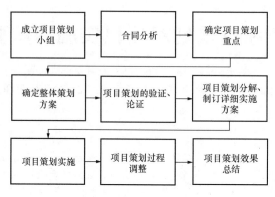

图1 项目策划思路图

2 案例分析与论证

2.1 案例一：水电站船闸下闸首一字门制造项目

乌江银盘水电站船闸下闸首一字门制作工程项目，对于本工程项目合同任务进行分析如下。该闸门设计尺寸为41.0m×14.8m×2.1m（高×宽×厚），是水电站水工金属结构产品类别中的超大型尺寸闸门，据水利部长江水利委员会长江勘测设计研究院统计，是迄今全国最大的船闸一字闸门。由于其具有超大的外形尺寸，制作过程影响因素多，质量管理显得尤为重要，相对质量要求较高。项目管控重点是在整体组装中对于闸门公差的控制，保证闸门的安装和整体使用性能（见图2）。

图2 船闸一字门制造过程

项目策划重点是对于制作工艺的策划，一字门属于平面闸门，平面闸门的加工精度的实现首先需要设计制作高精度的超大型一字闸门制作专用胎架；其次考虑整体闸门重量达到 500t，需要根据制作场地内起重机械性能、现场安装条件及方便运输等因素提出合理分节尺寸；最后根据一字门制作过程中焊缝较多，需要制定科学的拼装、组焊工艺，严格把控施工中焊接变形，提高闸门的焊接质量，保证一字门的整体制作质量，并减少门叶翻身焊接工序，作为施工过程的安全措施。

根据设计图纸按照一定比例制作一字门各部件样板，按照策划内容模拟真实的组装顺序和工艺，检查和验证项目整体策划的可行性，对于模拟过程发现的问题及时对策划进行修改完善。

对整体策划进行任务分解，根据策划内容项目部先后制定《银盘水电站船闸下闸首一字门制作方案》《银盘水电站船闸下闸首一字门焊接作业指导书》《银盘水电站船闸下闸首一字门专项吊装方案》等具体实施方案，并在实施前对车间班组进行方案交底，保证一线员工了解一字门制作过程的难点、重点及工艺，最终保证项目策划的"落地"。

策划效果验证，通过策划实施，制作过程优化为一次装配整体焊接，同时加强过程焊接的质量控制，制作完毕尺寸精度经检测完全符合设计图纸要求，一、二类焊缝一次探伤合格率达 98%，止水座面的平面度验收一次合格，保证了闸门的运行性能和止水效果。同时，该方案的采用大大缩短了制作周期，提高了生产效率，减少了不安全因素，降低了工程成本，保证了闸门的整体精度，保证了施工安全，提高功效 2 倍以上，实现直接经济效益 50 万元，经安装运行验证，使用效果良好。

策划知识管理，将一字门良好的加工制作工艺整理总结，形成《水电站船闸下闸首超大型一字门制作施工工法》，已获得中国水利工程协会工法，将为企业今后类似工程项目提供翔实的技术和施工经验。

2.2　案例二：水电站引水压力管道安装项目

千丈岩梯级水电站金属结构安装工程项目，经过对于安装现场深入踏勘及合同任务分析，该项目主要工程量及工程难点在于第五级电站。五级站工程特点：压力管道沿着陡峭山体分布，最大坡度达 43.48°，最小坡度为 21.5°，管线在 9 号镇墩处有空间转角，厂房设在与五级站前池相对的鱼千河岸，跨河段管道通过高支墩栈桥架设过河。压力钢管及附属件经唯一水路通道运输，存放在厂房河床底部。管线坡度大，地势复杂，大部分管道基础地势为高陡坡、高支墩，支墩最高达 6m，安装空间狭小，甚至压力管道沿线无施工便道，运输车辆及起重设备无法进场。以往施工项目中没有类似施工经验可以借鉴。

项目策划重点在于工程实施方案的策划，如何在有限的工期内，保证安全和质量的前提下完成压力钢管的转运和安装成为项目策划的关键。

五级站管线恰布置于山体山脊，根据现场环境策划 3 种实施方案。

方案 1：小车轨道转运，倒挂管道安装方案。

方案 2：修筑施工道路，应用起重机械安装方案。

方案 3：借鉴矿山行业的运输索道，利用索道吊装压力管道转运及安装方案。

策划方案分析如下。

方案 1：由于五级站山体陡峭，管件存放于厂房（管线下游），借用小车轨道转运施工效率较低，安全性较差，布轨难度大，施工难度极高，方案 1 不可取。

方案 2：因施工区域的山体为岩石山，且坡度极大，山下的管道无法转运至沟槽内，投入成本极大，安全性极差，施工难度极高，方案 2 不可取。

方案 3：经多次商讨、研究和现场勘察，五级站管线所处两山之间非常适合索道架设，索道的架设将对此工程实施更具可行性、安全性及便利性。经过论证与分析，最终确定索道吊装压力管道转运及安装方案，方案3可取（见图3）。

引水管线

图3　千丈岩五级站压力管道施工环境

根据项目工程难点，对整体策划方案分解，我们制订了《千丈岩梯级水电站压力管道安装施工方案》，以及根据各类安全风险先后制订了《千丈岩项目管道安全装、卸、运输、专项方案》《五级站管道安装安全施工方案》《五级站安全应急钢爬梯设计及施工方案》《五级站安全钢挡墙设计及施工方案》等多个安全管理专项方案，保证工程项目安全顺利实施。

策划效果验证，通过项目策划与实施，使得千丈岩梯级水电站金属结构安装工程项目降低了资源的投入，减少了对周边环境的破坏，实现"三废"零排放，便于工程完工后的恢复，符合绿色施工要求。同时，提高了现场施工效率，保证施工质量与安全，最终完成合同履约，得到业主及监理单位的肯定。项目策划效果经济效益明显，累计节约施工成本106.2万元，成本降低率27.31%。

项目策划知识管理，本工程的管道安装方法经过整理总结形成《千丈岩压力钢管安装施工工法》，已获得中国水利工程协会工法，且工法中创新应用的多种方法与技术，获得七项国家实用新型专利和一项国家发明专利。为进一步提升企业在恶劣施工条件下的施工能力，拓展水电安装市场提供技术基础。

3　结　　语

"谋定而后动，知止而有得"，通过以上两个项目的实施，看出项目策划对于工程项目实施具有重要的意义，使我们的项目工作重点有的放矢，找准项目实施管控的重点。通过有效策划和实施各类方案与措施，解决了企业在项目实施中遇到的问题和困难，保证项目实施过程处于在控状态。最终完成合同任务，积累丰富的施工经验，培养项目管理人才，进一步提升公司在专业市场上的影响力和美誉度。

文中所列举的两个案例中项目规模较小，施工内容较为单一，本文的论证角度存在一定局限性。面对水电行业的不断发展，对于越来越多的大规模、多专业的施工项目，今后的项目策划应更具全面性和创新性。

参考文献

[1] 夏会朋. 建设工程项目前期策划的重要性[J]. 管理观察，2011，(7)：47-47.

[2] 张芝萍，王松林. 浅谈工程项目前期的策划管理[J]. 中国房地产业，2009，(378)：223-223.

[3] 丁士昭. 建设工程项目管理[M]. 北京：中国建筑工业出版社，2017.

玉瓦水电站总承包项目管理模式与措施

牟治银，吉　云，郑家祥，阎士勤

（中国电建集团成都勘测设计研究院有限公司，四川成都 611130）

【摘　要】 玉瓦水电站采用设计—采购—施工总承包的建设管理模式，在公司高端策划的基础上，全过程实施了精细化管理，严格过程管控，并充分发挥设计的龙头作用，与参建各方紧密合作，在保证工程质量和安全的基础上，实现了如期发电和投资控制目标。

【关键词】 水电站；总承包；项目管理；动态设计

0　引　　言

玉瓦水电站是白水江干流（大录—青龙桥段）水电规划"一库七级"开发方案的第二级电站，工程位于四川省九寨沟县境内，采用引水式开发。主要由首部枢纽、引水系统、地面厂房等建筑物组成，正常蓄水位 2019.0m，总库容 13.24 万 m^3，装机容量 49MW。

首部枢纽拦河闸坝最大高度 14.5m，坝顶高程 2020.5m；引水隧洞全长 14289.0m，在桩号（引）6+541.0～（引）6+570.5m 处采用管桥布置跨越绕纳沟，隧洞过水断面 4.0m×4.8m；调压室由上室和井筒组成，井筒深 64.0m，内径 6.5m，上室为城门洞型，净断面为 5.2～8.0m×5.5～8.0m（宽×高），长 125.0m。压力管道主管长 521.9m、内径 3.4m；地面厂房内装 2 台 24.5MW 水轮发电机组。

本项目地下工程占比高，地质条件复杂，多为陡倾角薄层岩体，岩层与洞轴线交角小，多处地下水丰富，施工过程中不确定因素多。

工程 2012 年 10 月通过四川省发改委核准，由于单位千瓦投资指标高，不满足中国水电顾问集团投资控制要求，公司领导多次率队踏勘现场，讨论方案，集中全公司优势，经深化设计将投资总额降低了约 22%，2013 年 10 月中国水电顾问集团同意开工建设，要求总投资按照优化后的额度控制，2017 年 4 月两台机组全部并网发电。

1　高端策划，创新管理模式

1.1　高端策划

总承包单位高度重视，公司主要领导多次组织相关部门结合十余年的总承包工程经验，深入分析研究和精心策划，从公司战略发展考虑，以本工程为契机，深入研究总承包项目管理模式，进行了全方位的总体策划。

（1）分标不宜过多。为便于协调管理和引起施工分包单位重视，改变以前引水式电

作者简介：牟治银（1962—　），男，教授级高工，E-mail：329178411@qq.com。

站分标过多的模式，结合本项目实际情况并考虑标段投资额度基本均衡的原则，土建工程仅分为两个标（首部枢纽工程和引水隧洞桩号 7＋770 上游洞段为 CⅠ标，引水隧洞桩号 7＋770 下游洞段和压力管道、调压室及厂区枢纽工程为 CⅡ标），机电设备安装工程为一个标。

（2）邀请战略合作单位分包施工。本项目隧洞断面和混凝土结构尺寸小，施工辅助工作量占比大，施工功效相对低，施工企业利润难以保证。采用邀请招标的方式，要求分包单位着眼未来、从大局出发，不计较"一城一地"得失，邀请了战略合作单位参与投标，确定了合作意识较强、地下工程经验丰富的中国水电十四局、水电五局承担施工任务。

（3）引入了第三方性质的咨询管理。总承包单位成立了玉瓦水电站咨询管理项目部，直接对公司领导负责，每月到工地现场进行咨询和了解情况，并协调项目业主、总承包项目部、设计项目部、监理机构和施工分包单位等，献计献策并进行技术指导，形成咨询管理月报，以第三方身份客观公正反映工程技术方案、费用控制、现场管理、安全管理及质量状况等实际情况，增加了项目现场与公司后方的沟通渠道，项目实施过程中遇到的各种困难及时准确传达到公司高层，便于公司快速提供强大的支持和指导。

（4）成立了独立的设计项目部。之前的管理模式是将设计团队纳入总承包项目部内部，作为总承包项目部的一个部门。为了强化各自责任，将设计团队从总承包项目部中独立出来，模拟市场实行内部分包，总承包项目部对设计项目部工作进行考核，强化设计的服务意识和成本意识，同时设计项目部从设计角度对工程质量、安全进行提醒和监督，相互促进，共同完成项目目标。

（5）总承包单位聘用监理机构。总承包单位与项目业主签订的是"交钥匙"合同，沿用了白水江流域已建几座水电站总承包单位聘用监理机构的管理模式。项目业主参与施工组织设计审查、隐蔽工程和基础工程验收，参与月生产例会、安全例会，主持单位工程验收和阶段验收、专项验收等；施工过程具体管理由总承包项目部负责。

这种模式有利于总承包单位全面考虑，统一安排，提高工作效率；业主单位可精简庞大的管理机构，节约了成本；参建各方各尽其责，取得了较好的效果。

（6）前期交通工程独立成标，并采用专业总承包模式。集团公司同意本工程开工建设时，要求的发电工期很紧。为了按期实现发电目标，工程开工越早越好，为此将制约主体工程开工的前期交通工程单独成标，并采取内部专业总承包的管理模式，有效地促进了工程进度。

同时，参建各方组建了管理经验丰富、责任心较强、能打硬仗的项目管理团队。上述这些措施为项目的顺利推进奠定了坚实基础。

1.2　精简机构

（1）总承包项目部未设置中心试验室。之前已建水电站工程，总承包项目部均设置了中心试验室，同时分包单位也设置试验室。结合本工程实际情况，总承包项目部未设置中心试验室。在施工分包合同中，要求两家土建施工分包单位分别建立规范的试验室，在执行过程中，主要工程部位抽检的部分试样交叉进行试验，监理和总承包相关人员全过程见证。

（2）总承包项目部未设置固定的测量机构。之前已建水电站工程，总承包项目部均配置了固定测量人员，专职从事测量工作。结合本工程情况，总承包项目部配置了一名测量试验工程师，与监理机构的测量工程师一起开展日常工作，同时每年聘请具有资质的第三方对施工期测量控制网进行复测，对已开挖的引水隧洞洞轴线进行复核，对首部枢纽、厂区枢纽各建筑物轴线进行复测。

（3）总承包项目部未设置物探中心。结合本工程情况，总承包项目部未设置物探中心。利用实用效果较好的地震波自动成像技术（简称 TRT），采用单项多次委托的方式，对围岩条件较差洞段进行超前预报，提出指导性意见，取得了较好的工程效果。

（4）合并部门，减少接口，提高效率。总承包项目部成立之初，将之前一般项目部的工程室、质量安全室合并为工程技术与质量安全室，有利于工程技术、质量、安全和进度的统一管理，减少工作接口，提高工作效率。

同时，结合主体工程和临时设施分布约 22.0km 长、施工点多施工比较分散的实际情况，将工程技术与质量安全室分为两个小组开展工作；日常与监理人员充分融合，互相替补，协同管理。

2　管　理　特　点

2.1　以设计为龙头，充分发挥设计优势

设计方案的优劣，直接影响工程成败，设计方案经济合理并具有可操作性，是工程成功的基础和前提。在整个施工过程中，结合工程实际情况，在满足工程功能和规范要求的前提下，总承包单位利用多年技术沉淀和工程经验积累，开展了多项设计优化，全过程进行了动态设计，为保证工程进度和质量、实现投资控制奠定了基础。

结合冬季严寒，混凝土防渗墙冬季施工难度大、工程质量不易保证、施工安全性差的实际情况，将首部坝体基础 19.0m 深的混凝土防渗墙调整为水平铺盖；考虑绕纳沟管桥 29.0m 跨预制梁缺乏预制场地和吊装难度大的实际情况，将预应力混凝土梁桥调整为现浇钢筋混凝土箱型梁桥；考虑压力管道斜井施工安全性差、岩层构造面不利稳定的实际情况，将斜井调整为约 115.0m 深的竖井；考虑雨季大开挖可能带来不可预测后果，将压力管道下平段进洞口由挖除覆盖层方案调整为覆盖层进洞方案；考虑厂房屋顶 40 根跨度 16.0m 的预制梁缺乏预制场地，冬季寒冷预制梁质量不易保证、工期亦不满足需要的实际情况，将厂房混凝土屋顶调整为轻钢屋面。

2.2　实施精细化现场管理，严格过程管控

精细化现场管理是设计方案、施工方案、安全措施等落实到位的有效保障。由于施工过程的复杂性和诸多因素影响，往往使得各种方案没有真正落地或落地后走了形、变了样，直接影响工程质量、进度和投资等。

玉瓦水电站总承包项目采取了全过程的精细化现场管理。从施工分包招标前的项目策划，到进场后结合实际情况提出的多项方案优化，以及施工过程中实行的以"作业面管理"为重心的管理方式，及时动态掌控现场情况，预测并指导各工序施工可能遇到的问题，快速协调、快速决策、快速处理现场问题，防止问题进一步扩大，降低了工程不利因素带来的负面影响；全过程多方位的精细化管理确保了工程质量、安全和工程有序推进。

2.3　确定考核标准，采取激励机制

开挖支护是引水隧洞施工最关键的工序，为了充分调动作业队伍的劳动积极性，根据不同围岩条件制定了略高于一般施工水平的考核标准，该标准看得见、摸得着，作业队伍组织合理、努力工作可以实现，考核组统一考核确认后，纳入当月结算一并兑现。

开挖期间实行的月进尺奖励机制和劳动竞赛，对保证开挖进度起到了很大的促进作用。

2.4 与参建各方紧密合作，形成一体化模式

总承包单位抱着战略合作、合作共赢的态度和理念，在严格执行合同的同时，处处从利于工程着想，加大与施工分包单位的沟通力度和情感交流，与分包单位一起面对施工过程中出现的隧洞塌方、涌水、炸药停供、村民阻工等问题，全力以赴的协调处理；及时梳理工程变更，缓解分包单位的资金压力；调动自身每一个细胞使分包单位充分意识到紧密合作、实现工程目标的重要性和必要性，并化为动力体现在日常工作中。

与参建各方全方位融为一体，共同形成强大的合力，形成了设计、施工、管理一体化模式，确保了工程有序推进。

2.5 施工过程中及时采取环保水保措施

严格按照批准的环保、水保方案和措施及时开展相应工作。渣场挡墙在堆渣前完成，提前完工部位对应的渣场，其渣场平整和削坡及时进行，CⅠ标渣场治理2016年年底全部完成；CⅡ标渣场治理发电后1个月内全部完成；闸首下游两岸场地使用结束后，2016年雨季之前就进行了绿化，大坝上游辅助建筑物施工过程中，下游已是鲜花盛开。

3 管 理 措 施

3.1 采取各种措施，确保工程进度

进度控制和管理是项目的首要任务。根据发电目标的要求，首先进行了进度控制总体策划、制定关键控制性节点，在此基础上制定年度控制目标，再分解到每月进行执行，施工过程中通过周例会进行执行情况检查，通过月例会与原进度计划进行对比，发现问题及时纠偏调整。同时，针对各部位不同特点，采取以下措施。

1. 首部枢纽进度措施

根据可研批准的施工程序和方案，闸首分两期施工，两期均采用10年一遇标准的枯水期围堰。一期工程利用左岸明渠过流，施工泄洪闸、冲沙闸和右岸挡水坝段；二期工程利用泄洪闸、冲沙闸过流，施工左岸挡水坝段。由于枯水期基本与冬季重合，当地冬季天气非常寒冷，施工效率低下，混凝土施工质量亦难以保证。

经过论证分析，决定提高围堰标准，将枯水期围堰调整为5年一遇洪水标准的全年挡水围堰，充分利用汛期进行施工，增加了有效施工时间，同时在最寒冷的12月中旬至翌年2月中旬停止混凝土施工，确保了工程质量和进度，闸首坝体混凝土2015年11月提前封顶，取得了较好的效果。

2. 引水隧洞进度措施

引水隧洞是控制本工程发电的关键线路。主要采取的措施如下。

（1）优化隧洞断面型式，便于施工。本工程引水隧洞多为陡倾角薄层岩体，且与洞轴线夹角较小，可行性研究阶段确定的马蹄形断面难以成型，并且不便于施工，经论证分析将引水隧洞断面调整为城门洞型。

（2）动态设计，及时调整洞轴线。引水隧洞4～5号支洞、5～6号支洞之间洞段是本工程关键线路的关键项目和次关键项目，其间部分洞段地下水比较丰富、围岩破碎，严重制约工程进展，经研究分析并结合TRT技术超前探测的成果，及时调整了洞轴

线，虽然两处洞轴线调整引水隧洞长度共计增加了 167m，但较好的围岩条件仍有利于工程进度。

（3）优化施工支洞布置，减小支洞长度。工程开工之初，对 6 条施工支洞布置进行了多次现场查勘和分析，优化了 3 号、4 号、5 号施工支洞进洞口位置，改善了进洞口条件，同时减小了施工支洞长度，3 号支洞长度减小了 35.0m，5 号施工支洞长度减小了 84.0m，节约了工期。

（4）采用铣挖机全断面开挖。引水隧洞 V 类围岩洞段岩体破碎，自稳性差，且地下水丰富，钻爆法开挖围岩自然剥落引起的超挖严重，隧洞成型差，支护时间长，并且存在塌方的隐患。铣挖机可精确开挖、修整隧洞断面轮廓，有效控制隧洞超欠挖，避免隧洞大面积塌方，加上 2015 年上半年地方炸药停供频繁，铣挖机全断面开挖发挥了重要作用。

（5）增加出渣设备，加快开挖速度。根据批准的施工方案，4 号支洞和 5 号支洞分别投入一台扒渣机出渣，一台扒渣机要兼顾上下游两个作业面，存在两个作业面出渣时间冲突、等待出渣的问题，为此研究决定增加 2 台扒渣机，达到每个作业面独立配置一台，加快了开挖进度，同时一台扒渣机维修期间，另一台扒渣机可兼顾两个作业面施工。

（6）增设中转渣场，缩短开挖循环时间。本工程共布置 6 条施工支洞，绕纳沟管桥处可直接进洞施工，共有 7 个隧洞施工作业点。仅 3 号、4 号、6 号支洞附近布置有渣场，开挖洞渣运距较远不利于缩短开挖循环时间，同时冬季和夜间运渣距离较远的安全性降低，为此在 1 号、2 号支洞和绕纳沟洞口附近增设了中转渣场，在 5 号支洞附近恢复了原有渣场。

（7）增设底板垫层，利于快速施工。隧洞底板增设混凝土垫层能快速形成便捷的施工通道，保证了文明施工，提高了施工安全性，加快了施工进度。

（8）采用双钢模台车，加快衬砌速度。在 4 号支洞下游、5 号支洞下游和 6 号支洞上游作业面，混凝土衬砌长度在 700.0～1002.0m，采取了每个作业面配置 2 套钢模台车、间隔跳仓平行推进的措施，加大资源投入，保证了工程进度。

（9）增加资源投入，优化灌浆措施。为了确保隧洞灌浆施工进度，采取了加大资源投入，多工作面同时作业，同时采取了灌浆作业紧跟混凝土衬砌（龄期满足要求前提下）、拌和楼制浆、搅拌车送浆至作业面等措施，同时研究预案，确保灌浆作业高效、顺利进行。

3. 厂区枢纽工程进度措施

施工中后期，厂房土建、装修和机电设备安装交叉进行，相互干扰多，是每个电站工程难以回避的问题。

结合本工程情况，厂区装修工程量不大，不单独成标，将厂区装修工程纳入了土建工程标。机电设备安装工程招标时，厂区枢纽土建工程分包单位已经进场，利用对场内条件比较熟悉的优势，在报价和技术方案上均优于其他投标人，最终厂区枢纽工程土建、装修和机电设备安装是一家单位施工，避免了很多不必要的推诿扯皮和协调工作。给工程有序推进奠定了基础。

厂区枢纽工程涉及设计多专业、施工多工种、设备多厂家，过程管理厘清了头绪，在保证设计供图的基础上，协调厂家及时到货、现场施工有序进行，确保了工程进度和质量。

3.2 投资控制

施工分包招标时设置了控制价，施工过程中总承包单位相关部门独立建立了工程量台账，严格结算程序。

严格管控工程变更，所提出的变更均需充分论证才能实施。例如，隧洞开挖若采用自进式锚杆可提高安全性，经分析本工程隧洞断面尺寸较小，Ⅲ类围岩有一定自稳时间，Ⅳ、Ⅴ围岩有一定超前支护措施，开挖后及时实施砂浆锚杆可起到稳定围岩的作用，未采用一根自进式锚杆。

特别重视隧洞开挖成型，精细化现场管理，绝不因为开挖方式不当或者野蛮施工降低围岩类别，为投资控制奠定较强的基础。

总承包单位对围岩类别评判标准进行了细化研究，建立了适合本工程的围岩类别评价体系，不盲从其他工程、不盲目降低围岩类别。

3.3 质量管理措施

建立健全质量管理体系，加强质量教育和学习，提升质量意识并贯彻落实到日常工作中，以工作质量保证工程质量，除按相关规范和设计技术要求进行管理外，采取的个性化措施如下。

（1）加强爆破控制，确保开挖成型。隧洞开挖成型是质量控制和投资控制的基础。引水隧洞大多洞段地下水丰富，地质条件复杂，光面爆破施工质量控制难度大。为此，经多次爆破试验分析，采取了严格控制开挖循环进尺、爆破布孔、装药结构及起爆方式等措施，Ⅲ类围岩掌子面一般布孔 60～65 个、循环进尺 1.5～2.0m，Ⅳ、Ⅴ类围岩掌子面布孔 75 个左右、循环进尺 0.5～1.2m，周边孔间距 30.0～40.0cm，周边孔采用间隔装药、导爆索孔内起爆等，保证了开挖成型质量。

（2）采取加强支护措施，保证结构稳定。本工程Ⅲ类围岩洞段的永久结构为喷锚支护。为确保Ⅲ类围岩洞段结构稳定，施工过程中对Ⅲ类围岩中相对较差洞段采取了加强支护措施：增设了直径 20～22mm 的钢筋将锚杆之间连接起来，加大喷混凝土厚度，增加直径 16～20mm 的钢筋网，对于边墙存在折断、鼓包而顶拱岩层结合较紧密的洞段，采取了复合衬砌的措施，即边墙采用混凝土衬砌，顶拱为喷锚支护。Ⅲ类围岩边墙底脚增设了 30.0cm 高的混凝土矮边墙，防止运行期间底脚被冲刷。

（3）混凝土质量管理措施。经不同混凝土配合比多次试验，利用隧洞开挖料加工的砂石骨料拌制混凝土，需增加水泥用量才能满足混凝土性能要求。除严格控制混凝土原材料、拌和、运输、振捣及收仓质量外，还采取了以下措施：①混凝土开仓前严格检查清基和仓面准备情况；②洞内富水部位必须抽排干净，确保干地施工；③为了保证边墙与底板混凝土接触处浇筑饱满平顺，钢模台车浇筑该洞段之前，先浇筑高度 50.0cm 高的小边墙；④为了避免衬砌段之间混凝土错台，钢模台车在衬砌段接头处搭接 20.0cm 左右，确保了混凝土外观质量。

（4）灌浆工程质量管理。隧洞灌浆之初，进行了生产性试验并确定灌浆工艺和灌浆参数；对于部分富水洞段，采取多次加密固结灌浆孔进行灌浆，确保工程质量；部分地下水丰富洞段，灌浆后地下水集中到个别区域，且地下水有一定压力，这些洞段针对性地增设了排水孔，安装了单向止回阀，防止运行期间放空检查时外水压力过大对结构造成伤害。灌浆实施过程中采用灌浆自动记录仪记录数据。

（5）蓄水、充水和放空检查效果。大坝已蓄水和放空多次，多次检查大坝基础和坝体均无渗水，监测资料表明，大坝运行正常。引水隧洞首次充水、保压后，放空检查表明围岩稳定，结构完整。

3.4 安全管理

建立健全安全生产管理制度，成立安全生产领导小组，坚持开展安全生产教育培训，及时召开安全生产会议，保证安全生产投入，积极开展交通安全、消防安全、防洪度汛、应急演练、地质灾害防治等管理工作，严格审查施工方案和安全专项措施方案，深入开展隐患排查治理工作并建立档案。严格开展对相关方的督促、检查工作。结合本工程特点，具有个性化的安全管理措施如下。

1. 高度重视高空作业和深基坑施工安全管理

首部枢纽和厂区枢纽施工中，高空作业与深基坑施工的隐患突出。严格审核了高空作业和深基坑施工专项安全措施方案，并对深基坑专项安全措施方案进行了专家论证，加强过程督促、检查和指导，确保安全生产。

2. 地下工程安全管理

本项目地下工程包括长度约 14.3km 的引水隧洞，上室长 125.0m、井筒深 60.0m 的调压室，竖井深约 115.0m、总长约 522.0m 的压力管道及长度约 2.3km 的 6 条施工支洞，地质条件复杂，施工期安全隐患突出。认真落实《隧道施工安全九条规定》，并对竖井专项安全措施方案进行专家论证，主要措施如下。

（1）Ⅲ类围岩开挖后，先喷 5.0cm 厚的混凝土封闭边顶拱，保证作业人员安全，永久支护措施随后进行；Ⅳ、Ⅴ围岩严格执行一掘进一支护，支护措施包括锚杆、钢筋网、喷混凝土、钢支撑等，部分洞段采用了超前小导管。

（2）采用地震波自动成像技术超前预报，及时采取必要的措施。

（3）定期监测有毒有害气体，加强洞内通风。

（4）民用爆破物品由民用爆破公司全程管控，包括送至作业面和剩余量入库。

3. 高陡边坡道路安全措施

本工程 5 号、6 号、7 号道路属高陡边坡道路，外侧增设了混凝土护墩，确保了道路行车安全。

4. 人群集中地自然灾害的防范措施

各施工营地在选址时避开了高陡边坡、冲沟、滑坡体等不利因素，同时加强教育和雨季巡视检查，逃生路线图张贴上墙，并进行应急演练等。

4 结 语

设计—采购—施工总承包单位高度重视，经过参建各方不懈努力，玉瓦水电站已如期投产发电。在保证工程质量和安全的基础上，实现了工期控制和投资控制双重目标。

在总承包单位引领下，参建各方认真履行职责，充分发挥设计的龙头作用，精心设计，精心施工，精心管理，齐心协力并注重发扬无私奉献精神，弘扬了正气，形成了设计、施工、管理一体化模式，铸造出了精品工程。

海外水电工程总承包建设属地化管理
模式的研究和实践

俞祥荣，高　超

（中国电建集团海外投资有限公司，北京 100048）

【摘　要】　本文围绕海外水电工程总承包建设属地化管理展开论述，详细分析了海外水电工程项目总承包建设属地化管理的实施背景，并以老挝南欧江水电项目建设为例，介绍了海外水电工程总承包建设属地化管理的具体举措，总结了属地化管理在推动海外水电工程总承包建设管理方面取得的显著成效。

【关键词】　海外水电总承包项目；属地化管理

0　引　　言

中国电建集团海外投资有限公司（以下简称"电建海投公司"）于2012年成立，注册资本金54.1亿元，是世界500强中国电力建设集团有限公司（以下简称"中国电建"）专业从事海外投资业务市场开发、项目建设和运营及投资风险管理的法人主体。电建海投公司在海外水电工程总承包项目建设中积极推行属地化管理，确保项目建设有序开展。以老挝南欧江水电项目建设为例，该项目作为老挝政府实施"中南半岛蓄电池"国家战略的核心工程，受到老挝历届政府的高度重视。项目按"一库七级"设计，总装机127.2万kW，分两期开发。其中，一期项目包括二、五、六级三个电站（投资10.35亿美元，装机54万kW）。电建海投公司在该项目开发建设中，坚持融入所在国当地，推进本土化经营，使用属地化资源，注重属地化研究与实践，为海外项目创造良好的发展环境，取得了较好的社会效益和经济效益。南欧江一期项目于2012年10月开工建设，2016年4月项目9台机组全部发电，2017年1月进入商业运行期。截至2017年年底，电站运行稳定，指标优良，累计发电超过22亿度。

1　海外电力投资项目属地化管理的实施背景

1.1　中国企业践行国家 "一带一路" 合作倡议的需要

"一带一路"作为我国新一轮改革开放的核心与重点，是国家"走出去"战略的延伸与升级。自2013年提出以来，"一带一路"建设进展顺利，得到了国际社会的广泛拥护和积极响应，形成了政府搭台、经济界唱戏、企业先行的良好局面。2017年5月"一带一路"国际合作高峰论坛在北京成功召开，取得了270多项成果，举世瞩目。"一带一路"建设倡导开放包容、和平发展、互利共赢的理念，包括"政策沟通、设施联

作者简介：高超（1982— ），男，硕士研究生，E-mail：gaochao@powerchina.cn。

通、贸易畅通、资金融通、民心相通"五大核心方面。作为配置各种资源要素主体的企业，在海外经营中通过推行属地化管理，能够迅速了解当地政策、市场、法律、风俗习惯及行业规则等，更好地融入当地，实现资源整合、文化融合、民心相通、互利合作和共赢发展。企业推行属地化管理高度契合"一带一路"的核心理念，企业实施属地化管理是践行国家"一带一路"合作倡议的需要。

1.2 中国企业提升自身国际经营水平的需要

中国企业积极走出国门，开展国际经营活动，既是对经济全球化、企业经营国际化发展潮流和趋势的顺应，也是对国家"走出去"和"一带一路"倡议的具体践行。由于国际市场的复杂性和特殊性，客观上要求中国企业在国际经营中采用属地化经营，充分利用当地资源，降低各类风险，实现可持续发展。中国电建作为建筑类央企"走出去"开展国际经营排头兵，面对"一带一路"倡议带来的广阔发展空间，审时度势，顺势勇为，在集团层面制定了国际经营属地化的发展战略。在全球成立六大区域总部，各区域总部实行事业部制管理，充分授权、独立核算、全口径业绩考核，改变过去由国内向全球辐射的传统国际业务管控模式。国际经营属地化通过整合属地化资源，发挥地缘优势，经营决策贴近市场，提高本土化和国际化能力，实现管控和经营前移，提高管控效率，提升中国电建在全球的战斗力和竞争力。

作为中国电建专业从事海外投资业务的法人主体和运作平台的电建海投公司，认真贯彻落实中国电建集团国际经营属地化发展战略，强化顶层设计，突出战略引领，在海外电力投资项目积极推动本土化经营，推行属地化管理，并将项目属地化管理作为提升企业国际竞争力的重要手段。随着广大中国企业在海外经营领域、市场份额以及参与深度和广度的不断提升，推行属地化管理，实施本土化经营，受到越来越多的"走出去"中国企业的重视，已经成为企业应对海外市场竞争、优化资源配置、提升国际经营水平的重要举措。

1.3 破解海外水电项目人力资源管理瓶颈的需要

中国企业开展海外水电项目建设，在人力资源管理方面普遍存在诸多问题，具体包括如下。一是中方员工海外常驻问题。海外水电工程建设项目，项目建设期一般长达3～5年。二是跨国文化差异。中国员工与当地员工存在风俗习惯、宗教礼仪、政治文化等方面的差异，语言沟通不畅，容易产生隔阂，难免导致一系列误解和摩擦。三是民族与地方保护主义压力。所在国为保护本国就业，对外国员工数量进行限制。例如，老挝政府对外籍员工数量限定为"体力劳动，外籍员工不得超过10%，脑力劳动，外籍员工不超过20%"。四是中国员工的人力成本较高。据统计，2017年老挝市场1名中国员工成本相当于20名老挝籍员工成本。五是外派中国员工队伍不稳定。驻外中国员工面临个人婚恋、家庭等因素，境外常驻员工离职率较高。六是外派中国员工面临较高的公共安全风险。"一带一路"沿线不少国家安全形势堪忧，尤其是针对外国人的绑架、袭击和抢劫事件时有发生。上述"六大问题"是众多"走出去"中国企业开展国际经营时面临的共性问题。要想有效解决上述问题，企业充分使用所在国人力资源，积极推行属地化管理是有效途径之一。

2　海外水电项目总承包建设属地化管理内涵和做法

2.1　海外水电项目总承包建设属地化管理的内涵

按照中国电建"国际经营属地化"战略以及电建海投公司关于"项目属地经济社会的责任分担者"的战略定位，电建海投公司结合海外水电项目建设实际，勇于探索，大胆创新，积极探索总承包管理下的属地化管理模式，积极推行"治理属地化、经营属地化、资源属地化、发展属地化、责任属地化和文化属地化"，构建"六位一体"的属地化管理体系，大力推进本土化经营战略，如图1所示。

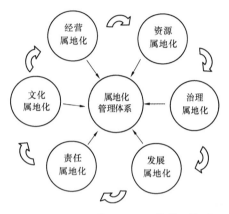

图1　"六位一体"的属地化管理体系

2.2　海外水电项目总承包建设属地化管理的主要做法

海外水电项目总承包建设属地化管理指导思想是始终坚持"合作、开放、包容、共商、共建、共享"发展理念，以属地化管理为原则，不断创新属地化管理模式，充分使用当地资源，加强各方合作，推动互利共赢发展，助力当地经济和民生改善，积极创造项目可持续发展的良好环境。

电建海投公司在老挝南欧江水电项目总承包建设管理中做了积极尝试和具体实践。

2.2.1　本土化治理，设置属地化的项目总承包管理机构

海外水电项目总承包建设管理，应因地制宜，入乡随俗，推行本土化治理，设置属地化的项目总承包管理机构和管理体系。以老挝南欧江水电项目为例，在该项目开发之初，电建海投公司就高度重视，实施战略引领，进行顶层设计，结合项目实际和当地法律法规，聘请当地专业咨询机构对治理结构和管理体系进行规划，成立了老挝南欧江水电项目经理部，下设职能部门，明确职责分工，并设置专业机构，重点强化与老挝当地利益相关方的外联沟通工作，确保项目建设顺利开展。

2.2.2　合规经营，建立属地化的管控制度

在海外水电项目建设管理过程中，总承包单位注重加强对中方员工的培训，组织中方员工认真学习执行相关协议条款。在项目建设中，严格遵守项目所在国劳动法、关税法、企业法、土地法、环境保护法、社会保障法、外汇法令以及进出口管理法等各类法律法规。对于项目的重大决策，项目专门聘请当地知名法律与融资风险顾问、会计师事务所、税所以及相关咨询机构为经营管理提供技术指导和智力支撑，确保决策科学严谨，且符合当地实际。按照项目所在国的法律法规和惯例，建立健全包括人事管理、施工生产、安全管理、质量管控、标准化建设、环境保护等在内各项属地化的规章制度，明确工作规则和管控流程，明确中外员工各个岗位职责，实施属地化管理和运作。

2.2.3　因地制宜，使用属地化的资源配置

海外水电项目总承包建设属地化管理高度重视和充分利用属地化资源。在人力资源属地化方面，电建海投公司在老挝南欧江水电项目有组织、有计划地推进人力资源本土化。一是利用老挝多个民族与中国云南等地区少数民族同宗族、语言接近特点，选择聘

用合适的老挝员工。二是与老挝驻华大使馆和中国驻老挝大使馆保持密切沟通，及时获取留学生信息，吸收引进老挝在华优秀留学生和中国在老挝留学生人才。三是拓宽人才培养方式，主动对接，与中国 211 知名院校——河海大学联合在老挝培养硕士研究生，帮助老挝政府培养高端人才；每年资助老挝优秀学生到武汉水利水电大学留学，为南欧江水电项目培养属地化工程技术与管理人才。四是结合老挝员工特点，制定"目标具体化、措施明确化、操作流程化、制度刚性化、管理人性化"的人员属地化管理体系，以及适合当地员工的"聘、管、用、考、退"管理办法，坚持"授人以鱼不如授人以渔"的人才培养理念，通过组织老挝员工培训、导师带徒等方式，提高老挝当地员工的工作技能和工作效率。五是强化"属地化"管理意识，坚持本土化管理，用本地人管好本地人，构建"以中方管理人员培养属地化管理人员，属地管理人员管理属地劳务员工"的管理思路，建立南欧江特色的海外用工管理模式。

在工程资源属地化方面。电建海投公司在南欧江水电项目积极与老挝本土企业开展合作，将移民工程建设、库区清理、环境监测评价等工程安排当地企业承建实施。项目部在技术上给予指导，资金上给予扶持，施工上给予监督，帮助老挝当地企业融入南欧江项目开发建设中，以点带面，辐射和带动当地施工企业及配套企业的成长和发展，为老挝培养工程技术人才。并且把法律顾问、税务咨询、安保、翻译、后勤等人力资源需求岗位最大限度地安排当地人员承担，增加当地人员就业机会。此外，项目部还从规划设计入手，因地制宜，及时调整设计方案，在满足设计标准的前提下，想方设法，最大程度利用当地工程资源。通过改变库区移民村房屋钢筋混凝土设计方案，采用老挝通用的预制混凝土柱木结构吊脚楼房屋方案替代，化解移民村建设材料需要进口的弊端，直接或间接创造工作岗位，带动当地大量劳工就业。

2.2.4　主动融入，实施属地化的发展模式

老挝中长期发展战略明确致力开发水电资源，提出将老挝建成"中南半岛蓄电池"国家电力能源发展目标。电建海投公司南欧江水电项目开发建设紧跟老挝政府发展战略，主动对接，积极谋划。一是借助中国电建在水电规划设计领域全球领先的巨大优势，积极帮助老挝政府对当地水电资源开发进行统筹规划、科学设计。对南欧江水电项目建设合理规划，制订分两期建设的方案，凭借中国电建集团水电开发产业链一体化整体优势，确保最短时间内实现发电，实现老挝政府提前受益。二是结合老挝政府推行的城镇化新农村建设，把南欧江水电项目可研阶段移民分散安置进行合理集中，节省老挝政府公共资源投入，方便地方政府行政管理。三是将中国"一带一路"倡议与老挝政府电网"村村通"发展战略紧密结合，帮助老挝政府规划建设中国—老挝电网互通输变电线路。四是通过项目开发生产经营活动与老挝政府、银行、工商、税务、消费者、原材料供应商等紧密协作，取长补短，共同发展，形成利益共同体和发展共同体，搭建良好的本土化公共关系和生态网络。南欧江水电项目主动融入老挝国家发展规划，积极推动老挝政府发展战略的实施，与老挝各界开展合作交流，赢得老挝政府和人民的尊重和信赖，为南欧江水电项目属地化管理的良好发展奠定坚实基础。

2.2.5　绿色发展，践行属地化的社会责任

电建海投公司南欧江水电项目高度重视环保工作，从勘察设计、施工建设始终秉承绿色发展、可持续发展理念，履行属地化的社会责任。一是设计制订了老挝南欧江水电项目"一库七级"分两期建设的"中国方案"。该方案以科学合理的设计理念、最优的水能资源利用、最小的移民环境影响，获得老挝政府及当地社会各界的青睐，促使老挝政府主动放弃原来计划建设两座电站的初衷，最终采用中国电建设计方案，实现以最少

的移民搬迁，最少的耕地、林地淹没，最小的环境影响，换取最大的综合效益。二是高标准做好环评工作。南欧江水电项目委托老挝知名的 ESL 环境评价公司编制环评报告，在执行过程中，委托老挝知名的 NCG 环境评价公司进行持续监督。其中，南欧江一期项目从开工建设到项目进入商业运行，保持了"零事故""零污染"。三是专门成立环境机构，建立健全环境管理制度体系与环境保护措施。南欧江水电项目积极获取 ISO 14000 环境管理体系认证，参与清洁发展机制（CDM）环境计划。四是开展库区放养鱼苗、项目周边植树造林等活动，把库区环境打造成当地知名的"风景区"和"旅游区"，以实际行动关爱和保护电站库区生态环境，体现中国企业注重生态环保的发展理念，带动当地旅游产业的发展。五是积极履行企业社会责任。义务修建道路、桥涵、学校、诊所、寺庙、架设输变电线路及供水管路等大量民生工程，造福当地。开展扶危救困、抗洪抢险、爱心捐赠、义务支教等系列公益活动，履行企业社会责任，回馈社会。

2.2.6 深度融合，培养属地化的企业文化

电建海投公司老挝南欧江水电项目重视培养属地化文化，始终坚持以开放的姿态，坚持互利共赢与和谐发展国际化理念，与老挝政府、老挝人民及社会各界加强沟通与交流。切实关心、关爱老挝员工，助力当地经济发展，打造"开放、包容、平等、和谐、共赢"具有南欧江水电项目特色的海外工程属地化文化。一是专门聘请老挝律师对当地用工劳动合同进行评审，认真遵守当地用工法律、法规，维护当地员工合法权益。二是针对不同的民族和宗教，给予特殊的尊重与照顾，给予不同的人文关怀。秉承中老"一家人"的理念，开展丰富多彩的文化娱乐活动，积极组织中老员工进行文体联谊比赛，组织优秀老挝方员工到中国总部短期参观学习。三是组织中国员工参加老挝当地泼水节、塔銮节等特有节日。与当地员工一起包饺子、贴春联，喜庆中国春节。四是组织老挝方员工体检，对困难老挝方员工或有突发家庭事故的员工开展"送温暖"活动。五是将老挝方员工纳入企业"星级员工""优秀员工"等评优表彰活动，增强外籍员工归属感。六是加强与老挝政党联络沟通，发挥中老同属马克思执政党相同世界观和价值观的优势，在思想上引发共鸣，促进公共关系的沟通和文化交流活动开展。

3 结 语

3.1 有效缓解了海外项目人力资源管理瓶颈

南欧江水电项目实施属地化管理，有效缓解了企业人才短缺及中方员工境外常驻困难的矛盾。同时，保持了海外电力投资项目员工队伍的稳定性，确保海外项目各项工作的延续和连贯性。其中，南欧江一期项目建设期员工属地化比率达到 40％以上。通过培养和锻炼，项目不少当地优秀员工走上了主管、副经理等岗位，成为项目中高端管理人才，替代了总部外派项目的中方员工，不但有效缓解了项目人才需求瓶颈，而且间接支援了中国电建其他国别海外电力投资项目开发建设。据统计，老挝南欧江一期项目近三年先后为中国电建巴基斯坦、尼泊尔、印度尼西亚、孟加拉等国别海外投资项目培养和输送了 30 多名海外投资专业人才，成为名副其实的中国电建海外投资业务人才的培养基地。

3.2 有效降低了海外项目的社会风险

南欧江水电项目实施属地化管理，不但提高了企业工作效率，而且有效降低了企业的社会风险。具体表现如下。一是当地员工对本国法律制度熟悉程度及老挝当地民众接收度上都远远优于中方员工，并拥有广泛的社会关系，有利于工作快速完成。南欧江一

期项目正是由于大量老挝方员工的加入，才帮助项目公司迅速融入老挝社会、经济和文化环境。二是当地员工由于没有语言隔阂和风俗习惯差异，避免了中方员工跨国文化误解与摩擦，有效降低了海外项目的社会风险。例如，在南欧江一期项目征地移民、劳工签证工作方面，老挝方员工比中方员工优势更加明显，减少了民族主义情绪和地方保护主义的压力，增强了老挝政府机构及社会各界的信任，加快了南欧江水电项目各类审批、许可、签证的工作进程，促进了海外项目的长期、稳定、健康、持续发展。此外，员工属地化管理，减少了中方外派员工在所在国公共场所停留时间和概率，降低了遭受当地恐怖袭击、绑架、抢劫事件的发生风险。

3.3　创造了显著的经济效益

南欧江一期项目实施属地化管理，大大缩减了企业外派中方员工的数量，减少了中方员工国内探亲、休假的差旅费用。加之，老挝员工工资明显低于外派中方员工工资（1/20），使得人力成本大幅下降，降低了海外电力投资项目的管理成本。在工程建设方面，采用属地化工程建筑材料和施工机械减少了运输与清关等环节及发生费用，节约了时间，降低了投资成本，同时也带动了当地施工建筑及相关产业的快速发展。南欧江一期项目属地化管理取得了显著成果，项目 2012 年 10 月开工建设，进度、投资、质量、安全、环境全面受控，2016 年上半年 9 台机组全部投产发电，其中首台机组发电较合同提前 4 个月，使老挝政府和人民收获了提前发电的巨大红利，成为"一带一路"标杆工程。截至 2017 年 12 月，机组稳定运行，累计发电量突破 22 亿度，为老挝北部源源不断输送优质电源，为促进当地经济发展做出了突出贡献。

3.4　取得了良好的社会效益

南欧江水电项目推行属地化管理，取得了良好的社会效益。主要包括如下。一是通过把移民工程、库区清理、环境监测等项目交给当地企业实施，签订合同 3000 多万美元，解决当地员工就业超过 5000 人次，同时为老挝培养锻炼了大批专业技术人才。二是为库区移民修建宽敞明亮、设施齐全的移民村，30 多个村庄的居住条件得到了显著提升，大大改善了当地百姓生活条件。三是通过项目扶持、技术援助、联合发展等方式，拉动了老挝当地交通运输、包装、建材、进口贸易等多个行业和当地企业的快速发展，当地居民的家庭收入明显提高。四是南欧江水电项目注重环保，保护电站库区生态环境。电站库区环境优美，景色宜人，成为老挝当地的旅游区、风景区，间接带动了周边景点旅游业的发展。五是南欧江项目重视工程质量，打造精品工程。项目成为"一带一路"倡议引领下的标杆工程，成为老挝家喻户晓的明星工程，成为中老经贸合作的亮丽名片，同时带动了中国标准、中国技术和中国产品的"走出去"。六是南欧江水电项目积极履行社会责任，深入开展公益活动及文化交流活动，受到老挝政府、老挝人民及社会各界的广泛赞誉，促进了中老两国民心相通、友谊深化，为项目长期运营创造了良好的发展环境。

在老挝南欧江水电项目开发建设中，电建海投公司始终坚持互利共赢的发展理念，坚持融入当地，与当地社会共同发展，打造利益共同体和发展共同体。通过本土化治理、合法合规经营、使用当地资源、助力当地经济发展、履行企业社会责任、推进中外文化融合等措施，为海外项目开发建设奠定良好的发展环境。

电建海投公司老挝南欧江水电项目属地化管理的成功实践，不但为中国电建其他海外水电项目总承包建设属地化管理提供了管理经验，而且也为广大"走出去"中资企业海外水电项目总承包建设管理提供了有益借鉴。

雅砻江杨房沟水电站设计施工总承包模式探索与实践

曾新华，鄢江平，章环境

（雅砻江流域水电开发有限公司，四川成都 610051）

【摘　要】　作为国内首个百万千瓦级 EPC 水电项目的杨房沟水电站是雅砻江流域水电开发有限公司创新发展、转型升级的里程碑，被誉为我国水电行业"第二次鲁布革冲击"。杨房沟水电站总承包合同执行两年多以来，通过参建各方的共同努力，工程在安全环保水保、设计、质量、机电设备及物资采购、信息化管理等方面取得了良好效果，为推广水电行业 EPC 总承包建设模式提供了积极可借鉴的经验。但同时也面临着诸多挑战，需要国家及行业进一步关注。

【关键词】　雅砻江；杨房沟；总承包；项目管理

0　引　　言

2015 年，党中央提出着力加强供给侧结构性改革，着力提高供给体系质量和效率，增强经济持续增长动力。随着我国经济结构转型升级，电力需求增长缓慢，电力行业响应国家号召逐步深化电力体制改革，打破垄断，竞价上网，加之电站建设成本逐渐提高，水电开发面临着巨大挑战。雅砻江流域水电开发有限公司（以下简称"雅砻江公司"）面对当前水电开发的新形势，通过积极探索、审慎研究、大胆创新，果断决策在杨房沟水电站主体工程采用设计施工总承包（EPC）建设模式[1]。

杨房沟水电站作为国内首个超百万千瓦级 EPC 水电项目，是雅砻江公司创新发展、转型升级的里程碑，被誉为我国水电行业"第二次鲁布革冲击"。2015 年 12 月杨房沟水电站设计施工总承包招标工作全部完成；2016 年 1 月 1 日总承包单位及监理单位正式进场，标志着我国首个百万千瓦级水电站设计施工总承包项目正式落地实施[2]。通过两年多来参建各方的实践、磨合、思考，杨房沟水电站设计施工总承包建设管理水平不断提升。

1　杨房沟总承包项目执行方式

2016 年 11 月，随着导流隧洞顺利过流，杨房沟水电站设计施工总承包项目全面展开，总承包项目工作范围主要包括：大坝及泄洪系统、厂房及引水发电系统等枢纽建筑工程；施工期交通、风水电及通信、混凝土生产系统等施工辅助工程；环保水保专项工程和措施及验收等专项工程；机电设备及安装工程、金属结构设备及安装工程等的勘测设计、采购、施工、试运行。对于总承包单位进场前已执行的施工供水、场内供电、民爆物资及砂石加工系统等前期项目，全部移交总承包单位执行合同管理。

作者简介：曾新华（1967—　），男，教授级高工，E-mail：zengxinhua@ylhdc.com.cn。

杨房沟水电站采用设计施工总承包模式后，在吸取传统监理模式的基础上引入了设计监理，采取设计监理与施工监理合二为一的全新的监理管理模式，由一家监理单位对总承包项目的设计、采购以及施工过程同时进行全面监理，以更好地对工程建设实现统筹、高效的管理。总承包监理工作内容与总承包项目内容相对应。

杨房沟水电站通过公开招标引进具有工程勘察综合类甲级资质和工程设计综合资质甲级，并具有水利水电工程施工总承包特级资质的单位组成联合体承担总承包项目。同时，公开招标引进具有工程监理综合资质或水利水电工程监理甲级资质或水利工程施工监理甲级资质，且具有工程勘察综合类甲级资质和工程设计综合资质甲级的单位组成联合体承担总承包监理工作。

结合国内相关水电工程建设管理经验，对于工程试验检测、测量、物探及灌浆、环保水保等专业性较强的工作管理，杨房沟水电站设置了试验检测中心、测量中心、物探及灌浆检测中心和环保中心等专业中心，代表建设单位负责相关专业管理，并提供专业技术支撑与服务，对总承包单位、总承包监理相关专业工作进行监督、检查。

2　杨房沟总承包项目管理实践

2.1　管理方式转变

传统 DBB 模式在水电行业的应用非常成熟，已形成完备的可复制的项目管理体系，水电行业传统 DBB 模式项目管理体系如图 1 所示。但对比大型水电工程 EPC 总承包模式，无论是项目管理特征、设计管理、施工规划及管理、采购形式等，还是风险承担方式、安全、质量控制和建设单位参与度等方面都存在诸多不同。

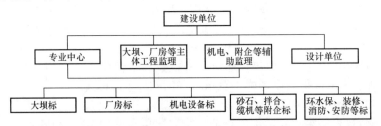

图 1　水电行业传统 DBB 模式项目管理体系图

传统模式下建设单位对工程项目进行全方位、全过程、事无巨细的管理，且过程中大量的精力耗费在进度、协调、变更索赔等工作中，实施 EPC 总承包模式后转变为对工程进行宏观管理、整体把控，更关注工程的建设目标如何实现，今后电厂运行的安全性、可靠性，工程建设过程中的重点转为安全、设计成果、质量、重大事项决策等工作。通过引进总承包监理单位，对总承包项目设计、采购、施工、环保水保、试运行全过程进行监督与管理，避免了传统 DBB 模式下监理工作的单一性，极大地提升对工程建设的全面掌控和协调能力，减少了建设单位大量的协调工作，缩短了管理链条。设计施工总承包模式下，通过设置施工监理和设计监理，相辅相成，对设计成果、采购、施工过程进行全方位管理、全过程参与，有效提升了管理效率，降低了工程投资风险。总承包单位通过设计施工高效融合，全过程实施或参与主要材料和设备的采购供货工作，现场项目建设管理水平不断提高。EPC 总承包模式改变了传统模式下承包商依靠合同边界条件的变化、设计变更、不同标段间的干扰等因素进行盈利的模式，而是通过人力、材料设备等资源统筹优化配置，设计方案与施工方案紧密衔接，管理和技术上的创新，材料设备的集中采购，充分发挥设计施工一体化的优势，形成参建各方共赢共享的局面。两年以来，杨房沟水电站已形成了较为完善的大型水电站设计施工总承包工程建设管理体系，如图2所示。

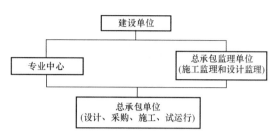

图2　杨房沟水电站 EPC 模式项目管理体系图

2.2　安全环保水保管理

1. 安全管理水平持续提升

设计施工总承包模式下总承包单位对安全工作统筹规划和实施，改变了传统模式下多个分散的实施主体"各自为政"的局面，通过设计参与工程建设中的安全管理，编制安全标准化建设实施方案、安全文明施工标准化手册和图册，统一现场临建设施、安全设施实行标准等手段，工程建设两年以来未发生一般及较大安全事故，安全管理持续受控，安全标准化建设水平持续提升。2016—2018 年，杨房沟水电站设计施工总承包项目安全标准化考评连续两年达到一级水平。

2. 环境保护与水土保持意识增强

与传统 DBB 建设管理模式相比，杨房沟水电站总承包单位统筹管理，在各项环境保护与水土保持方案的制订及落实的过程中强化"环保水保先行"的理念，且环保水保工作与工程建设同步实施，管理责任得到进一步落实，环保水保设计与现场管理衔接更为紧密，缩短了环保水保方案的编制及调整周期，调整后的方案更有利于现场实施，且能及时对方案效果进行评价和改进。环境保护与水土保持意识显著增强（见图3）。

图3　杨房沟水电站绿化与工程建设同步实施

3. 科技兴安促安深化安全管理

杨房沟水电站通过依托科研院校的专业力量，开展 EPC 模式下的安全管理课题研究工作，通过充分吸取国内外 EPC 模式下先进的安全环保管理的组织方式，推进标准化建设的层次和方位突破，实现 EPC 模式下的管理标准化、程序标准化、流程标准化。

目前，杨房沟建立了国内水电工程首个"安全培训体验厅""地下洞室群施工智能安全管理系统""安全生产风险管理体系""安全风险在线监控系统"等科技兴安促安项目的建设和应用，深化了安全管理工作，丰富了安全管理内容，推进了用科技手段保障目标受控，逐步实现了安全行为规范化、安全管理程序化、文明施工秩序化和安全防护标准化（见图4）。

图4　杨房沟水电站地下洞室智能管理系统与安全体验厅

2.3　设计管理

1. 设计管理制度

传统DBB模式下，施工图阶段从设计单位提供勘测设计成果到最后付诸实施要经过两个阶段，即建设单位组织的技术审查和监理开展的复核审查。实际操作过程中，建设单位也往往只组织对一般、重要专题报告、设计变更组织技术审查并出具审查意见，监理对技术审查意见落实情况和施工图纸进行复核审查。

杨房沟总承包工程引进了设计监理，进一步充实了勘测设计成果审查把关力量，设计管理工作更加严格高效。自开工以来，以设计监理为主导、建设单位积极主动参与的思路，对总承包合同范围的所有勘测设计文件进行审查，各方积极就设计工作流程、成果及要求展开讨论，并在执行过程中不断优化，已经形成了一套适合杨房沟总承包项目设计管理的流程（见图5）和制度，目前这套制度由建设单位6项制度、7份管理类文函，总承包监理12项制度、1份管理类文函，总承包部8项自律管理办法组成，为保证勘测设计成果质量筑牢了制度根基。

2. 设计、采购、施工的融合不断深入

EPC模式下，总承包单位既是主要材料和设备的采购人和使用人，又是主机设备采购的重要参与者，同时也是标准的制定者，为达到合同目标和要求，又能充分保障参建各方的利益，总承包设计单位会积极主动就采购材料、设备指标进行研究和明确；EPC模式下，设计人员能更加直接参与施工措施和方案的编制，施工单位能更加及时反馈对现场实施和质量管控有利的意见和建议。总承包合同执行两年多来，总承包单位内部多次组织设计、采购、施工相融合的专题讨论会，在提交监理和建设单位审查前自行就技术指标和技术供应保障计划进行了内部协调，这是传统DBB模式下很难实现的。因此，EPC模式较大地调动了设计、施工单位的积极性，节约了资源，控制了投资。

3. 设计优化和科研工作更主动

EPC模式下，总承包设计单位成为总承包项目的利益主要分享者和风险主要分担者。总承包设计单位根据工程建设实际情况，一方面积极主动进行设计优化以获得更多利益，为确保优化方案可靠有效，设计单位会主动增加大量科研、调研和计算分析等论证工作，进一步提高设计水平。同时，根据工程进展对于涉及安全、质量的重点施工部位，以及重大技术方案、重大地质变化等方面，总承包设计单位为避免承担风险，平衡兼顾，做好设计"加法"，以保证工程建设的安全顺利推进。总承包模式实施以来，杨

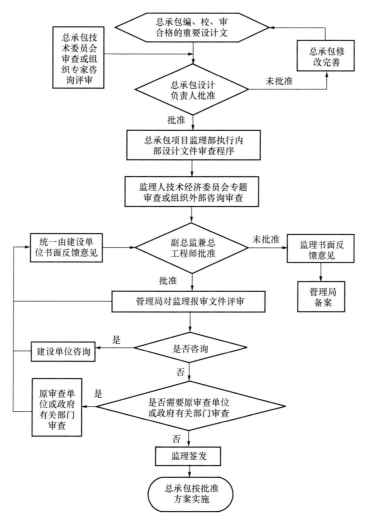

图 5　杨房沟水电站重要设计文件审查流程图

房沟水电站既有减少投资的大坝体型深化研究等设计变更，也有增加投资的危岩体处理方案、左岸拱肩槽上游边坡加强锚固方案等，目前设计优化总体较投标阶段工程量略有增加。

2.4　质量管理

1. 发挥 EPC 优势，提升工程质量水平

总承包单位设计方深度参与现场施工过程，结合施工现场积极开展工程设计优化工作，设计产品质量不断提高；设计积极参与现场质量控制，设计与施工紧密联系、及时反馈质量动态。同时，总承包单位发挥资源优势，统一高标准试验室建设和管控，配置设备精度高、稳定性较强的全新试验仪器设备，为质量控制的准确性提供了重要保障。

2. 强力推行施工质量标准化建设

杨房沟水电站在行业内首推施工质量标准化建设，在施工区规划并建成国内行业内首个"质量展厅"，以施工组织设计、施工技术方案、作业指导书等为基础，编制质量标准化工艺控制性文件，并形成具体可操作的质量标准小册子、质量明白卡等，实行施

工工序"首建制",对每个工区首次实施的施工项目进行现场指导,推广标准化施工工艺,推动工程实体质量标准统一、标准提升。

图 6　杨房沟水电站实体工程质量展示

3. 智能质量管理建设

基于"互联网+"大数据技术,杨房沟水电站充分利用数字化、信息化、可视化质量管理手段。依托 BIM 系统质量管理模块,开发质量管理 APP,实现了工程质量验评工作实时录入、工程质量控制过程可追溯、质量记录文件规范填写、档案资料与工程建设同步等,推动工程质量规范管理。

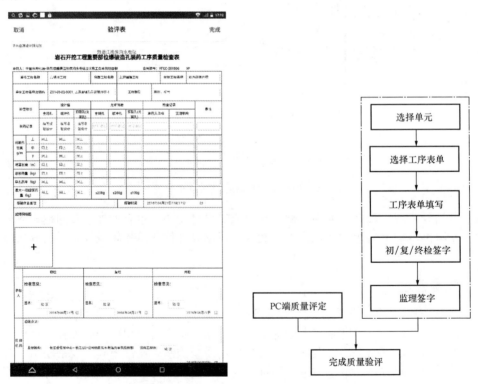

图 7　杨房沟水电站单元工程验评流程图

2.5　工程设备和物资采购管理

为了有效控制水电站永久机电设备和主要工程材料采购质量,降低物价波动引起的合同风险，雅砻江公司在充分吸取雅砻江流域中下游水电站的建设管理经验的基础上，对杨房沟水电站工程在设备和物资采购供应方式进行了大胆创新，既未沿袭DBB模式下的建设单位统供方式，也未采取国际总承包合同中全部由承包人自购的方式，而是综合两者优势建立了具有杨房沟特色的采购管理模式。

杨房沟水电站机电设备采用了联合采购和承包人自购两种方式。联合采购过程中以发包人为主导，采购范围为水轮机、发电机、主变压器、500kV电力电缆、GIS等主要设备和设备监造服务。联合采购设备和服务的价款不包含在总承包合同中，由发包人直接支付。总承包人自购设备包括电站辅机、部分电气一次设备和部分涉网电气二次设备等，由总承包人自行组织采购。发包人在合同中对承包人自购设备范围及品质要求进行了具体要求，并对不满足合同要求的采购结果拥有否决权。总承包人自购设备价款包含在总承包合同中，由总承包人支付给设备供应商。设备采购完成后，总承包人负责所有采购合同执行管理，发包人仅负责审批设计变更和联合采购设备合同价款支付。

杨房沟水电站主要工程物资（水泥、钢筋、粉煤灰）采取"建设单位辅助管理、协助供应"模式，由发包人和总承包人联合采购，发包人参与制造、供应和货款支付等环节的协调工作，其他物资由承包人自行采购和供应。所有工程物资价款均包含在总承包合同中，由总承包人直接支付给供应商。发包人对货款支付进度有监管权利。杨房沟水电站工程物资采购方式是为了适应中国国情而建立的，既充分发挥了总承包单位在工程统筹管理方面的优势，降低总承包人采购风险，又方便了发包人把控采购质量，有利于提高电站生产运行可靠性。

2.6　机电安装管理

杨房沟水电站机电安装管理纳入了工程总体统筹管理，机电安装工程的安全、质量、进度、投资等管理实现了与土建工程管理的高度融合，脱离了以往DBB模式下机电和土建各自为政的管理方式。机电安装材料质量、施工工艺、达标投产、验收与移交等环节的管理得到明显加强，工作前瞻性、预见性有了明显提高。在杨房沟水电站机电安装开始前，参建各方对雅砻江流域下游水电站在设计、采购、安装、达标投产、尾工整治工作中存在的问题进行了梳理，并根据杨房沟工程实际制定了具体的防范措施；杨房沟工程电缆管线、桥架、水电气管路进行了三维设计和施工工艺设计；进一步加强了机电安装材料质量，确定了发包人抽查检验的频次和指标。这些措施为预防机电安装过程中的"错、漏、碰、缺"，提高达标投产水平打下了坚实基础。

2.7　信息化管理

杨房沟水电站开发建设了基于BIM系统的智能建造平台，应用数字化、网络化、智能化技术，打开了大型水电工程EPC项目管理升级、优化生产组织的新思路、新方式，初步实现了工程高效率、高质量智慧管控。

通过对主体工程的单位工程、分部工程、单元工程等进行三维数字化建模，并增加时间轴以反映工程的计划和实际实施进度信息，集成相应工程部分的质量检测和验评、工程量和投资信息等，首次实现了杨房沟水电站全建设周期设计施工信息的数字化建模、大坝厂房等主体工程全覆盖实时验评、质量APP功能展现、问题整改在线实施跟踪及快速闭合、建设信息预警、工程信息统计等。总承包模式下引入设计监理对总承包设计成果进行审查，实现了对设计图纸、修改通知、报告等设计成果的在线审批，审批痕迹全流程记录，大大提高了设计管理效率。同时，通过接入现场施工视频监控，覆盖左右岸坝肩、厂房三大洞室、上下游围堰、混凝土系统等现场重点部位，实现了对工程施工现场的全方位监控，方便参建各方项目管理人员及时查看现场情况。

后续进入大坝混凝土施工阶段，将陆续建设混凝土智能温控系统、拱坝仿真与进度控制系统、灌浆监控系统，并作为系统子模块接入 BIM 系统，为全面收集大坝施工过程信息奠定了基础。混凝土智能温控模块通过外接智能温控系统，接入大坝混凝土分仓信息、混凝土出机口温度、入仓温度、通水冷却情况、各仓动态温度、温控阈值、温控报警信息等，全面呈现大坝混凝土温控状态。灌浆监控模块实现对灌浆数据的监控、分析、展示，实现对灌浆过程管控，同时通过预设报警参数（灌浆压力、抬动监测等），能够及时报警，通知相关人员，有效实现了对灌浆施工质量管控。大坝仿真模块通过接入拱坝仿真与进度控制系统，将实时仿真计算结果在 BIM 系统上进行显示，为工程提供混凝土短期及中长期的进度计划安排，为管理人员提供决策支持。

图 8　杨房沟水电站三维设计模型图

图 9　杨房沟水电站 BIM 管理系统主页

2.8 小结

杨房沟水电站设计施工总承包合同执行两年多以来，经过参建各方的共同努力，形成了较为完善的总承包项目管理体系，逐渐摸索出适合参建各方的管理思路，形成了建设单位、监理单位、总承包单位适应 EPC 模式的一系列制度、办法、措施。设计和施工高效融合，不断发挥出一体化优势，杨房沟水电站总承包项目管理水平得到不断提升。工程安全生产、环保水保处于持续受控状态，质量管理水平和效率不断提高，工程进度目标满足合同目标，工程投资整体可控。

3 大型水电工程总承包建设管理面临挑战

3.1 总承包参建单位合同履约意识待加强

在水电行业 EPC 创新模式下，总承包参建单位合同履约意识有待进一步加强。受 DBB 模式下惯性思维的影响，总承包单位合同履约的积极性有待提高，对总承包管理模式认同感有待加强，与 EPC 模式相适应的管理机制有待进一步完善。为追求利润最大化，总承包单位在一定程度上仍寄希望于设计变更和工程索赔，工程现场出现重大技术、施工问题时仍存在等、靠监理和建设单位的情况。

3.2 参建单位诚信、资质体系待建立

大型水电工程在 EPC 模式下，对比国内其他行业或国外同行业 EPC 总承包模式仍缺乏有效的诚信评价体系和资质体系。行业对于诚信体系的认识仍停留在 DBB 模式下相对单一的指标考核，未建立起具备较强综合素质的大型水电工程总承包单位应有的诚信管理体系。目前国家对水电企业和人员的资质仍是对施工、设计、监理进行分类管理，导致目前承担总承包及监理工作均采用联合体才能满足 EPC 的需要，亟待从行业层面建设满足大型水电工程总承包建设具备综合能力的资质体系[1]。

3.3 水电行业 EPC 法律法规待完善

国家自 20 世纪 90 年代就开始在我国建筑业推行工程总承包建设管理模式，相继出台了一系列政策法规及管理办法等，有利推进了工程总承包的发展。尤其在房建市政、石油化工、公路、水利工程等行业领域，地方政府、行业主管部门颁布了相应的总承包管理办法，在已颁布的管理法中对建设单位及总承包单位的责任、权利、义务有较为明确的规定，对总承包单位的资质、能力及业绩也有相关的要求。相较于水电行业，基本没有国家、行业层面的法规及政策，目前只能借鉴其他行业做法，不同的建设单位实施方式各有差异。

2016 年 5 月《住房和城乡建设部关于进一步推进工程总承包发展的若干意见》（建市〔2016〕93 号）明确要求要大力推进工程总承包模式，因此水电行业需进一步完善总承包相关制度及规程规范配套完善，以推动行业的持续发展。

4 结 语

杨房沟水电站作为国内首个百万千瓦级 EPC 水电项目，肩负着水电行业建设管理模式创新的光荣使命。总承包合同执行两年多以来，在取得诸多成绩的同时，也面临着

很多的困难和挑战，这需要国家及行业的关注和支持，推动 EPC 模式在水电工程的推广和应用。

参考文献

［1］ 陈云华．大型水电工程建设管理模式创新［J］．水电与抽水蓄能，2018，4（1）：5-10＋79.

［2］ 曾新华，谢国权．杨房沟水电站总承包建设模式探讨［J］．人民长江，2016，47（20）：1-4＋18.

技术引领 标准先行 打造水电总承包管理新模式

徐建军

（中国电建集团华东勘测设计研究院有限公司，浙江杭州 311122）

【摘 要】 随着水电工程建设流域化、规模化的发展，大型水电工程建设采用 EPC 总承包模式是建设模式的创新，同时对水电工程的总承包管理水平也提出了挑战。本文通过杨房沟水电站设计施工总承包管理的实践，采用紧密联合体的模式，通过设计施工一体化，强化技术创新和优化，提升工程技术水平，工程风险控制能力和效率进一步提高，在质量和安全文明施工管理中标准化先行，在工程建设全过程、全方位实现信息化，提高工程建设与运营管理信息化水平，可为类似水电工程总承包项目提供借鉴。

【关键词】 技术一体化；标准化；信息化；总承包；杨房沟水电站

0 引 言

杨房沟水电站位于雅砻江中游四川省凉山州木里县境内，是规划中该河段"一库 7 级"中的第 6 级水电站。电站正常蓄水位 2094m，相应库容 4.558 亿 m³，装机容量 1500MW。工程枢纽由混凝土双曲拱坝、泄洪消能建筑物和引水发电系统等主要建筑物组成。

杨房沟水电站是我国首个以设计施工总承包模式建设的百万千瓦级大型水电工程。由中国水利水电第七工程局有限公司和中国电建集团华东勘测设计研究院有限公司组成的联合体承建。工程于 2016 年 1 月开工，2016 年 11 月 11 日提前完成大江截流，计划于 2021 年 11 月首台机组发电，2023 年 6 月工程完工。

在两年多的探索和实践中，杨房沟总承包部设计与施工技术充分融合，注重设计创新和优化，在质量和安全管理上标准化先行，充分发挥信息化在建设管理中的作用，为创新大型水电站设计施工总承包管理做出了有益的探索。

1 设计施工技术一体化

1.1 确保设计产品供应

设计负责人既是设计团队的第一责任人，同时也是总承包部的班子成员，参与项目管理，建立了设计与施工良好衔接沟通的平台。设计管理部作为总承包的职能部门，在总承包部领导下开展工作，与其他职能部门联系及沟通更加方便快捷。设计代表处作为总承包部的一个工区，设计部门密切与施工相配合，充分发挥设计技术引领作用并服务于现场施工。

由于设计图纸需要设计监理批准后才能用于施工，设计进度的安排对整个项目进度

作者简介：徐建军（1972— ），男，教授级高工，E-mail：xu_jj@ecidi.com。

起着至关重要的作用。设计部每月主持召开月例会，相关部门和工区参加，在年度计划的基础上，一起对未来三个月之内的施工供图计划进行讨论，并将确定 3 个月供图计划纳入设计部日常工作考核范围。临时新增或提前施工的项目，提前通知设计单位，留出合理的设计时间。在关键线路项目的施工图设计过程中，设计应提前与各工区进行图纸中主要内容和相关细节的沟通，工区可以提前做好施工准备，从而有利于缩短建设周期，保证进度目标实现。

对施工过程中由于各种因素造成的部分工作面施工达不到进度要求的情况，设计积极参与到项目的进度分析和调整中，通过业主认可的设计变更、施工方法变更等措施保证进度要求。

1.2　设计意图的贯彻性进一步提高

EPC 模式下，设计与施工紧密结合，总承包部建立了设计与施工技术文件互签制度，所有设计图纸在下发前均经总承包技术管理部、相关工区会签，将设计方案与现场施工可能存在冲突的问题、不便于施工的问题解决在图纸上向监理报审前，提高设计方案的可实施性。同样，施工支洞布置、施工方案措施等也由设计会签，确保临时工程施工布置及施工措施方面更能满足工程总体结构要求，使布置更为合理，在技术文件的确定中充分体现了设计施工一体化的优势。

在现场设计修改方面，针对现场地质条件、施工条件的变化，设计及时了解现场情况的变化，了解施工过程中的需求，更积极主动地参与现场设计修改，急工程之所急，主动为施工创造有利的条件。

1.3　工程风险控制能力和效率进一步提高

通过设计施工技术文件互签制度，使设计方案和施工措施真正适应现场实际情况和设备能力，实效性更好、可操作性更强。重大技术方案采用专题研讨制，通过专题研讨，科学决策技术方案。对于施工图和施工技术要求，逐级进行充分交底，加上充分的日常沟通，使施工方能透彻理解设计意图，掌握质量安全控制要点，有利于在施工中更好地进行控制。

建立动态设计施工一体化工作机制，设计与地质、施工、监测紧密结合，采用"动态设计施工"理念，及时优化开挖、支护参数，指导施工安全、快速进行。每周组织召开技术质量风险管控会，根据设计通过地质分析、安全监测、科研和现场监督发现的质量问题、安全风险，提出对策措施，提高工程风险管控能力和效率，从技术上有效保障了工程建设。

2　技术创新和优化

2.1　追求工程价值和项目总体效益最优

设计是工程建设的龙头，要在特定水文、地质等条件下，合理设计枢纽建筑和机电设备，满足电站运行的各项要求。在 EPC 模式下，合同为总价模式，设计单位在项目建设和总承包合同履约中的主导作用更为突出。

在 EPC 模式下，出于参建各方自身的职责要求，有不同的关注重点。业主在总价不变前提下会对项目提出高质量、高标准要求；监理对设计成果的功能性、安全性、投资等进行多维度审查；总承包单位在保证质量、安全前提下的成本控制要求。这就需要设计单位有更全面更精深的技术能力和处理复杂关系的协调沟通能力。优秀的设计必须追求工程价值和项目总体效益最优，必须综合平衡工程安全、质量、进度、运行管理、全生命周期费用等多目标最优的实现。

2.2 限额设计理念贯穿设计全过程

设计单位在产品设计过程中要始终关注方案对成本的影响，设计人员要熟知合同对功能的要求、合同工程项目和工程量的要求，每个产品都要进行与合同价的对比，将限额设计落到实处。总承包部充分发挥设计技术优势，在确保工程各部分功能满足合同要求、运行维护便利的情况下，通过设计施工一体化的融合，积极开展科技创新和设计优化，提升项目价值。主动进行设计优化的思考，通过精细化设计，严格控制变更，保证总投资控制在合同总价的限额内。

2016—2017年完成并通过审查的较大以上项目优化23项，如拱坝建基面优化和体形结构深化研究、泄洪消能设施深化研究、旦波崩坡积体处理方案优化等，节约工程投资超过7000万元。完成施工优化10项，施工优化主要是为了改善施工条件、降低施工安全风险、提高施工效率或确保施工进度等，相比投标投资基本持平。

3　标准化管理先行

标准化是在管理活动中，对于重复性的事务制定共同的、可重复使用的规则，它包括制定、发布及实施标准的过程。总承包部全面推行质量、安全、施工及物资管理标准化。

3.1 质量管理标准化

总承包部按照合同要求，强化内部自律管理，工程质量在一线施工过程中自觉管控，工程质量更有保证。总承包部积极推行质量标准化作业，根据工程进展，制定主要施工工艺的标准化文件，编制了边坡开挖、洞室开挖、砂浆锚杆、喷混凝土、钢筋模板、锚索施工等质量工艺标准化手册；为了让标准化成果深入一线、落实到人，总承包项目部针对不同层级和不同管理部门的人员，将施工工艺文件细分为"施工工艺标准、施工工艺手册、施工质量明白卡"三个层次，分别提供项目管理员、现场质检员、一线操作工人使用，做到重点突出、浅显易懂，方便现场操作。开展工艺标准化的分级宣贯培训，全面覆盖现场质量管理、工程技术、施工管理等各级人员，现场严格按照标准化要求施工，极大地提高了现场各级人员的标准化施工意识，有力地促进了工程质量的提升。

杨房沟总承包部建立了国内水电行业第一个质量管理标准示范展厅，全面展示了质量管理体系文件、土建及机电施工工艺质量控制标准和标准工艺展品，为项目现场培训及对标施工提供了专用场所。至2017年年底，本工程累计完成单元验评3682个，合格率100%，优良率96.4%（合同要求85%）。

3.2 安全管理标准化

在总承包模式下，项目主体安全管理责任由直接承担生产管理的总承包商负责，总承包商责任更明确。总承包部积极有序推进安全管理工作，发挥设计施工一体化在隐患排查整治和安全专项措施规划上的优势，结合总承包项目的实际情况，确立了"一个手册、两个规划、七个台账"的安全管理主线，落实更有效。编制了安全标准化图册，发放到每个工区，管线布置、邻边防护、安全警示、临时设施布置等统一标准，安全文明施工形象稳步提升。

建立了雅砻江流域首个安全设施体验馆，模拟应急抢救、高空坠落、物体击打、触电火灾、邻边失稳等紧急情况，将安全教育培训日常化，全面提升安全教育。施工方面总承包部统一进行临建设施规划布置，钢筋厂、模板厂、综合仓库等临建工厂企业统一标准，严禁乱建私搭。严格按照安全生产标准化组织实施，确保了进场以来现场生产安全。杨房沟水电站在项目开工第一年即通过了电力安全生产标准化一级达标考核。

4　工程建设全过程、全方位信息化管理

信息化在水电工程的应用已经成为一大趋势，努力推动水电工程信息化建设与管理，将有利于提高水电工程项目的建设质量和管理效率。传统模式下，设计、施工、运维在产业链上被割裂，协同能力差，各阶段数据未能实现有效流通，对信息化技术的发展有着较大的阻碍。总承包模式可打破产业割裂，实现信息实时共享。杨房沟总承包部建立了"一个 OA 平台 ＋ 一个 BIM 系统"的信息化平台，对于提高项目管理效率具有重大意义。

4.1　综合办公 OA 系统

杨房沟总承包部综合办公 OA 系统是基于全新的管理架构和思想，涵盖系统门户、个人办公、信息发布、综合办公、人力管理、函件管理、图档管理、采购管理、系统管理、移动办公等子系统模块，实现总承包项目部的协同管控和移动办公。综合办公 OA 系统主要面向总承包项目部内部机构信息发布、信息共享，各模块根据部门分工权限独立运行。目前已经有 20 多个与日常管理、办公、服务相关的子系统和模块正常运行，为项目现场各项工作的开展提供了强有力的信息化技术手段和支撑，大大提高了工作效率。

4.2　设计施工 BIM 管理系统

总承包部建立杨房沟水电站设计施工 BIM 管理系统，以工程大数据管控为切入口，通过利用数字化手段和 BIM 技术，对工程建设进度、质量、投资、安全信息进行全面管控，BIM 管理系统功能模块共包括：综合展示、设计管理、质量管理、进度投资、视频监控、安全监测、水情测报、智能灌浆、混凝土温控等。工程建设期内总承包部、监理及业主均使用 BIM 管理系统进行建设管理，可有效实现工程可视化智慧管理，提高工程建设与运营管理信息化水平。BIM 管理系统从项目开始阶段就利用信息化手段收集和保存工程相关信息，为工程全生命周期的管理提供了基础。

4.3　质量、安全管理 APP

为方便获取信息，快速处理现场发现的质量和安全问题，总承包部开发了"质量管理 APP"和"安全管理 APP"。质量管理 APP 包括质量问题追踪处理、质量信息统计、质量验评申请、制度标准文件等功能模块，实现项目参建单位人员在个人移动终端即可全面了解工程质量管理信息，快速处理质量问题处理，提高质量管理效率、增强质量管理透明度。安全管理 APP 包括风险辨识与评估、风险排查与治理、风险过程管控、制度标准文件等功能模块，实现参建单位人员在个人移动终端即可查看各工作面安全风险、管控措施，对现场发现的安全风险快速上报、整改和闭合，提高安全管理效率。

5　结　语

工程 EPC 总承包模式是建设工程管理的发展方向，EPC 总承包的核心是设计施工一体化。杨房沟水电站采用 EPC 建设管理模式，开创了我国百万千瓦级大型水电项目采用 EPC 建设管理模式进行建设的先河，是对我国新常态下水电开发理念与方式、传统建设体制和管理模式的重大创新。

杨房沟总承包部通过设计施工技术一体化，强化技术创新和优化，提升了工程技术水平，设计意图的贯彻性和工程风险控制水平进一步提高。在质量和安全文明施工管理中标准化先行，极大地提高了现场各级人员的标准化施工意识，确保了工程质量，提升了工程安全文明施工形象；工程建设期内参建各方均使用 BIM 管理系统进行建设管理，在工程建设全过程、全方位实现信息化，全面提升了工程建设的信息化水平和管理效率。杨房沟水电站总承包管理的实践探索可为类似工程提供借鉴。

基于伙伴关系的 EPC 水电项目总承包商能力提升

雷 振，唐文哲，强茂山

（清华大学水沙科学与水利水电工程国家重点实验室，

项目管理与建设技术研究所，北京 100084）

【摘 要】 EPC 总承包模式已成为国际水电项目实施的主流模式之一，近年来在国内水电市场也开始得到应用。施工单位从施工承包商转变为 EPC 总承包商，面临更为复杂的利益相关方管理问题和项目履约挑战。本文基于伙伴关系理论，旨在研究如何通过与项目利益相关方构建良好合作伙伴关系来促进 EPC 总承包商能力建设和提升。对通过问卷收集到的我国国际 EPC 项目总承包商数据进行分析，结果发现：EPC 总承包商项目利益相关方包括上游相关方、项目实施主体和社会政治相关方；EPC 总承包商能力可以分为资源获取与配置、履约增值、信誉；EPC 总承包商与项目实施主体良好的合作关系对承包商履约增值能力建设具有显著的正向作用，与上游相关方良好的合作关系对承包商的信誉水平具有显著的正向作用。研究结论对国内 EPC 总承包商能力的建设和提升也具有一定的启发和借鉴意义。

【关键词】 伙伴关系；EPC 项目；国际工程；承包商能力

0 引 言

近十年来，我国水电工程承包商逐步开拓国际水电市场。现阶段我国承包商国际水电市场份额占比达 50%，在国际水电市场中扮演着重要角色[1]。国际水电市场中，设计、采购、施工（EPC）总承包模式成为水电项目实施的主流模式之一[2]。目前，许多 EPC 总承包商由施工企业担任，除了原有的施工管理任务之外，还要负责设计和机电设备采购工作，面临更多更为复杂的项目利益相关方，对承包商的资源集成和整合能力提出了新的需求。如何进行自身能力建设成为承包商开展国际工程 EPC 项目面临的挑战。已有研究认识到承包商能力对组织间合作具有积极作用，但对反过来的路径作用缺少充分的理论和实证分析。承包商转变自身角色，进行能力建设时，也需加强对外合作，来提升 EPC 项目的履约水平。因此，研究 EPC 总承包商与利益相关方的合作关系对承包商能力建设的作用具有重要的理论和实践价值。

近年来，国内水电市场也开始尝试采用 EPC 模式实施大型水电开发项目。对于国内承包商而言，承包模式的变化同样也给自身项目能力建设带来了新的挑战。研究借鉴已有的国际市场经验，对承包商应对国内 EPC 项目履约挑战同样具有非常重要的指导意义。

1 研 究 问 题

国际 EPC 水电项目中，总承包商需要管理众多的利益相关方，包括业主、咨询工

基金项目：国家自然科学基金资助项目（51579135，51379104，51479100，51779124）；中国电建集团重大科技专项（SDQJJSKF-2018-01，DJ-ZDZX-2015-01-02）。

作者简介：雷振（1990— ），男，博士研究生，E-mail：leiz13@mails.tsinghua.edu.cn。

程师、银行、设计方、供应商、分包商、中央政府、当地政府、当地社区和居民等。从EPC总承包商的视角来看，这些利益相关方包含了上游相关方、项目实施主体以及项目周边社会政治实体等相关方。许多项目问题甚至项目失败会归因于利益相关方之间目标的冲突或协调的低效，这使得伙伴关系理论成为组织间关系研究领域的热点，以指导承包商构建与各方的良好合作关系，以推动项目的顺利开展[3]。

能力可以指一个组织完成设定目标的程度，是组织竞争力的来源之一[4, 5]。一般而言，能力属于企业或组织的内在属性。但对于EPC总承包商，角色由施工承包商转为总承包商，在项目实施过程中也伴随着对自身能力的重构与发展。EPC项目的顺利实施，依赖总承包商良好的能力，包括组织基础设施、人力、工程技术、稀缺和有价值资源的获取、融资、市场开拓、项目管理、信息管理、学习和创新等[6, 7]。从这种意义出发，EPC总承包商能力建设也受到与外部利益相关方合作关系的影响，完全依赖自身构建的项目履约能力不一定能够满足项目实施要求。而良好的合作伙伴关系有助于推动各方资源的输入和集成，使各方贡献最大化。过程中信息的及时交流和反馈则有助于总承包商自身履约能力的建设与提升。

由此提出以下研究问题：

（1）EPC总承包商与项目利益相关方构建良好的合作关系是否会促进EPC总承包商项目能力建设？

（2）与哪些利益相关方的合作对总承包商能力建设的作用更突出？

（3）与利益相关方的合作对总承包商哪些方面的能力建设作用更突出？

2 数据收集与研究方法

为回答上述问题，采用问卷进行数据收集，并采用回归分析等定量方法进行实证研究。

2.1 数据收集

采用问卷进行数据收集。问卷采用Likert 5分法来测量EPC承包商对与各利益相关方的合作关系的重要性评价、实际合作水平以及承包商各方面能力。此外，考虑到承包商能力跟企业内部工作有较为密切的关系，采用承包商内部协作水平作为分析利益相关方合作水平与承包商能力关系的控制变量[8]。承包商内部协作指标包括组织内知识共享、组织内研发、组织内学习和创新文化。

问卷采用现场发放的方式，要求回答者根据自身参与的一个国际EPC水电项目经验填写问卷。问卷共回收109份，样本涉及项目所在地区包括赞比亚（29份）、赤道几内亚（24份）、加纳（11份）、巴基斯坦（28份）、伊朗（6份）和斐济（11份）。问卷填写者都具有多年的国际工程EPC水电项目经验。

2.2 研究方法

研究方法包括探索性因子分析和多元回归分析。探索性因子分析用来进行指标降维，帮助理解变量指标的结构。多元回归分析用来分析多个自变量对单个因变量的影响程度。

采用Cronbach's α（克朗巴哈系数）值用来进行指标内部一致性信度检验：$\alpha \geqslant 0.9$时，表示信度很好；$0.8 \leqslant \alpha < 0.9$时，表示信度良好；$0.7 \leqslant \alpha < 0.8$时，表示信度可以接受[9]。

使用 SPSS 22 统计软件对收集到的数据进行定量分析。

3 调研结果与分析

3.1 EPC 总承包商与各利益相关方合作关系

首先，分析承包商对与各利益相关方合作重要性的评价进行均值排序，结果见表1。其中，1分为合作关系很不重要，5分为合作关系很重要。

表1 EPC 总承包商对与各利益相关方合作关系的重要性评价

利益相关方	均值	标准差	均值排序
与业主合作	4.72	0.61	1
与设计方合作	4.57	0.75	2
与银行合作	4.37	0.85	3
与咨询工程师合作	4.32	0.86	4
与中央政府合作	4.25	0.90	5
与供应商合作	4.19	0.84	6
与当地政府合作	4.17	1.05	7
与分包商合作	4.10	0.86	8
与当地社区和居民合作	3.86	1.06	9
总　　计	4.28		

表1显示，与业主、设计方的合作关系重要性最大，相对而言，与当地社区和居民的合作关系重要性得分均值最低。

对 EPC 总承包商与利益相关方合作关系的指标进行因子分析，各因子与指标均值、标准差，以及指标荷载、因子被解释方差和因子指标的 Cronbach's α 值见表2。其中，1分＝合作关系很差，5分＝合作关系很好。

表2 EPC 总承包商与各利益相关方合作关系水平及因子结构

利益相关方因子及指标	均值	标准差	荷载	被解释方差（%）	Cronbach's α
上游相关方	4.23	0.77		21.50	0.802
咨询工程师	4.05	1.04	0.788		
银行	4.23	0.84	0.755		
业主	4.41	0.84	0.566		
项目实施主体	4.13	0.72		26.53	0.803
供应商	4.10	0.79	0.832		
设计方	4.21	0.89	0.822		
分包商	4.04	0.82	0.636		
社会政治相关方	4.11	0.85		29.49	0.901
当地政府	4.14	0.99	0.887		
当地社区与居民	4.03	0.97	0.875		
中央政府	4.17	0.85	0.843		
总计	4.15	0.67		77.52	0.909

表 2 显示，根据 EPC 总承包商与各利益相关方合作关系水平，可以将利益相关方分为三类：①上游相关方，包括业主、咨询工程师、银行；②项目实施主体，包括设计方、供应商、分包商；③社会政治相关方，包括中央政府、当地政府、当地社区与居民。其中，EPC 总承包商与上游相关方合作关系较好。值得注意的是，上游相关方中，总承包商与业主的合作关系得分最高（4.41），而与咨询工程师的合作关系较低（4.05）。在国际工程项目中，咨询工程师扮演着非常关键的角色，负责承包商各项工作的审批。与咨询工程师合作关系得分较低，反映了我国国际 EPC 项目总承包商在与国外咨询工程师合作中还存在一定的问题。此外，承包商与项目实施主体的合作还有一定的提升空间。

3.2 EPC 总承包商内部协作水平

EPC 总承包商内部协作的指标均值、标准差及 Cronbach's α 值见表 3。其中，1 分为水平很差，5 分为水平很高。

表 3　　　　　　　　　　　　EPC 总承包商内部协作水平

内部协作	均值	标准差	Cronbach's α
组织内知识共享	3.89	0.94	
组织内研发	3.88	1.00	
组织内学习和创新文化	3.80	0.99	
总计	3.86	0.88	0.885

3.3 EPC 总承包商能力

对 EPC 总承包商能力的指标进行因子分析，各因子与指标均值、标准差，以及指标荷载、因子被解释方差和因子指标的 Cronbach's α 值见表 4。其中，1 分为能力很弱，5 分为能力很强。

表 4　　　　　　　　　　EPC 总承包商能力水平及因子结构

承包商能力因子及指标	均值	标准差	荷载	被解释方差（%）	Cronbach's α
资源获取与配置	3.46	0.73		25.15	0.842
组织基础设施	3.50	0.83	0.856		
信息管理	3.32	0.88	0.660		
稀缺和有价值资源的获取	3.58	0.81	0.640		
履约增值	3.48	0.83		36.90	0.922
学习	3.51	0.93	0.868		
创新	3.26	1.02	0.841		
工程技术	3.64	0.94	0.753		
项目管理	3.67	0.93	0.635		
人力	3.30	0.90	0.634		
信誉	3.33	0.87		18.32	0.762
市场开拓	3.39	0.97	0.818		
融资	3.27	0.97	0.727		
总计	3.44	0.74		80.36	0.943

表 4 显示，EPC 总承包商能力可以分为三类：①资源获取与配置，包括组织基础设施、信息管理、稀缺和有价值资源的获取；②履约增值，包括工程技术、项目管理、人力、学习、创新；③信誉，包括融资、市场开拓。其中，被调研承包商对项目管理和工程技术的打分最高，反映了我国承包商在项目管理和工程技术方面具有较大的实力[10]。但整体而言，承包商各项能力得分均低于 4，反映了我国国际 EPC 项目总承包商能力建设还有较大的提升空间。

3.4 多元回归分析

分别以 EPC 总承包商各项能力因子作为因变量，使用利益相关方合作关系因子作为自变量，包括与上游相关方合作、与项目实施主体合作、与社会政治相关方合作的水平，同时使用承包商内部协作水平作为控制变量，进行多元回归分析。标准化回归系数 β 值及其显著性检验 p 值、回归系数 R^2 值以及共线性诊断的容差和方差膨胀因子（VIF）见表 5。

表 5 多元回归分析

自变量/因变量	资源获取与配置 β 值（p 值）	履约增值 β 值（p 值）	信誉 β 值（p 值）	容差	VIF
与上游相关方合作	0.187（0.123）	0.020（0.854）	0.237*（0.047）	0.452	2.211
与项目实施主体合作	0.235（0.056）	0.351**（0.002）	0.234（0.051）	0.444	2.254
与社会政治相关方合作	0.006（0.952）	−0.010（0.914）	0.141（0.168）	0.607	1.647
内部协作（控制变量）	0.253**（0.010）	0.396**（0.000）	0.113（0.231）	0.708	1.413
	$R^2=0.323$**	$R^2=0.437$**	$R^2=0.357$**		

注 ** = 0.01 显著性水平；* = 0.05 显著性水平。

表 5 显示，各自变量容差均>0.2，VIF 均<5，表明回归不存在共线性问题。各利益相关方合作水平对承包商资源获取与配置、履约增值和信誉的回归系数 R^2 值均显著。具体来看，对于 EPC 总承包商资源获取与配置，除了内部协作的回归系数显著之外，其他利益相关方合作水平对资源获取与配置的作用在 0.05 水平上并不显著。相对而言，与项目实施主体合作对承包商资源获取与配置水平具有一定的正向作用（$p<0.1$）。对于 EPC 总承包商履约增值而言，除了内部协作的回归系数显著之外，与项目实施主体合作对承包商履约增值具有较大的显著的正向作用。对于 EPC 总承包商信誉水平而言，与上游相关方合作对承包商信誉具有较大的显著的正向作用。同时，与项目实施主体合作也对承包商信誉具有一定的正向作用（$p<0.1$）。

综合来看，多元回归分析结果表明了 EPC 总承包商不同维度的能力建设对不同方面的利益相关方合作水平的依赖程度存在差异。对 EPC 总承包商而言，项目实施主体包括设计方、供应商和分包商等服务提供者，总承包商项目履约需要与这些服务方紧密联系，共同完成 E、P 和 C 的工作，因此，与项目实施主体良好的合作关系对提升总承包商的履约增值能力具有较突出的积极作用。回顾表 2 结果，我国国际 EPC 总承包商与项目实施主体的合作关系水平并不突出（均值＝4.13），其中与分包商的合作关系均值仅为 4.04。综合来看，我国国际 EPC 总承包商还需要加强与分包商的合作关系的建设。上游相关方包括业主、咨询工程师、银行等，对总承包商工作具有监督或评审权力，是承包商工作的考核者，承包商需要满足其对项目的相关要求，因此，与上游相关方良好的合作关系对承包商信誉水平具有更突出的影响。我国国际 EPC 总承包商与上游相关方的合作关系水平整体较好（均值＝4.23），但与咨询工程师的合作关系还有待进一步提升（均值＝4.05）。社会政治相关方，一般作为项目实施的外围方，对 EPC 总承包商各方面能力的影响并不显著，这也符合实际情况。

4　调研结果对国内 EPC 承包商能力建设的启示

分析结果中，EPC 总承包商利益相关方分为上游相关方、项目实施主体和社会政治相关方三类。这种划分方法同样适用于国内的 EPC 项目。多元回归分析比较了不同利益相关方对 EPC 总承包商能力建设的不同作用程度，结果对国内 EPC 项目承包商也具有启发意义。

4.1　与上游相关方的合作

多元回归分析结果显示，与上游相关方的合作对于 EPC 总承包商信誉水平具有显著的积极作用，而对承包商资源获取与配置、履约增值的能力水平影响作用并不突出。信誉水平包含了两个指标，即市场开拓和融资。一方面与业主的良好合作关系有助于打造承包商企业形象，从而有助于承包商获取后续项目。另一方面，与银行的良好合作关系也有助于承包商的融资活动。这两种情况对于国际、国内市场都是适用的。

但是由于国内与国外的 EPC 项目情况存在一定的差异，与上游相关方的合作对于承包商履约增值的影响程度也可能存在不同。国内水电市场，业主管理实力较强，行业内长期使用设计—投标—建造（DBB）模式。这种模式下的许多管理工作，包括机电设备采购等，由业主负责。项目采用 EPC 模式后，业主和总承包商之间的管理界面需要重新划分，这就使得国内 EPC 总承包商在 EPC 工作集成中需要与业主构建良好的工作接口，双方合作复杂性增加，也给双方合作关系构建提出了更高要求。国内这种情况下，与上游相关方的良好合作关系可能也会对承包商履约增值能力的建设带来较大的影响。这种情况值得国内 EPC 水电项目总承包商加以重视。

国内外 EPC 项目情况另一个差异在于咨询工程师地位的不同。对于国际水电项目而言，业主受限于技术和管理水平，往往聘请欧美专业咨询工程师负责统筹项目的审批工作，对总承包商图纸、施工方案、安全管理方案、采购等各方面工作进行监控。国外的咨询工程师，类似于国内的监理工程师，但比国内的监理工程师的权限更高、更广，多数情况下全权代表业主进行项目实施过程中的相关管理工作。这也使得我国承包商在承担国际 EPC 项目时表现出较大的不适应。对比表 1 和表 2 结果也可以发现这一点。表 1 中与咨询工程师合作的重要程度得分均值为 4.32，跟银行的重要程度类似（均值＝4.37），但表 2 中总承包商与咨询工程师的实际合作管理水平得分均值为 4.05，要明显小于与银行的合作水平（均值＝4.23）。对于国内 EPC 总承包商而言，上游相关方中，业主的地位更为核心。

4.2　与项目实施主体的合作

多元回归分析中，与项目实施主体的良好合作关系对 EPC 总承包商履约增值能力具有显著的正向作用，对承包商资源获取与配置以及信誉水平也有一定的影响（$p <$ 0.1）。施工企业转型为 EPC 总承包商，在设计管理和采购管理方面能力存在一定的不足。从价值链的角度出发，项目实施主体对于总承包商而言是增值环节不可或缺的部分，也是项目资源的提供方，与总承包商属于同一阵营，共同为业主服务。这一点对于国内外 EPC 项目总承包商而言都是适用的。

文中对国际 EPC 项目总承包商的调研显示，总承包商与设计方、供应商、分包商合作的重要性得分均值分别为 4.57、4.19、4.10（见表 1），实际合作关系水平分别为 4.21、4.10、4.04（见表 2）。其中，与设计方合作关系的重要性评分与实际合作关系水平之间的差异最大，结果反映了承包商与设计方合作关系还存在较大的提升空间。过去十多年中，设计管理一直是以施工企业为主体的国际 EPC 项目总承包商的管理难点。国内水电开发行业中，DBB 模式的长期应用使得我国设计企业和施工企业一直处于分割的状态。因此，我国承包商和设计单位进入国际市场后对 EPC 项目中的设计和施工集成要求不太适应，加上国际项目存在的技术标准等差异以及双方在利益分配上的冲突，使得总承包商和设计方之间的合作效率不够高效。十多年来，以施工企业为主体的 EPC 项目总承包商与设计方的合作模式逐渐从设计分包转向与设计联营，以拉近双方距离，绑定双方利益和风险，组建更为紧密的合作关系。施工与设计联营总承包的模式也从国外延续到国内。但结合国外 EPC 项目经验来看，施工与设计组建联营体的方式，使得总承包商项目管理工作更为复杂，构建共同目标、进行公平合理的利益风险划分是联营体应当关注的重点。

国内外 EPC 项目在采购方面也会存在一定的差异。国外 EPC 项目的机电设备采购工作多由总承包商负责，而由于国内外条件的不同，国内应用 EPC 项目模式时采购管理工作可能会根据实际情况进行调整，比如业主负责机电设备的招标议价工作。这种情况，承包商在与供应商进行合作的时候，也需要业主密切参与。

4.3 与社会政治相关方的合作

多元回归分析结果显示，与社会政治相关方的合作对于 EPC 总承包商各方面能力建设的影响并不明显。对比国内外项目条件来看，国内 EPC 项目总承包商与社会政治相关方的合作复杂性相对简单一些。国际 EPC 项目中社会政治相关方的合作还涉及政治体制、社会文化习惯等，挑战性更大一些。

5 结　　语

本文通过收集我国国际 EPC 水电项目承包商数据，研究了 EPC 总承包商与利益相关方的合作关系对承包商能力建设的影响作用。研究结论有：

（1）EPC 总承包商项目利益相关方包括上游相关方、项目实施主体和社会政治相关方；

（2）EPC 总承包商能力可以分为资源获取与配置、履约增值、信誉；

（3）EPC 总承包商与项目实施主体良好的合作关系对承包商履约增值能力建设具有显著的正向作用，与上游相关方良好的合作关系对承包商的信誉水平具有显著的正向作用。

国际 EPC 承包商的调研分析结果也对国内 EPC 总承包商能力建设具有一定启发。针对项目履约，国内 EPC 承包商在能力建设时，需要注重构建与设计、分包商、供应商、业主紧密的合作关系，诚信履约，优化资源配置，提升 EPC 项目实施能力。

参考文献

[1] Shen L. What Makes China′s Investment Successful In Africa: The Entrepreneurial Spirit And Behavior Of Chinese Enterprises In Transitional Times[J]. Journal of Developmental

Entrepreneurship，2012，17(4)：1250025.

［2］ Guo Q，Xu Z，Zhang G，et al. Comparative analysis between the EPC contract mode and the traditional mode based on the transaction cost theory［C］// 2010 IEEE 17th International Conference on Industrial Engineering and Engineering Management 2010：191-195.

［3］ Tang W，Duffield C F，Young D M. Partnering mechanism in construction：An empirical study on the Chinese construction industry［J］. Journal of Construction Engineering and Management，2006，132(3)：217-229.

［4］ Salaman G，Asch D. Strategy and capability：sustaining organizational change［M］. Blackwell Publishing，2003.

［5］ Schreyögg G，Kliesch-Eberl M. How dynamic can organizational capabilities be? Towards a dual-process model of capability dynamization［J］. Strategic management journal，2007，28(9)：913-933.

［6］ Zaheer A，Bell G G. Benefiting from network position：firm capabilities，structural holes，and performance［J］. Strategic management journal，2005，26(9)：809-825.

［7］ Knight G A，Cavusgil S T. Innovation，organizational capabilities，and the born-global firm［J］. Journal of international business studies，2004，35(2)：124-141.

［8］ Maurer I，Bartsch V，Ebers M. The value of intra-organizational social capital：How it fosters knowledge transfer，innovation performance，and growth［J］. Organization Studies，2011，32(2)：157-185.

［9］ Doloi H. Analysis of pre-qualification criteria in contractor selection and their impacts on project success［J］. Construction Management and Economics，2009，27(12)：1245-1263.

［10］ Chang X L，Liu X，Zhou W. Hydropower in China at present and its further development［J］. Energy，2010，35(11)：4400-4406.

基于"四位一体"建设组织管控模式的海外电力投资项目建设管理探索

武夏宁，蔡斌，袁洋，岳飞飞

（中国电建集团海外投资有限公司，北京 100048）

【摘 要】 本文对"四位一体"建设组织管控模式的形成背景、管理内涵、主要做法进行了阐述，详细介绍了"四位一体"建设组织管控模式实施的基本原则、主要关系、组织及形式、管理方法，然后以巴基斯坦卡西姆港燃煤电站项目为例，介绍了"四位一体"建设组织管控模式实践的管理成效。最后对"四位一体"建设组织管控模式的前景进行展望。

【关键词】 项目管理；四位一体；组织管控；卡西姆

0 引 言

中国电力建设集团有限公司（以下简称"中国电建"）是 2011 年组建的国有独资公司，是全球能源电力、水资源与环境、基础设施及房地产领域提供全产业链集成、整体解决方案服务的综合性特大型建筑集团，纵向覆盖投资开发、规划设计、工程承包、装备制造、项目运营等工程建设及运营全过程，具有懂水熟电的核心能力和产业链一体化的突出优势。电力建设（规划、设计、施工等）能力和业绩位居全球行业第一。

中国电建集团海外投资有限公司（以下简称"电建海投公司"）是中国电建旗下全资子公司，是中国电建主要从事海外投资业务市场开发、项目建设、项目运营与投资风险管理的法人主体，以投资为先导，带动集团海外 EPC 业务发展，作为中国电建的海投投资、海外融资、海外资产运营管理、全产业链引领四大平台，依托集团的产业链优势和行业领先地位，积极开拓海外电力能源投资业务，在中国电建调整结构、转型升级、推动国际业务优先发展方面和带动中国资金、中国设备、中国技术、中国标准走出去方面起到了重要作用。

在海外电力投资项目开发建设实践中，电建海投公司注重项目管理顶层设计和多维度多形式管理，在业主、监理、设计、EPC 总承包（施工）"四位一体"建设组织管控模式方面进行了积极探索和实践。

1 "四位一体"建设组织管控模式的管理内涵

电建海投公司依托集团"懂水熟电、擅规划设计、长施工建造、能投资运营"参与全球工程建设领域的核心竞争能力和产业链一体化的突出优势，充分发挥集团全产业链升级引领平台作用，在海外电力投资项目建设管理实践中，始终强调以合同管理为主

作者简介：武夏宁（1980— ），男，博士，高级工程师，E-mail：xianingwu@126.com。

导，以行政统筹为纽带的基本管理思路，强调明晰合同边界条件，明确合同履约各方责任，紧紧围绕合同工期目标，通过多维度、多形式的组织管理和融合引领，通过坚持战略引领，坚持问题导向，坚持底线思维，坚持复盘理念，坚持管理创新"五大坚持"管理方法，狠抓进度、质量、安全、环保、成本等"五大要素"管控，形成了业主、监理、设计、EPC 总承包（施工）"四位一体"建设组织管控模式和工作机制，发挥了参建各方专业优势，强化了集团参建各方生命共同体意识，实现了集团成员企业资源共享、强强联合和集成管理，优化了设计和施工方案，提升了管理质量和效率，降低了经营成本，极大提升了集团海外投资项目在建工程有效管控，实现集团整体价值最大化，展现出"四位一体"建设组织管控模式的显著优势。

2 "四位一体" 建设组织管控模式的主要做法

2.1 模式实施的基本原则

集团产业链一体化有利于提高经营效率，实现规模经济和集团利益最大化，但不足之处是集团参建各方均作为独立的法人主体，在合同实施过程中只关注局部自身利益而无法从全局整体考虑，若管控不到位，容易出现项目执行效率降低和集团整体利益损失的可能性，容易导致行政干预过度或合同履约管理意识弱化等问题。电建海投公司作为集团全产业链升级引领平台，肩负中国电建调结构、转型升级、产业链/价值链一体化、国际业务优先发展、"编队出海"集群式发展等艰巨使命，因此电建海投公司必须从集团整体利益出发，坚持以合同管理为主导，以行政统筹为纽带的基本原则，让参建各方明晰合同的边界条件，明确各方的履约责任，才能有效地推动和促进参建各方的合同履约能力及风险防范能力，真正实现产业链引领和提升作用。

2.2 模式实施的主要关系

电建海投公司的海外电力投资项目通常采用 EPC（设计—采购—施工）总承包模式。

1. 业主方（项目公司）

电建海投公司作为投资方，在项目所在国设立组建项目公司。项目公司作为业主方，代表投资方履行投资方职责，是"四位一体"建设组织管控模式的核心和领导，通过招标确定监理、设计、EPC 承包商（或施工承包商）。因此，项目公司必须始终以与参建各方签订的合同为准绳，以行政统筹为纽带，通过多个维度、多种方法、多种形式，不断完善项目组织管理体系，加强对参建各方项目履约及分包的管控，充分发挥服务、指导、监督、协调、统筹的引领作用。

2. 监理方

监理方是业主方的大管家，必须站在集团高度，维护业主方的利益，执行"小业主，大监理"的服务理念，认真履行监理合同和职责，充分配置资源，发挥专业优势，以设计合同和 EPC 总承包（施工）合同为依据，监督、审核设计图纸，对项目进度、质量、安全、环保、成本等五大要素进行全面有效监督、管控和协调，客观公正审核变更索赔等合同争议事项，为业主方提供全方位的监督管理咨询服务。

3. 设计方

设计方是项目实施的龙头，要忠实维护业主方利益，遵守技术规范、认真履行设计合同，充分配置资源、发挥专业优势，按计划及时供图，合理优化方案，为项目总平面合理布置、总造价合理测算、工艺方案、工期计划管理提供可靠支撑，树立"安全可靠、质量一流、成本节约、实施高效"的理念，在开发阶段对设计进行合理规划，在实施阶段及时提出合理、可行的设计优化建议方案，坚决规避设计失误、过度优化对投资项目造成不可逆转的影响。

4. EPC 总承包方

EPC 总承包方作为项目实施的关键和主体，以 EPC 合同为准绳，充分配置整合资源，发挥组织管控能力，承担 EPC 总承包方责任，接受业主方、监理方的监督管理，对分包商进行有效监督管理，充分发挥参建各方的技术、管理和建设优势，将集团旗下最优资源配置到项目中。做好对分包商履约、民工工资发放、当地社会关系的有效管理，制定安全、经济、合理的施工技术方案和质量保证措施，确保进度、质量、安全、成本、环保等五大要素在合同约定内受控。

2.3 模式实施的组织及形式

通过成立设计采购中心、质量管理委员会、安全生产委员会、安保管理委员会、项目联合党工委、项目联合纪工委等多维度的"四位一体"组织形式，通过定期召开设计联络会、建设月进度会等多维度"四位一体"组织形式的四方会议，通过举办质量宣传活动月、安全宣传活动月、职业健康活动周、文化体育活动周、职业技能大赛、党建知识竞赛等多种形式的四方活动，增强了参建各方的融合度和凝聚力，发挥了业主方在"四位一体"组织管控模式的引领作用。

1. 设计采购中心

业主方负责召集设计方、监理方、EPC 总承包方的设计和采购相关部门集中办公，成立项目公司设计采购中心，实现了设计管理和采购管理的"四位一体"组织管理。通过建立高效、简洁的审批工作流程，定期或不定期召开进度会、协调会、专题会等四方会议，提升设计和采购的审批效率，加强设计和采购的进度和质量管控；加强设备监造和发运，确保设备生产制造满足工程建设的进度和质量要求。

2. 质量管理委员会

业主方负责召集设计方、监理方、EPC 总承包方的质量管理相关部门，成立项目质量管理委员会实现了质量管理的"四位一体"组织管理。通过组织参建四方建立健全有效的工程质量保证体系，定期组织工程质量检查、考核及奖惩，组织工程质量事故调查和处理，建立健全业主方的工程质量管理与工程质量事故档案，组织质量工作综合检查和质量专项检查活动，组织定期质量工作巡视和质量工作情况通报；组织质量工作综合考核评比和质量工作总结等管理措施，旨在加强质量管控能力，提升质量管理水平，落实质量管理目标，争创优质精品工程。

3. 安全生产委员会

业主方负责召集设计方、监理方、EPC 总承包方的安全、HSE 管理相关部门，成立项目安全生产委员会，实现了安全生产管理和 HSE 三项业务管理的"四位一体"组织管理。通过实施海外项目"九化"安全管理，即监督管理法制化、管控体系一体化、责任落实全盘化、风险管控动态化、教育培训实操化、班组建设规范化、文明施工秩序化、过程控制标准化、应急管理常态化，深入推行"HSE 四个工作责任体系""一岗双责""党政同责""失职追责"的工作机制，为项目建设顺利实施提供保障。

4. 安保管理委员会

业主方负责召集设计方、监理方、EPC 总承包方的安保管理相关部门，成立项目安保管理委员会，实现了非传统安全管理的"四位一体"组织管理。通过树立高危地区

"安保工作为首要"的管理理念，"生命至上、以人为本、预防为主、全员参与、持续改进"的管理方针，"谁派驻谁负责、谁主管谁负责、谁主管工作谁主管安保"的管理原则，建立了东道国负责的军方大安保体系和项目参建各方负责的小安保体系及大小安保体系相互关联、协同联动、紧密结合、定期会晤的安保防范体系运作机制，通过专业安防管理团队配置、东道国正规安保力量人员配置、安全工作机制、安全情报、移动安全、安保培训、厂内安防设施及智能控制平台、突发恐怖威胁、袭击事件应急响应机制和演练、安保防范预案等安保体系防范措施，形成了"人防、物防、技防"安保体系三大防范措施管理，实现了海外高危地区的非传统安全管理可控、在控。

5. 项目联合党工委

项目联合党工委是根据股份公司党委《关于新形势下加强和改进基层党的组织建设的意见》精神，由电建海投公司党委牵头和集团参建企业党委共同组建的项目联合工作委员会。在驻外使馆党委和电建海投公司党委的领导下，旨在充分发挥联合党工委的政治核心作用，统筹协调项目参建各方，积极开展党的活动，加强思想政治工作和人文关怀，协调处理好遇到的突发事件，充分发挥项目党支部的战斗堡垒作用和党员的先进模范作用，全面围绕工程建设进度、质量、安全、成本、安保、宣传、人文关怀等工作目标开展党建活动和劳动竞赛活动，以党建促生产经营，开拓"四位一体"的党建机制新模式，充分发挥集团产业链一体化优势，确保实现项目建设目标。集团参建企业的项目党支部，接受项目联合党工委和本单位党组织双重管理。

6. 项目联合纪工委

项目联合纪工委是在股份公司党委、纪委指导下，由电建海投公司党委、纪委归口管理，由电建海投公司纪委牵头和集团参建企业纪委共同组建的项目联合纪律检查工作委员会，同时接受项目联合党工委的领导，主要以推进项目开发建设顺利开展为工作中心，负责项目惩防体系中制度建设、教育、监督工作，与电建海投公司和集团其他各参建单位安排的纪检工作同步进行，旨在建立联防联控大监督格局，开拓"四位一体"的监督机制新模式，有效发挥监督保障和联系纽带作用，加强境外资产监管力度、落实海外党组织党风廉政建设与反腐败工作，更好地推进项目开发建设。集团参建企业的项目纪检工作，接受项目联合纪工委和本单位上级纪委的双重管理。

2.4 模式实施的管理方法

业主方作为项目实施的牵头方，带领监理方、设计方、EPC 总承包方，积极践行电建海投公司"五大坚持"管理理念，即坚持战略引领，坚持问题导向，坚持底线思维，坚持复盘理念，坚持管理创新，始终狠抓进度、质量、安全、成本、环保"五大要素"管控，确保了参建各方按计划、高质量完成建设各项任务目标。

1. 坚持战略引领，致力打造标杆示范性工程和发电企业

业主方带领参建各方，在设计施工阶段，以创国优金奖为目标，致力打造标杆示范性工程；在生产准备阶段，以"机组设备高可靠性、高保证率、高利用率"为运维理念，致力打造标杆示范性发电企业。

2. 坚持问题导向，超前谋划解决制约项目建设重大瓶颈问题

业主方带领参建各方，积极应对工程建设遇到的内外部各种困难和问题，坚持问题导向，超前谋划，主动担当，攻坚克难，逐一化解重大的问题和风险。

3. 坚持底线思维，强化项目建设全周期、全方位、全过程风险管控

业主方带领参建各方，高度重视和防范工程建设全周期、全方位、全过程的风险管控，在进度、质量、安全、成本、环保、文明施工和职业健康等方面，始终坚持底线

思维。

4. 坚持复盘理念，积极对标先进，勇于自我剖析和自我革新

业主方引领参建各方，在建设过程中倾力打造一支主动学习、善于总结和持续提升的优秀管理团队。坚持复盘管理，努力让复盘理念融入参建各方和每个人的思维和工作习惯中，力求做到大事大复盘；小事小复盘；事毕复盘毕；复盘促提升。

5. 坚持管理创新，党建纪检工作模式创新，信息化建设取得显著成效

业主方带领参建各方，成立了项目联合党工委、项目联合纪工委，探索实践集团海外项目党建纪检工作新模式，着力打造集团成员企业的生命共同体。积极实施"基建工地集装箱信息平台"，通过信息化管理助力海外投资项目建设管理提质增效。

3 "四位一体" 建设组织管控模式的管理效果

3.1 项目实践

巴基斯坦卡西姆港燃煤电站（以下简称"卡西姆项目"）被国家能源局列为"中巴经济走廊"优先实施的能源类项目，由中国电建和卡塔尔王室 AMC 公司共同投资，以 BOO 模式（Build-Own-Operate，建设—拥有—经营）开发，总投资约 20.85 亿美元。中国电建作为控股投资方，全面负责项目的开发、融资、建设和运营，AMC 公司负责财务投资。卡西姆项目位于巴基斯坦卡拉奇市东南方约 37km 处卡西姆港口工业园内，紧邻阿拉伯海沿岸滩涂。电厂采用 2 台 660MW 超临界机组，进口燃煤，年发电量约 90 亿 kWh。工程建设期计划为 36 个月，实际完成工期为 32 个月，2015 年 5 月 7 日开工，2017 年 11 月 10 日首台机组实现首次并网，2018 年 1 月 15 日 2 号机组顺利实现并网，2018 年 4 月 25 日进入项目商业运行。

卡西姆项目投产后，将有利于促进巴基斯坦的电源结构调整，降低发电成本，提高供电可靠性，极大缓解巴基斯坦电力短缺的局面，对缓解供需矛盾、优化投资环境、促进基础设施建设和人口就业、改善民生等方面产生深远影响，也将进一步推动中国、巴基斯坦和卡塔尔三国政府和人民友好关系的持续发展。

3.2 管理效果

1. 通过"四位一体"管控，强化"生命共同体"意识，增强集团的凝聚力和战斗力

电建海投公司作为集团产业链升级引领平台，提出"四位一体"建设组织管控模式的项目管理思想，通过成立卡西姆项目联合党工委、项目联合纪工委以及各种专业委员会等组织机构，多维度多形式开展项目建设管控，避免了传统建设管理模式下的参建各方作为割裂的合同主体，信息不对称和合作不顺畅的问题。在"四位一体"建设组织管控模式下，参建各方不仅要服从传统模式中的合同约束，还要接受行政统筹管理，电建海投公司从简单的投资主体上升到集团层面的全局考虑，有效促进"协同效应"发挥，发挥参建各方的优势专长，快速反应，高效整合资源，实现交易成本降低和减少各方及整条产业链内耗的目的，推动集团参建方从整体利益、全局利益出发，互相支持、互相理解，合力解决项目中遇到的难题，强化"生命共同体"意识。通过最大可能地优化设计和施工方案，提高建设效率，缩短建设周期，节省投资，确保项目进度、质量、安全、成本、环保五大要素协调可控，实现提前发电目标。同时，实现信息共享、资源共享，避免各参建单位在项目建设周期内投入大量资源开展与地方政府的沟通协调，有效

降低经营成本，实现建设各方效益价值的最大化。

"四位一体"建设组织管控模式在四个方面取得突出成效，统一组织活动，推进模式创新，在强化党性锻炼和生命共同体中创造价值；统一资源配置，加强组织协调，在推动生产经营中创造价值；统一品牌形象，坚持扎根当地，在中外文化融合中创造价值；统一载体标准，加强人文关怀，在凝聚智慧力量中创造价值。

2. 通过"四位一体"管控，强化"五大要素"管控，增强集团的项目管控力和竞争力

在进度方面，坚持超前谋划，主动作为，攻坚克难，实现建设过程中各节点目标均按期或提前完成，实现1号、2号机组并网日期比合同约定的计划工期分别提前50天和74天，项目进入商业运营日比政府协议约定的计划工期提前67天。项目实现高质量、高标准、高效率建成投产。

在质量方面，坚持"样板领路"和"一次成优"的质量管控原则，提前策划制作各重点部位施工标准样板。在正式施工过程中，严格控制施工过程质量和工艺标准，通过开展各种劳动竞赛，保证正式施工质量比标准样板更好，保证工程施工质量一次成优，减少了因工程质量影响工程进度和造成浪费。

在安全方面，坚持"全面落实安全生产责任"和"预防为主"的安全管控原则，定期召开安全生产委员会会议，识别防范风险，研究解决问题，将集团参建企业凝聚在一起，形成工作合力，进一步筑牢安全生产根基，充分调动了安全生产四个责任体系人员的积极性，使党政同责、一岗双责安全责任落到实处，保证了项目各项工作的安全推进。

在成本方面，坚持"以合同为基础进行结算支付"和"严控超概算"的成本管控原则，通过完善和细化合同条款，确保了业主方在工程建设进度里程碑节点、主要节点及重要节点的进度和质量等方面对EPC总承包方实施有效管控；通过在进度、质量方面建立对EPC总承包方实施奖惩考核机制，促进EPC总承包方提高现场管理水平和效率；通过要求EPC总承包方、监理方每季度上报经营分析报告，每半年召开经营分析工作会，分析合同执行中存在的问题，研究解决方案和下一阶段经营工作计划。

在环保方面，坚持"绿色发展，科学开发"和"项目属地经济社会的责任分担者"的环保管理理念。在规划设计阶段，通过采用世界领先的超临界燃煤电站机组，利用海水二次循环冷却和海水淡化补水，采用石灰石-石膏湿法脱硫等技术，虽然一定程度增加了项目投资成本，但是环保标准满足巴基斯坦环境和世界银行标准，保护了当地生态和自然环境。在施工阶段，严格遵守当地环保的法律法规，妥善处置废水废气废弃物和生活垃圾，自觉接受第三方监管，最大限度减少人为影响，保护当地环境。此外，按照1：5的补偿种植比例，新栽种红树林面积25英亩（1英亩＝4046.856 422 4m²），为当地生态保护做出了积极贡献。

3. 推动集团转型升级，推动中国产业、中国资金、中国技术、中国标准、中国设备、中国理念走出去，增强中国企业影响力

电建海投公司集成中国电建旗下勘察设计、建设施工、运营维护等优势资源，推动集团全产业链一体化编队出海，带动中国产业、中国资金、中国技术、中国标准、中国设备和中国理念走出去，更好地融入国际商业生态圈。通过与卡塔尔王室AMC公司合作实现央企采取混合所有制模式的海外大型项目投资，通过项目投资融资获得中国进出口银行15亿美元贷款，完全采用中国600MW以上超临界机组的中国技术和中国标准实施工程建设，实现从中国进口采购包括三大主机在内的99％的装备约70亿元人民币以上，积极践行"绿水青山就是金山银山"的中国新时期环保理念。

在发电仪式上，时任巴基斯坦总理阿巴西致辞表示，卡西姆项目是中巴经济走廊首个落地能源项目，通过两年半的艰苦奋斗，顺利实现了首台机组并网发电目标。中国电建集团克服重重困难，提前完成建设任务，用最低的成本建造了最环保、最先进的电站，极大缓解巴基斯坦电力短缺现状，为巴基斯坦经济发展和改善人民生活提供持续的电力能源供应。卡西姆电站的建成是中巴友谊的又一个里程碑，巴基斯坦政府和人民感谢中国企业为巴基斯坦国家发展所做的贡献，永远不会忘记中国兄弟对巴基斯坦人民的帮助和支持。实践证明中巴经济走廊项目建设为巴基斯坦经济发展提供了新的发展机遇，取得了非凡的成绩，并将持续为巴基斯坦带来繁荣与兴盛。仪式上，巴基斯坦政府还授予中国电建董事长晏志勇"特殊贡献奖"，授予卡西姆发电公司"杰出成就奖"。

4. 共建共商共享，推动巴基斯坦电力能源和社会经济发展，增强中国方案和中国智慧的世界引领力

卡西姆项目通过成功引入卡塔尔王室主权基金公司参与卡西姆项目投资，成为中巴经济走廊的建设伙伴，为更多国家参与到中国发起的中巴经济走廊建设和"一带一路"建设起到了示范效应。

卡西姆项目秉承中国电建"建设一座电站、树立一座丰碑、带动一方经济、造福一方百姓"的发展理念，坚持本土化战略，在卡西姆项目建设期拉动当地就业，为当地提供了超过 3500 个就业岗位，运营期将提供超过 500 个长期工作岗位，带动材料供应、设备运输等行业，改善了居民生活条件，同时中国电建积极分享先进的工程技术，有效促进了当地经济社会的发展。2016 年 7 月，超过 16000 名巴基斯坦大学毕业生在网络上填写申请寻找工作，通过初步筛选、考核和面试，最终 100 名巴基斯坦大学毕业生被中国电建选中，并被安排到中国电建的国内同类型机组电厂进行为期 6 个月的培训实习，现在他们已经返回卡西姆电站现场，负责机组的调试和运行维护工作，为巴基斯坦电力发展培养和输送大量人才。

卡西姆项目年发电量约 90 亿 kWh，按照巴基斯坦全国 2014—2015 年度实际总发电量计算，相当于全国发电量的 10%，可满足 400 万家庭用电需求，电站顺利投产对巴基斯坦解决能源短缺问题做出重大贡献。卡西姆项目使用中国资金，利用中国先进标准、技术和设备，并充分发挥中国电建投资、设计、监理、施工、运营全产业链一体化优势作用，极大地降低了燃煤电站投资成本及运营成本，上网电价远低于巴基斯坦目前平均电价成本，引领巴基斯坦从以燃油、燃气为主导的高耗能、高电价能源结构逐渐过渡到以优质、高效的煤电为主导的电力能源结构，对巴基斯坦电力能源结构调整，促进基础设施建设和经济发展、改善民生等方面产生深远影响。

项目公司作为业主方，履行了作为负责纳税义务人的所有义务，自 2015 年 5 月以来，在建设期全额缴纳各类税款，截至 2017 年 11 月，项目公司在建设期已向巴基斯坦政府累计全额支付了 11708 万美元的所有适用税款，其中缴纳联邦税费（国税）约 5426 万美元，缴纳信德省税费（地税）约 6282 万美元，促进了国家和地方财政收入的大幅度增长。2018 年 4 月底，电站将进入商业运行，项目公司在运营期每年还将为联邦政府和信德省政府缴纳超过 1 亿美元的税款，为国家和地方财政收入做出巨大贡献。

4　结　　语

"四位一体"建设组织管控模式是电建海投公司依托中国电建的核心竞争能力和产业优势，结合自身的平台定位，在引领集团成员企业"集群式"编队出海中，对项目管理顶层设计进行的探索和实践，通过卡西姆项目高质量、高标准、高效率建成投产，说

明"四位一体"建设组织管控模式较好地发挥了集团参建单位的各自优势，发挥了整合资源和升级引领的平台作用。

随着国家"一带一路"倡议的合作不断深入，在共商共建共享的发展理念影响下，电建海投公司将通过其他海外投资项目的管理实践，不断完善"四位一体"建设组织管控模式的管理理念和管理思想，推动集团转型升级，推动中国电建"国际业务集团化、国际经营属地化、集团公司全球化"三步走的国际发展战略有效落地。

参考文献

[1] 盛玉明，杜春国，蔡斌等．依托集团全产业链优势的海外电力项目"投建运一体化"管理[C]．北京：企业管理出版社，2017.

[2] 盛玉明．发挥全产业链一体化优势[J]．施工企业管理，2017，351(11)：63-64.

[3] 洪芳，王棕宝，戴鄂，等．战略战术战果——打造中国电建海外投资升级版[J]．国企管理，2017(11)：30-31.

[4] 范林，王棕宝，郑淼，等．动力实力战斗力——以全生命周期理念开拓海外投资疆土[J]．国企管理，2017(11)：32-33.

大中型水电工程 EPC 模式项目部组织机构特点分析

李锦成，孙贵金

（雅砻江流域水电开发有限公司，四川成都 610051）

【摘　要】 EPC 建设管理模式作为水电工程应对新形式挑战的一个选择，EPC 总承包人应采用联合体方式，联合体项目部按照紧密型设置，实施扁平化管理，优势互补，形成利益共同体，最大程度发挥 EPC 优越性，实现工程的建设目标，管理节约出利润，实现发包人和总承包人的双赢。

【关键词】 水电工程；EPC；联合体；紧密型；扁平化

0　引　　言

鲁布革冲击以来，我国的水电行业全面推行"发包人负责制、招标投标制、工程监理制和合同管理制"，主要采用"设计—招标—建造"（DBB）的建设管理模式，有利地促进了我国水电项目的发展。但随着水电开发进入新阶段，DBB 弊端不断显现。同时，水电工程建设企业一体化重组，电力体制改革后市场竞争激烈，为适应国家关于建设项目组织实施方式改革的新要求，提高管理效率和建设各方效益，雅砻江流域水电开发有限公司通过前期调研试点，2016 年 1 月 1 日，杨房沟水电站设计施工总承包人进场，国内第一个百万千瓦级以上水电站主体工程的 EPC 建设管理模式开始探索和实践[1]。

DBB 建设管理模式是"增量模式"，设计取费以工程造价为基础，核心目标是设计安全，对设计优化动力不足，投资增加对于收取设计费有利[1]；工程施工是单价合同，承包人希望变更索赔和工程量增加，以获取收益。

EPC（Engineering Procurement Construction）建设管理模式是"存量模式"，合同价格总体相对固定，需要设计与施工的深度交叉与结合，实施过程中"边设计，边施工"[2]，强强联合，优势互补，提高管理水平，达到"1+1＞2"的效果，实现工程的建设目标，管理节约出利润，实现发包人和总承包人的双赢。

总承包项目部作为 EPC 的实施者，是最积极的因素，直接关系到 EPC 项目的成败，笔者通过杨房沟水电站 EPC 的实践及类似项目的调研，对 EPC 组织机构设置和运行抛砖引玉，与读者分享如下。

1　水电工程 EPC 总承包人的组成

水电工程 EPC 主要有以下四种组成方式：

作者简介：李锦成（1980—　）男，高级工程师，主要从事工程项目招标采购管理、计划统计管理、概预算管理、合同商务管理等。

（1）设计单位牵头，负责管理和设计工作，施工单位作为分包人；

（2）施工单位牵头，负责管理和施工工作，设计单位作为分包人；

（3）建设管理单位牵头，负责管理工作，设计、施工单位作为分包人；

（4）设计施工单位组建联合体，由联合体牵头负责全部工作。

第四种模式能够很好地实现设计与施工的深度交叉与结合，强强联合，形成利益共同体。因历史沿革，我国的设计、施工等单位均是独立法人，即使隶属同一集团，各子公司之间发展不同，经营技术管理水平差异，设计与施工单位之间有各自的思维方式和行为习惯，面临考核和发展压力，在未形成真正的工程公司（设计施工一体）之前，彼此的目标存在差异。因此，必须对联合体项目部的组织机构设置进行要求，做到"紧密型、扁平化"，形成利益共同体，使各自的小目标均能服务于 EPC 这个大目标。

2 紧密型联合体设置基本要求

2.1 联合体组成

联合体数量不宜超过三家，设计施工各一家最优。不宜多，越多各自的小目标越分散，统筹协调难度越大，直接影响决策的速度和执行的力度，易产生兄弟阋墙，三个和尚没水喝的现象。

联合体各方应签署联合体协议明确股份比例，责权利和工作流程，设置董事会。联合体是独立经营、独立核算的经济实体。联合体项目部仅对董事会负责，并由董事会进行考核。

2.2 统一思想认识

联合体项目部是工程实施的主体，也是设计施工双方的利益共同体。项目执行过程中难免摩擦与争执，双方应统一思想认识，形成联合体思维，荣辱与共，追求共赢。理解总承包的"存量"特点，认识到利润来源于管理提升和技术投入。在 EPC 合同执行阶段，监理人和发包人也应向总承包人强化这种观点。

2.3 设计施工交叉融合

设计施工交叉融合，是 EPC 的精髓。设计人员与施工人员工作搭接、互通互助。设计提前考虑施工机械、建筑材料、作业工人经验能力、工艺工法等施工组织因素；施工提出设计深化建议，反馈新工艺、新材料、新机械的使用情况。充分融合设计技术优势和施工组织管理优势，使得最终的设计产品具有经济性和可施工性。

设计人员深入工程现场，掌握现场施工经验，了解施工主要技术方案，提高风险意识、造价意识[3]；施工人员参与设计讨论审查，理解设计思路理念，掌握设计重点和要点，形成复合型人才。

2.4 同工同酬，同吃同住同劳动

项目部组成应交叉组合，各部门既有施工单位人员，又有设计单位人员；部门正职、副职交叉。同吃同住同劳动，住宿餐饮办公条件统一安排，体现交叉融合。

项目部员工由项目部考核，实施统一的薪酬管理体系和绩效考核体系，工资绩效等由项目部发放，同岗同酬。传统模式下设计单位同阶层人员薪酬一般较施工单位薪酬高，设立高度融合的 EPC 项目部，建议施工单位工资向设计单位工资水平靠拢，严格控制管理人员数量和质量，提高员工工作积极性和效率，形成良好的工作作风。同时统一休假标准，提高项目部的凝聚力。

3　实行 "扁平化" 的必要性

大型总承包项目多采用三级组织机构，即"项目部—工区—作业队"（命名各有不同）。此种方式责任清晰，反应灵活，易于形成各工区比学赶帮超的局面。但是弊端也很突出，各工区间结构分散，各自为政，生产标准存在差异，管理层级多，执行链条长，管理费用高，均设有财务，独立核算，其小目标会与项目部的大目标产生差异[4]。在初期为了锻炼队伍，存在有其合理性。但是随着设计施工管理水平的提高，信息化普及，笔者建议采用两级管理模式。

3.1　总承包项目部两级管理

联合体项目部按"董事会—项目部—作业队"设置，其中董事会作为重大事项的决策层，不参与日常管理。执行层为"项目部—作业队"两级管理。减少管理层级，缩短流程链条，节约管理成本，加快指令传递速度，避免工区成为作业队和项目部之间的二传手，也避免项目部成为发包人与工区之间的二传手，突出了总承包项目部的核心作用。实现了扁平化管理。如图1所示。

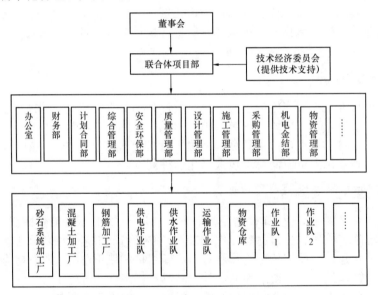

图1　总承包项目部两级管理模式

3.2　机构设置

所有的管理工作均由项目部各部门负责，作业队仅负责按指令生产作业。例如，所有采购均由采购管理部负责，所有结算、变更、合同签订及格式条款提供等均由计划合同部负责，整个工地标准化，一盘棋。特别是财务部，项目部仅设置一个财务部，负责所有的资金进出，包括项目部管理人员工资、作业队伍工资、材料款、工程款等。保障联合体以一个整体进行经营核算，避免原中间设置一个工区层级，独立核算，存在小算盘，易导致各工区盈利，项目部亏损的局面。同时可以最大程度保障农民工工资的发放。

3.3 集中生产

对于辅助性的、服务性的机构集中设置。例如设置集中的试验室，设置集中的材料堆放场，设置集中的砂石骨料和混凝土系统，设置集中的供水供电机构，设置统一的钢筋加工厂，实现大型重要施工机械的统筹调配使用，等等。实现专业化分工，标准化作业，保障质量，提高效率，节约物料。

3.4 信息化保障

开发"互联网＋办公管理平台"，提供办公效率，加快信息传递；建设工程建设 BIM 系统，提高工程内业效率以及资料整编归档的及时性和准确性。

3.5 加强采购管理

水电站建设是个系统工程，纷繁复杂，涉及面非常广，采购涉及机电设备、施工机械、材料物资、劳务、消防等专业工程分包等，对于 EPC 中 P（Procurement）的要求非常高。同时，承担这种大型工程的基本是国企，都有着严谨规范的采购流程。因此项目部应配置有经验的采购人员，捋顺采购制度和流程，在合法合规的前提下，以合理价格、廉洁、快速、高效地完成采购工作，给予工程建设强有力的支持。

4 监理发包人的管理重点

水电工程 EPC 项目实施阶段，监理人和发包人在"五控制，三管理，一协调"的同时，对总承包人进行理念上传输，必要的技术帮助和设计优化管控。

4.1 强化总承包人的 EPC 思维

监理人和发包人向总承包人强调 EPC 的紧密型理念，要求扁平化设置组织机构，强调合同总价不可变，明确"利益共同体"和"存量"概念，避免联合体之间兄弟阋墙，做到质量自律，主动求安全。

4.2 严格控制设计优化

总承包是"存量"概念，总承包人无可避免加强优化设计。为避免过度优化，需要充分发挥设计监理的作用，甚至可以聘请国外工程咨询机构或者行政归口部门进行再次把关，强调图纸背后计算逻辑，涉及工程运行期功能性和安全性的设计优化，能不优化的就坚持不优化，可以优化的应计算论证清楚，重大优化必须经原审查单位审查。

4.3 必要的支持

实施总承包模式后，对于征地移民、工程保险等方面，监理人和发包人较总承包人经验丰富，监理人和发包人应本着"共同的项目"理念，积极支持帮助总承包人解决具体问题，实现共赢。特别是风险管理，促进总承包人形成"出了问题找保险"的理念，而不再是传统 DBB 模式下的"出了问题找发包人"。

5　结　语

目前 EPC 建设管理模式在水电行业处于探索实践阶段，相关法律法规、规程规范有待进一步配套，EPC 意识有待加强[1]。笔者相信 EPC 建设管理模式是水电行业面对新形势的挑战，控制建设成本，提高管理效率和效益的一个合理选择。

参考文献

[1]　陈云华．大型水电工程建设管理模式创新[J]．水电与抽水蓄能，2018，4(1)：5-10.

[2]　黄京焕，刘刚强，鞠其凤．水电工程 EPC 总承包特点及分析[J]．四川水力发电，2007，26(2)：5-8.

[3]　张俊寒．EPC 工程总承包模式下的设计管理研究[J]．建筑管理，2017，44(22)：86-87.

[4]　方步云．总承包项目实行"集中管理"的思路与对策[J]．公路，2017(12)：9-12.

投建运全产业链一体化在建筑承包企业
海外经营中的发展和应用

奚鹏，袁洋

（中国电建集团海外投资有限公司，北京 100048）

【摘　要】　"一带一路"沿线国家在电源项目开发、电网互联互通、电力产能合作等方面发展前景广阔，为传统建筑施工企业"走出去"拓展国际业务带来新的历史机遇。同时新时期海外经营面临的政治风险、自然风险、社会风险、环境风险倍增，传统承包企业在做大做强国际业务的基础上，不断提升能力、整合资源，促进结构调整和转型升级，涉猎海外项目全生命周期投建运全产业链一体化经营，为盘活内部市场，提升自主创新能力，保持企业可持续发展提供了现实经验。本文以中国电力建设集团（以下简称"中国电建"）下属子企业中国电建集团海外投资有限公司（以下简称"电建海投公司"）的业务发展和其代表性项目为例，分析建筑企业海外经营全产业链一体化的发展和应用，以供同业参考借鉴。

【关键词】　投建运；全产业链一体化；建筑承包企业；海外经营

0　引　言

从国际知名建筑企业的发展历程来看，大型建筑企业——如法国万喜（VINCI）公司、德国豪赫蒂夫（HOCHTIEF）公司的发展方向大致是通过立足主业、相关多元和业务升级三步走，以低利润的传统建造为基础向高利润的投资运营前后端延伸，整合产业链和价值链的不同环节，完成由传统承包商到开发建造商、建造投资商角色的转变。

中国电建是全球能源电力、水资源与环境、基础设施及房地产领域提供全产业链集成、整体解决方案服务的综合性特大型建筑集团，位居 2017 年《财富》世界 500 强企业第 190 位。电建海投公司是电建集团国际业务发展战略下结构调整和转型升级的产物，于 2012 年与原集团国际工程公司分立设立，目前在老挝、柬埔寨、尼泊尔、巴基斯坦、印度尼西亚、孟加拉、刚果（金）、澳大利亚等 10 多个国家开展业务，资产规模 350 亿元，在建及运营电力项目总装机容量 315 万 kW。

1　建筑企业国际业务发展的特点和趋势

1.1　能源电力企业　"走出去"　的发展历程

按照 2017 年中国电力企业联合会专访报道相关资料，结合中国电建海外经营具体

作者简介：奚鹏（1980—　），男，本科，E-mail：13956234@qq.com。

　　　　　袁洋（1964—　），男，本科，E-mail：yuanyang@powerchina.cn。

实践，能源电力企业"走出去"的发展历程，大致分为三个阶段：第一个阶段是以经济援建形式参与国际水利电力项目建设的萌芽期（20世纪60年代至20世纪末）；第二阶段是电力行业参与海外市场竞争的形式不断增多、规模不断扩大并形成一定的品牌效应的蓬勃发展期（2002年至2010年）；第三阶段是国家"走出去"战略和"一带一路"建设倡议下，电力行业海外事业快速发展，涉及电网、发电、电建、电力装备等企业，业务也覆盖了装备制造、项目建设、企业运营等电力行业各个主要领域，电力企业呈现出规模与效益并举的发展局面的升级发展期（2010年至今）。

1.2 对外承包工程发展的特点和趋势

对外承包工程是我国实施"走出去"战略的主要形式之一，在能源电力企业蓬勃发展阶段（2002年至2010年），对外承包工程业务取得了跨越式发展，业务规模、合作领域不断扩大、项目档次快速提升，合作方式趋于多样，EPC总承包项目增加，企业竞争力不断增强。

在进入升级发展阶段，特别是"一带一路"倡议提出之后，对外承包工程的市场格局、业务结构和经营模式都发生了深刻变化。①对外承包工程传统非洲、拉美及其他市场增速放缓，"一带一路"沿线国家及亚洲市场业务快速增长；②中资企业在交通运输建设、电力工程建设和房屋建筑等领域的竞争优势愈发明显；③大型项目投建运一体化发展、全产业链通力"走出去"成为新的发展趋势；④盈利模式由EPC向PPP/BOT转移，以此获取整个产业链带来的经济效益和社会效益。

1.3 中资企业国际业务的结构调整和转型升级

对外承包业务在保持稳定增长的同时，承包模式也从传统施工承包不断转型升级。除施工承包外有综合承包（如EPC、DB）、带资承包（EPC＋F：出口信贷、资源项目贷款一揽子合作、双边和多边合作）、特许经营（BOT）、海外投资等。随着利润空间逐渐压缩（据商务部网站统计，国际工程承包平均利润率不足10％），大型建筑企业不断调整结构、转型升级，扩展延伸上下游产业链条，参与项目投资建设运营全过程，以形成新的增长点和竞争力。

"十二五"时期，电建集团在全球101个国家设立了160多个驻外机构，累计完成新签合同额约5920亿元、营业额约3016亿元、利润总额约203亿元，三项指标对整个集团公司的平均贡献率分别为36％、26％和45％。形成了以亚洲、非洲国家为主，辐射美洲、大洋洲和东欧等高端市场的多元化格局，以能源电力、基础设施建设为核心，向矿业、旅游业、农业、建材等领域综合发展的相关多元业务布局。商业模式创新和投资并购等方式提升产业层级，向价值链中高端延伸，突破单纯施工承包业务，向投资开发、工程总承包和高端制造业转移。电建海投公司在调结构、促转型、产业链价值链一体化、全球发展战略落地实施中承载了重要的引擎、载体和平台作用。

2 全产业链一体化在海外项目上的应用

2.1 全产业链一体化业务的内涵及平台

全产业链一体化业务是指企业集团充分发挥全产业链优势，实现产业链的联动组合，为客户提供产业链覆盖范围乃至整体解决方案服务的业务，包括DB、EPC、F-EPC、BT、BOT、BOO、TOT、PPP等多种组合模式。通常以控制产业链的高端与关键环节、调动内外部相关环节的资源为支持补充，实现集团各项业务资源整体性协同、一致性输出的一体化解决方案。

全产业链一体化业务的平台是将传统的生产经营与资本经营相结合，借助项目融资解决建设资金来源问题，借助工程总承包解决优化设计和精细化建造问题，最终由投资商、承包商和相关建设团队共同实现经济效益和社会效益的双赢。具体来讲，就是充分发挥投资平台的引领力、带动力、影响力，以投资为龙头，带动规划、设计、监理、施工、制造、运行产业链一体化编队出海，从而带动中国技术、中国标准、中国装备和中国文化"走出去"。

2.2 全产业链一体化在项目全生命周期的实践运用

（1）项目前期开发阶段的工作协同。海外投资项目前期外部各个参与群体以签订的法律合同文件为纽带来确立和调整彼此之间的权利义务关系，如政府主管审批部门、咨询机构、融资机构、保险（担保）机构、产品购买者等。项目内部涉及 EPC 总承包商（下属包含设计承包商、施工承包商和材料设备供货商）、监理咨询等团体。在不具备招标采购条件时，依靠组织力量和集团统一的价值观，将平台公司、施工单位和设计单位暂时"捆绑"协同工作，完成可行性论证、特许协议商签、组织构架初建等目标任务，如部分施工单位提前介入现场勘查、设备选型、许可取得等工作，为项目实施奠定基础。

（2）项目建设管理阶段的模式创新。以电建海投公司为例，境外水电投资多采用"BOT＋EPC"方式，运用了"小业主、大监理、大施工"模式，如柬埔寨甘再水电站（装机容量 19.41 万 kW，2012 年投产运营）；"小业主、大服务"模式，如老挝南俄 5 水电站（装机容量 12 万 kW，2012 年投产运营）；以及正在投资建设的老挝南欧江流域梯级水电站（两期装机容量 127.2 万 kW，一期已于 2017 年投产运营，二期目前在建）开发项目运用的"四位一体"模式。境外火电投资多采用"BOT＋EPC"方式，运用"四位一体"管控模式，如巴基斯坦卡西姆港燃煤电站（装机容量 2×66 万 kW，2018 年投产运营）；印度尼西亚明古鲁燃煤电站（装机容量 20 万 kW，目前在建）。各种模式叫法各异，但实质意义趋同。"四位一体"模式是对已建成项目管理模式的继承发扬和总结提升。

建设期项目打造一体化管理团队，包含项目程序体系的一体化，设计、采购、施工、监理（管理方、OE 等）的一体化以及参与项目管理各方的目标及价值观的一体化。"四位一体"组织管控模式是以业主方为主导核心，充分发挥自身主动性和创造力，对产业链上下游资源进行重组、整合，构建"业主方＋设计方＋监理方＋施工方"的组织管控，通过合同履约，着力推进"五大要素"进度、质量、安全、成本、环保管控、体系建设、工程优化、管理创新、考核激励、党建与企业文化等工作，提升动力，放大效应，实现组织内的最佳协同，推进业务链向价值链转变。业主精干高效管宏观；项目公司集中精力在整个建设过程中定思路、定标准、定制度，抓履约管理和投资管控，总体把握项目工作方向；管理方（监理）充分授权抓现场，在"四控制二管理一协调"基础上拓展延伸管理范畴，为业主提供超前和超值服务；建设方成本控制增效益，严格遵守进度、质量、安全、成本、环保五要素管理，保证工程建设顺利进行。管理模式的目的是变体制机制"瓶颈"为管理优势，变生产要素"短板"为施工强项，保证建设任务实现。

以电建海投公司投建的老挝南欧江水电开发项目为例，项目设计、施工、监理、制造、运营等参建单位均为中国电建的骨干企业，投资方电建海投公司为龙头，设计单位昆明院、监理单位二滩国际和西北院，施工单位水电十局、十五局、八局和基础局，金属结构制造安装单位、项目运维承包方水电十局。组成的"全产业链"团队同心协力，整合资源，实现交易成本及产业链内耗最小化，将"全产业链优势"转化为"价值链优势"。

（3）项目投产运营阶段的质效提升。项目运营是指进入商业运行期（COD）之后的电厂运行、设备检修维护等工作。电建海投公司海外资产运营方式多以委托运营方式为主，运用"两位一体"模式（现场业主＋运维商），对建设期"四位一体"模式进行延续、补充和放大。例如，老挝南欧江流域梯级水电站一期运维团队为中国水电十局，在建设期水电十局也承担了主体施工工作。建设期和运营期项目形成的共同的核心价值观及目标能够使每一个参与人员都发挥主人翁精神并把所需要的知识、经验及技能带入项目。通过自身规范化、信息化、标准化的管理体系，畅通市场销售渠道，为客户提供合格产品，实现投资收益。对运行队伍管理，清晰委托权限（业主重点管"运营"、委托方重点管"运行"），落实义务责任，健全考核体系，提高效益产出。运营的总体方针是"长期、稳定、连续、有效"。

2.3　全产业链一体化实施的措施保障

（1）加强两级管控顶层设计。以治理结构和决策管理为重点，规范平台总部和项目公司相关股东会、董事会等决策机构和"三重一大"事项的管理程序。

（2）加强平台公司服务、指导、监督功能。平台企业健全内控体系，完善业务职能管理流程，创新工作方式方法。如电建海投公司总部建立了招标管理系统、专家库和执行概算管理制度，正在建设覆盖项目全方位的 PRP 项目资源管理系统等，都是在为项目实施做好扎实的后方保障服务工作。

（3）构建扎实的风险防范体系。一是将项目执行中的风险分解落实在参与主体的合同条款中以明示责任；二是通过政府、信用机构担保或法律规定方式承担履约责任以削弱风险；三是通过保险和再保险转移工程风险。

（4）正确处理相关方的合同争议和利益诉求。一方面坚守合同准绳，依法依合同办事，把握原则性；一方面要维护集团统一的战略管理，通过内部机制解决争议，把握灵活性。

（5）充分发挥专家咨询的作用。项目聘请国内外资深专家组团坐诊项目重大疑难课题（如地质开挖、温控、骨料、防洪度汛、税收筹划等），形成定期不定期的专家会议制度，解决项目设计优化、资源配置、工期安排中的难题。

（6）充分发挥党组织的作用。项目党工委与项目班子设置考虑交叉任职、双向进入，以多种形式的活动培育项目共同的价值观和行为准则，调动各方主观能动性，充分发挥把握大局、服务中心、凝聚员工、促进生产的作用。

（7）坚持对标和复盘工作。通过同类业务对标，SWOT 分析法等工具，对全产业链一体化体系经验进行总结提升，相互借鉴学习。

（8）加强项目信息化建设进程，使用 P6、PRP 等工具，提升工作沟通的质量效率。

3　结　　语

中资企业在当今及今后一段时期的核心竞争力更多体现在企业与产业价值链上下游的协同带来的整体优势。投建运全产业链一体化也是在内外环境影响下，企业自主创新和可持续发展的选择，具有开创性和探索性。加之特定的投资条件和全新的管理模式，使项目在管理工作中难免存在一些问题：项目前期参建方"捆绑投标"与后续招标采购承包商、服务商在管理程序上的合规性风险如何解除；投资方与 EPC 总包方的经济关系和管理体制不能完全理顺，"左右手"结算问题如何杜绝；管理方、监理、业主工程师（OE）的服务边界、服务质量、考核标准都需不断完善；合同履约和行政干预如何在利益冲突上把握权衡等。

模式的改进需要不断树立全局意识，理清工作思路，协调各方利益关系和工作关系，畅通办事程序，增强服务职能，提升团队管理水平和业务能力，提高资源配置的效率和质量，保证投资效益落到实处。

参考文献

[1] 杨青，孔祥博.中国电力企业开启"走出去"新篇章——访中国电力企业联合会党组成员、专职副理事长王志轩[J].中国电力报，2017-05-19.

[2] 齐正平."一带一路"能源研究报告(2017)[J].能源情报研究.2017.

[3] 奚鹏，舒江，王菲.甘再水电站 BOT 项目管理及运作模式解析[J].水利水电施工，2010，121(4).

[4] 丁新举，奚鹏.海外水电投资的"BOT＋EPC"模式创新[J].中国电力企业管理，2015.

海外 BOT 总承包投资电力项目
建设期 "四位一体" 协同管理

黄彦德，高 超

（中国电建集团海外投资有限公司，北京 100048）

【摘 要】 本文以老挝南欧江 BOT（建设、运营、移交）总承包投资开发水电项目为例，围绕项目建设期"四位一体"协同管理展开论述，分析了海外电力投资项目建设期"四位一体"协同管理的实施背景，阐述了"四位一体"具体举措，总结了"四位一体"协同管理的显著成效。

【关键词】 水电项目；建设期；四位一体；五大要素；走出去

1 实 施 背 景

1.1 中国电建全球化发展战略实施落地的客观需要

面对"一带一路"合作倡议带来的广阔发展空间，中国电建集团 2016 年对国际优先发展战略进行升级，制定了"国际业务集团化、国际经营属地化、集团公司全球化"三步走的国际发展战略。电建海投公司（从国际工程承包业务发展、分立而来）作为专业从事海外投资业务的企业，累计从事国际工程承包和海外投资业务超过十五年。国际经验丰富，国际化人才汇聚，国际经营风险管控能力突出。在海外电力投资项目开发建设中，积极整合中国电建集团系统内设计、监理、施工优质资源，编队出海"走出去"，实施业主、设计、监理、施工"四位一体"协同管理，助力中国电建集团成员子公司走出国门，参与国际经营，帮助系统内兄弟单位积累国际业务经验，提升国际经营能力，从而推动中国电建全球化发展战略落地。

1.2 电建海投公司不断提升国际竞争力的客观需要

电建海投公司与中国电建系统内设计、监理、施工单位携手"走出去"，既满足了电建海投公司自身海外投资业务发展的需要，同时也顺应了电建集团其他成员子公司"走出去"开展国际经营的诉求。电建海投公司获取项目开发权，各子公司分专业参与项目建设，各取所需，各负其责，优势互补，这种互利共赢的发展模式，能够获得参建各方的积极响应。采取"四位一体"协同管理，有利于沟通协调，降低管理成本，提高管理效率，为保证海外电力项目建设进度、降低投资成本与提高投资收益奠定坚实基础，同时增强了电建海投公司海外投资业务的国际竞争力。

1.3 海外电力投资项目对 "五大要素" 管控的需要

海外电力投资项目建设期最核心的是"五大要素"的管控，即进度、质量、安全、

作者简介：黄彦德（1964— ），男，高级工程师，E-mail：957968144 @qq.com。

成本和环保五个方面，这需要业主、设计、监理、施工参建四方各负其责，团结协作，共同发力。海外电力投资项目建设期实施"四位一体"协同管理，业主、设计、监理、施工四方在工程建设过程中保持充分沟通，坦诚相待，便于消除隔阂，确保步调一致，同向同行，有利于发挥组织合力，提升整体效能，有利于强化对海外投资项目五大要素的管控，确保按期或提前实现项目管控目标。

2 内涵与主要做法

2.1 以"四位一体"参与建设，践行国家"一带一路"倡议

2013年以来，"一带一路"建设从无到有、由点及面，进度和成果远超出预期，逐渐成为中国企业参与国际经营的主战场。电建海投公司发展战略和市场布局高度契合"一带一路"建设。在海外电力投资项目开发实践中，发挥业主主导作用，统筹中国电建系统内设计、监理、施工资源，推行"四位一体"组织管控，充分发挥中国电建集团"懂水熟电，擅规划设计，长施工建造，能投资运营"的独特优势，积极打造老挝南欧江水电项目精品民生工程，促进中老两国经贸合作与文化交流，勇当"一带一路"建设的参与者、践行者和推动者。

2.2 以"四位一体"推动发展，提升集团国际经营整体水平

"一带一路"建设给中国企业带来巨大发展机遇。中国电建2016年对国际业务进行调整，明确全球化发展战略，各子公司纷纷转型升级，大力开拓国际业务。电建海投公司以老挝南欧江水电项目开发建设为依托，积极整合系统内设计、监理、施工各方资源，组成联合舰队，带动成员企业以"四位一体"模式走出国门，稳健开展国际经营。一是电建海投公司在获得海外电力投资项目开发权后，在集团内部通过市场化公开招标方式，将项目设计、监理、施工任务分配给专业能力适合的中国电建成员子公司实施。二是在项目实施中，业主方充分发挥对海外项目整体风险甄别、防控的专业能力，指导和帮助参建各方防范政治、法律、税务、用工及非传统安全等风险。三是当施工单位出现资金困难时，业主方积极帮助或超前予以资金支持。"四位一体"走出去，实现强强联手、以强带弱和相互协作，能够发挥组织优势与组织合力，增强电建集团成员子公司国际经营抗风险能力，促进了中国电建集团国际经营整体水平的提升。

2.3 以"四位一体"强化履约，确保投资项目要素受控

电建海投公司在老挝南欧江水电项目开发建设中实施"四位一体"组织管控模式，确保项目"进度、质量、安全、成本和环保"五大要素可控受控。一是业主牵头建立健全海外投资项目投资控制体系，明确各方职责，建立协同机制，提高沟通效率；二是业主与设计单位协商制定设计优化管理办法，强化管理，加大激励，促进设计优化工作的深入开展和服务水平的不断提高，发挥设计龙头作用。三是业主积极支持监理单位开展工作，设立监理年度综合与进度节点考核奖励项目，充分发挥监理方监督协调作用，并借助当地政府、监督机构等工作检查契机，推动现场监理服务水平的提高。四是围绕工程节点，注重考核激励，发挥施工方工程建设主体作用。五是围绕关键节点，业主牵头召开参建方"大例会"，并邀请参建各方上级领导参加。会上，公开比成绩、晒业绩，自我对照，自我加压，激发参建各方比学赶超的工作积极性。

2.4 以 "四位一体" 解决争议, 实现市场与行政管理协同

在投资项目建设中, 难免出现合同纠纷和争议。传统意义的业主与施工方常常会出现相互博弈现象, 处理不好甚至会造成工程停滞、不能按期完工等后果。电建海投公司在老挝南欧江水电项目中实施"四位一体"组织管控模式, 采取市场化合同管理与集团总部行政调节"双轮驱动"方式, 化解矛盾, 妥善解决各类争议。一是业主方高度重视合同管理, 建立健全工程进度结算与支付管理办法, 做到有章可循, 有据可依。在结算中, 坚持以合同为准绳, 以事实为依据, 力促达成共识, 及时妥善处理争议。二是充分发挥中国电建总部的行政调解作用。在总部行政调解与业务指导下, 各方从集团利益出发, 一方面尊重合同, 另一方面讲政治、顾大局, 协商化解争端, 保持"四位一体"协同管理的良好运转机制, 确保有争议不影响工程建设。

2.5 以 "四位一体" 践行责任, 打造企业良好发展环境

在老挝南欧江水电项目开发建设中, 电建海投公司坚持以"四位一体"协同管理来确保参建各方联动践行属地责任。一是业主方高标准、严要求, 在投资预算上保证环保生态恢复资金投入。二是设计方发挥中国电建在全球领先的水利资源规划设计优势, 因地制宜, 亮出"中国方案"。在南欧江水电项目开发建设中, 推翻了外国公司提出的"建高坝"开发南欧江水电项目的方案, 创造性设计"一库七级"分两期开发的"中国方案", 大大减少了移民搬迁和林地耕地淹没数量。三是施工方严格按照设计标准做好安全文明施工, 落实环保责任。四是监理方及时发挥监督检查职能, 确保建设优质工程。五是在项目实施中, 业主发挥主导作用, 统筹参建各方义务开展架桥修路、捐资助学、扶危救困等社会公益活动, 积极履行企业社会责任。"四位一体"协同管理推动各方联动践行属地化责任为企业创造了良好的发展环境。

2.6 以 "四位一体" 夯实党建, 强化党组织的核心作用

老挝南欧江水电项目依托"四位一体"协同管理, 业主、设计、监理、施工各方成立项目联合党工委, 实现了境外项目党组织的统一领导、统一指挥和统一保障, 充分发挥和强化了党组织在境外项目把方向、管大局、保落实的政治核心作用。一是项目联合党工委组织开展党性教育, 参建各方党员全覆盖、无死角; 二是项目联合党工委找准关键, 利用业主、设计、监理和施工四个齿轮相互啮合、相互影响的关系, 以参建各方项目调度会、生产会、协调会为契机, 积极开展"党内批评与自我批评、党员谈心交流"等活动, 做好党员思想工作; 三是项目联合党工委通过团结带领参建各方党员开展创先争优、职工劳动竞赛活动, 助力生产经营; 四是项目联合党工委通过开展参建各方文体大联谊, 增进感情, 凝聚合力; 五是项目联合党工委充分发挥海外党组织前沿阵地优势, 强化对海外项目参建方廉洁从业的教育和监督。

3 实 施 效 果

电建海投公司在海外电力投资项目开发中, 发挥业主主导作用, 整合业主、设计、监理、施工优质资源, 统筹四方关系, 实施"四位一体"协同管理, 创造了1+1+1+1>4 的聚合效应。

3.1 确保了海外项目建设期 "五大要素" 全面履约受控

老挝南欧江水电项目建设期"四位一体"协同管理成效显著。南欧江二期项目自 2016 年主体工程开工建设以来，参建各方"四位一体"协同管理优势凸显，项目进度、质量、安全、成本、环保全面受控，顺利实现 2017 年度汛目标，并创造了一个月内四个电站大江截流记录，为后续发电奠定了坚实基础。

3.2 增强了企业海外电力投资项目开发建设的核心竞争力

老挝南欧江水电项目开发建设，整合中国电建旗下优势资源，集群式"走出去"，创新实践了海外电力投资项目建设期业主、设计、监理、施工"四位一体"协同管理。参建各方企业文化相同，价值取向一致，人际关系协调，沟通顺畅，市场化合同管理与集团行政管控相辅相成，参建各方齐心协力，聚指成拳，增强了企业海外电力投资项目开发建设的核心竞争力。

3.3 带动了集团国际业务转型升级和国际化经营水平提高

电建海投公司在老挝南欧江水电项目开发建设中积极发挥投资引领作用，实施业主、设计、监理、施工"四位一体"协同管理，发挥参建各方整体合力，创造 1＋1＋1＋1＞4 的聚合效应，探索出由低端到高端、由建设到规划、由参与到引领的国际业务发展之路，在海外投资项目开发建设中具有较好的推广价值，促进了中国电建国际业务整体水平的提高。

3.4 推动了中国标准、 技术、 产品以及文化的 "走出去"

电建海投公司投资开发老挝南欧江水电项目，采用中国设计标准，推动了中国标准在老挝水电项目的推广和应用；在施工建设过程中运用高复合土工膜面板堆石坝等中国技术，推动了中国技术的"走出去"；水电站所需的水轮机、发电机等设备的国产化率达 100%，带动了中国产品的"走出去"；在项目建设中，项目公司通过中文支教、中老青年交流、中老歌唱大赛等文化交流活动，积极传播中华文化，促进了中国文化的"走出去"。

辽宁清原抽水蓄能电站工程 EPC 项目履约模式研究

石　瑛，汤旭东

（中国水利水电第六工程局有限公司，辽宁清原 113300）

【摘　要】　辽宁清原抽水蓄能电站是国家电网有限公司首批抽水蓄能电站 EPC 总承包试点工程之一。由中国电建集团北京勘测设计研究院有限公司牵头与中国水利水电第六工程局有限公司、中国水利水电第八工程局有限公司组成联合体承担该工程的设计施工。本文根据该工程 EPC 总承包联营体运行至今运行情况及出现的问题进行探讨，并提出一些建议。

【关键词】　抽水蓄能电站；EPC；联合体；履约

0　引　　言

近年来，我国在大型工程项目管理上一直努力采用国际先进的管理模式和方法，但是与世界一流的工程公司相比，还存在着很大的差距。其中 EPC 履约模式代表了现代西方工程项目管理的主流，是工程项目管理模式和设计的完美结合，是缩短工期、降低投资目的的典范。

中国电力建设集团有限公司（以下简称中国电建集团）有效结合"一带一路"战略，抓住党的十九大胜利召开带来的 EPC 建设新契机，充分发挥中国电建集团全产业链和全生命周期服务优势，充分发挥设计龙头作用和施工企业能力，确保安全、质量、进度可控，促进设计、施工、装备制造深度融合、紧密衔接，实现优势互补和相互合作，促进总承包项目各方实现共赢，积极拓展 EPC 总承包业务。2017 年中标的辽宁清原抽水蓄能电站工程是国家电网公司首批两个抽水蓄能电站 EPC 总承包试点工程之一，也是其中唯——一个完整意义的 EPC 总承包项目。

1　EPC 总承包市场现状

1.1　EPC 项目发展情况简介

工程总承包是国际工程企业项目管理的主流模式，根据美国设计建筑学会的统计，国际设计施工总承包的比例从 1995 年的 25％上升到了 2005 年的 45％，国际主要的工程企业都采用了这种模式。项目承包管理主要应用于化工、冶金、电站、铁路等大型基础设施工程等领域[1]。

作者简介：石瑛（1978—　），男，高级工程师，主要研究方向：水利水电工程施工管理。E-mail：shiyww@fox-mail. con。

汤旭东（1976—　），男，高级工程师，主要研究方向：水利水电工程施工管理。E-mail：969617835@qq. com。

建国初期，建设单位自己组织设计、施工人员，自己采购设备、材料，组织项目建设，具有建设单位投入精力大、项目管理专业化程度低、项目管理水平低的特点。

1953～1965年，甲乙丙三方体制，甲方（建设单位）、乙方（设计单位）、丙方（施工单位）由各自主管部门管理，甲方负责项目管理。具有建设单位投入精力大、协调难度大、项目管理水平低的特点。

1965～1984年，工程指挥部方式，建设指挥部负责建设期间的设计、采购、施工等管理，项目建成后由生产管理机构运营。具有建设单位投入精力小、协调难度较大、项目管理水平较高的特点。[1]

20世纪80年代以来，我国逐步学习国际工程项目总承包管理体制，对基本建设管理体制进行了一系列探索性的改革，其中之一就是由专门的公司对建设项目试行总承包制，择优选定这种专门的公司，从项目立项开始，完成设计、设备材料采购、施工、安装调试，直至交付使用的全过程实行固定价格总承包。20年来，在我国水电、建筑、冶金、化工、石化、石油、铁道、轻工等行业相继组建了一批工程总承包公司和项目管理公司，在管理上一直努力采用国际先进的管理模式和方法，争取与世界通行的管理模式接轨，取得了一些明显的成效。但是与世界一流的工程公司或项目管理公司相比，在功能、人员素质、管理体制、管理方法和管理水平上都存在很大差距。我国的工程总承包公司，大都是在原先设计单位的基础上改建而成的，并不具备从项目的策划、设计、采购、施工、安装调试到交付使用进行全过程管理的综合功能和人力资源，因此亟待提高我国工程总承包和项目管理承包的水平，努力改造和培育一批有竞争力、高水平、国际型的工程公司和项目管理公司，加大培训力度，培养一批高素质、职业化的项目管理人员。

1.2 中国电建集团EPC项目履约现状、履约模式

1.2.1 中国电建集团EPC项目主要采取的履约模式

中国电建集团EPC项目主要采取的履约模式有独立履约和联合体履约两种方式。对于规模较小的总承包项目，根据项目承揽单位的实力和业务范围，以及项目运作情况，独立履约和联合体履约均有采用，对于规模大、投资高、工期长的大型EPC项目，为更好进行设计、施工企业优势互补，通常采用联合体履约方式。如目前正在实施建设的杨房沟水电站、新疆阜康抽水蓄能电站、辽宁清原抽水蓄能电站均是采用联合体履约模式。

1.2.2 中国电建集团EPC业务发展需要解决的问题

中国电建集团EPC业务在取得飞速发展的同时，也出现了制约EPC业务发展的问题。如设计企业擅长设计规划，但现场施工管理能力相对欠缺，难以更好进行质量、进度控制，施工企业设计能力欠缺，但现场施工管理经验丰富。因两种类型企业业务擅长领域不同，由其单独实施EPC业务，均存在短板；若采用设计企业与施工企业组成联合体模式，因成员单位均有各自利益所在，项目实施主要管理人员也分属不同企业，企业文化不同，工作方式和处理问题的方式也有所不同，若无合理的利益分配和强有力的协调管理机制，可能受传统项目组织方式、工作经验和习惯思维的影响与制约，设计、施工、采购不能形成有机整体，难以发挥设计施工一体化优势，内部人、财、物和外部资源未能得到有效发挥和充分利用，难以建立有效的横向协同机制，总承包的优越性未能得到充分发挥。因此，需要总结各不同类型EPC项目实施的经验教训，探索建立适合的EPC工程总承包履约模式的标准体系文件，以为集团后续EPC项目的顺利履约提供借鉴。

1.2.3 清原抽水蓄能电站 EPC 履约现状、履约模式

辽宁清原抽水蓄能电站 EPC 总承包项目规模较大，投资高、工期长，采用联合体履约方式。

由中国电建集团北京勘测设计研究院有限公司（以下简称北京院）牵头，中国水利水电第六工程局有限公司（以下简称水电六局）和中国水利水电第八工程局有限公司（以下简称水电八局）组成辽宁清原抽水蓄能电站 EPC 总承包联合体，参与国家电网有限公司 2016 年辽宁清原抽水蓄能电站 EPC 总承包招标采购的竞标。以上三家企业都属于中国电力建设集团有限公司的子公司。以中国电建集团北京勘测设计研究院有限公司为牵头方的辽宁清原抽水蓄能电站 EPC 总承包联合体，共同履行合同义务，将以"顾客至上、诚信履约、精心组织、规范管理、集合优势、真诚合作"为原则，设计、采购、施工实施紧密联合的"一体化运行，分级管理"模式。

根据发包人对 EPC 总承包项目的管理方式，EPC 履约又分为两种方式：即过程控制模式和事后监督模式。

（1）过程控制模式：发包人（业主）聘请监理工程师监督总承包商"设计、采购、施工"的各个环节，并签发支付证书。发包人（业主）通过监理工程师各个环节的监督，介入对项目实施过程的管理。FIDIC 编制的《生产设备和设计—施工合同条件（1999 年第一版）》即是采用该种模式。

（2）事后监督模式：发包人（业主）一般不介入对项目实施过程的管理，但在竣工验收环节较为严格，通过严格的竣工验收对项目实施总过程进行事后监督。FIDIC 编制的《设计、采购、施工合同条件（1999 年第一版）》即是采用该种模式。

清原抽水蓄能电站 EPC 履约模式为过程控制模式。北京院、水电六局、水电八局组成紧密型联合体，EPC 总承包项目管理部下设二级项目部：设计项目部、施工项目部、设备项目部。联合体授权 EPC 总承包项目管理部负责全面向业主履约，联合体不仅负责具体的设计工作、采购及施工工作，还包括整个建设工程内容的总体策划以及整个建设工程实施组织管理的策划和具体工作。

2 清原 EPC 项目联营组合模式

2.1 联合体组建原因

2016 年 11 月，《国网 2016 辽宁清原抽水蓄能电站 EPC 总承包招标公告》提出了投标人资质及业绩要求，为满足招标公告提出的投标人资质及业绩要求，北京院积极与国内施工企业联系，经沟通后，确定北京院作为牵头方与水电六局、水电八局组成联合体，能够满足招标公告提出的投标人资质及业绩要求。投标文件中，联合体协议按照三方各自的资质与业绩就中标后的分工做出承诺。中标后，集团组织专家组对联合体运行及内部分工进行了调整。

2.2 紧密联合体模式

根据《联合体协议书》及联合体各方协商，为了适应市场竞争的需要，更好地发挥北京院、水电六局、水电八局联合体各方的优势，"北京院、水电六局、水电八局"联合体对辽宁清原抽水蓄能电站 EPC 总承包项目管理按紧密型联合模式运作，为严格履行合同承诺，按照"创特色、保工期、增效益"的总体思路，充分发挥设计施工装备产业链一体化优势，优化资源配置与投入，全面提升 EPC 项目管理水平，实现企业间的

合作共赢，获得业主和社会高度认可。

2.3 组建联合体原则

联合体组建各方的资质与业绩必须满足发包人招标公告的要求，中标后联合体协议书、联合体章程、联合体运营规则不应与投标承诺实质违背。联合体应能更好地发挥各方的优势，充分发挥设计施工装备产业链一体化优势，优化资源配置与投入，实现企业间的合作共赢。联合体各成员应本着优势互补、达标投产、共创精品的原则共同履约。

联合体各成员本着顾客至上、诚信履约、精心组织、规范管理、集合优势、真诚合作的原则，高质量地完成项目，并获得国家优质工程奖。

联合各方权益比例为：以北京院为牵头方占 51%，水电六局占 34%、水电八局占 15%。联合体组建中国电建辽宁清原抽水蓄能电站 EPC 总承包项目管理部（以下简称 EPC 总承包部），联合体实行二级管理，下设四个项目部：设计项目部、六局施工项目部、八局施工项目部和设备项目部。

2.4 机构设置、职能划分

中国电建辽宁清原抽水蓄能电站 EPC 总承包项目管理部组织机构设置如下：

EPC 总承包部按照决策、管理、作业三个层次设置组织机构，设立经营决策层、职能管理部门及四个二级项目部。

EPC 总承包部经营决策层配置为：项目总经理、常务副总经理兼总经济师（商务、控制）、副总经理（设计）兼总工程师、副总经理（施工）、副总经理（采购）、安全总监、总会计师。

七个职能部门分别为：设计策划管控部、综合管理部、计划合同部、工程管理部、设备成套管控部、财务管理部、安全环保部。

四个二级项目部分别为：

中国电建集团北京勘测设计研究院有限公司设计项目部（以下简称设计项目部），由北京院的设计人员组建；

中国电建辽宁清原抽水蓄能电站 EPC 总承包水电六局施工项目部（以下简称六局施工项目部），由水电六局的施工人员组建；

中国电建辽宁清原抽水蓄能电站 EPC 总承包水电八局施工项目部（以下简称八局施工项目部），由水电八局的施工人员组建；

中国电建辽宁清原抽水蓄能电站 EPC 总承包设备项目部（以下简称设备项目部），由北京院的设备采购人员组建。

2.5 权益分配

EPC 总承包部根据《联合体协议》《联合体章程》《联合体运营规则》与联合体成员单位签订内部经济协议，由 EPC 总承包部进行统一管控。各成员单位组建项目部，项目部按照"统一管理、总价包干、风险自负、自主经营、自负盈亏"的原则执行内部经济协议。EPC 总承包部为独立的核算单位，对项目全过程进行统一核算，项目竣工决算形成的损益，由联合体统一按权益比例向各成员单位分配。

2.6 联营体内部管理

2.6.1 项目管理指导思想

联合体以紧密联合模式运营，设置董事会。遵循"顾客至上、诚信履约、精心组织、规范管理、集合优势、真诚合作"的原则确定联合体的管理制度体系，北京院为牵头方，牵头组建联合体和制定管理文件。EPC合同中工程设计及设备采购工作由北京院负责；主体工程施工及其管理资源的配置由水电六局、水电八局负责；联合体成立紧密运作的总承包项目管理部，经董事会授权代表各方行使统一管理的权利，对项目合同全面履约负责，确保合同目标完成。

联合体实行董事会领导下的项目总经理负责制，以项目总经理为首的总承包项目管理部代表联合体履行合同责任。

联合体成立董事会，是项目管理的决策机构，董事会遵循"顾客至上、诚信履约、精心组织、规范管理、集合优势、真诚合作"的原则，制定项目管理的总体要求及绩效考核评价办法，依托风险管理委员会和技术管理委员会对项目的重大问题进行研究和决策，统筹协调项目的风险管理、采购管理、范围管理、进度管理、成本管理、质量管理、安全管理、人员管理、沟通管理等。董事会由联合体各方法人代表及项目总经理组成，从企业高层实现有力、高效的深度融合和有效管控，确保项目从技术、管理、人力资源、资金等各方面的有力支持。

总承包项目管理部代表各方行使统一管理的权利，对项目合同的全面履约负责。总承包项目管理部根据发包人合同要求和联合体的管控要求，建立一套具体的管理体系和管控制度，确保安全、质量、进度、风险管控等各项目标全面完成。

2.6.2 管理思路

（1）依据项目招标文件、合同以及相关方对项目的需求和目标全面开展项目管理，基本思路为PDCA循环管理模式（见图1）。

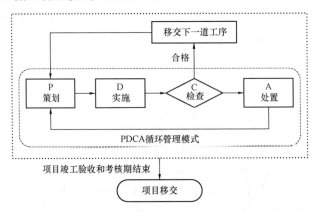

图1　PDCA循环管理模式管理流程示意图

每个过程和每次循环均应对策划、沟通、协作、整合、实施、跟踪、成本预算、控制、报告、质量以及安全控制等对应的计划、质量、成本、安全环保达到的目标提出明确的要求，并制定负责人检查落实等。

（2）在项目管理中营造项目团队鼓足干劲、力争上游的工作局面，去"多快好省"地完成项目，应当成为项目管理人员的共识和行为准则。

1）"多"项目管理目标具体细化、分解和落实到具体的负责人，即："多"范围工作内容的界定；"多"工作界面工作内容具体化和责任人落实；"多"项目任务分解到各项目部和责任人；"多"责任主体依据联合体协议签订目标落实和考核；"多"重点监控关键线路的实施进度。

2）"快"落实项目管理目标。即："快"落实任务及接口协调；"快"落实项目任务所需的各种资源;"快"分解先做/后做以及并行开展工作的项目;"快"优化项目实施的网络图,及时下达相关职能部门和二级项目部;"快"实现里程碑和关键线路的施工项目为其他工作面提供条件;"快"检查工期目标和修订进度表,以便调整计划或采取保证工期的措施;"快"调整各种资源的平衡;"快"协调交叉作用以及资源的落实。

3)将项目管理按"好"目标完成。即:建立"好"的质量管理计划(建立质量考核标准和施工质量管控的流程);制定"好"的质量保证办法(规定施工程序和作业指导书);执行"好"的质量控制措施(工序完成移交既达到质量标准、对存在质量偏差的要习惯进行对比及分析原因和提出纠偏的具体措施、实施纠偏的措施直至达到质量标准)。

4)按"省"成本思路做好项目管理,即采取材料设备通过招标、管理人员出差和团队建设费用按预算等,按"省"要求进行成本管控;施工设备设施及各二级项目管理费用按分摊"省"的模式分别计入工程单价、建设管理费用和勘测设计费用中;采购设备按照施工进度安排以"省"费用和管理进行进场和验收等。

3 联营体实施效果分析及改进措施

3.1 联合体实施效果分析

(1)根据国内抽水蓄能业的发展行情,国内单位不断开展 EPC 总承包管理模式,从阜康项目到清蓄项目,现清蓄被国网新源控股有限公司认为是国内第一个真正意义上的 EPC 项目,中国电建集团集合内部有着抽水蓄能电站设计施工较强单位来承揽抽水蓄能工程,以树立集团在国内抽水蓄能工程的优势,这对集团以强大的建设能力优势来占据国内抽水蓄能市场有着很高的战略意义。

(2)EPC 总承包模式有利于充分发挥设计在建设过程中的主导作用,使工程项目的整体方案不断优化,有利于克服设计、采购、施工的制约和脱机的矛盾,使得各环节合理交叉。通过这种模式在设计、采购、施工三者之间的联系沟通更加的紧密了。

3.2 紧密型联合体实施改进的建议

(1)设计单位作为 EPC 紧密联合体的牵头方,为发挥设计单位的优势,建议在设计阶段加强与施工单位的沟通,将设计与施工贯穿整个项目周期,达到"设计指导施工、施工促进设计、降低施工成本、提高经济效益"的目的,提高 EPC 总承包项目履约能力,更好的实现业主目标。在正式出图前与施工单位、设备厂家等相关单位进行充分交流,对设计图纸进行宣贯、培训、指导,并结合工程实际情况对土建、机电等各个专业的有效结合,以实现最优、最经济的工程实体。同时建议作为联合体的设计单位,对工程建设过程中的相关辅助设施、临建设施进行指导统筹规划,以有利于现场布置、施工。

(2)以 EPC 总包方为主,将业主对该工程建设目标作为指导性方向,通过和业主方在统一目标的基础上建立相互信任的良好关系,以使 EPC 项目在管理上成为真正意义上的"交钥匙"工程,使业主方、监理方做到对于 EPC 项目管理各自的职责,从而避免出现重复管理,而造成 EPC 项目管理整体不必要的资源浪费。

(3)EPC 项目中,设计阶段(E)对项目费用的影响力远大于采购阶段(P)及施工阶段(C),见图 2 和图 3。设计阶段的重要性显而易见,因此,建议项目初期阶段在项目投标报价的基础上,结合工程实际情况编制项目初期控制估算,项目初期控制估算的作用是在招标设计阶段和施工图设计阶段起控制作用。初期控制估算可成为项目费用控制的一个重要环节,一项关键措施[2]。在整个设计过程中,设计人员与经济管理人员密切配合，做到技术与经济的统一。设计人员在设计时以费用控制目标为出发点，做出方案比较，有利于强化设计人员的工程造价意识，优化设计，降低费用，实现利益最大化；经济管理人员及时进行造价计算，为设计人员提供有关信息和合理建议，达到动态控制投资的目的。

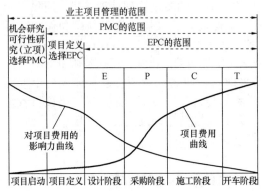

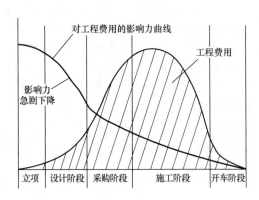

图 2 EPC 项目各阶段对费用的影响力及
累计发生的项目费用示意图

图 3 项目各阶段对费用的影响力及发生
的项目费用示意图

4 结 语

随着建筑市场的不断发展，在国内的水利工程项目建设当中，EPC 总承包模式已逐渐成为主流，虽然这种模式有着自身的优势，但同样存在着许多问题，如果对这些问题不加以规避与解决，势必会对工程建设带来严重的影响。

该工程作为国家电网抽水蓄能项目的首批试点项目，顺利的履约对国家电网有限公司、中国电建集团，以及整个抽水蓄能工程领域，都有着十分重要的意义，目前项目刚开工不久，如何完善 EPC 项目的履约模式仍是一个任重而道远的研究课题，还需通过项目履约的成果和过程中出现的问题中不断改进、总结，为工程建设 EPC 模式的发展提供更多的经验。

参考文献

[1] 曲飞宇. 国际工程总承包模式与我国的发展现状[J]. 市场周刊，2008，(10)：72-75.
QU Feiyu. International project general contracting model and current situation of development in china[J]. Market Weekly，2008，(10)：72-75.

[2] 胡德银. 现代 EPC 工程项目管理讲座[J]. 化工设计，2003，13(3)：41-45.
HUDeyin. Lectures on modern EPC pl-oject managemen[J]. Chemical Engineering Design，2003，13(3)：41-45.

关于加纳布维水电工程 EPC 项目
实施的总结和浅议

刘　豫

（中国水利水电第八工程局有限公司，湖南长沙 410004）

【摘　要】 在 EPC 项目履约中，只有紧紧以 EPC 合同为依据，组建高效的 EPC 项目管理和实施团队，规范各项流程，设计先行，衔接好设计、采购和实施各个环节，按照本土化、国际化和市场化的要求组织实施，才能成功地实施。

【关键词】 加纳布维水电工程 EPC 项目；实施；合同要求

0　引　　言

近年来，随着中国企业"走出去"，尤其是"一带一路"倡议的提出，中国在国际工程承包市场中的交钥匙工程项目（EPC 项目）逐渐增多，EPC 项目的实施运作，也越来越受到重视，如何运作好国际 EPC 项目，成为许多国际工程承包商的一个重要课题。笔者参与建设的加纳布维（BUI）水电站 EPC 总承包项目为中国水电集团在海外实施的第一个 EPC 水电站项目，该项目现已成功发电并移交业主，在 2017 年还获得境外工程鲁班奖。现就该 EPC 项目实施中的一些过程情况进行总结，并就相关问题进行交流、探讨。

1　项　目　概　况

布维水电站位于加纳北部与科特迪瓦的交界处，在沃尔特水库上游 150km 的青沃尔特河上。电站枢纽工程主要由 1 座碾压混凝土主坝、1 座黏土芯墙堆石坝、1 座均质土坝、厂房（3 台 133MW 混流式机组）、输变电项目及 2 座变电站组成。碾压混凝土主坝坝高 112m，基础面高程为 73m，坝顶高程 185m，坝顶轴线长度为 470m。黏土芯墙堆石坝最大坝高 54m。主要实物工作量为碾压混凝土 91 万 m^3，常态混凝土 29 万 m^3，副坝填筑 66 万 m^3，压力钢管及闸门等金结制安约 5000t，输变电线路 320km，变电站 2 座。

项目业主为加纳能源部，成立布维管理局（BPA）进行项目管理。合同模式采用设计、采购和施工总承包（EPC）建设模式，以 FIDIC1999 年版 EPC 合同为通用条款，加上特殊条款和业主要求，构成合同的全部文本。合同语言为英语。合同工期要求约定延期罚款为每天按合同价的 0.07%，最终不超过合同总额的 10%。合同技术规范及标准的要求为永久工程的设计和施工应该根据：1）业主规定；2）最新的相关国际标准和规范。如果业主要求、规范和标准之间存在不一致，以业主要求为准。如果需要的信息

作者简介：刘豫（1982—　），男，高级工程师，E-mail：yuliu@sinohydro8.com。

无法在这些规范中找到，将采用最新的国际规范以满足工程施工和设计安全可靠的标准。

该项目由中国水利水电建设集团国际公司（以下简称"水电国际"）中标，委托中国水利水电第八工程局有限公司（以下简称"水电八局"）为责任方组织实施。设计由西北勘测设计研究院（以下简称"西北院"）负责。业主咨询为法国的 Coyne et Bellier 公司。

2 EPC 合同实施情况

2.1 EPC 项目实施组织保障

加纳布维水电站项目是中国水电在境外实施的第一个 EPC 水电站项目，为良好履约，在中标后，集团公司非常重视，承担设计、采购和施工任务的各方也抽调精干力量投入到项目履约中去。作为委托实施责任方的水电八局，也按 EPC 合同要求组建了项目部，实施的设计、采购和施工均有归口管理部门，并明确了岗位职责，对设计、采购和施工方面进行全方面管理。同时，聘请了国内一些知名专家担任本项目的咨询团队。

2.2 设计实施情况

根据合同要求，项目开工后，即按照投标要求报送了第一阶段设计文件，确定了电站总体布置、坝型、主机主要参数等，作为电站的框架文件，即详细设计阶段的基本依据。同时，也确定了设计规范，通过和业主的多次协商，该电站全部采用中国规范，为项目的良好履约打下了坚实的基础。

在此阶段，水电国际和水电八局组织西北院和聘请的专家进行了多次设计联络会进行讨论和论证，最终确定了电站的基本设计报告，在基本设计阶段，对施工导流布置、副坝结构及布置、坝体和厂房布置进行了优化，在保证电站功能满足合同要求和运行安全要求的基础上，使之更加经济、利于施工。基本设计报告经内部评审后报业主咨询审批。随后水电国际和水电八局组织设计院、业主代表和业主咨询工程师举行多次会议进行讨论，回答咨询工程师提出的问题，然后根据会议要求进行修改后再次报业主工程师审批。最后，业主工程师批准了基本设计报告。

基本设计报告批准后，设计院根据合同工期节点和实施进度计划，逐步进行第二阶段的设计，即详细设计。在详细设计阶段，由于中国和欧美工程师设计理念的限制，业主咨询工程师个人经历的限制，以及对中国规范理解程度、对合同文件技术要求理解的偏差等，致使详细阶段的设计批复经历了反复曲折的过程。此外，土建工程详细设计阶段，业主咨询工程师要求在报送结构配筋图的同时报送计算稿，否则对配筋图不予审批。在实施过程中出现过计算稿修改多次，而钢筋图基本没有修改的情况，也出现过计算稿通过，而钢筋图多次修改的情况。值得一提的是，在详细设计阶段，业主及咨询工程师基本不允许对基本设计报告进行优化了。

2.3 采购实施情况

本节所述采购为永久机电设备和材料的采购。本项目永久机电设备基本从中国进口，主要机电设备和材料采用招标的方式进行采购。为此，制定了一系列的物资采购管理程序，以保证采购的顺利实施。采购招标过程中，将相应采购招标文件和设计文件报送业主审批，业主批准后，才进行采购或生产。

2.4 施工实施情况

为保证项目施工顺利实施，在中标后，水电八局即成立了项目部，项目部按照工程特点和合同特点设置了相应部门和工区，并调集国内有经验的人才充实各岗位以分别负责设计、采购和施工的管理和实施。同时利用本局专业分局的优势将砂石、试验、机电安装和基础处理等专业性强的合同内容实施局内分包。为节约成本，大力并成功地实施了劳务本土化战略。

在布维水电站实施的施工过程中，主要出现的问题为材料的采购困难，详细设计批准对施工进度产生影响，咨询工程师对新施工工艺的接受需要过程，业主及咨询工程师对职业健康，安全和环保的要求较高。

3 浅 议 和 探 讨

加纳布维水电站项目在实施前，EPC 水电站项目在国外无先例可循，对国外的水电站设计、采购和施工的一体化实施有一个摸着石头过河的过程。现将本项目实施过程中的经验和教训加以总结。

3.1 项目设计

对于 EPC 项目的实施来说，设计是龙头。设计的进度和质量，直接影响着项目的履约进度和成本，甚至工程本质安全，少部分还牵涉到产品是否能够满足合同的技术参数要求。为更好地实现中国水电"走出去"，从加纳布维水电站的实施来看，有以下几点经验：①努力使中国水电规范"走出去"，布维水电站是中国水电在境外实施的第一个 EPC 水电站项目，通过我方的努力，绝大部分采用中国规范进行的项目工程设计和施工，但从以后其他水电站实施的情况来看，还任重而道远。②尽量在初步设计阶段完成设计优化。在初步设计阶段，几乎全部完成了项目的概念设计。以后的详细设计紧紧围绕概念设计展开，从布维水电站实施的情况看，设计方面做加法容易，做减法很难。③设计需主动适应欧美规范、EPC 合同要求和业主要求。我们尚处在"走出去"的路上，因此，设计更应以开放的心态，主动适应欧美规范、EPC 合同要求和业主要求。兼容并蓄，才能使我们的设计水平更加与国际接轨，更容易走出去。还是以布维水电站实施过程中的事件为例，为加快进度，我们拟采用一部分当地钢筋，但这些钢筋的材质、强度等方面与中国规范中的材料有差异，因此，了解欧美规范并局部按欧美规范要求进行设计，很容易被工程师批准。④对重点项目聘请咨询专家。咨询专家在设计的优化和施工的优化方面都能起到很好的作用。⑤创新设计实施模式。布维水电站由水电八局牵头组织实施，西北院作为设计分包，虽然项目取得了成功，但从发挥设计优势来看，还可以采用设计和施工方组成联营体或聘请外籍设计人员的方式，以更调动设计的积极性和创造性。

3.2 项目采购

永久机电设备和材料采购是 EPC 项目实施的重要步骤之一，直接影响项目的实施和成本。EPC 项目在采购方面，不同于施工总承包项目的地方有以下两点：一是无甲方供料。在通常的施工总承包合同中由甲方负责的部分采购，在 EPC 项目中都由承包方负责，这方面的采购和安装需要提前考虑。另一方面，质量标准的确定与合同要求以及设计紧紧相连，同时，其招标采购、制作、运输等环节对履约进度影响很大。因此，只有以合同技术要求为依据，按照项目实施计划，进行采购、运输和清关策划，才能使采购工作顺利进行。

3.3　项目施工

我们国内的水电项目通过几十年的发展，已经形成了许多世界领先的技术。但欧美国家这些年的水电规范没有就这些技术进行总结，并纳入规范，导致我们一些成熟的技术如在国外运用需要做大量的工作。因此，也要努力使中国的施工规范"走出去"。

在施工材料方面，要做好计划，并周密组织，尽量使施工方案简单实用，使用当地材料或进行市场调查，以利于项目实施。

在 EPC 项目的实施过程中，作为有经验的承包商，即使业主工程师批准了，一旦出现问题，承包商的责任也不能减轻。因此，要自觉地严格把好质量关，以创造精品工程为出发点，实行全面、全员质量管理制度，做好"四新"技术的应用，以优良的产品和良好的信誉获得更多的市场。

4　小　　结

EPC 项目是把设计、采购和施工放在一起的交钥匙工程，从布维水电站 EPC 项目实施来看，在 EPC 项目的实施中，只有紧紧以 EPC 合同为依据，组建高效的 EPC 项目管理和实施团队，规范各项流程，设计先行并做好优化设计工作，衔接好设计、采购和施工各个环节，按照本土化、国际化和市场化的要求组织实施，才能成功地实施 EPC 水电项目。

浅谈新疆阜康抽水蓄能电站 EPC 总承包项目
管理存在的主要问题及相关建议

方永泰

（中国电建集团西北勘测设计研究院有限公司，陕西西安 710000）

【摘　要】　新疆阜康抽水蓄能电站项目建设是国内第一个采用以设计院牵头的 EPC 总承包联合体建设管理的新模式，对业主、监理、承包单位是一次管理创新的挑战，需要参建各方统一思想，加强理解、共同创新探索，不断调整优化，在整个项目管理中充分发挥各自的优势，齐心协作推动项目的顺利实施。同时参建各层面要达成一致意见，齐心协力实现创新管理模式，达到合同要求。笔者参与阜康抽水蓄能电站 EPC 总承包管理一年多时间，就目前 EPC 总承包项目管理存在的主要问题及建议浅谈一些体会。

【关键词】　EPC 总承包；项目管理；问题建议

0　引　言

　　EPC 总承包建设管理模式作为国际国内公认的现代工程建设管理模式，是指受业主委托，按照合同约定对工程建设项目的设计、采购、施工、试运行等实行全过程或若干阶段的承包，通常在总体合同条件下，对所承包工程的质量、安全、工期、造价全面负责。其基本特征可以概括为：业主在总体控制质量、安全的前提下充分信任总承包单位，按合同赋予总承包单位在工程项目建设中应有的自主管理权。业主需要做的是控制工程进度，掌握工程质量是否达到合同要求，建设结果是否能够最终满足合同规定的建设工程的功能标准、质量标准以及工期要求，相对常规建设而言业主不应该在实施过程中检查每一个施工工序，而是宏观把控工程和目标考核控制。

　　监理受业主委托，依据总承包合同和监理合同，代表业主对总承包实施监督管理，监理的主要职责是在贯彻执行国家有关法律、法规的前提下，促使业主和总承包商合同的全面履约，控制工程建设质量和安全，协调相关单位之间的工作关系，为总承包商提供良好的建设环境和施工氛围。

　　EPC 总承包建设管理模式现场管理可以理解为总承包商、业主（含业主委托监理）的三位主体关系，这种管理模式强调的是 EPC 总承包商的管理，业主基本不参与现场工程实施过程具体事务的管理，业主、监理和 EPC 总承包商是一个有共同目标的整体。

1　EPC 总承包模式的优势和劣势

　　（1）建设期的风险大部分转移。同时业主可以降低管理的人力资源成本。

作者简介：方永泰（1972—　　），男，教授级高级工程师，E-mail：1977745860@qq.com。

（2）充分发挥设计人员的知识和智慧，积极与高新技术接轨，达到合理降低工程造价、创造社会效益和经济效益的目的。

（3）实现设计、采购、施工各阶段工作的深度交叉和合理衔接，实现建设项目的质量、进度和成本的有效控制，满足建设工程承包合同约定。

（4）实施过程中工程质量、安全、环保责任主体明确，有利于追究责任和确定责任的承担人。

（5）在工程建设过程中 EPC 总承包商承担了较大风险，主要风险如下：

1）经济风险。业主信誉不好，履约能力弱，提供项目实施的外围条件不到位；由于物价上涨造成总承包价上涨；项目收款不及时，支付过早或过多；融资或垫资风险分析不足；成本控制不力。

2）管理风险。EPC 合同内容不完备、错误或责任与义务规定不明确，存在歧义；选择的分包人履约能力差对项目总体实施产生较大影响；施工进度控制不力，导致工期延误产生大量费用；与地方政府、业主、监理、分包商、供应商、当地群众的关系协调不到位，导致影响工程正常实施；出现质量、环境、职业健康事件影响工程项目实施，造成损失。

3）设计风险。设计方案不满足业主及合同要求；设计错误；设计工作不精细、不及时、不到位等影响工程建设。

4）采购风险。采购产品的性能指标不能达到技术要求或质量不合格。

5）施工技术风险。施工技术方案不合理，导致不满足工程技术指标及质量要求。

2 目前 EPC 总承包建设管理存在的主要问题

（1）针对如何做好 EPC 总承包管理，参建各方都在磨合和思考，目前从阜康抽蓄建设过程来看现场管理依然按照常规建设管理模式进行，业主深入项目管理全过程，与实行 EPC 总承包管理模式试点的初衷存在较大矛盾，和合同要求的各方职责权利相差较大，难以有效发挥 EPC 建设管理模式的优点。

（2）常规的建设模式下的监理模式直接套用到 EPC 总承包管理中，设置了许多工序管控的内容，直接制约了工程的进展，比如参与临建工程单位工程的工序验收，而且设定较多的监理见证点。对工程进度、质量、安全管控不起实质性作用，反而影响 EPC 总承包商的积极性和履约效率。

（3）从大环境来说针对 EPC 总承包管理缺乏国家层面的相关法律法规和政策的支持。

（4）设计图纸要通过设计监理审核批复，设计监理并未参与预可研和科研阶段的工作，对现场地质地貌情况不熟悉，对设计意图把握不准，导致图纸审批周期较长，而且反复报批频次高直接影响到设计供图进度，从而影响工程顺利推进。

（5）参建各方安全组织管理体系复杂，阜康抽水蓄能电站根据业主要求成立了四个安委会（业主、业主和非 EPC 单位、EPC 总包部、业主监理参加 EPC 总包部牵头的工程安委会）安全主体划分不够明确，职责重复交叉，不利于现场安全管理。

（6）EPC 总承包单位只要按照合同要求组织实施，整个项目具体实施管理属于 EPC 总承包单位内部协调管理的事情，业主、监理不宜干涉太深，如前期临建设施、临建道路的规划布置和施工，只要满足 EPC 总承包单位使用功能和其他安全要求即可。总之目前在项目实施中参建各方缺乏互信，这是在项目管理中存在的最核心问题。

（7）按照合同要求 EPC 总承包单位编制完成实施性施工组织设计报监理审批后，

只针对单位工程、重要的分部工程和有特殊安全要求施工部位编制相关施工技术方案，对一些危险性较大工程施工项目根据监理要求编制专项安全技术方案，在实施过程中所有涉及的工程施工项目都要编制专项施工方案，笔者认为可以简化一些方案的编制（如施工简单安全可控的临建项目施工），提高施工效率。

（8）EPC 总承包商缺少有经验能管理会管理的项目经理层面以及合同、风险管理方面的人才，导致在项目实施过程中管理不到位，在合同变更索赔以及风险管控方面的能力不足。

3　关于 EPC 总承包管理的建议

（1）目前我国与 EPC 相关的建筑法律法规尚不完善，导致在 EPC 总承包执行过程中缺乏有效的支撑，国家层面应该出台相关的 EPC 总承包招标文件范本，明确 EPC 总承包参建各方的责任权利，阜康抽水蓄能电站招标文件由业主组织编制，招标文件的一些要求为对 EPC 总承包单位不公平的条款。

（2）工程总承包，又称为"交钥匙承包"，是指工程总承包商受业主委托，按照工程总承包合同约定对工程的设计、采购、施工、试车实行全过程的承包，工程总承包商在合同范围内对工程的质量、工期、造价、安全负责，工程总承包项目，其实施的过程要经过四个阶段：设计阶段、采购阶段、施工阶段，试车阶段，总承包单位通过科学的系统化的优化整合，最终向业主提交一个符合合同约定、满足使用功能要求、具备使用条件并经竣工验收合格的建设工程的承包模式。EPC 总承包是一种以向业主交付最终产品和服务为目的，对整个工程项目实施整体构思、全面安排、协调运行、前后衔接的承包体系。所以在项目建设管理中，在不违反合同的条件下，给予 EPC 总承包单位项目管理的应有的管理权限，以充分发挥其优势，充分发挥这种建设模式的魅力和优势，可以为项目顺利实施创造一个良好的建设氛围。

（3）建议取消 EPC 总承包单位编制招标设计报告内容，因设计院属于联合体一方，未参与招标设计报告的编制工作，联合体中标后设计院可以直接开始施工详图的设计工作。

（4）按照 EPC 总承包合同要求，总承包项目管理部属于唯一和业主、监理接口的管理单位，业主、监理不应直接管理设计项目部和施工项目部。应充分发挥 EPC 总承包的管理协调作用，避免出现重复和多头管理。

（5）监理对设计图纸的审批周期较长，EPC 总承包单位在符合相关要求与规定的基础上对设计图纸进行优化，是为了项目成本的控制，从而减小项目失败的风险，而且施工图设计本身是对设计技术问题更深入细致的技术工作，是在对水文、地质条件的更深入认识，建筑布置和结构安全的更深入分析的基础上完成的，施工图设计更适应现场进度、质量、安全控制和市场环境要求，所以施工图设计和投标方案不一致是必然的、合理的。因此监理单位在审批图纸时，在符合国家法律法规与相关专业规定的前提下，应在满足国家和行业标准和合同要求的质量、安全前提下尊重总承包方的技术成果，尽量降低消耗及经济方面考虑，在满足合同的基础上，不以追求现场施工图纸与前期投标图纸的一致性为目的。建议单位工程和重要分部工程设计方案性文件采取和监理会议审查沟通模式，将方案审查作为重点和工艺图、车间图分离，可加速施工图审核进度。

（6）在设备采购方面，属于 EPC 总承包单位自主采购的设备/材料，建议取消监理审批管理环节。因参建单位均为中国电建，电建有自身采购管理的流程和要求，EPC 总承包单位根据合同要求、中国电建要求自主选择供应商，提前做好和监理、业主的沟通工作，这样减少审批流程可加快采购进度。

（7）在阜康抽水蓄能电站实施过程中存在施工方案编写量巨大的问题，每一个分部工程均要求编写专项施工方案，而且专项方案的编写目录与施工组织设计编写目录大致一样，增加了方案编写工作量，建议对于一些已经申报的方案措施，在专项方案中可以不再重复体现。临时设施或临时道路的方案编写中是否可以考虑将设计图纸及施工方案一体化，从而减少施工方案的编写数量进而缩短审批周期。

（8）在不违反合同及国家行业相关规定的前提下，充分发挥 EPC 总承包单位在施工方面的创新能力，鼓励采用"三新"技术，业主、监理不宜过多参与施工方法的管理和约束，给施工以更多的空间和自由。

（9）在进度管理方面：建议不宜设置过多的进度考核节点目标，同时鼓励 EPC 总承包单位的工期优化，在满足总进度计划和年度计划的基础上由 EPC 总承包单位根据现场实际情况灵活把控整个项目的生产安排，均衡推进工程的施工。

（10）在结算管理方面，因 EPC 总承包属总价承包合同，在计量支付和工程结算方面不宜设置过多繁琐的结算流程，同时和常规结算相比应大量减少结算支撑材料的申报，严格执行形象进度结算，这样可以及时结算工程款保证工程顺利推进。

（11）为充分发挥 EPC 总承包建设管理模式的优势，EPC 总承包部应强力推进设计、采购、施工一体化建设。设计工作严格按照设计院内的设计流程进行，保证设计质量；设计成果到达现场后，由 EPC 总承包部组织内部相关职能管理部门和各二级施工项目部进行会审，熟悉设计图纸、领会设计意图、掌握工程特点及难点，找出需要解决的技术难题并拟订解决方案，避免施工工序引起的对结构本身的安全隐患，提高设计成果的质量和可施工性；图纸审核完成后及时进行设计交底，在 EPC 总承包部内部向二级施工项目部做出详细的交底说明，帮助施工项目部加深对设计方案的特点、难点、疑点的理解，掌握关键工程部位的质量要求，正确贯彻设计意图，确保工程质量。

（12）在施工过程中，一方面，设计人员应主动通过日常现场巡视，查看施工过程是否满足施工技术要求，掌握现场实际施工情况，动态获得现场各类参数，及时评估、分析、优化调整设计；另一方面，各施工项目部应主动理解、领会设计意图，在施工措施制定过程中征求设计意见，并及时反馈施工中遇到的技术问题等现场信息，寻求设计解决，通过设计、施工的双向融合，及时解决现场施工中出现的各种问题，保障施工顺利进行。

（13）采购是实现设计意图的重要步骤，采购之初，设计人员应对拟采购的标的进行交底，参与采购文件的编制、招标、评标过程。通过设计、施工与采购工作合理交叉、密切配合，既保证设计成品质量和采购设备、材料的质量，又可以提前订货缩短建造周期，同时不影响施工安装调试。

（14）设计参与采购工作主要包括编制技术规格说明书，对制造商报价中技术部分进行技术评审，审查确认制造商的先期确认图和最终确认图，分期分批提交设备、材料请购文件等。

（15）设计编制技术规格说明书，能够准确表达设计要求，减少采购过程的技术错误；设计负责对制造商报价中技术部分的技术评审，能够确保采购的设备、材料符合设计要求；设计审查确认制造商的先期确认图和最终确认图，有利于保证设计质量和设备、材料制造质量。设计分期分批提交设备、材料请购文件，有利于保证关键、长周期设备提前订货，缩短采购周期和工程建设总周期。通过设计采购施工一可以保证采购质量，保障项目施工，同时提高采购效益。

4 小 结

EPC 总承包建设管理模式在国际上使用得比较广泛，近几年国内很多项目也逐步推行该管理模式。新疆阜康抽水蓄能电站作为国网新源公司第一个采用该模式建设的特大型项目，在项目推进过程中肯定会遇到许多管理问题，特别是参建各方的思想认识、对该模式的理解等方面存在较大差异，需要相互支持、相互理解，更需要有创新的理念和管理思维，才能最大限度地发挥该模式的优势，只有参建各方严格按照合同，站在确保工程安全保质顺利推进的高度，进一步解放思想积极创新管理，才能实现合同目标。

参考文献

［1］ 韩杰 . 浅析 EPC 总承包模式的项目管理要点［J］. 项目管理技术，2014(1).

［2］ 刘羽佳 . 浅谈 EPC 工程总承包管理模式［J］. 中小企业管理与科技(下旬刊)，2012(1).

海外流域水电站群开发理念创新模式探讨

黄彦德，曹际宣

（中国电建集团海外投资有限公司，北京 100048）

【摘　要】 结合老挝南欧江流域 BOT（建设、运营、移交）总承包开发特殊背景，项目实施了流域开发组织、流域环评环保、集团全产业链、科学分期、咨询设计、建水情测报系统等创新开发理念，实现了流域开发的政治、经济、社会、环境等综合效益。

【关键词】 水电站群；海外流域；BOT 总承包；创新

0　引　言

0.1　南欧江流域（下简称 "流域"）特殊的环境

流域位于老挝北部山区，发源于中国云南江城。流域水电开发是中企境外首次获得的全流域水电 BOT 总承包开发项目，按 "一库七级" 规划，分两期开发，共装机 1272MW，共投资 27.33 亿美元。其中，一期开发项目为二、五、六级三个电站，二期开发项目为一、三、四、七级四个电站。七个电站地跨老挝北部三个行政省，建设运行时长 38 年，投资巨大，项目设计寿命 100 年，设计施工标准高，地域分散，建设管理体制有别，文化不同。项目位于老挝国家自然保护区内，同时紧邻联合国教科文组织列为世界文化和自然双遗城市琅勃拉邦，受国际非政府组织（NGO）高度关注和频繁督导。

0.2　流域开发的复杂性

全流域七个电站加之配套的进场道路和移民安置工程，点多面广，交通、通信、电力等基础设施薄弱，建筑市场不发达，语言、风俗习惯、宗教、民族不同；项目以发电为主，兼有防洪、旅游、库区航运等综合效益，并具有拉动老挝北部贫困山区社会、经济与环境协调发展的重要意义；项目为多个梯级同步开发，各梯级电站坝型、地质、水轮发电机类型各不相同，复杂多变；项目开发涉及老挝国会、能矿、交通、环境、农林等中央各部委及众多省、县的关系，因中央与地方、行业间的利益关系各异，使流域项目 BOT 总承包开发更为复杂。

0.3　流域开发艰巨性与国家政治战略要求

流域是老挝境内除湄公河外最大的流域，开发装机占老挝电力总装机 20%，对老挝打造 "东南亚蓄电池战略" 目标举足轻重，是中老 "一带一路" 标杆项目，项目开发是中老高层与社会各界关注的焦点，项目只能成功。然而境外全流域开发对中企属首

作者简介：黄彦德（1964— ），男，高级工程师，E-mail：957968144 @qq.com。

次，老挝独家开发整条流域也无先例，尚无可借鉴经验。

0.4 新时代国家发展战略要求

中国发展进入新时代，坚持改革开放和积极"走出去"经济发展政策，倡导了"一带一路"共商、共享、共建、共赢创建人类命运共同体伟大战略，提出了以"创新"为首的五大发展理念。央企"走出去"，BOT 总承包模式开发流域水电站势在必行。

1 流域开发创新主要做法

1.1 因地制宜构建流域开发组织

跨多省流域开发组织是一个公认的难题，为圆满完成流域综合开发任务，获得最大化全局利益，老挝政府成立了南欧江项目中央管理协调委员会。委员会主席由老挝能矿部部长兼任，委员会副主席由能矿部、环境部、农林部、劳动部等部门副部长构成，成员由上述部门所属的司局级人员组成。委员会在流域项目所在的丰沙里省和琅勃拉邦省设立南欧江项目省县管理协调办，由省、县委班子任地方协调办"一把手"，协调办成员由各省有关的厅级领导和投资公司主要负责人构成。

中企在老挝当地注册成立了属地化项目公司，项目公司是流域梯级水电站群建设管理单位，项目公司按决策层、管理层、执行层矩阵结构设置，决策层由总经理、副总经理、总工、总会、安全总监构成，管理层由部室构成。项目公司作为经济实体性质的流域管理机构，在南欧江项目中央管理委员会协调下开展工作，以建立一个权威性较强的统一协调管理机制，进行统筹规划，宏观调控流域开发 BOT 总承包项目有序运行。南欧江项目中央管理协调委员会组织南欧江项目省县管理协调办和项目公司主要负责人召开协调会，公司主导与南欧江项目省县管理协调办不定期举行会议，解决项目建设运营中存在的征地移民和环境等问题，以协调好老挝中央、各地区、各部门的关系，使流域开发形成合力，形成良好的联动、快速、高效、协调、绿色开发格局。

1.2 流域环评与环境管理

流域七个水电站分二期开发建设，常规环评是单项分期实施。分期环评不能客观反映梯级电站最终对流域环境的影响程度，存在目标定位和预评判不清，从而不能得出科学的流域开发环保目标和手段等诸多弊端。我们坚持"在开发中保护，在保护中改善"的理念，在老挝率先创新开展了"流域环评"。项目规划阶段委托老挝知名并经老方环境部认可的 ESL 环评公司，对流域七站进行全面系统的环评，环评报告经老挝中央批准。

开发过程中项目公司成立了专门环境管理组织机构，明确职责，提供环保专项资金，制定环保管理体系框架文件，严格按照老挝政府各级环境部门、环保法律法规、特许经营协议和执行 ISO 14001：2015《环境管理体系要求及使用指南》，并通过三标体系外部机构审核。接受老挝政府聘请的奥地利 ILF 咨询公司和国际社会 NGO 的有关监督指导，在具体环境保护标准执行上，采用中老与西方标准比较，应用就高就严原则，实现了环保"零"污染事故。

开发建设时，又委托老挝 NCG 环评公司实时跟踪更新环评报告，再报老挝中央核批。环境监管过程中健全了公众参与和保障机制，项目公司建立老语网站，及时披露流域开发环境等方面信息，让民众评论提出意见和建议，使民众有充分的参与权、知情权、监督权，使民众环保权力得到切实保障。

流域开发同步开展水电清洁发展机制（CDM）碳减排相关工作，以实现项目综合效益。

1.3　发挥电建集团全产业链等优势，提高开发话语权和项目附加值

电建集团领导来流域调研指导工作时说过："我们流域开发打造的是电建集团产业链集合体，并非集团二级企业集合体……"我们一直在践行，项目从投资、设计、制造、施工、检测、运营全产业链过程基本都是集团内企业承担，集团内企业风格、价值观念与团队文化相近，构成最优资源组织和一体化协同的"超级大航母"，具有"1+1＞2"的功效，形成了具有成本优势的品质稳定、营销高效的电力 BOT 总承包流域开发体系。

老挝电力发展存在着电力供需的结构性和季节性严重矛盾：用电负荷中心缺电，境内外输变电线路系统未全面形成，电力雨季过剩、而旱季严重短缺。老挝电力装机 3/4 是水电，水电站基本为"靠天吃饭"的径流式，从而使这种矛盾更突出。流域在龙头电站建多年调节水库，解决了流域自身径流调节问题，也解决了湄公河下游国家旱季灌溉严重缺水，需中国境内澜沧江上电站水库开闸放水的问题，而且提高了流域梯级电站乃至流域下游湄公河上电站的电能质量，在枯水期为老挝电网提供了调峰核心出力。同时我们拟在老挝率先建流域统一调度中心，应用互联网信息技术，优化老挝电力调度系统，并积极借助中国互联互通战略，为老挝规划境内外输电线路解决老挝电力消纳难题。

1.4　引入专家顾问咨询，创新夯实设计管理

海外流域 BOT 开发，设计工作是龙头和灵魂，决定项目总体效益水平之根源。为此公司制定了《勘察设计与技术服务管理办法》《流域开发项目设计优化协议》《设计优化激励管理制度》《项目咨询管理办法》《项目进度节点、首台机发电考核办法》等，主要从以下方面强化了设计管理：一是招标择优选择具有多年成熟老挝经验的战略合作伙伴关系单位昆明院；二是加强流域规划、预可研、可研、招标、施工图、竣工图全过程设计管理，并将管理重心前移，高度重视设计"严、实、深"的前期勘察开展，聘请业界知名专家顾问严格把关评审设计阶段成果，并建立专家顾问全过程跟踪咨询制；三是结合国际前沿"三新"技术，联合设计选准科研项目，确保成果创效，如南欧江六级电站软岩高坝复合土工膜防渗面板应用、南欧江七级电站面板堆石坝冲积层作坝基可行性研究；四是根据专家顾问咨询评审意见，优化招标设计，并调动参建各方积极性，全方位开展施工图优化，专家顾问咨询对优化后成果再次严格评审把关，确保综合效益最大；五是严格设计合同考核，公司定期对设计单位考核，考核与进度节点奖、质量安全奖及评先评优挂钩，激励设计诚信、扎实履约。

1.5　科学分期开发，坚持以问题导向持续复盘，统筹优化资源利用

流域采用七个梯级电站，据实科学分二期开发，充分利用一期资源开发二期。

有形资源利用：二期沿用一期已有部分进场路、料场；二期移民安置点充分利用一期临建场地；一期为二期建设提供优质低廉环保电源，如二期建设一、三、四级电站全部采用一期投运的二、五级电站生产的电力；一期部分金结用于二期，如二级进口闸门用于南欧江一期，六级电站导流洞启闭机用于七级电站；一期水库优化调度为二期建设防洪度汛提供安全保障；一期建设完毕，培训的大批人才调二期使用。

无形资源利用：坚持以问题为导向对流域一期开发持续全面复盘，同时充分利用一期工程积累的技术、管理经验等优势，使二期项目在一期基础上"锦上添花"。

1.6　及早建水情测报系统，　开展建、　运联动防洪

针对境外流域水文资料少，缺气象部门，且流域属于山区河流，产汇流快，工程防洪风险大。为了给工程提供防洪预报，为电站运营积累水文资料，公司投资 580 万美元，在主体工程开工不到 13 个月便建设了全流域水情自动测报系统，水情测报系统由一个中心站和 70 个遥测站构成。利用水情自动测报系统，为流域工程截流、蓄水、超标洪水提供及时的雨情、水情信息，保证了工程建设与运行的安全有序。

一期电站于 2015 年蓄水发电，二期电站于 2016 年开工，紧密加强流域一、二期运行与建设防洪度汛协同机制，双方联动开展全流域防洪应急演练，充分利用水情自动测报系统及一期水库可调库容为二期建设截流、防洪削峰提供有力帮助，以最大限度降低建设度洪风险。

2　实　施　效　果

2.1　实现了电建集团战略使命

流域开发实践中，探索出了一套集投资、设计、监理、施工、制造、检测等的一体化开发模式，有效带动了中国电建投融资结构优化和产业升级，促进了中国电建海外业务产业链向价值链的转变，完成了流域开发秉承的"大集团、大品牌、大国际"战略使命，为电建海投公司构建具有国际竞争力的专业化投资公司画上了浓墨重彩的一笔，同时为中国"走出去""一带一路"战略落地培养了大批国际业务复合型人才。

2.2　良好政治社会效益

流域开发是中老"一带一路"重点标杆项目，项目开发实现了又快又好推进，以清洁能源作引擎为老挝北部贫困地区插上了经济腾飞的翅膀，使老挝最落后的丰沙里省人均 GDP 快速增长，真正实现了建设和谐流域、惠及一方百姓，实现了国家海外投资"创新 协调、绿色、开放、共享"发展理念，流域开发受到了中老社会各界高度赞誉和许多沉甸甸的荣誉，通过流域开发之桥，增强了中老政治互信和社会友好交往。

2.3　增创丰厚的经济效益

创新流域开发，实现了增创经济效益超亿元人民币。如一期提前 4 个月发电增创了近 1000 万元人民币收益，二期应用一期电站供电相比用柴油发电节约投资近 5 亿元人民币等，其他诸多直接和间接经济效益不胜枚举。

参考文献

[1]　刘金焕. 创新流域开发理念 推动大渡河梯级水电建设[J]. 人民长江，2010(18).

工程总承包的法律困境及发展建议

何俊鹏

（中国三峡建设管理有限公司，四川成都 610000）

【摘　要】　工程总承包是国际工程建设中普遍使用的项目组织实施方式，近年来在国内工程项目建设中也得到广泛应用，而与之相匹配的立法、修法工作相对滞后，阻碍了工程总承包在国内的快速发展。本文通过国内、外工程总承包比较研究，剖析国内立法、修法困境，借鉴国外工程总承包先进管理经验，提出国内工程总承包优化发展的改进建议。

【关键词】　工程管理；发展建议；比较研究；总承包；建筑市场

0　引　言

工程总承包主要包括 EPC、EP、DB、LSTK 等模式，在"一带一路"背景下，建筑施工企业越来越广泛和深入地参与国外水电及相关基础设施工程总承包项目，主要采用 EPC（设计—采购—施工）工程总承包管理模式，选择适用 FIDIC 合同条件，并结合项目所在国法律强制性要求对合同相关条款进行规定。然而，国内工程总承包发展却面临着立法滞后的困境[1]，存在较大的管理局限。

1　工程总承包在国内面临的法律困境、 发展局限

与 FIDIC 合同条件下的工程总承包相比，国内工程总承包发展面临的法律困境和发展局限主要体现在以下几个方面。

1.1　法律定义不同

FIDIC 对工程总承包的定义非常明确，即工程总承包是指从事工程总承包的企业按照与建设单位签订的合同，对工程项目的设计、采购、施工等实行全过程的承包[2]，并对工程的质量、安全、工期和造价等全面负责的承包方式。

而我国《建筑法》《合同法》《招标投标法》《建设工程质量管理条例》《建设工程安全生产管理条例》等法律仅概括性地规定了总承包的概念，未对总承包类型（施工总承包、工程总承包）进行明确定义和细分，未对不同类型总承包下的分包管理进行细分，导致行业对总承包缺乏统一认识，司法届在处理诉讼纠纷中对工程总承包模式缺乏界定标准。

1.2　适用条件不同

在英美法系国家，FIDIC 合同条件属于合同性的国际惯例，只要经过当事人的选择

作者简介：何俊鹏（1983—　　），男，硕士研究生，E-mail：he_junpeng@ctg.com.cn。

适用就能产生法律效力，具有选择性和任意性的特点。而在国内，FIDIC 合同条件不能无条件适用，必须在专用条款中结合国内法律、政策强制性规定进行修改、完善。限制性适用往往是 EPC 在国内项目中难以与国际接轨的本质原因，也是往往将国内工程总承包下的分包认定为违法分包的原因。

1.3 建筑市场主体不同

FIDIC 模式下一级建筑市场主体只有业主和总承包单位。首先，由于 EPC 模式要求总承包单位对设计、采购、施工、试运行等项目全周期负责，即使 EPC 规定了业主可以委派业主代表，但业主代表不能过度干涉总承包单位的组织施工，其职能仅限于工程进度监督和组织协调。此外，FIDIC 银皮书明确了业主与总承包单位之间发生纠纷应当先提交给独立第三方 DAB 解决，而国内监理则一般不作为第三方解决机制。

国内工程总承包模式一级建筑市场主体包括业主、总承包单位和监理单位，这是由我国的工程监理制法律制度所决定的。首先，工程监理制决定了监理任务需由业主委托具有法定监理资质的第三方单位实施。此外，尽管国内监理工程师的主体地位类似于 FIDIC 模式下的业主代表，但监理工程师介入工程管理的广度和深度及独立性均要强于业主代表，源于法律规定了监理单位应当在工程质量、安全、进度等各方面进行监管，业主还可以授权监理更多的管理职责。

1.4 资质要求不同

FIDIC 合同条件中对总承包单位、分包单位应符合什么样的资质条件没有做出具体要求。DB（设计—施工）和 EPC（设计—采购—施工）总承包单位主要依据工程业绩水平、信用等级、商誉、履约及资金状况对分包单位进行评价。

而在国内项目中，无论是工程总承包还是施工总承包，都必须满足住房和城乡建设部《建筑业企业资质标准》规定的 12 类总承包资质，涉及专业承包或专业分包的，还必须满足标准规定的 36 类专业资质要求，且资质的等级和范围必须与工程的规模相对应，否则就是违法承包、分包。

1.5 合同责任要求不同

FIDIC 合同条件规定 EPC 工程总承包合同及分包合同实行单点合同责任，实行严格的"背靠背"合同相对性规则，雇主发包单位和分包单位没有合同关系，发包单位不参与对分包单位的直接管理，分包单位和承包单位对雇主发包单位没有连带合同关系，分包单位在工程质量、安全、进度方面的责任由承包单位向发包单位承担。但是，总承包单位可将在总承包合同中的"可选择性终止条款""合同变更条款""误期损害赔偿条款""附条件支付条款"在一定条件下背对背地适用于分包合同中。

国内总承包合同、分包合同在合同管理责任和工程款支付方面则突破了合同相对性的规定，分包单位与总承包单位之间的责任属于"并存的债务承担"。例如，《建筑法》规定分包单位与承包单位须向发包单位就分包的工程承担连带责任。同时，发包单位支付工程款也附条件地突破了合同相对性的规定。例如，《最高人民法院关于审理建设工程合同纠纷若干问题的解释》第二十六条规定：实际施工人以发包人为被告主张权利的，发包人在欠付工程价款范围内对实际施工人承担责任。

1.6 合同变更索赔要求不同

FIDIC 合同条件规定的 EPC 工程总承包实行固定总价造价管控模式，合同对总承包单位在项目造价控制和成本管理方面有着较为严格的刚性要求，这一要求通过"背靠背"条款转移至分包合同中，分包单位对总承包单位同样适用固定总价的管理要求。

国内施工总承包项目中，发包单位与总承包单位可根据工程规模、性质及实施方式选择适用固定单价合同、固定总价合同或者成本加酬金合同。同时，总承包合同与分包合同关于合同价款的支付规定并未强制要求保持一致。

1.7 分包管理的层级不同

FIDIC 银皮书规定 EPC（设计—采购—施工）工程总承包项目在实际操作中可以将设计或施工整体分包出去，接受整体施工分包的单位还可以进行下一层级的专业分包。

而根据国内《建筑法》等法律及《建筑工程质量管理条例》等行政法规、规章要求，国内施工总承包项目可将部分非主体结构或非关键工作的施工任务分包给一个层级的专业分包单位，但是禁止第二及以上层级的专业分包。

1.8 分包的范围不同

FIDIC 总承包项目对施工分包的范围没有严格限制。FIDIC 合同条件规定工程总承包项目允许将设计部分全部分包出去，或者将施工部分整体分包出去，但规定设计部分和施工部分不能同时分包。

国内施工总承包项目中，法律禁止将主要建筑物、主体结构和关键工作分包给专业分包单位，禁止将施工工程整体进行分包或肢解以后分别进行分包。关于国内工程总承包项目的分包，住房和城乡建设部于 2016 年发布了《关于进一步推进工程总承包发展的若干意见》（建市〔2016〕93 号）[以下简称《意见》（建市〔2016〕93 号）]，允许工程总承包项目将设计或施工分包出去，但不得同时分包。这一规定实际上与 FIDIC 银皮书进一步接轨。但目前在法律、行政法规层面尚未做出规定。

1.9 分包的许可方式不同

FIDIC 银皮书规定了承包商有权自雇分包商，即使专有条款有约定，承包商也仅仅是负有提前告知的义务，除非有特别约定，否则雇主无权对分包行为进行干涉。这种管理模式体现在总承包合同与分包合同的"背对背"条款中。

而国内工程总承包、施工总承包模式下的专业分包，必须在合同中明确或在实施过程中经发包单位同意或许可。

1.10 指定分包的要求不同

FIDIC 银皮书中雇主对分包商的指定，如果承包商提出了反对意见并附有详细的证据资料，则承包商没有义务接受雇主的指定。

而我国《合同法》《建筑法》等法律对发包单位指定分包单位没有明确禁止的规定。但是，少数部门规章和地方性法规中有禁止发包单位指定分包单位的规定。例如，《工程建设项目施工招标投标办法》（国家七部委 30 号令）第 66 条规定："招标人不得直接指定分包人"。还有部门规章对指定分包做出了原则规定和例外规定。例如，《水利建设工程施工分包管理规定》第十条："项目法人一般不得直接指定分包人。但如承包人无力在合同规定的期限内完成合同中的应急防汛、抢险等危及公共安全和工程安全的项目，可对部分工程指定分包人。"

1.11　工程纠纷解决机制和法律适用规则不同

FIDIC 银皮书合同条件中规定了 DAB 第三方纠纷解决机制和仲裁两种形式，当事人应当先选择 DAB 纠纷解决，对 DAB 做出的决定有异议的，可以提交仲裁。除项目所在国强制性法律规定外，仲裁具有终局性。

国内工程总承包项目的纠纷解决以国内法为基础，包括和解、调解、仲裁、诉讼，其中和解、调解、仲裁为非诉讼纠纷解决机制。在法律适用方面，国内工程总承包项目按照《民事诉讼法》《涉外民事关系法律适用法》的规定只能适用国内法。

2　国内工程总承包的发展趋势

鉴于立法、修法的滞后，为进一步推动与国际工程总承包管理的融合，国家相关部门近年来陆续出台了《关于进一步推进工程总承包发展的若干意见》（建市〔2016〕93号）、《国务院办公厅关于促进建筑业持续健康发展的意见)》（国办发〔2017〕19 号）（以下简称《意见》（国办发〔2017〕19 号）及《建设项目工程总承包管理规范》等一系列政策法规，通过政策推动，对工程总承包的概念进行了明确，通过将其在部分行业先行先试，指明了国内工程总承包的发展趋势。这体现在以下几个方面。

2.1　建筑类企业将趋向规模化、集约化、高效化

大多数成功的国际工程承包商的实践表明，其核心竞争力往往并非来自某个领域相对垄断的核心技术，而是源于多年的国际工程承包经验形成的在业务整合、兼并扩张和跨国经营方面的能力。因此，国内建筑类企业向规模化、集约化、高效化发展是未来工程总承包的发展趋势。《意见》（建市〔2016〕93 号）要求建筑类企业要形成集设计、采购和施工各阶段项目管理于一体，技术与管理密切结合，具有工程总承包能力的组织体系。《意见》（国办发〔2017〕19 号）明确鼓励投资咨询、勘察、设计、监理、招标代理、造价等企业采取联合经营、并购重组等方式发展全过程工程咨询，培育一批具有国际水平的全过程工程咨询企业。

2.2　资质准入政策更加灵活

重资质、轻信用、轻能力一直是备受国内建筑业企业诟病的问题，也是与国际建筑业管理的重要区别。为此，按照放、管、服的要求，《意见》（国办发〔2017〕19 号）要求进一步简化工程建设企业资质类别和等级设置，减少不必要的资质认定；对信用良好、具有相关专业技术能力、能够提供足额担保的企业，在其资质类别内放宽承揽业务范围限制；同时，加快完善信用体系、工程担保及个人执业资格等相关配套制度，加强事中、事后监管。

2.3　工程总承包模式下的分包管理更加灵活

《意见》（建市〔2016〕93 号）规定允许工程总承包企业可以在其资质证书许可的工程项目范围内自行实施设计和施工，也可以根据合同约定或者经建设单位同意，直接将工程项目的设计或者施工业务择优分包给具有相应资质的企业。仅具有设计资质的企业承接工程总承包项目时，应当将工程总承包项目中的施工业务依法分包给具有相应施工资质的企业。仅具有施工资质的企业承接工程总承包项目时，应当将工程总承包项目中的设计业务依法分包给具有相应设计资质的企业。《意见》（建市〔2016〕93 号）同

时规定工程总承包企业应当加强对分包的管理，不得将工程总承包项目转包，也不得将工程总承包项目中设计和施工业务一并或者分别分包给其他单位。工程总承包企业自行实施设计的，不得将工程总承包项目工程主体部分的设计业务分包给其他单位[3]。工程总承包企业自行实施施工的，不得将工程总承包项目工程主体结构的施工业务分包给其他单位。

可见，国家从政策层面对专业分包的层级和范围放松了限制，一是明确要求企业大力推进和优先使用 DB、EPC 工程总承包模式；二是对 DB、EPC 模式下的分包管理进行了特别规定，进一步实现了与 FIDIC 项目管理模式的对接。但是，在合同责任及资质要求方面，国家依然严格要求工程总承包企业在其资质证书许可的工程项目范围内自行实施设计和施工，要求分包单位与总承包单位就分包工程对发包单位承担连带责任，这也是我国法律规范工程建筑市场管理的底线和红线。以中电建、中能建集团为例，两家集团下属专业化平台公司大部分具有设计综合甲级资质和水利水电工程施工总承包一级资质，具备独立投标 DB、EPC 项目的投标资格，在中标工程总承包项目后，将其中的设计整体分包给符合资质要求设计单位，或将施工部分整体分包给符合资质要求的施工单位，极大地提高了项目管理和资源配置的效率。

2.4　工程总承包项目管理体系更加完善

近年来，国内建筑企业更加注重工程总承包项目管理体系建设，通过建立、完善包括技术标准、管理标准、质量管理体系、职业健康安全和环境管理体系在内的工程总承包项目管理标准体系，加强对分包企业的跟踪、评估和管理，充分利用市场优质资源，保证项目的有效实施，积极推广应用先进实用的项目管理软件，建立与工程总承包管理相适应的信息网络平台，完善相关数据库，提高数据统计、分析和管控水平，实现了工程总承包项目管理体系的优化升级。

3　推动工程总承包发展的相关建议

3.1　推动工程总承包修法、立法

一是以政策实施推动修法、立法。《意见》（建市〔2016〕93 号）、《意见》（国办发〔2017〕19 号）等仅是政策层面的规范性文件[4]，效力低于法律、法规、规章，在法律诉讼、仲裁纠纷中可能不被直接作为裁判依据，而且与当前的法律、法规关于分包的相关规定冲突。因此要充分发挥《意见》（建市〔2016〕93 号）对工程总承包的定义、分包方式、权利义务方面界定及对分包的范围、内容规定进一步与 FIDIC 合同条件进行对接的优势，以意见对具备综合设计甲级资质的设计或施工单位获取工程总承包项目后再进行两级专业分包的政策合规性界定为契机，大力推进试点工程总承包项目建设，有效推动工程总承包管理立法。

二是以行业力量推动工程总承包立法。建议充分发挥行业组织桥梁和纽带作用，在推进工程总承包发展过程中，行业组织应积极反映建筑类企业诉求，建议国家相关部门加强对国内、外工程总承包及分包管理的研究，推动工程总承包管理立法。重点修订《建筑法》《合同法》《招标投标法》关于工程总承包管理的配套性规定，包括工程总承包模式下的合同责任、招标模式、分包管理及监理责任等；研究制定一部《工程总承包管理条例》，从行政法规的高度对《建筑法》等法律关于工程总承包的规定进行细化规定[5]；推动出台相关司法解释，尽快发布《最高人民法院关于审理建设工程施工合同纠纷案件适用法律问题的解释（二）》，切实解决当前法律实务发展的困境。

3.2　推动建筑类企业构建工程总承包管理体系

目前，大部分建筑类企业受传统管理模式惯性思维的影响还较深，并且受当前框架体系下部门利益的影响，难以推动整合。为此，工程总承包企业要根据开展工程总承包业务的实际需要，及时调整和完善企业组织机构、专业设置和人员结构，形成集设计、采购和施工各阶段项目管理于一体，技术与管理密切结合，具有工程总承包能力的组织体系。重点是应当紧跟国家政策要求及行业发展形势，对建筑类企业内部设计、采购、施工各阶段的项目管理职能进行有效整合，构建全产业链的发展模式和核心竞争力。

在 PPP 及海外 BOT 项目领域，建筑类企业还应当进一步整合投资和特许经营职能，形成集投资、设计、采购、施工、运营为一体的管理体系。

3.3　发展多模式工程总承包管理

1. 规范独立投标的工程总承包及分包

对于已实施的工程总承包项目建筑市场准入管理，建议在 DB 工程总承包项目分包认定中，工程总承包单位将项目中的设计或施工部分整体分包后，将接受整体施工任务的专业分包单位视为施工总承包单位，不作为建筑市场分包单位准入主体，允许其再依法进行一个层级的专业分包，将下一层级的分包单位作为建筑市场合法分包的准入主体。

需要注意的是，在实践中要严格区别工程总承包下的施工整体分包与施工总承包模式下的非法转包。项目公司获取项目后，直接委托下属子企业承包施工的模式下的施工转包并不是《意见》（建市〔2016〕93 号）允许的范畴，应当认定为非法转包。

2. 鼓励联合体投标的工程总承包及分包

对于新增项目，建议在工程总承包项目招标时，鼓励具有设计资质和施工资质的单位组成联合体。联合体的优势，一是在于能够集合多家单位的专业资质能力和施工组织能力，优势互补、提高实力；二是避免将工程总承包中的设计或施工部分整体分包，均由联合体中的设计、施工单位牵头实施，符合和满足《建筑法》《合同法》《招标投标法》关于分包层级和范围的要求。联合体投标的工程总承包模式，更有利于规避国内法律对于违法分包的界定。

3. 规范 BOT、PPP 模式下的工程总承包及分包

近年来，海外 BOT 项目及国内 PPP 投资项目发展迅猛，进一步衍生出了 BOT＋EPC、PPP＋EPC 的投资集工程总承包集约化项目管控模式。该类模式也倒逼建筑类企业进一步拓展投融资职能，将投资、特许经营、设计、采购、施工、运营等职能进一步融合，成为综合性的投资建筑类企业。

分包管理方面，在 PPP 项目中，若项目公司的某一或某几个股东具备设计、施工相关资质条件，还允许项目公司在不进行招投标的情况下直接委托该股东负责项目的工程总承包。而在海外 BOT 项目中，工程总承包依然需要通过招标采购方式确定承包人。这些都需要建筑类企业进一步熟悉和适应不同发展模式的政策法规规定。

3.4　吸收、借鉴涉外工程总承包项目管理经验

1. 借鉴涉外工程总承包项目业主、业主代表的管控模式

借鉴 FIDIC 银皮书业主代表管理职责，业主代表类似于我国监理工程师，但又有较大区别，主要区别一方面在于业主代表作为工程管理的协调人角色，在工程建设中不

过多地干预总承包单位的工程管理，仅在工程进度不符合合同约定时向承包单位提出整改要求；另一方面，FIDIC 银皮书规定的 EPC 模式中没有监理工程师的介入，也没有 FIDIC 红皮书中的咨询工程师介入，工程项目在交钥匙前由总承包单位全权负责。因此，国内企业应当借鉴 FIDIC 管理经验，在国内项目探索业主代表、业主工程师管理模式，并与工程监理制进行有效衔接。

2. 借鉴、吸收涉外工程总承包项目的分包管理经验

涉外工程总承包项目的分包与国内总承包分包管理的法律基础上存在较大差别。因此，集团公司在涉外工程总承包项目中，必须对招标文件中关于分包的规定认真研究，要明确分包的层级、范围、许可方式及招标要求；明确总承包单位对业主的指定分包是否具有否决权；明确分包合同是否适用总承包合同的单点合同责任，即总承包合同中的固定工期、固定总价是否能延伸至分包合同中。这些要求都关系到发包单位、总承包单位、分包单位在合同执行过程中的法律地位和管理模式。

同时，要明确工程总承包企业对工程总承包项目的质量和安全全面负责。工程总承包企业按照合同约定对建设单位负责，分包企业按照分包合同的约定对工程总承包企业负责。工程分包不能免除工程总承包企业的合同义务和法律责任，工程总承包企业和分包企业就分包工程对建设单位承担连带责任。

3. 借鉴涉外工程总承包法律风险及纠纷的解决机制

在纠纷解决机制方面，应当借鉴 FIDIC 非诉讼纠纷解决机制（DAB），将非诉讼纠纷解决机制作为规范工程总承包管理秩序的重要抓手，减少发包人、业主代表、承包人、分包人之间的深度摩擦，减少当事人的讼累，从有利于推进工程建设的角度处理相关各方的纠纷。

4 结 语

加快立法、修法进程，尽快研究解决桎梏国内工程总承包发展的障碍，推动建筑行业集设计、采购、施工等各阶段工作的深度融合，提高工程建设水平，发挥工程总承包企业的技术和管理优势，促进企业做优做强，推动产业转型升级，服务于"一带一路""长江经济带"等国家战略实施。

参考文献

[1] 黄居林. 我国建筑业推行工程总承包模式进程缓慢问题研究——基于制度变迁的视角[J]. 华东经济管理，2011，25(7)：65-68.

[2] 王宏海. 工程总承包到底怎么推？[J]. 中国勘察设计，2017(11)：77-81.

[3] 张建来. 如何解读工程总承包新政[J]. 施工企业管理，2017(7)：29.

[4] 陈华元. 加快推广工程总承包，促进建筑业持续健康发展[J]. 施工企业管理，2018(4)：48.

[5] 曹丽. 工程总承包模式的应用障碍分析[J]. 科技风，2018(12)：76.

境外 EPC 总承包水电站社会关系管理实践和探索

刘新峰

（中国电建集团海外投资有限公司，北京 100048）

【摘　要】 境外 EPC 总承包水电站通常都面临着复杂的社会关系。尼泊尔上马相迪 A 水电站项目是中国电建集团海外投资有限公司在尼泊尔开发的第一个 BOOT 水电站投资项目，也是第一个 EPC 总承包工程。鉴于尼泊尔特殊复杂的国情社情，建立起适应尼泊尔的社会关系管理模式，确保项目有序推进十分重要。本文结合上马相迪 A 水电站项目社会关系管理的实践过程和经验，探索建立有中国电建特色的境外水电站工程社会关系管理模式，为以后在尼泊尔的项目或其他国家的项目在社会关系管理方面提供一些有价值的参考。

【关键词】 海外；EPC 总承包；水电站；社会关系；管理

0　引　　言

尼泊尔上马相迪 A 水电站项目现场距其首都加德满都约 180 公里，位于勒姆宗区县城拜塞萨以南约 6 公里的山区，马相迪河左岸。2013 年 1 月主体开工，2017 年 1 月 1 日起正式投入商业运营。上马相迪项目是尼泊尔较为成功的外资投资项目，也是中国电建集团海外投资有限公司在尼泊尔的第一个 EPC 总承包项目。项目经受住了尼泊尔特殊复杂的国情社情影响，经受住了尼泊尔 2015 年 4 月 25 日 8.1 级大地震和 2015 年 9 月至 2016 年初印度—尼泊尔边境口岸关闭等不可抗力因素的持续负面影响，成为尼泊尔几十年来首个按期完工并进入商业运营的水电站项目，创造了尼泊尔的新纪录。项目良好的表现成为尼泊尔政府、社会各界和各类媒体关注的焦点，他们将上马相迪项目作为一个样板和标杆进行宣传，推动在建项目加快建设进程。

由于尼泊尔社会关系特别复杂，项目在建设过程中经受了严峻的考验，经过项目团队的不懈努力，终于理顺了社会关系，获得了良好的结果。

1　工程开工后遇到的困难和问题

1.1　罢工阻工事件频繁

尼泊尔党派林立，党中有派，派中有系，同时，社会团体和组织众多。相互之间的政治关系十分复杂，党派、团体和组织也成为社会关系情势平衡变化的重要幕后推手。而党派、团体和组织人员众多，实际掌握着各类社会事务处理的决定权，政府主要是担当中间协调人的角色，社会事务的处理实质是处理与党派、团体和组织之间的关系。从而，形成了政府管辖力的不足导致社会管理实际处于一种无政府自由状态。在十余年的

作者简介：刘新峰（1978—　），男，高级工程师，E-mail：liuxinfeng@126.com。

内战中，利用罢工、阻工活动达到政治目的成为尼泊尔各政治力量、社会组织广泛采用的重要手段，在政府的妥协与无作为下，逐渐发展成为任何人可以在任何时间、任何地点，以任何理由发起游行示威和罢工阻工活动。

罢工阻工是尼泊尔水电站项目开发和建设面临的共同难题，党派、团体和组织将项目变成了他们的角斗场，为利益不停地明争暗斗，宣扬水电站开发是掠夺他们的财富，将项目和项目部推到了社会的对立面。老百姓、党派、团体和组织等炮制出各种各样的名义，制造出层出不穷的罢工阻工事件，对于开发建设进度造成了严重的阻滞。很多项目因社会关系管理不当，造成项目建设成本大量增加，建设进度严重迟缓。老百姓、党派、团体和组织等利用罢工阻工事件，借机向建设单位和承包商施加压力，提出各种各样的无理利益索求，比如要求垄断现场施工劳务的组织提供、工程建设主材供应和施工机械的租赁供应，要求建设单位分配给免费股份，要求在工程施工中有一定比例的承包份额等，屡见不鲜，层出不穷。罢工阻工事件成为影响项目建设施工的一个重要负面因素，频繁的罢工阻工事件给建设单位及处理社会关系事务的人员带来了沉重的压力。

1.2 政府审批推进困难

虽然集团系统内公司在尼泊尔已有二十多年的工程承包经验，先后成功实施了多个工程，然而，以往很多审批实际都是由项目业主组织完成的，比如项目所需的火工材料审批和国家森林土地审批，分包商只是直接予以使用，过程相对简单得多，从而没有完整系统的实践经验可循。在项目开工初期，火工材料审批和国家森林土地审批是工程建设期的瓶颈之一。而尼泊尔政府机构办事效率很低，链条极长、层级很高、环节繁杂、环环相扣、程序僵化，通常审批要经过几十个环节，牵涉到多个甚至十多个中央部委和地方政府机关。

1. 火工材料审批

尼泊尔经过近 11 年的内战于 2006 年 11 月月底实现全面停火。此后近 10 多年来，虽然政局逐渐趋于稳定，但因尼泊尔政党长期以来无法在国家宪法上达成一致，各党派持续通过游行示威、罢工阻工要求将有利于本党派的内容加入其中，原来拥有过武装部队的党派经常会以要重新武装革命为威胁，以图在宪法制订的政治角力中获取更多的利益。经过近 10 年的起草和讨论，国家宪法一直无法获得通过并正式颁布，即使在 2015 年 9 月国家宪法获得通过后，很多地区和少数党派依然通过频繁的游行示威、罢工阻工甚至爆炸恐怖袭击等表示不满，导致局势一直不稳定。为此，尼泊尔政府和军队为保证战后的相对和平环境，防止火工材料被可能潜在的武装力量或反对组织借工程建设之名投机获得用于恐怖袭击甚至战争，将火工材料列为尼泊尔严格控制的敏感性材料。尼泊尔政府及军队对火工材料的审批和使用管控极为严格，直接管控着审批和使用的每一个环节。

在火工材料供应方面，尼泊尔国内根本没有能力生产可供大型土木工程使用的多品种、高质量的火工材料。由于印度和尼泊尔之间关于火工材料的贸易有特殊的政治契约，所以，如需要多品种、高质量的火工材料，印度是唯一可供选择采购进口的来源，从印度采购进口火工材料是项目土建施工的绝对依托。然而，从印度采购进口火工材料，在尼泊尔政府批准后，还要经受印度政府多环节多部门的严格审批。印度政府的办事方式和尼泊尔政府办事方式基本一样。

2. 国家森林土地审批

尼泊尔全国分布着茂密的森林和广阔的草原，国土总面积的 40% 被森林覆盖，12% 被草地覆盖，造就了尼泊尔很多的自然美景，成就了丰富的旅游资源。为保护旅游业的可持续发展，尼泊尔政府对国家森林资源保护非常重视，对国家森林树木的砍伐和森林土地的使用审批制定了苛刻的规定。上马相迪项目建设需使用的国家森林土地上的树木砍伐和土地使用须经过政府严格审批。

按尼泊尔森林及土壤保持部的规定，有关项目在进行森林土地使用申请时，若项目环评报告自科学技术及环境保护部批准之日起超过 5 年，则须更新环评报告后方能申请。而上马相迪 A 水电站环评报告的批准时间是 2006 年 6 月，至 2013 年申请之时已近 7 年，按照上述规定，森林及土壤保持部将不予审批，这是国家森林土地审批面临的最大难题。更新环评报告至政府批准大概需要一年半的时间，上马相迪项目 2013 年已正式开工，更新环评报告后再申请使用国家森林土地的方式没有可行性。国家森林土地使用申请若不能获得批准，现场很多工作面将不能正常开工建设，这样，工期将必然推后，成本将大幅增加，后果将非常严重。

1.3　尼泊尔属地化管理的困难

上马相迪项目的建设给尼泊尔带来了改善基础设施、提供就业岗位、带动一部分人发家致富的机会，但也因此滋生了保护主义。为满足自身利益，尼泊尔社会各界通过工程承包、垄断劳务、材料供应、设备租赁供应等方式无限向公司索求，以实现自身利益最大化。项目建设过程中，良好的薪酬以及建成后长久稳定的工作和收入，成为了尼泊尔关注的焦点。为了"肥水不流他人田"，尼泊尔民众发信函申请、找尼泊尔权威人士施压、纠结各利益方罢工阻工、威胁外地分包商和尼泊尔籍员工等，费尽心机千方百计地霸占和攫取利益。

使用尼泊尔分包商和劳务，一可降低成本、方便管理，二可改善与尼泊尔的关系、加深友谊、增进互信。但若把控不好、操作不当，便会"引狼入室"，尼泊尔分包商和劳务会内外勾结罢工阻工，使项目陷入不利局面，为以后管理埋下隐患。因此，既要满足项目需要，又要对尼泊尔的分包商和劳务进行有效的管理，使他们成为服从管理的合格分包商和优秀员工，成为属地化管理面临的重大问题。

2　解决问题和困难的探索

2.1　罢工阻工处理

开工初期，由于缺乏罢工阻工管理的经验，对于频繁的罢工阻工事件，一旦发生，项目部都及时按照正常程序向中央政府、地方政府及警察局报告，希望他们出面公正地按法律规定公平合理地予以解决。但政府处理态度消极，即使罢工阻工的理由十分荒谬、不合理，他们也推脱着不采取实质行动干预处理，而总是要求项目部直接与组织者面对面双方协商解决。政府的消极态度，更造成了党派、团体和组织有恃无恐。为了避免罢工阻工对施工生产的影响，项目部往往都是在权衡影响后满足了组织方的索求，造成了越来越被动的局面，甚至出现了一个人也可以罢工阻工影响生产进展。

面对着政府的消极态度和不作为，项目部逐渐意识到罢工阻工事件等社会事件的处理，只能依靠自身智慧来运筹解决，而其中最根本的就是要理顺社会关系。由于项目所在地的自然社会政治特殊性，寻找到正确适用的方式和途径实现社会关系的理顺十分重要，也是一个需要长期紧抓实做的大事，迫切需要找到适用、实用的模式。同时，项目现场又恰好处在旅游热线中，在处理罢工阻工等社会事件过程中，须尽可能避免被不明真相的外国游客误解并以负面信息的形式向外界传递，对中国电建和祖国形象造成不良影响。

为解决罢工阻工事件，在罢工阻工等社会突发事件出现后，项目部总是积极与组织方谈判协商，由于组织方不达目的不罢休的方式，考虑到现场生产组织安排的实际情况，中方人员在谈判协商中尽力维护项目部利益，但最终还是得在适当程度上予以妥协，适当满足他们一些不合理要求。适当地妥协在社会事件处理中不可避免，一要拿捏好尺度，在万不得已的情况下采用，但要好钢用在刀刃上，逐渐建立起正面良好的沟通机制，相辅相成，引导社会走上正常处理双方关系的正道上来，一步一步地将罢工阻工等社会事件制造力量化解掉，甚至把这些力量引导转化为推进项目实施的支持力量，这才是最有效的方式。

2.2　政府审批处理

对于需要政府审批的事项，启动申请前，先在尼泊尔有关政府部门进行详细的调查，了解到了需要提交的文件要求，虽然政府部门也不能给出明确的文件要求，但根据他们的意见，准备了申请文件，确保了审批的启动，如有需要补充的文件，及时补充。第一方面，与有关政府部门官员保持紧密联系，协调政府部门官员做好内部程序的追踪；第二方面，在适当情况下，如有机会，与高层政府官员见面，当面提出请求；第三方面，通过中国驻尼泊尔大使馆与政府高层官员协调。

在推进政府审批和处理社会事件的过程中，项目部多次咨询过项目尼泊尔股东，希望利用他们作为当地公司的优势，帮助和指导公司使用正确的解决方法，然而，尼方股东提出的方法过于偏向无条件满足官员和其他利益索求方来实现理顺关系。项目部认真调查研究尼泊尔建成和在建的一些水电站项目情况，得出结论，一味地妥协、无条件地满足官员和其他利益索求方以企理顺关系的方法，貌似可以平静一时，但却是短期效应，难以从根本上解决问题，而且长此以往，会助长政府官员和社会各界的索求欲望，极可能出现无理索求日益增多，可能会无意识中培养出一批有意识、有目的专门制造麻烦者，并且，如他们的无度索求无法得到满足，有关官员或其他利益索求方人员可能会对项目做负面宣传，抹黑项目，后患无穷，如前述局面出现，将更加难以收拾。

2.3　属地化管理

上马相迪项目的开工建设初期，为梳理、改善与解决上马相迪项目与政府和尼泊尔社会各界的关系，有效推动项目建设，项目部与尼泊尔政府、社会各界协商一致，成立了上马相迪项目建设社会关系协调委员会。经征求各方意见、平衡各方利益，多次与以协调委员会谈判后，在当地分包商和用工问题达成一致。

一是项目所需分包商和尼泊尔劳务人员优先在项目周边当地寻找或招聘，项目部需要当地分包商和当地员工时，书面通知协调委员会，协调委员会在项目当地寻找，并以信函形式向项目部推荐人选，若不合格，项目部在项目所在地以外寻找；二是所需分包商和尼泊尔劳务人员的选用最终决定权归项目部所有，尼泊尔政府和社会各界不得干涉；三是对正式选用的尼泊尔分包商和员工，要求不得在工作时间内参与尼泊尔社会组织的各种负面活动；四是若不能满足项目要求或违反有关规定的，项目部向其出示警告信，警告次数累积一定次数的给予辞退，警告信抄送协调委员会、尼泊尔警察局、拉姆郡地区行政长官办公室备案；五是分包商员工若从事损害项目部利益与形象的活动，项目部及时进行教育，若违反法律，向执法机构报案处理。

3 边理顺边总结，逐步建立起适合的管理模式

"积极行动，认真对待，防微杜渐，主动出击，将情势的发展方向牢牢地掌控在手中。"按照这一思路，项目部认真做好调查研究，积极探索和实践，摸清了政府和社会各界的办事方式，摸透他们的习惯和真实想法，梳理社会关系管理的方方面面，做好研讨总结，逐渐将社会关系管理的脉络把握到了自己的手中，实现了"提前诊断、对症下药、直到除病"。总结起来，有如下行之有效的方式方法。

3.1 尊敬行动，充分表达对政府机构和社会各界的尊敬

先让政府机构和社会各界切实感受到他们是尼泊尔的真正主人。项目部组织主动拜访有关政府部门、各党派和社会组织的主要人员，逢尼泊尔重大的节日，给他们带些中国的礼物，请他们给我们介绍尼泊尔社会习惯、宗教信仰、风俗禁忌、重大节日、社情民生，听取他们对项目建设的意见和建议。尊敬行动获得了热情的响应，让我们逐步融入社会关系，使尼泊尔政府、社会各界和老百姓诚恳地从心底接纳我们，将我们视为他们值得依赖的好朋友和好邻居。

3.2 走群众路线，与老百姓之间保持密切的交流和沟通

无论政府、党派、团体和组织的斗争如何，他们都明确知道老百姓是他们的力量之源，党派、团体和组织的生存和发展从根本上依赖于百姓的支持。项目部积极组织召开项目恳谈会、进度介绍会，在会议上，由百姓充分发表自己的意见，项目部对他们提出的问题和疑问逐一给予令其满意的解答，向他们展示项目部正面坦率的形象。项目部也积极利用不同场合以事实为依据，向百姓宣传项目建设给社会经济发展和老百姓自身带来的好处，让他们看到希望并获得实惠。同时，项目积极向老百姓提供培训机会和就业机会，让他们具备获得直接的经济利益的能力。

3.3 寻求社会各界友好的有相对影响力的个人、党派、团体或组织帮助指导处理社会事务

比如有一位曾与中国电建打交道近二十多年的尼泊尔朋友，一直和集团系统内公司维持着多年的交情，有处理社会关系事务的丰富经验。让这个人帮助项目部一起处理社会事件，效果很好。同时，项目部组织项目周围有影响力的、友好的社会各界人士组成了社会关系协调委员会，给予委员会适当的支持，使他们利用自己的影响，在处理突发事件和理顺社会关系中发挥了很大的作用。中方人员向他们学习，获得了行之有效的、实用的手段和方法。

3.4 借力使力，给有相对势力组织中相对有影响力的个人提供一些直接参与工程建设的机会

给这些人提供参与工程的机会，诸如施工设备出租、合格建材供应、合格劳务的组织等服务，让利益和付出相挂钩，自觉为自己利益的产生创造无干扰的外部环境，将自觉积极理顺社会关系贯串到他们的工作生活中，实现"随风潜入夜，润物细无声"，使其为营造出友好的社会氛围而共同努力。

3.5　与各级政府机构保持联系

政府官员都是多年游走于党派、团体和组织之间，有丰富的协调社会各界关系的经验。项目部注意与这些官员建立起良好的联系，他们为项目部提供一些重要信息，比如提醒有某党派或某组织的某人想组织发动罢工阻工及原因等信息，并提供相关人的联系方式。项目部获得信息后，及时提前与有关人取得联系，约见详谈，了解其意欲罢工阻工的实质诉求后，能满足的要求适当予以满足，不能满足的要求，解释清楚原因或通过适当方式使其放弃罢工或阻工计划，多次避免了罢工阻工事件，获得了积极的效果。

3.6　适应社会需求，适当提供捐助，同时借机宣传树立项目部的正面形象

尼泊尔的节日比较多，党派、团体和组织也常会有周期性的活动，而他们在组织活动时，会向项目索捐活动经费，而社会活动是一个集体性的活动，组织者要求捐助是一个集体的要求，满足一个集体的要求，将会可能避免一个集体的直接对抗及其参加参与产生的间接对抗。项目部通常对于重大的节日活动或社会各界组织的活动，在收到书面索捐要求后，先对其活动的情况进行调查分析、进行评价，给予一定捐助，同时，有理有据地做好解释工作，既有行动，又讲人情。在必要时，项目部会派人参加他们的活动，在活动上对项目部进行正面的宣传，以有限的捐助推动实现正能量的传递。

3.7　积极履行社会责任，给予社会各界适当捐助

为支持基础设施的发展，一是将项目部在项目现场建成的路桥让尼泊尔百姓无偿使用；二是公司根据项目环评报告上的要求，实施了一批对民生和社会经济发展有重大影响的社会责任项目，如修路、建桥梁、建学校、建医院、建灌溉供水设施等，使政府和社会各界亲身获得了项目建设带来的好处。例如，项目部积极通过援助警察局修缮办公室、提供电脑改善办公条件、捐资维修警车等方式，进一步加强与警察局的关系，提高其打击和处理违法行为的积极性和能力，为属地化管理提供有力的治安保障。

3.8　采用如影随形战术，灵活有效地推进各种审批进展，同时建立起良好的关系

项目部不等不靠，发扬不怕苦、不怕累的连续作战精神，审批前做好事前调查，审批过程步步紧跟，经常性到政府各部门、从中央到地方政府管理部门协调，一步一步地追踪，扎实细致工作，突破了一个又一个审批环节，最终完成了审批。在审批过程中，尽量通过完整的文件、紧密的追踪等方式实现文件较为快速的批复。日常注意增进了解，增加友情，在政府官员的指导帮助下找到审批的解决方案，确保了项目各个工作面施工的正常开展，减少甚至避免了施工过程中的被迫停工情况发生，保证了项目现场施工的有序推进。

3.9　充分利用当地资源，加强属地化管理

在使用尼泊尔的工程咨询和分包商方面，项目部根据他们的能力，向他们提供了力所能及的参与工程建设的机会，比如环境咨询、当地建筑材料供应、机械租赁、营地绿化工程以及社会责任工程中的桥梁、道路、房屋等工程。当地分包商表现很好，实施效果良好，履约水平很高。在使用尼泊尔劳务方面，根据他们的工作能力，招聘他们在项目部参加工作，给他们提供了技能培训，提高了就业能力，规范了员工行为；给予他们

人文关怀，提高了归属感；委以优秀员工以更重要的工作，提高他们的认同感；开展员工"每月之星"评选活动，对于表现突出的尼泊尔员工，推荐他们参加海投公司"每月之星"评选活动，发挥优秀员工的表率作用，提升他们的自豪感。通过这些尼泊尔分包商和员工将中国电建和项目部的正能量传递到了尼泊尔社会各个地方和领域，展现了中国电建的优秀企业形象。

4 结 语

总之，以上社会关系管理的掌握和灵活运用，已在社会关系事务处理过程中发挥了重要作用，基本形成了项目部社会关系管理的模式。相对以往尼泊尔其他项目的建设，上马相迪项目部以前瞻性和先进性处理好各方面的社会关系，及时清除项目面临的困难和障碍，用更短的时间完成了项目建设并投入了商业运营。尼泊尔社会各界盛赞中国电建在尼泊尔创造了水电建设史上的奇迹。中国驻尼泊尔大使馆也称赞上马相迪项目是大使馆唯一没有收到负面信息的项目。为中国电建集团海外投资有限公司未来在尼泊尔承揽更多项目建设在社会关系处理方面积累了十分宝贵的实践经验，为进一步拓展尼泊尔水电市场打下了良好的基础。

境外 EPC 总承包水电站工程社会关系管理将是一个长期的课题，需要进一步健全完善出一套可供以后借鉴的社会关系管理体系和模式，达到"窥一斑而知全豹，观滴水可知沧海"，切实提高自身应对能力，将社会关系中可能的阻力化解掉或导向为推动力，实现促进项目建设又快又好的平稳推进，为构建"中国电建"品牌形象不懈努力。

海外水电总承包项目风险分析及应对思路浅析

冯 欢

（中国电建集团海外投资有限公司，北京 100048）

【摘　要】 近年来，我国企业在海外总承包的水电项目数量增多，规模增大，其风险管理也逐步呈现出一些新的特征。本文从海外水电工程产生风险的原因出发，将风险点按照国家风险、财务风险、建设和运营风险、法律风险分类进行分析并提出了应对思路。

【关键词】 海外水电总承包项目；风险管理；风险分析；应对思路

0 引 言

随着我国十二五规划中"走出去"战略和"一带一路"倡议的先后推出，近年来我国企业海外工程承包和直接投资额保持较高增长速度，其中海外水电建设是一支重要力量。海外水电项目数量增多，规模增大，模式也不断创新，从最开始的设计、建设施工、设备输出分包逐步转换为 EPC（设计、采购和施工总承包）、PMC（项目管理总承包）等一揽子工程以及包含 BOT（建设、运营、转让）在内的广义 PPP（公共与私营合作）等带资承包模式。同时，在海外水电工程实施过程中，越来越多的风险因素暴露出来。国际工程项目本身具有涉及政治和外交等多方面特征，而海外水电项目除了具有国际工程全球性等特点外，还有项目大型性、施工复杂性等专业特征[1]。本文主要针对海外水电总承包项目突出的风险点进行分析并提出一些应对思路。

1 国 家 风 险

1.1 定义与特征

国家风险指东道国特定的国家层面事件通过直接或间接的方式，导致国际经济活动偏离预期结果造成的损失和可能性。研究者主要关注的国家风险主要包括战争、国有化和征收、汇兑限制等政治风险。新形势下的政治风险研究认为导致政治风险的多种因素之间存在相互作用关系，同时政治风险因素随着时间的变化以及国内外政治、经济环境的变化而变化。恐怖主义、气候变化、生态环境危机的加剧，使得政治风险的内容更加复杂和多变。

国内外利用风险指数对国家风险进行分析和估计。世界上有许多权威专业风险评估机构对国家主权、政治、经济、社会安全状况进行评估，如标准普尔、穆迪指数、惠誉指数、商务环境风险指数、经济学人指数等。国内也有风险评估机构和风险指数对国内

作者简介：冯欢（1989—　），男，硕士研究生，E-mail：fenghuanchn@126.com。

外的政治、经济和国家安全状况进行评估，从而指导对外投资。例如，大公国际国家信用风险评估，中国社科院世界经济与政治研究所的中国海外投资风险国家风险评级（CROIC 指数），北京工商大学经济学院世界经济研究中心编制的国际贸易投资风险指数等。

中国人民大学能源投资政治风险指数（简称人大能源风险指数）是中国首个针对能源对外投资与合作的风险指数[2]，对海外水电项目的国家风险分析有更贴近的参考指导作用。人大能源风险指数自 2016 年起每年发布，注重从广义的政治风险角度对能源投资风险进行分析，利用政府和企业官网、国际组织及评级机构等多个全球数据库收取原始型和评估型两类数据进行指数计算。最新出版的 2018 年"一带一路"能源投资政治风险评估报告将能源资源投资的风险国家分为五类：低政治风险国家 0 个，较低政治风险国家 8 个，中等政治风险国家 30 个，较高政治风险国家 17 个，高政治风险国家 9 个。从区域来看，较高风险投资地区是南亚和西亚北非，且其投资风险升高明显。中东欧和东南亚的投资风险较低。

1.2　国家风险应对

对海外水电总承包项目国家风险的应对主要是：首先，对东道国的政治稳定性进行充分分析，参照上文提到的风险指数方法，对项目进行全面的政治风险识别；另外，借助出口信用保险降低可能损失。下面重点介绍出口信用保险的应用。

出口信用保险是各国政府为推动本国的出口和对外投资发展、保障本国出口商和投资者权益而制定的一项由国家财政提供保险风险基金的政策性保险业务，是国际上公认的支持出口和对外投资、防范收汇风险和投资风险的重要手段。出口信用保险和出口信贷是出口信用的两种主要形式，很多国家成立了政府支持的出口信用保险和出口信贷机构，称为官方出口信用机构（ECA，Export Credit Agency）。出口信用保险（担保）在 ECA 中的业务成为主流，"出口信用保险＋商业银行融资"是进出口政策性金融发展的趋势。

中国出口信用保险公司（简称中国信保）于 2001 年成立，全面开展出口信用保险业务。中国信保自成立以来，承保金额快速扩张，对外赔付金额也保持上升趋势，对我国出口贸易与海外投资的损失补偿功能充分体现。

2　财　务　风　险

2.1　定义与特征

海外水电总承包项目不仅受到本国和项目所在国的宏观经济环境的影响，还受到世界整体经济环境的制约，而且这种经济风险是不可避免的。项目财务风险的两个主要表现是利率和汇率风险。国际项目的跨国性质使项目对汇率变化、外汇管制等较为敏感。项目所在国的宏观经济政策、产业政策、税收政策、外汇管制政策都会对项目的正常进行产生影响[3]。项目融资中，贷款银行对项目自身难以控制的金融市场上可能出现的变化，如汇率波动、利率上涨、通货膨胀、国际贸易政策等加以分析和预测，这些因素会引发项目的金融风险。水电项目通常规模大、合同金额高、材料设备昂贵，一旦有财务风险触发，开发商和承包商都有可能蒙受重大经济损失。

除此之外，市场风险也可归类于财务风险。东道国购电方是否以或取或付的原则100％购买电量，是否签订长期购电协议，购电协议是否有政府担保等，以上这些都是需要考虑的市场风险。某些国家在财政困难的情况下，轻则延期支付工程款，重则废弃合同，拒付项目债务，这样将给承包商带来重大损失。

2.2 财务风险应对

随着国际金融市场的发展，期权、掉期、期货和远期等新兴金融衍生工具被逐步引入项目融资的风险管理领域。对金融风险的管理首先是要对金融市场上汇率、利率等变动情况和通货膨胀、国际贸易政策的趋势进行分析和预测，在此基础上运用以上金融工具对相关金融风险进行有效规避。

对于市场风险，首先应在项目的筹划阶段做好充分的市场调研和市场预测，减少投资的盲目性。在项目生产经营过程中，降低市场风险的有效方法是签订长期产品销售协议，主要是照付不议协议。贷款银行通常要求投资者提供资金缺额担保作为补充。贷款银行也可以争取获得项目投资者或政府提供的某种意向性的信用支持来分担项目的市场风险。需要特别指出的是，在市场程度化较高的国家，无法签订长期购电协议，更没有政府提供担保来分担市场风险。这对开发商提出了更高的要求，需要更加全面地分析电力市场规律，并且做好风险应对策略。

3 建设和运营风险

3.1 定义与特征

海外水电项目建设风险主要包括土地拆迁和补偿、设备材料进口限制、建设期材料和机电设备价格上涨、工期质量风险、移民、环境破坏等。建设风险主要由施工复杂性引起，而施工复杂性是由施工特点决定的。水电工程施工经常会在河流附件进行，受气候、地形、地质等自然条件影响很大。同时，工程常处于远离城市的偏远地区，建筑材料、施工设备运输成本高；施工强度高、需要的技术工种多，过程中涉及隧洞挖掘、石方爆破、高空作业等，需谨慎关注安全问题。进度风险，或称完工风险可以作为建设风险中一类风险讨论，存在于项目建设阶段和试生产阶段，主要是指项目无法完工、延期完工或者完工后无法达到预期运行标准而带来的风险。完工风险对项目的负面影响主要表现在建设成本的增加、利息支出的增加、贷款偿还期限的延长和市场机会的错过，甚至有可能导致整个项目的失败。项目施工进度不仅和施工条件、施工环境、资源配置、技术水平等因素有关，而且与施工质量和费用控制相互联系、相互影响、相互制约。

运营风险主要包括运营商能力不足、劳资争端、运营期物价上涨、停机时间过长、设备维护等。

3.2 建设和运营风险应对

建设和运营风险主要为技术风险。首先需要建设和运营单位有丰富的海外水电项目经验，充分利用自身的技术能力，控制风险。应在可研设计阶段进行风险分析，评估风险级别，选择合理的枢纽布置格局和合格的坝型，优化建筑物设计，确保设计安全可靠并符合国际标准。例如，在规划选址阶段要重点关注岩体的活动断裂和巨型滑坡。另外，要编制科学有效的运行调度方式，综合提高整个枢纽工程的抗风险能力[1]。施工阶段要重点查找存在的各种风险，落实具体防范措施。项目施工过程中要特别关注施工成本、进度和质量控制。首先，由于海外水电总承包项目一般为总价合同，总承包商除了控制设计成本、设备采购成本外，还要控制好施工成本。控制施工成本主要通过加强施工过程、施工技术、设备、材料等管理。其次，要协调好进度控制和质量控制的关系，既要避免延期，又要保证施工的质量。

水电工程在运行阶段要制订应急预案。水库大坝的风险管理是重点，要对工程竣工后试运行阶段可能出现的问题分析并加以防范。

4 法 律 风 险

4.1 定义与特征

法律风险指东道国法律制度给项目带来的风险。世界各国的法律制度不尽相同，经济体制也各具特色。项目可能涉及的法律风险有项目所在国的法律约束、法律制度变更、国际信誉差、进出口限制、施舍所有权、合同结构、合同争端等。

跨国借贷可能面临因法律不同而引发的争议，有些国家担保法的不健全可能导致获得担保品成为困难，有些国家对知识产权的保护尚处于初级阶段，还有些国家缺乏有关公平贸易和竞争的法律等，这些因素带来的风险是不言而喻的。海外水电工程中，主要参与者来自不同的国家，雇主与总承包商、总承包商与分包商间的合同一般采用工程所在地国家的法律。总承包商因为对相关法律的不了解往往处于比较被动的地位，且稍有疏忽就可能陷入合同纠纷之中。

4.2 法律风险应对

首先，要充分重视律师的作用。投资者按照律师的建议将项目东道国的法规税收等体系作为项目可行性研究的一部分。贷款银行在接受项目财产抵押前，必须询问财产所在国律师的意见。贷款银行的法律顾问负责综合考虑律师的意见，保证所安排的融资方案和担保方案确实能够起到预期的作用，保证税收及其他利益确实能够实现。另外，在合同的执行过程中，要对合同落实情况进行监测，补充和完善遗漏的风险，检查并发现新的风险，风险的监督和控制是一项全面和动态的过程。

参考文献

[1] 李伟. 国际水电项目总承包风险管理研究[D]. 大连：大连理工大学，2012.

[2] 许勤华. "一带一路"能源投资政治风险评估报告[R]. 人大国发院能源与资源战略研究中心，2018.

[3] 张蕙. 海外水电 EPC 项目风险管控机制研究[D]. 北京：华北电力大学，2013.

津巴布韦卡里巴电站扩机工程 EPC 合同执行中的几个问题及对策

程丙权，杨社亚，张　睿，李高磊

（中国水利水电第十一工程局有限公司，河南郑州 450001）

【摘　要】 文章通过对卡里巴电站扩机工程 EPC 合同执行过程中遇到的重要合同问题进行分析并提出对策，意在提醒后续项目合同签订过程中，尽量避免类似问题的再次出现，为工程的顺利实施提供更为良好的合同基础。同时本文也对后续该国市场的投标、合同谈判以及项目实施提供借鉴。

【关键词】 EPC 合同对策；FIDIC 条件；税务合同拆分争议

0　引　　言

随着中国"走出去"战略，尤其是"一带一路"倡议的稳步推进，越来越多的中国公司步入国际化战略的轨道，进入国际化公司的大家庭。除了要求合同条款确保价格、时间和功能具有更大确定性的私人融资项目最近有了更快的发展以外，长期以来已明显看到，许多国家中的雇主，特别是公共部门，已要求类似的条款，尤其对交钥匙合同[1]。采用 EPC（交钥匙）合同，对业主而言，可降低协调成本，避免工程量变化、地质变化、材料价格上涨等带来的风险。而对于承包商而言，需要比根据传统的红皮书和黄皮书，承担更广范围的风险责任。但也因此，承包商的报价含有风险费用，实施过程中，做到风险可控，就极有可能获得丰厚的利润回报。

下面，笔者结合项目亲历的案例，着眼于实务，对 EPC 合同执行过程中出现的若干问题进行探讨，分享解决问题的思路及成果，希望能为类似工程提供借鉴。

1　项　目　简　介

津巴布韦卡里巴南岸水电站扩机工程是津巴布韦在建的最大水电工程，扩机容量为 300MW，项目合同额 3.69 亿美元。中国电力建设集团有限公司（简称中国电建）历时 40 个月，按期完成扩机电站的建设，现已投产发电，极大缓解了该国电力紧张的状况。津巴布韦现任总统亲自参加项目竣工投产发电仪式，对该项目给予极高的评价。

中国电建第一次承建津巴布韦的大型水电 EPC 合同项目，合同条件采用 1999 版 FIDIC 银皮书。项目在实施过程中，由于理解差异、合同条款疏漏、合同语言不严谨等造成的合同问题，给工程实施造成了一定的困扰。以下是笔者参与处理的几个合同问题。

作者简介：程丙权（1974—　），男，E-mail：chengbingquan@sinohydrohenan.com。

2 税 务 方 面

2.1 增值税

1. 问题

业主以项目合同的执行主体与签约主体不一致为由，拒绝支付承包商 VAT（EPC 拆分前 VAT 约 3000 万美元，合人民币约 2 亿元。虽然 VAT 为流转税，业主不应该采取拒绝的态度来处理此事，但因该国经济低迷，业主拖欠税务局大量 VAT，因而一旦缴纳，无法获得进项税抵扣，影响资金流，故而一再拖延）。同时存在承包商没有缴纳 VAT 给税务局、承包商支付给分包商和供货商的 VAT 无法从税务局获得返还等一系列问题。此问题牵涉能源部、财政部、国家税务局等相关部门。

项目的主合同是由中国水利水电建设股份有限公司（简称中国水电）与该国电力公司签约，而在实际情况是中国公司在当地注册的子公司来执行合同，且使用子公司的税号。

因为合同价格中不含 VAT，因此承包商一开始就致函业主要求办理免税许可，但因该国从未有过这样的先例，要想获得该许可，需要经过议会批准，程序复杂且过程漫长，因此业主至今仍然没有获得该免税许可。显然，业主早先承诺会拿到免税许可的说法，是没有对该项政策完全了解的情况下做出的无谓承诺。

2. 实际解决的办法

经过多次协商，业主提出建议将 EPC 合同进行拆分，只需要支付 C 部分的 VAT。

同时，承包商另行在当地注册了分公司，并从注册之日起，以分公司的名义出具含 C 部分的 VAT 发票，业主对此无异议。

但业主对之前以子公司名义实施的工程，已经开具过发票部分的 C 部分不愿支付承包商相应的 VAT。一是业主认为，与承包商子公司没有合同关系；二是业主认为，按照税务政策，此时已经过了相应的财务年度，业主无法从税务局获得该 VAT 的相应抵扣。

之后经过多次会议，承包商持续保持强硬立场，坚持认为，业主实际已经获得承包商以子公司名义开具发票的 C 部分相对应的工程，并且业主从一开始就知道承包商以子公司名义执行工程和来往函件等，现在重提执行主体之事，是一种变相不作为的表现，因此，业主应该承担该部分的 VAT。

承包商邀请税务局、财政部以及业主进行会议商讨，并针对税务局迫切要拿到 VAT 的心理，说服税务局同意业主相关 VAT 的抵扣，如此业主就再也没有借口拒绝支付承包商的 VAT。目前业主已经就前期以子公司名义实施的相关账单（按 EPC 拆分后重新整理，其中 VAT 约 5200 万元人民币）完成签字，这就意味着业主已经同意支付该 VAT。同时解决了承包商未纳税的风险，以及承包商的进项税抵扣问题，额度达 2400 万元人民币。

3. 建议

合同谈判期间就明确相关 VAT 免税许可问题，并将获得 VAT 免税许可写入合同作为项目开工条件之一。

以合法的主体来实施工程，开工后从第一期账单就开具相应的 VAT 发票。

项目合同签署时，就进行 EPC 拆分，以降低业主的重复税赋，利于业主自筹资金的准备。当然，拆分时需要考虑其合理性并兼顾各方利益。虽然拆分 EPC 合同是业主与承包商之间的商务事宜，但若能够获得税务局的书面认可最好。

2.2 关税

1. 问题

合同中约定：Custom Duty payable on permanent plant, equipment, devices, structures and materials to be incorporated into the Works are not included within the Contract Price; Custom Duty payable on the Employer's vehicles and facilities are not included within Contract Price.

虽然上述合同条款对于免除关税的范围做了明确的界定，但在实际操作过程中，因为有国家税法的相关规定，对于交通车辆、消耗品及配件、组成工程的"不可见"材料（如柴油、炸药等）等不予免税。承包商未能全部获得合同条款所列范围的免关税许可。

如果在合同谈判过程中仅仅相信合同条款中的约定而未对国别的相关法律条文进行相应的了解，这其中的风险是显而易见的。法律不是短时间内所能改变的，因此在合同谈判之初就应该与业主达成一致的解决方法。

2. 建议的解决方法

以合同条款为依据，要求业主协调解决合同条款中约定范围的全部免关税许可。尽管法律有规定，但不能免除业主在此条款下应尽的义务。

对于组成工程的"不可见"材料，与业主争论达数月之久。承包商的观点是只要是消耗且为了本工程的材料，不论可见与不可见，均适用这一合同条款。首先与业主技术人员进行大量沟通，取得这些技术人员的认同，再同其他决策人员沟通。为便于理解，承包商就开挖进行举例说明：开挖显然是工程的组成部分，如果按照可视材料的理解，那么组成开挖工程的材料只能是空气，这显然是不能被理解和接受的。因此，炸药、设备动力油品消耗、设备配件（被消耗的部分）等均应是组成进开挖工程的材料之一，按照合同条款，理应免除关税。

经过数次协商与谈判，最终争取到该国财政部"从财政部拨付给 ZPC 的维护费用中抽出部分费用用于支付承包商的交通车辆、消耗品及配件等关税"的信函。目前业主根据该信函，已经支付三笔关税到承包商账户。

2.3 所得税

1. 问题

所得税是工程建设过程中不得不研究和考虑的一个重要税种，所在国采用的计税基础准则将直接影响工程效益。

目前主流的做法是以建造合同方式确认建筑工程的所得税计税基础，然而项目所在国多年来未有大型建筑工程实施，对于国际通用的建造合同准则并未执行，这对于这样的大型 EPC 项目来说，无疑是一个巨大的风险点。因为一般 EPC 项目的付款计划均约定为节点支付，预付款作为其中的首个节点，直接支付给承包商而无须在后续工程款中返还，承包商需要直接开具发票给业主。如此，税务部门会将承包商获得的这一笔预付款当成承包商的营业收入。而预付款的用途一般是用来采购大型设备（施工设备和永久设备）及动员费用，大型施工设备是按折旧计入成本，对于永久设备的支付开始是以预付款的形式支付给供应商。如此一来，在承包商获得业主的预付款（税务部门视为营业收入）后，承包商花费相对应是施工设备折旧成本（初始付给永久设备供应商的是预付款，不能作为成本），形成了承包商的虚高利润，以此虚高的利润作为企业所得税的计税基础，显然不当且不能接受。

2. 实际的解决方法

将 EPC 合同拆分为 E、P、C 三个部分，E、P 的执行主体为中国水电，C 的执行主体为中国水电津巴布韦分公司。

E 的部分业主只需交纳预扣税即可（业主已获得预扣税免税许可）；而 P 的部分，根据该国法律，组成工程主体的国外进口设备等无关税和 VAT；C 的部分有当地公司根据法律交纳税赋。这样对于 E 和 P 部分产生的利润无须向津巴布韦政府缴纳所得税，极大降低了承包商的所得税压力。

3. EPC 合同拆分的原则

合同双方都希望合理地降低税赋，因此，尽量提高税率低或免税的 E 和 P 的额度，降低 C 部分的额度。虽然 VAT 对于业主来说，是可抵扣的税赋，但业主从现金流考虑，仍然还是希望降低 C 的份额。

但上述拆分需要掌握一个合理的度，这个度就是在当地市场价格的背景下，考虑外国公司的管理能力及技术能力，对 C 部分定一个较为合适的份额。

总而言之，工程量清单中所列各项目，能够说明不完全是在当地发生的，均列为 E 或 P，以降低 C 的额度。

3 工 程 款 支 付

3.1 节点支付计划

对于 EPC 合同，其结算一般是按照工程节点完成情况进行支付，并非像单价合同那样按月递交结算文件。该项目合同中规定的支付计划见表 1。

表 1 支付计划表

序号	项目	支付百分比（%）	累计支付百分比（%）	自开工后的支付时间
1	预付款	25.00	25.28	0
2	综合要求		25.28	
3	开始承包商营地建设	0.73	26.01	2
4	承包商营地建设完成	0.75	26.76	4
...	...	...	...	...

1. 问题

支付计划表是根据投标阶段的工程总施工计划，初步拟定的节点完成时间，可以认为是预估的节点完成时间。并不能代表实际施工的节点完成进度。因此，若支付时间严格受限于上述计划表，对于工程来说有不利的影响，其一，不能激励承包商尽早地完成节点工作，因为承包商不能及时得到相应的支付；其二，承包商的资金流状况不能改善；其三，不能根据现场实际情况灵活调整进度计划。

2. 建议的解决方法

虽然在随后的工程结算中，业主并未死抠合同，已经按承包商的要求及时进行了已完成的节点支付，但是，在业主资金确实紧张的情况下，不排除会拿出这一条作为借口，拖延支付。因此，在今后的工程实践中，应在合同中约定，该支付计划表中的支付时间只是作为参考写入合同，实际操作过程中，承包商可根据"付款的时间安排"条款，及时报送有关报表及证明文件至业主，按合同约定的 30 天内完成支付。或直接删除"自开工后的支付时间"列，支付计划表中只显示节点描述及相对应的合同价格比例。

3.2 预付款分期返还

1. 问题

正如前文所述，EPC 合同一般采用节点结算方式，预付款不同于单价合同的要求，即在后续的支付过程按一定比例分批次返还。

从该项目合同文件支付计划表中可以看出，预付款无须分批返还。但在合同条件 14.2 Advance Payment 条款中，并未将有关预付款返还条款全部删除，直接导致承包商与业主就预付款返还问题争论了很长一段时间。

2. 建议的解决方法

直接将有关预付款返还的条款删除，或明确规定预付款不返还。

4 保 留 金 的 支 付

4.1 问题

本工程保留金为合同价格的 7.5%。

另外，合同中约定：

（1）当保留金达到合同价格的 7.5% 时，承包商可以递交一份额度为 7.5% 合同价格的即付保函，此时，业主将保留金的 50% 返还给承包商。但该条款并未说明，如果承包商不递交相应的保留金保函，在获得工程移交证书时，承包商能否获得前一半保留金的支付。

（2）该保函及另外 50% 的保留金一直持续有效至颁发竣工证书。（也就是说，在工程缺陷通知期内，承包商的一份全额保留金保函和 50% 的保留金一直由业主掌控。）

（3）根据合同约定，在工程缺陷通知期内，要么有 100% 的保留金由业主掌控，要么有 50% 的保留金和 100% 的保留金保函同时由业主掌控。

（4）而 FIDIC 银皮书关于"保留金的支付"条款，明确在承包商获得工程移交证书时，业主应将保留金的前一半支付给承包商。

综上，该合同中对于"保留金的支付"条款相对苛刻，后续工程签订合同时应给予重视。

4.2 建议的解决方法

采用 FIDIC 银皮书中关于此条款的约定。

增加"承包商可以采用保留金保函置换保留金"的条款。

5 合同价格不做调整的适用范围

对于 EPC 合同，往往有合同价格不做调整的相关条款。该项目合同价格调整中有下述条款：

从合同规定的开工日起至其后的 24 个月，合同价格应固定不变，不做调价；

从合同规定的开工后的 24 个月起至开工后的 40 个月止，对在此时仍未开具发票的合同价格只采用 13.8.2 款规定并只按照此部分合同价格的增长率进行调价……

此条款有其相对的适用范围，即在适用 13.8.2 条款时，开工至 24 个月内合同价格不做调整。

但在实践中，我们针对当地最低工资标准上涨的原因，向业主提出按合同条款"13.7 因法律改变的调整"提出索赔意向，业主以上述"从合同规定的开工日起至其后的 24 个月，合同价格应固定不变，不做调价"为由加以拒绝。

尽管 EPC 项目是 Lump Sum Price，但是并不意味着合同价款就绝对固定且在任何情况下都不能调整。其实，即使是固定总价合同，在合同或者法律规定的情况下，承包商仍然可以要求雇主调整合同价格[2]。

虽然我们有充分理由，此条不适用也不能涵盖"13.7 因法律改变的调整"引起的合同价格调整，并正在给业主复函。但如果在合同签订时就明确"因适用 13.8.2 款引起的调差，在开工日至其后的 24 个月内，合同价格应固定不变"，这样就非常明确"合同价格固定不变"的适用范围，避免不必要麻烦。

6　开工前调差补充协议

6.1　问题

因津巴布韦国家采购委员会（SPB）要求："变更合同需要签订补充协议"这一要求，因此业主计划利用在签订补充协议增加有利于自身的合同条款。

由于"调差"条款在合同中已经有明确要求：①开工前调差按基准日至开工日的中国 CPI 进行调差；②开工后 24 个月内不调差，开工 24 个月后按照调差公式进行调差；③如果调差综合指数低于 5％，则不调；如果调差综合指数大于 5％且小于 12.5％，则按实际数值减去 5％进行调差；如果调差综合指数大于 12.5％，则按 7.5％进行调差。

按照一般惯例并根据上述要求，承包商搜集完相关指数并开具账单报业主批准即可。但因前述 SPB 的要求，必须签订开工前调差补充协议。这为业主在补充协议中增加"在指数下降的情况下调减合同额"创造了一定的条件。

SPB 在出具信函认可开工前调差价格变更时，插入了一段话，意图改变上述调差条款的第 3 条，即明确增加"在今后的合同执行过程中，CPI 下降时，应相应调减合同价格"，并要求双方签订补充协议。业主随即将补充协议中的条款按 SPB 的来函要求进行了修改，这将对上述调差条款第 2 条产生不利的影响。

6.2　实际解决的办法

此问题双方僵持达 5 个月之久，最终承包商没同意业主改变合同的想法，并主张：一是 SPB 无权提出修改合同实质性条款；二是双方按照原合同条款执行即可。如果原合同中有"按照调差指数降低合同额"的意思表达，执行原合同；如果原合同中没有上述意思表述，现在按照 SPB 意见办理，就是实质性修改合同，而修改合同或签订补充协议的前提是合同双方达成一致意见。最终业主放弃修改该条款，双方正常签订了关于开工前调差的补充协议。

7 砂石骨料需求量增加问题

7.1 问题

在本项目合同谈判期间，并未找到合适的砂石骨料料源，因此合同将砂石骨料用量，以及相关的道路修复等列为暂定量，且采用单价结算，请参见表2单价项目价格表。

表 2　　　　　　　　　　　　单价项目价格表

Item	Description	Quantity	Unit	Currency USD	
				Unit Price	Amount
2	Provisional sum for location change of quarry and borrow pits.				
2.1	Overhaul for excess 5km for location change of quarry from 5km to 65km	130000×60	m³ per km	1.34	10452.000.0
2.2	Overhaul for excess 5km for location change of sand borrow pit from 5km to 95km	90000×90	m³ per km	1.34	10854,000.0
2.3	Construction of access road to quarry and sand borrow pits.	30	km	167000.00	5010,000.0
2.4	Widening the existing road to quarry and sand borrow pits.	16	km	83500.00	1336,000.0
2.5	Provide New Bridge (50m) for road to quarry and sand borrow pits.	1	Nos	1711503.43	1711503.43
Total Ⅷ (to Schedule B Tender Price Summary)					29363503.43

合同中，针对上表合同价格有一个专门说明：that part of the Contract Price set out in item 8 of the Contract Price Summary relating to the transport of aggregates shall be recalculated by reference to the distance for transport of such aggregates to the Site and any works to establish or improve an access road to the site using in each case the relevant rates and units identified. Otherwise all quantities referred to in the Contract Price Breakdown are estimates and are included for information only and the amounts are fixed amounts forming part of the Contract Price which may only be adjusted in accordance with the Contract.

严谨是工程合同的灵魂，工程合同英语的一切特征都是为了达到严谨性的要求[3]，由于上述表格中的暂定量不能满足现场的施工需要，承包商致函业主要求增加砂石骨料用量各3000方。然而，由于合同中关于该事项的语言描述不够准确，双方就此产生分歧。

7.2 实际解决的办法

基于合同价格说明中的"amounts are fixed"理解，业主认为，amounts 是指上表中最后一列的所有的 amount。鉴于此，承包商的砂石骨料结算已经超出其相对应的 Amount 额度，因此，不能再给承包商增加骨料用量。

而承包商认为，显然 Amounts are fixed 系笔误所致，也可理解为对设置此条款的真实意图理解的偏差。可能的方式是应当写成 Amount is fixed，理解为总价（如果写成 Amount，则理解成总价较为合理）不能超出 29，363，503.43，方才体现出控制合同总价的意图。双方在合同签订之前并未找到合适的料源，虽然砂石骨料的用量是一个有经验有承包商可见预见的，但是未确定的料源超运距是一个有经验的承包商无法合理预见的。因此，将每一个单项的合同价固定是不合理的。然而，将砂石骨料的总价加以固定，则各单项之间有调节的余地，因为所有单项均超出暂定量的可能性较低，给合同执行留有余地并便于执行，方才符合合同意图。

经过两个月的多次商谈，最终业主基本同意了承包商增加 3000 方河砂和 3000 方粗骨料用量，确认函件已经发给承包商，为工程节约成本约 200 万元人民币。

8 业主房屋设计标准争议问题

8.1 问题

1. 业主房屋简述

合同中业主房屋有四种类型，分别为单身宿舍、一般工人家庭住房（第一批）、高级人员家庭住房以及项目经理住房（第二批）。由于业主获得用地许可的时间差异，该工作分为两个阶段实施。

合同中对于业主房屋的描述非常简单，主要内容为房屋面积及数量，以及相应的单价（单价均相同）。

2. 业主对图纸的审批

承包商于 2015 年 11 月同时向业主呈报了上述两批业主房屋设计图纸，2016 年 1 月业主对第一批图纸完成批准，但对第二批图纸批准仅限于平面布置，并未对第二批房屋结构等进行批准。2017 年 9 月，应业主要求，承包商再次呈报第二批图纸（与第一次呈报的图纸相同），然而此次业主在对承包商的第二批图纸进行审批时，对主要材料进行升级，造成承包商额外增加费用约 200 万元人民币，承包商表示无法接受，并提出自己的合同依据。

8.2 双方的主要观点

1. 业主的主要观点
（1）承包商设计的图纸不满足业主要求；
（2）第二批房屋是为业主高级管理人员居住，因此住房标准要高于普通人员；
（3）2016 年 1 月的业主批准承包商设计图纸的函件中明确说明，业主仅同意第二批房屋的平面布置设计，而没有同意其结构设计；
（4）对于承包商于 2017 年 9 月呈报的第二批房屋设计图纸，业主回复意见并未超过 21 天（合同规定超过 21 天，视为业主同意）。

2. 承包商的针对性观点

（1）承包商的图纸是否满足业主要求，不是以满足业主的个人意愿为标准，而是要以符合合同要求、当地法律法规的要求，以及除合同及法律法规要求之外的部分为标准，遵循当地一般的居民住房要求。

（2）第二批房屋是业主的高级管理人员用房，住房标准的提高已经具体体现在房屋的建筑面积方面，鉴于合同中的业主所有房屋的单价均相同，表明业主所有房屋标准应该相同，因此，提高第二批房屋标准是没有合同依据的要求，承包商不能接受。

（3）根据 FIDIC 合同条件 5.2"承包商文件"中所规定，业主房屋的设计文件属于"承包商文件"，因此承包商有权对其进行设计，承包商的文件在没有任何违反合同或法律法规的条件下，并且其他部位的设计也遵循了当地的一般要求，则业主无权对其进行任何的更改或反对或拒绝接受；同时根据合同条件 5.2"承包商文件"，根据审核期 21 天的规定，在承包商文件递交后 21 天后，则自动视为业主已经同意承包商的文件。

8.3 解决结果

由于升级前后的成本差异近 30 万美元，业主表示无法接受费用的增加，最终业主只得同意承包商提交的图纸。

9 结 语

EPC 工程总承包市场是一个高端市场，其总承包管理对我国大型建筑企业过去仅仅依靠项目成本管理和施工效率实现项目效益的传统项目管理理念提出了挑战，EPC 工程总承包管理必将突破项目层次而上升到工程总承包的业务运营和发展战略水平[4]，而提高 EPC 项目合同管理是提高运营和发展战略水平的必备条件。

同时，必须清楚地看到，要充分了解国际工程项目双方的文化差异对项目履约的影响，国内行之有效的方法未必就在国际工程中适用。霍夫斯塔德在全球 53 个国家和 3 个地区，在 1968 年和 1972 年完成霍氏文化价值调查研究[5]。根据该研究成果，可以用津巴布韦人的权力距离值和个人主义倾向来说明，出现合同争议后，应该寻求正规的合同途径来解决问题，不能套用国内的习惯性思维，简单认为走上层路线会解决问题。

津巴布韦的权力距离值可以参考南非（49）和英国（35）[6]的数据，在霍夫斯坦德的含有 53 个国家的调查表中，这个值相比较于最高值 104 较低，也就是说津巴布韦人的上下级差异不明显。另外，根据个人主义倾向值南非（65）和英国（89）[6]，可以估计津巴布韦的个人主义倾向值较高，个人主义明显。简单地说，单纯靠上下级关系来达到上级的意图，在津巴布韦的文化氛围下，效果不会太明显。

参考文献

［1］ 王川，徐礼章. 设计采购施工（EPC）/交钥匙工程合同条件［M］. 北京：机械工业出版社，2002.

［2］ 朱中华. FIDIC EPC 合同实务操作［M］. 北京：中国建筑工业出版社，2013.

［3］ 邓舍能. 论工程合同英语语言的严谨性［J］. 中国科技翻译，2001，14(3)5-9.

［4］ 王伍仁. EPC 工程总承包管理［M］. 北京：中国建筑工业出版社，2008.

［5］ 彭世勇. 霍夫斯塔德文化价值理论及其研究方法［J］. 解放军外国语学院学报，2004，27(1).

［6］ Hofstede. G. Culture and organizations：software of the mind［M］. London，Norfolk：Mc Graw Hill Book Company（UK）Limited，1991.

基于杨房沟项目的水利水电工程 EPC 合同条件应用现状分析

强茂山[1]，刘军[2]，温祺[1]，夏冰清[1]，安楠[1]，张东成[1]，郑俊萍[1]，蔡佳璐[1]

（1. 清华大学水沙科学与水利水电工程国家重点实验室，项目管理与建设技术研究所，北京 100084；2. 中国水利水电第七工程局有限公司，四川成都 610081）

【摘　要】 EPC 模式是工程企业向产业上游拓展业务的重要战略发展方向。目前，EPC 模式在我国水利水电工程行业尚处于起步阶段，合同条件的应用尚处于探索阶段，为工程企业从事 EPC 项目带来重大机遇和挑战。杨房沟项目作为水利水电工程行业中 EPC 模式的重要探索，集中体现了 EPC 合同条件的实践应用现状。本研究以其为案例，通过问卷调研汇集一线从业人员对 EPC 合同条件的认知和落实，辨析合同参与方对 EPC 合同条件的关注要点。研究表明，相比于传统的设计—招标—施工模式，业主和总承包商对 EPC 合同条件框架下的各项责权分配具有较一致的共识，设计施工一体化的管理模式不仅明晰了责权分配，也提升了双方在具体合同条件方面的互信。在环保水保管理和隐蔽工程检查方面，业主和承包商的管理界面仍需在实践中进一步明确。研究成果有助于从业人员理解 EPC 合同条件执行现状，优化责权分配体系，促进 EPC 模式在水利水电工程行业的推广。

【关键词】 EPC 合同；合同条件；应用现状；水利水电工程

0　引　言

从 2003 年建设部颁布《关于培育发展工程总承包和工程项目管理企业的指导意见》以来，总承包模式作为一种合法的、独立的建设管理模式在工程建设行业不断推广应用。然而，从监管层面的"四制"（项目法人责任制、合同制、招投标制、建设监理制）到行业实践层面的"大业主文化"都阻碍了 EPC 模式下总承包商单一责任制的实现。为了避免总承包模式流于形式，甚至退化为传统的 DBB 模式而无法充分发挥该先进管理模式的优势，国家出台了一系列政策力推总承包模式。从 2005 年建设部、国家发展和改革委员会、财政部联合发布《关于加快建筑业改革与发展的若干意见》提出大力推行工程总承包建设方式，到 2016 年 6 月住建部印发《关于进一步推进工程总承包发展的若干意见》强调进一步完善工程总承包管理制度，总承包模式一直是国内政策制定者、研究者和从业者不断探索的热点问题。

2017 年 2 月 21 日国务院办公厅正式公布了《关于促进建筑业持续健康发展的意见》，将"加快推行工程总承包"作为建设行业改革发展的重点，在国内建设行业推广总承包模式。随着"一带一路"和中国承包商"走出去"战略的推进，EPC 项目在国

基金项目： 国家自然科学基金资助项目（51479100，51779124，51379104）；中国电建集团重大科技专项（SDQJJSKF-2018-01）。

作者简介： 强茂山，男，教授，E-mail：qiangms@tsinghua.edu.cn。

际工程承包市场上展现了广阔的发展前景。可以预见，EPC 模式将在国内外工程建设行业得到广泛应用，迫切需要系统地研究 EPC 工程总承包模式的理论创新与实践经验[1-2]。

在上述行业发展背景下，我国杨房沟项目承载着水利水电工程项目对 EPC 模式的重要探索，以其为案例，研究 EPC 合同条件的应用现状具有重要的理论和实践价值。

1　水利水电工程 EPC 合同的应用

水利水电工程建设项目一般具有投资巨大，投资回收期长，技术复杂程度高等特点，传统采用 DBB 模式承建。但随着社会技术经济水平的发展以及建设工程业主需求的变化，传统模式日益显露出其勘察、设计、采购、施工各主要环节分割与脱节，建设周期长、效率低、投资效益差等弊端。在水电工程建设中实行 EPC 总承包，可以克服传统模式投资大、工期长、设计和施工单位协调困难等缺点，从整体上实现对工程进度、投资与质量的有效控制，有利于提高我国水利水电工程建设的管理水平和国际竞争力。

1.1　实践中的 EPC 项目组织模式

在国际 EPC 模式的实施中采用既有设计力量又具有施工力量可独立承担建设工程项目设计、施工、采购全部任务的企业作为 EPC 总承包商是典型的做法。然而，由于我国工程行业长期的设计与施工相分离，兼具设计施工能力的独立承包商很少，因此我国水电工程 EPC 管理一般采用以下三种管理模式。

（1）总承包商为设计单位。总承包商一般由具有独立设计能力和资质的水利水电设计院或工程咨询公司承担，一般均独立完成工程的设计任务。总包商除直接承担工程设计及重要机电设备的采购之外，把项目的施工任务分包给各施工分包商。

（2）总承包商为施工单位。总承包商一般由施工能力强且具有相应资质的水利水电施工企业或公司承担。在工程中标后，设计任务采用对外分包的形式分包给有相应资质的水利水电设计单位完成，而施工任务则由总承包商的内部子公司完成。

（3）总承包商为设计施工联合体。由设计单位和施工单位组成联合体进行投标，共同完成工程的设计、采购和施工任务，具体的职责分配由联合体内部协商确定。

1.2　我国水利水电工程中 EPC 模式的特点

目前，我国水电工程中 EPC 总承包的实施现状与特点大致如下。

（1）业主把工程的设计、采购、施工服务工作全部委托给工程总承包商并由其负责组织实施，业主只负责整体的、原则的、目标的管理和控制。

（2）业主可以自行组建管理机构，也可以委托专业的项目管理公司代表业主对工程进行整体的、原则的、目标的管理和控制。

（3）采用总价合同，承包商承担大部分风险。由于承包商的各方面能力较强，且业主只希望最后得到合格的工程。因此，业主在项目合同签订时，通过总价固定的方式，把风险转移给了总承包商，导致总承包商在经济和工期方面要承担更多的责任和风险。与此同时，承包商也拥有了更多获利的机会和优化方案的动力。EPC 业主充分利用总承包商的专业能力和统一协调能力规避潜在的经营和工期风险。

（4）业主只与工程总承包商签订工程总承包合同。设计、采购、施工的组织实施由总承包商统一策划、统一组织、统一指挥、统一协调和全过程控制。为适应专项工作的要求，工程总承包商可以把部分专业性工作委托给分包商完成，分包商的全部工作由总承包商对业主负责。

EPC 工程总承包管理模式由单一的总承包商牵头，承包商的工作具有连贯性，可以防止设计者与施工者之间的责任推诿，从而提高了工作效率，减少了协调工作量，并通过设计和施工的高度结合优化了工程设计方案。由于总价固定，故基本上不用再支付索赔及追加项目费用（当然也是利弊参半，业主转嫁了风险，同时增加了造价），承包商获得业主变更令以及追加费用的弹性也小。

2 杨房沟项目 EPC 模式应用现状调研

2.1 项目基本情况

杨房沟水电站位于四川省凉山州木里县境内，距西昌、成都的距离分别为 235km、590km，是雅砻江中游河段一库七级开发的第六级，上距孟底沟水电站 37km，下距卡拉水电站 33km。工程枢纽主要建筑物由挡水建筑物、泄洪消能建筑物及引水发电系统等组成。挡水建筑物采用混凝土双曲拱坝，最大坝高 155m；泄洪消能建筑物为坝身表、中孔＋坝后水垫塘及二道坝；引水发电系统布置在左岸，采用首部开发方式，电站总装机容量 1500MW。

杨房沟水电站工程具有"工程规模大、高拱坝、高边坡、大规模地下洞室群、工程建筑物布置紧凑、施工交通布置困难"等特点，是国内第一座 EPC 模式建设的百万千瓦级大型水电站。

杨房沟水电站 EPC 项目的总承包商由水电七局和华东院联合体承担，双方占资比例为：水电七局 60%，华东院 40%，分别负责工程的施工和设计任务。联合体实行董事会领导下的项目经理负责制。联合体组建工程总承包项目部，总承包部是联合体在施工现场全面履行合同的实施机构，项目按紧密联合模式进行运营。总承包部统一组织履约项目实施，统一进行现场项目管理。其内部管理实行统一领导、统一组织、统一规则、统一管理、分级核算。其组织架构如图 1 所示。

2.2 问卷设计和回收情况

EPC 模式区别于传统建设管理模式的关键特点在于其合同框架规定的管理职责归属、风险分担、收益分享和激励机制。在长期以来基于设计、采购、施工分别顺序化进行的 DBB 传统建设管理模式下，建设行业中推广 EPC 模式不仅需要实现管理模式的转变，更要实现管理理念和管理文化的转变。事实上，管理理念的转变过程不仅存在于中国建设业市场，也曾发生在发达国家；不仅存在于 EPC 模式的推广过程中，也是每一种工程交付模式创新的必经过程。从业人员对 EPC 模式的认知和适应反映了 EPC 项目管理现状，同时也根植于长久以来占据主导地位的 DBB 模式的制度环境和惯例，而杨房沟项目作为中国国内水电行业第一个真正意义上的 EPC 工程项目对于实现从 DBB 模式到 EPC 模式的转变具有重要意义。

为此，本调研从杨房沟项目 EPC 合同所构建的管理模式体系出发，分析其中涉及 EPC 总承包商与业主可能共同承担管理职责或法律责任的部分合同条款，辨析双方就各管理事项的管理职责归属、法律责任归属、管理能力对比、风险分配情况以及相互信任程度。通过问卷调研汇集一线从业人员对这些方面的观点，识别实践中存在责权不匹配、能力不匹配、激励不相容问题而阻碍 EPC 模式推广的关键点，反映目前 EPC 项目

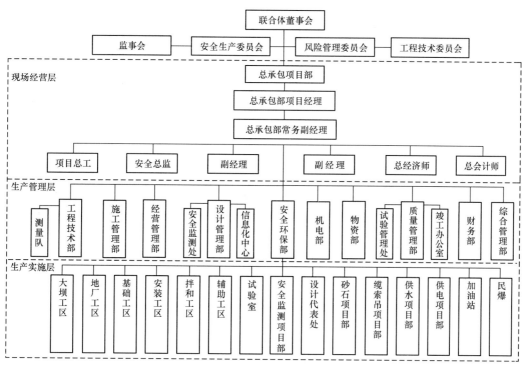

图 1　杨房沟项目总承包联合体组织架构图

的管理现状和改进方向。据此，拟定的调研人员和对象如下。

调研人员："大型水利水电 EPC 工程总承包管理技术与体系研究"项目课题组（中国水利水电第七工程局有限公司、华东勘测设计研究院、清华大学项目管理与建设技术研究所）。

调研对象：杨房沟项目的主要参建方（业主、监理、总承包商联营体的设计和施工方、供应商等）的技术和管理人员。

问卷共回收 130 份，其中业主 39 份，总承包商 81 份，监理 10 份，问卷调研受访者基本情况的概况汇总详见表 1。由表 1 可见，大部分问卷调研的受访者具有丰富的工作经验（60% 以上具有 4 年以上项目管理实践经验）和项目管理知识（80% 以上对项目管理知识在"了解"水平之上），故可认为问卷调研结果可以充分反映项目的管理现状。

表 1　　　　　　　　　　　　　调研受访者基本情况

管理经验	人数	对项目管理知识的熟悉程度	人数
10 年以上	46	具有 PMP 资质	2
6～9 年	23	掌握，有丰富管理经验	22
4～5 年	14	熟悉	38
2～3 年	23	了解	47
1 年及以下	21	不太了解	18
其他	3	其他	3

3 杨房沟项目 EPC 模式应用现状

根据调研访谈结果，从业人员对杨房沟 EPC 项目管理的绝大多数观点基本一致，总体上对 EPC 模式的优势表现出普遍认同，但也认为存在一些实施层面的困难和问题。基于问卷调查数据并结合现场访谈意见，将 EPC 模式对比传统 DBB 模式的优缺点分别总结如下。

3.1 EPC 模式下项目执行的主要优势

（1）质量管理接口少。在常规 DBB 模式下，施工质量管理由施工、监理、设计、业主四方共同进行控制，管理接口和交叉多。EPC 模式下，管理接口减少，责任更清晰明确，总承包方按照合同要求，能够主动深挖项目绩效潜力，工程设计和施工的结合更加紧密，总体的协调工作量下降。

表 2 从业人员对质量相关管理事项的观点统计

内容	责权分配（业主）	责权分配（承包商）	信任水平（业主）	信任水平（承包商）
材料质量	1.63	2.14	2.98	3.15
质量检查	1.94	2.17	3.43	3.46
工程质量问题处理	1.78	2.13	3.29	3.47

注 1. 责权分配的得分表示：该事项的管理权限 1—完全归属于承包商；2—较多归属于承包商；3—承包商和业主相近；4—较多归属于业主；5—完全归属于业主。

2. 信任水平的得分表示：信任该事项不会对己方造成损失 1—完全不信任；2—较不信任；3—中立；4—较信任；5—完全信任。

3. 括号表示：分别为业主或承包商的被调查者观点。

4. 以下各表得分的含义与本表相同，不再赘述。

由表 2 可见，双方对质量相关管理事项的责权分配情况具有较一致的认识和较高的信任水平（远高于中立水平 2.5）。双方一致认为项目的质量管理职责主要归属于总承包商，与传统 DBB 模式相比，业主的职能转变为监管和决策。管理责任权限的清晰划分直接促进了双方在互信水平上的提升，相比于 DBB 模式下突出的质量监督问题，杨房沟项目中双方对于质量相关事项的信任程度较高。可见，EPC 管理模式充分调动了总承包商质量管理的积极性，而业主也从很大程度上积极"放权"（质量检查事项得分不超过 2.5，明显由总承包商主导），促进了责任、权利和优势的匹配，精简了组织协调的流程环节。

（2）高效的工程进度管理。常规项目的进度管理由业主主导，承包商处于被动地位，在 EPC 模式下，总承包商出于对管控成本的考虑，更主动控制项目进度，以降低管理费用，减少项目成本，对总承包商而言形成了内生的动力。因此，总承包商必须通过精心安排，合理调配资源，对施工进度进行有效管理，确保在业主要求的工期内完成工程，并尽可能提前投产发电，实现各方利益共赢。

表 3 从业人员对进度相关管理事项的观点统计

内容	责权分配（业主）	责权分配（承包商）	信任水平（业主）	信任水平（承包商）
进度计划	1.98	2.09	3.63	3.44
赶工	2.96	2.53	3.55	3.26

由表 3 可见，就一般进度计划的制订和赶工两种不同的情况，从业人员的观点表现出一定的差异。业主认为进度计划的制订应由承包商主导，而赶工期间的进度管理事项由业主主导；总承包商人员与业主在一般进度计划制订的责权归属方面具有一致的共识，但总承包人员更倾向于认为赶工期间的管理事项应由双方共同主导（得分 2.53，接近于中立水平 2.5）。虽然对责权分配的认知存在一定的分歧，但双方对于进度相关事项的信任水平较高（远高于中立水平 2.5）。可见，在进度管理方面，EPC 模式激发了总承包商的主动性，而访谈过程中，业主也在一般的进度计划流程中对总承包商表现出相当的信任。

（3）自主的安全管理。常规项目的总体安全管理由业主负责，参与各方按业主的要求分别负责各自的安全管理工作。在 EPC 总承包模式下，业主已经支付了相应的安全生产费用，项目主体安全管理责任由直接承担生产管理的总承包商负责，在隐患排查整治和安全专项措施规划上总承包商更具优势，落实更有效，总承包商严格按照安全生产标准化组织实施，保证建设安全。

表 4 　　　　　　　　从业人员对安全相关管理事项的观点统计

内容	责权分配（业主）	责权分配（承包商）	信任水平（业主）	信任水平（承包商）
安全检查	2.73	2.67	3.35	3.32
安全紧急预案	1.69	1.89	3.59	3.46
安全损失赔偿	1.59	2.02	3.69	3.46

由表 4 可见，与传统质量检查由承包商主导的模式不同，对 EPC 模式的安全检查，双方一致认为业主承担主要职责，这与业主在安全管理中所承担的重要责任相关。调研过程中发现，双方对安全管理方面的探讨尤为集中，甚至深入到工程现场具体的技术细节（例如，安全系数的选取），召开多次专家会议进行论证。在安全检查以外的方面，双方则充分发挥了总承包商对施工现场的掌控，由总承包商主导。总体而言，对安全管理相关较关键和敏感的事项，双方依旧保持了高度的互信水平。这一点充分体现了 EPC 模式相比于传统 DBB 模式的优势，尤为难能可贵。

（4）合理的成本控制管理。杨房沟水电站设计施工总承包合同采用总价可调合同形式，由合同价格组成形式及风险分摊原则决定了总承包商承担了大部分的投资控制风险。对业主而言，在支付了风险费用后，仅对合同约定的几项发生概率较少的风险承担责任，价格波动的风险通过合同约定的调价方式控制，并在备用金中预留了风险金额，确保业主可以在总价范围内对工程投资进行有效的控制，不再使"超概"现象成为常态，方便了业主融资；对承包商而言，与传统模式相比，更能激励总承包商优化资源配置方案、设计方案、施工方案、采购方案，全面分析和规避履约风险，以降低施工成本，并提高此模式下的市场竞争力。

表 5 　　　　　　　　从业人员对成本控制相关管理事项的观点统计

内容	责权分配（业主）	责权分配（承包商）	信任水平（业主）	信任水平（承包商）
材料采购支付	1.84	2.23	3.39	3.16
法律引起价格调整	2.88	2.83	3.57	3.63
不可抗力风险	3.21	2.74	3.77	3.60

由表 5 可见，双方对成本控制相关事项的认知总体一致，信任水平较高。对于材料采购支付，双方形成较明确的共识，由总承包商主导管理，从真正意义上实现设计—

采购—施工一体化。对于法律和不可抗力风险引发的价格调整，业主承担了主要的管理职责和相应的风险。这样的风险划分方式符合业主管理"不确定的不确定（unknown risk）"，总承包商承担"确定的不确定（known risk）"的国际项目管理基本原理。相比于 DBB 模式下成本控制成为业主和承包商争议的核心，EPC 模式下双方表现出一致的互信（信任水平远高于中立水平 2.5）。

3.2　EPC 项目执行有待关注的要点

（1）环水保、现场安保管理的责任界定不够明确。虽然在 EPC 模式合同条件下，项目主体环水保管理的责任由直接承担生产管理的总承包商负责，但受限于法律规定，业主、承包商、监理都需要承担 100％ 的责任。由于工期延误、工程费用等风险在 EPC 模式下已转移至总承包商，业主将关注重点从项目进度和费用转移到安全和质量管控上。因此，业主对总承包商的环水保、现场安保的管理变得更加严格（如 2016 年曾因扬尘等原因停工 2 个月），法规与合同导致的责权、风险不匹配，影响了项目的整体利益。

表 6　　　　　**从业人员对环水保、现场安保管理事项的观点统计**

内容	责权分配（业主）	责权分配（承包商）	信任水平（业主）	信任水平（承包商）
治安保卫	2.29	2.99	3.61	3.26
水保环保	2.18	2.59	3.63	3.42

由表 6 可见，双方在施工现场安保、环水保两个现场管理的重要方面存在一定的分歧和一定程度的互相推诿。业主认为现场安保和环水保的管理职责应该更多的由总承包商承担（得分水平小于中立水平 2.5）。总承包商则认为这两项事项应由业主主导（得分水平大于中立水平 2.5）。随着项目管理与建设技术的进步，对现场管理的目标日益趋于多元化，环水保等进度、成本、质量以外的管理事项也应充分引起项目管理者的注意，在业主和总承包商间形成共识，明确管理责权的分配和处事的优先级共识。

（2）材料采购存在规定模糊地带，导致业主和承包商之间协调困难。材料购买过程中，合同规定除三大主材外，其他辅助材料由承包商购买，但对材料具体应当采用的标准和要求却未在合同中明确说明，导致业主采用"高标准"和"细指标"约束承包商。事实上，该问题也在国际 EPC 工程项目中经常出现，需要在管理实践中重点关注[3]。

表 7　　　　　**从业人员对材料相关事项的观点统计**

内　　容	责权分配（业主）	责权分配（承包商）	信任水平（业主）	信任水平（承包商）
材料采购计划	1.73	2.11	3.57	3.06
材料采购招标	2.61	2.91	3.45	3.13
材料采购合同管理	1.94	2.40	3.41	2.98
材料质量	1.63	2.14	2.98	3.15
油料及火工材料	1.51	1.90	3.73	3.19
发包人提供的材料问题	3.55	2.83	3.92	3.51
联合采购材料	2.00	2.42	3.52	3.20
材料采购品牌	2.76	2.88	3.33	3.08

由表 7 可见，大量材料采购相关事项在 EPC 合同中涉及双方责权界定[4]。双方在

部分事项方面的信任程度明显低于平均水平，例如，材料质量和材料采购合同管理等。这与部分事项责权不对等的现象密切相关，例如，总承包商为发包人所提供材料可能存在的问题承担主要管理职责。

4 结 语

总体而言，从业人员对杨房沟 EPC 模式的创新持认可态度，但合同条件的执行中也确实反映出，法律法规及合同界定得不够清晰，受行业传统和固有理念的影响，各方在 EPC 项目理念和执行上存在差异，在项目具体执行过程中也存在着各种形式的合同管理问题、相互信任问题，业主介入深、人员多、管理细的现象依然存在。对承包商而言，与 DBB 模式下可能存在依靠索赔、变更赚取利润不同，EPC 模式下考验的是承包商全方位整合资源的能力，对其前期规划、风险预测和项目管理能力提出了更高的要求，承包商需要在投标时更准确地进行项目的整体预判，才能真正在 EPC 模式下形成市场竞争力。

参考文献

[1] Chan D W M, Lam P T I, Chan J H L, et al. A comparative study of the benefits of applying target cost contracts between South Australia and Hong Kong[J]. Project management journal, 2012, 43(2): 4-20.

[2] Cheng L Y, Wen D C, Jiang H C. The performance excellence model in construction enterprises: an application study with modelling and analysis[J]. Construction Management and Economics, 2014, 32(11): 1078-1092.

[3] AlMaian R Y, Needy K L S, Walsh K D, et al. A qualitative data analysis for supplier quality-management practices for engineer-procure-construct projects[J]. Journal of Construction Engineering and Management, 2015, 142(2): 04015061.

[4] Azambuja M M, Ponticelli S, O'Brien W J. Strategic procurement practices for the industrial supply chain[J]. Journal of Construction Engineering and Management, 2014, 140(7): 06014005.

南欧江流域开发二期项目总承包合同管理风险防控实践

方平光，吴相双

（中国电建集团海外投资有限公司，北京 100048）

【摘　要】　工程变更和索赔管理是投资项目建设期投资管控的重点之一，在电建集团"四位一体"的管理模式下，合同主体之间的一体性使得合同管理有别于常规意义上的特征，尤其体现在建设过程中工程变更、索赔以及合同争议处理。本文重点探究南欧江二期项目"四位一体"建设管理模式下合同管理，通过明确职责、合理授权，发挥投资方主导作用，营造平等、互信的建设环境，避免合同问题拖延带来的法律与合规风险。

【关键词】　合同管理；风险防控；四位一体；南欧江二期

0　引　　言

南欧江是湄公河在老挝北部最大的支流，为典型的山区河流，位于老挝第二大城市琅勃拉邦市以北至中国云南边境的老挝北部高原地区，流域面积 26079km²，河长 475km，平均坡度约 2.5‰。全流域梯级总装机容量为 1272MW，年均发电量约 50.1 亿度，拟按"二库七级"规划方案，分两期进行开发。其中，一期项目（二、五、六级水电站）总装机容量 540MW，年平均发电量约 $2.092×10^9$ kWh，于 2012 年正式开工，2016 年已实现全部机组投产发电。二期项目（一、三、四、七级水电站）总装机容量为 732MW，年均发电量约 $2.874×10^9$ kWh，全部电站工程建设工期约 59 个月（不含筹建期）。

1　建设项目组织机构

老挝南欧江发电有限公司（项目公司）是南欧江二期项目建设管理单位，根据二期项目由 4 个项目组成、4 个项目位置相距较远的特点，项目公司总部设置在朗勃拉邦，并分别向 4 个项目派出现场管理机构，代表项目公司管理各梯级电站项目。项目公司组织机构如图 1 所示。

作者简介：方平光，男，高级工程师，从事水电项目投资、建设管理工作。E-mail：157016831@qq.com。
　　　　　吴相双，男，工程师，从事水电工程项目管理工作。E-mail：wuxiangshuang@163.com。

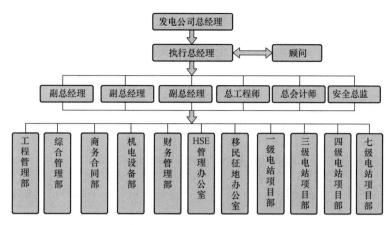

图1 项目公司组织机构

2 "四位一体" 建设管理模式下的合同特点

2.1 合同主体之间关系特殊

南欧江二期项目建设管理的特殊性，体现在主体施工合同相关各方即建设方、设计方、监理方、施工方均为中国电建成员企业（即"四位一体"组织结构，见图2）。这使得参建各方在合同主体关系呈现独立性与一体性的特点。

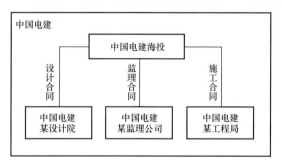

图2 "四位一体"组织结构

（1）合同主体之间的独立性特点：就某个合同而言，合同双方均为独立、地位平等的企业，双方依据国家招投标管理、合同管理法规，以及市场规则订立合同、行使合同权利、履行合同责任和义务。合同双方均负有以自身利益最大化原则进行履约的企业使命和动机。

（2）合同主体之间的一体性特点：由于任一合同双方均隶属于中国电建，故合同主体呈现一体性的实质。从一体性的角度，合同双方某一方的利益最大化，并不必然是一体性层面的利益最大化。在履约过程中，经常遇到对具体问题的实际处理方式与合同规定偏离较大，解决起来也比较困难。

2.2 调节合同主体经济关系规则的特殊性

通常，合同争议通过友好协商、仲裁、诉讼（中国境内）等方式解决。南欧江二期项目由于具有合同主体一体性特征，在友好协商不能解决的情形下，合同双方则将争议提交母公司经济纠分调解委员会，这是"四位一体"模式的基本特点之一，母公司从整体利益最大化的角度调解争议的结果，合同双方均会接受，通过仲裁、诉讼等方式解决争议几无可能。

2.3 合规性面临的挑战

合同主体独立性和一体性的矛盾，以及解决合同争议规则的特殊性，使得合同争议问题解决面临合规性方面的挑战。南欧江二期项目是国有资金投资，合同双方均为国企，需接受国内各项严格的监管措施，包括审计、督查、监察、稽查等，以上均有常态化的监督检查工作。合规性要求争议问题处理的依据是合同、法规，而一体性的特征要求任何一方都不能只考虑自身利益。

2.4 "四位一体" 实践中处理争议存在的主要问题

在"四位一体"建设管理模式的实践中，变更、索赔、争议等问题的处理存在以下问题：

（1）出现问题时，承包人缺乏主动、按合同规定的程序及时向监理人提出书面诉求的意识；即使提出书面诉求，其支持性材料和合同依据也往往不充分，导致问题处理受到拖延。

（2）各方职能界定不够清晰，存在重视不足、问题解决拖延、漫长，甚至将问题留到项目完工的现象。

（3）争议问题不能及时解决、留到项目完工后处理，对合同双方均有害：对建设方而言，不能准确掌握项目投资；对承包人而言，会带来资金压力，建设主动性和积极性受挫。另外，项目完工时，大部分人员已离场，遗留问题弄不清楚，问题日积月累，涉及金额往往较大，双方均难以决策，甚至将问题直接抛到双方上级单位，使问题更加复杂化。

（4）合同双方难以建立互信关系。

3 合同管理的风险防控实践

为防控风险，实现建设项目目标，南欧江二期项目要求变更、索赔和争议及时、合规处理，避免问题堆积，影响合同双方的互信。进行了以下探索和实践。

3.1 发挥投资方主导作用， 建立和营造平等、 互信的建设氛围， 充实 "四位一体" 的内涵

从实现建设项目目标的角度，建设各方需要互信，从"四位一体"的高度，建设各方更需要互信。只有在各方互信的前提下，进度、质量、安全、HSE、投资（成本）等建设目标才能实现，具体问题才能有效地沟通和解决，各方的利益才可能得到保障，平等、互信是"四位一体"的基本内涵。在此理念指导下，项目公司积极发挥投资方主导作用，努力营造平等、互信的建设氛围，着力提高自身服务意识和服务水平，切实履行好合同项下的责任和义务，充实"四位一体"的基本内涵。

3.2 发挥投资方主导作用， 强调和提高参建各方合规性意识

主体工程参建各方均是国企，按国家、上级单位的合规要求开展工作，尤其是处理经济纠纷。客观上各方对合规性认识深度有差异，尤其是承包方人相对更缺乏以合同为依据合规提出经济诉求的理念，常以亏损为由提出经济诉求。项目公司发挥投资方主导作用，致力于加强法律风险防控和合规性工作，要求项目公司（含梯级项目

部）、监理单位切实保证合规性，以合同为依据开展工作，重点要求承包人提高合规性意识，有理、有据、及时提出诉求，提供证据和支撑性资料，以保证及时、合规处理问题。

3.3 发挥投资方主体作用，倡导和贯彻"变更问题及时解决、争议问题分阶段协商解决"工作思路

经济问题是双方合同的核心所在，在处理经理问题时，合同双方的独立性彻底显现，一体性特征削弱。及时、合规处理与经济利益密切相关的工程变更、争议问题，是落实双方互信、营造良好建设氛围的核心所在。为此，项目公司探究和执行"变更问题及时处理、争议问题分阶段协商处理"的思路。

工程变更问题及时处理：工程变更是项目期经常遇到的问题，大多数工程变更问题，合同对计量、计价均有清晰的规定，比较容易界定合同双方的责权。项目公司已规定了管理权限、管理流程，这类问题出现分歧的情况较少，合同双方容易达成共识，比较容易处理。此类问题的重点是承包人应及时申报、监理人及项目公司及时审核（批），形成实物工程量具备计量条件时，及时计量、结算、支付。

争议问题分阶段协商解决：争议问题主要由于合同规定相对模糊、存在矛盾或歧义引起，此类问题是对各方、尤其是合同管理人员的考验。但这类问题从发生开始到结束，大多具有阶段性的特点，只有少数问题会从开工延伸到完工。针对这一特点，在具备条件时项目公司主导发起，要求承包人全面、系统梳理其认为存在的争议，提交支撑性材料，监理人、项目公司及时审核，必要时共同协商解决争议，对暂不具备解决条件的，各方应在后续工作中加强关注，收集依据和支撑性材料。

3.4 建立管理制度，保证发电公司管理理念和要求贯彻落实

（1）明确职责。项目公司在各梯级电站设置梯级项目部，代表项目公司行使现场监管权利，履行合同责任义务。根据上级单位变更、索赔管理规定，项目公司对工程变更、索赔管理的权利进行划分，监理单位、梯级项目部、项目公司各层级权利，责任和义务界定明晰。

工程变更、索赔采取"归口管理、分级审核（审批）"的原则。项目公司划定权限和职责，层层分解，各职能部门、梯级电站项目部、监理单位按职责分工履行审核和审批职责。商务合同部是变更、索赔业务的归口管理部门，指导、监督各梯级电站项目部贯彻和落实项目公司变更、索赔管理制度。

工程管理部负责审核项目公司及海投公司审批权限内变更项目技术方案的可行性、经济合理性。审核变更、索赔项目涉及的技术方案（设计、施工）、工期、质量、工程量及计量，审核变更结算工程量合理性、真实性。审核变更项目技术、质量管理过程文件的合规性，审核变更资料的完整性、真实性。

各梯级项目部是项目公司驻现场机构，负责严格执行和落实项目公司变更、索赔管理制度。负责审批授权范围内的变更项目，对其审批权限内项目处理的合规性以及相关的计价、计量、结算等负全责。

（2）规范流程。通过规范管理流程，保证4个梯级项目业务管理流程的统一。变更采用立项审批制，各级审批单位审批流程如下。

监理单位审批权限内的变更：变更立项申请报监理单位→监理单位审批后下发变更通知；

梯级电站项目部审批权限内的变更：变更立项申请报监理单位审核→梯级电站项目

部审批→监理单位下发变更通知；

项目公司审批权限内的变更：变更立项申请报监理单位审核→梯级电站项目部审核→项目公司商务合同部（组织审核）→项目公司批准→监理单位下发变更通知；

海投公司审批权限内的变更：变更立项申请报监理单位审核→梯级电站项目部审核→项目公司商务合同部（组织审查）→项目公司审核会签→报海投公司批准→监理单位下发变更通知；

变更立项均需设计认可，需要设计单位出具设计文件的，设计单位应及时出具意见及设计文件。

设计单位提出的相关变更按相应管理办法执行，但涉及投资增加××万美元以上的变更另需履行立项审批。

（3）合理授权。通过合理授权，将权利和责任合理下放到梯级项目现场、监理单位，较好地保证大部分工程变更问题及时处理。变更授权如下。

监理单位：降低工程投资不超过 a 万美元或单项工程变更增加投资不超过（含）a 万美元且不影响项目建设工期、项目功能的工程变更，由各梯级电站监理单位审批，报梯级电站项目部备案。

梯级电站项目部：单项工程变更增加投资超过 a 万美元但小于 b 万美元（含 b 万美元）且不影响项目建设工期、项目功能的工程变更，由各梯级电站项目部审批，报商务合同部备案。

项目公司（项目经理部）：单项工程变更增加投资超过 b 万美元但不超过 c 万美元或对项目建设工期、项目功能有影响的变更，由项目公司审批，其中单项工程变更增加投资大于 b_1 万美元的，履行完本办法规定的审批程序后报海投公司建设管理部备案。

单项工程变更增加投资超过 c 万美元的，以及不易确定金额（如不良地质引起地下洞室临时支护、基础处理、边坡处理等）或对项目功能、施工工期有重大影响的工程变更，项目公司履行完审批程序后报海投公司审批（注：a＜b＜c）。

（4）加强组织建设、着重制度落地和完善，保障发电公司管理理念和要求贯彻落实。

高水平的合同管理人员是落实项目公司制度的重要保障，公司为梯级项目严格甄选配备素质过硬的合同专业人才，同时加强能力建设，并要求监理单位、施工单位也配置合格的合同管理人员，严格执行和落实项目公司变更、索赔管理制度；重视制度的可操作性，在下发管理制度前，反复征求梯级项目部、监理单位、设计单位的意见和建议，保证制度的可操作性；加强管理制度建设和宣贯工作，制度下发后对各相关单位进行宣贯，保证各方认识与项目公司统一；注重制度完善，适时修订管理制度；强化项目公司服务、指导和监督职责。

4 结　　语

目前南欧江二期各梯级电站项目均已在 2017 年年底前实现截流目标，项目公司基于上述理念和思路，利用截流后的雨季施工低谷期，系统梳理变更、争议问题，截流前存在的争议（或承包人诉求）承包人已申报、监理人和梯级项目部已出具初步审核意见，其中四级电站承包人对截流前没有提出任何争议问题；一、三级电站截流前的争议（或承包人诉求），项目公司正处于审核阶段。

主体工程开工近两年来，通过上述实践，良好的建设氛围已基本形成，对"四位一体"建设管理模式下如何确保合同管理人员正确认识整体利益，高效解决合同问题，仍需要持续加强能力建设和顶层设计。

参考文献

[1] 白均生. 建设工程合同管理与变更索赔实务[M]. 中国水利水电出版社, 2012.

[2] 王坤. 如何做好水电工程施工合同管理中的变更与索赔[J]. 低碳世界, 2014(21): 146-147.

[3] 刘太保. 国际工程的合同管理方法探讨[J]. 中国高新技术企业, 2010(28): 190-191.

[4] 李佳, 过君毅. 记录在国际工程合同变更索赔中的重要性[J]. 经贸实践, 2016(17).

[5] 包国莹, 赵旺锋. 工程变更索赔的风险管理对策思考[J]. 科技创业家, 2013(22).

麦特隆大坝工程 FIDIC 合同条件下的工期索赔

罗继忠，刘细军，周政国

（中国水利水电第八工程局有限公司，湖南长沙 410004）

【摘　要】 莱索托麦特隆大坝及原水泵站工程由中国水电于 2011 年在南部非洲发达市场通过国际招标中标承建，是中国水电成功进入南部非洲高端建筑市场的第一个大型水利项目。在标准的 FIDIC 合同条件、国际投资、多方基金和世界银行监管下运作的纯国际商业投资项目。承包人利用 FIDIC 合同条件初期实现 142 天工期索赔，降低了履约风险，促使项目扭亏为盈。本文介绍承包人利用业主提供条件和开工延期导致水文气象条件变化成功进行了工期索赔。

【关键词】 FIPIC 合同条件；工期索赔；水文气象；关键路径；业主提供条件

0　引　　言

　　莱索托麦特隆大坝及原水泵站工程是中国水电于 2011 年在南部非洲发达市场通过国际招标中标承建的第一个大型水利项目。在标准的 FIDIC 合同条件、欧美管理团队和欧美工业标准下，运作的国际项目。承包人充分研究利用 FIDIC 合同条件，挖掘业主提供进场道路条件和开工延期导致水文气象条件变化的客观因素，经过艰难谈判实现 142 天工期索赔。这是在标准 FIDIC 合同条件下，承包人成功进行大规模工期索赔的一个经典案例。

1　项　目　概　述

1.1　合同基本情况

　　本合同采用 FIDIC 合同条件，工程施工总承包合同为土建施工与机电 EPC 相结合的模式。合同工作范围包括 RCC 大坝、多级取水塔、原水泵站、泄水房和护坦等建筑物土建施工，以及与这些建筑物有关的所有机电和监测仪器的设计、采购、运输、安装、调试、培训和协助运行等工作内容。合同开工日期为 2011 年 6 月 30 日，分两个阶段完工。第一阶段：原水泵站竣工移交日期为开工后的 772 天；第二阶段：大坝及其余工程竣工移交日期为开工后的 821 天。

1.2　合同实际履约情况

　　2012 年 9 月工程师书面批准了承包人 142 天工期索赔和 E 版总进度计划调整，增加的工期被分配到各合同节点间，增加了各分部工程的施工工期。最终工程下闸蓄水节点较批准计划滞后 4.5 月，但业主对最终的履约结果表示满意，并支付了延期费用。项

作者简介：罗继忠（1982—　），男，高级工程师，E-mail：dear-sun@foxmail.com。

目于 2016 年 8 月 31 日实现移交，创造了可观的毛利。

1.3 坝址区域河床地形条件

麦特隆大坝位于 Phushiatsana 河流域下游，河床砂岩体经长年冲刷风化形成原始河道，U 形狭窄河谷。坝址处原始河床宽度约 50m，自然河道平均水力坡降 4‰。沿河两岸多荒山灌木丛，水土流失严重。

1.4 水文气象条件

工程位于南半球南纬 29°，大陆性亚热带气候。雨季为 10 月至次年 4 月。主汛集中在 1 月至 3 月，一年中 80% 降雨量发生在主汛期。月平均径流量分配极不均衡（见表1），汛期水位暴涨，最大洪峰流量达 250m³/s，洪水一般在 3 天内可完全消退，属暴涨暴跌型河流。

表 1		1947—2008 年实测多年月平均径流量										Mm³
时间	10 月	11 月	12 月	1 月	2 月	3 月	4 月	5 月	6 月	7 月	8 月	9 月	合计
平均	3.81	5.76	6.13	8.05	10.04	10.69	8.93	4.80	2.38	1.70	2.08	2.33	66.71

2 合 同 履 约 风 险

根据招标文件施工进度总计划，工程计划于 2012 年 4 月 1 日截流，2012 年 10 月 31 日下闸蓄水，2013 年 1 月 31 日实现首个供水目标，2013 年 9 月 27 日最终竣工移交。主体工程施工工期较短，如：导流洞施工工期 120 天；大坝碾压混凝土浇筑工期 228 天，且大坝开浇 118 天后要实现下闸蓄水，蓄水 92 天后实现供水；首批机电管道设计、采购、制造、运输周期仅 8 个月。与同规模工程相比工期过于紧迫。合同罚款里程碑设置多达 9 个，没有缓冲区进行工序工期调整，合同违约风险极高。承包人能否通过合同索赔得到一个合理的工期，决定了项目履约的成败。

3 麦特隆大坝工程合同问题处理

合同约定在工程正式开工后 28 天内，承包商向工程师提交了一份建议的施工总进度计划。因开工日期的变化，产生工期索赔条件，但基于水文气象变化为理由的工期索赔难度极大。FIDIC 合同第 8.4 款规定异常不利的气候条件才能向工程师发出延期索赔[1]，而水利工程施工（导截流、蓄水、运行等）与水文气象变化密切相关。如何把水文气象的变化转化成对工程计划关键路径的客观不利影响[2]，是变更索赔赢得工程师认同的关键。另外，业主提供条件，如场地移交、进场道路、电力、水源、通信等设施可能不满足要求，或提供的这些条件受水文气象季节变化影响而不能继续使用时，通过寻找合同条件与实际条件之间的客观差异，承包人据此提出工期索赔。

4 麦特隆大坝工程工期索赔

承包人从合同条件和工程技术两方面着手分析，提出了六个方面的索赔因素。

4.1 开工延误影响

2011 年 8 月 8 日签订总承包施工合同，10 月 2 日第一批施工人员进场，10 月 15

日第一批必要的施工设备完成进场，至此承包人现场资源已满足开工条件。根据 FIDIC 合同条件，工程应该在完成必要文件后 42 天内开工。按照中标后补充合同文件签订日期计算，工程最迟应在 2011 年 10 月 17 日开工。因工程师无法按时移交施工场地和预付款支付，最终工程于 2012 年 1 月 12 日正式开工。

工程师明确 2012 年 1 月 12 日为工程开工日期后，承包人综合考虑了业主提供进场道路的设计缺陷、季节性变化对施工的影响、工程截流风险变化、水文条件对蓄水时段变化的影响等提出了总工期 1024 天的 B 版本施工总进度计划。工程师则主张顺延原投标文件合同计划，即开工日期为 2012 年 1 月 12 日，总工期 821 天不变。

4.2　进场道路影响

左岸南线进场公路为业主提供，中段一座桥梁紧连多处坡陡、急弯，最大坡比 20%，最小转弯半径 6m，无法满足载重和挂车的正常通行。致使承包人的货运车辆必须在装载机等辅助牵引下才能勉强通行，挂车则需要卸货转运。

进场道路末端至河谷段道路有连续 9 道急转弯，且该段道路 80% 路面坡比达 25%，无法满足设备安全通行，实际路况不符合南非道路设计规范（坡比≤11%）[3]。为此，承包人重新规划现场道路，并新增了一条 11 号临时道路与原道路形成单向交通环线，解决了原道路的设计缺陷，工程师确认了新增道路的必要性。进场道路的设计缺陷使得主体工程及导流洞开挖延迟。

4.3　雨季施工风险

根据招标文件水文报告，复核多年实测降雨及径流数据和导流分期洪水计算成果[4]，结合实测坝址附近河床过水断面、河道坡降等水力参数进行水面线计算[5]（计算成果见表 2 和表 3），绘制出对应分期洪水坝址水面线曲线（见图 1）。根据曲线查到 2 年一遇的洪水下，坝址水面线将达到高程 1608.27m。汛期导流洞及进口结构施工、坝肩开挖、部分临时道路均处于高程 1608m 以下。合同文件规定，工程施工期洪水流量超过 125m³/s 所造成的损失由业主负责。

表 2　　　　　　　坝址处河道水面线高程与流量关系表

水面线高程（m）	1608.0	1608.5	1609.0	1609.5	1610.0	1610.5	1611.0	1611.5	1612.0	1612.5	1613.0
流量（m³/s）	85.87	127.67	178.14	234.41	296.80	365.58	440.03	522.02	612.41	708.11	809.04

表 3　　　　　　　　各洪水标准下坝址处河道洪水位

洪水频率（%）	50	20	10	5	2	1	0.5
洪水重现期（年）	2	5	10	20	50	100	200
洪峰流量（m³/s）	100	170	250	330	505	650	850
坝址水位（m）	1608.27	1608.92	1609.63	1610.25	1611.40	1612.20	1613.25

注　各重现期洪水计算成果摘自招标文件的水文报告。

4.4　开工日期变更

根据原投标施工总进度计划，工程开工日期为 2011 年 6 月 30 日，导流洞开挖时段为旱季，主汛后截流。而开工日期变更后导流洞开工日期正处于 2012 年主汛期，导流洞开挖作业被迫推迟，导流洞开挖实际施工时段为 2012 年 9 月至 2013 年 1 月，错过了最佳施工期，并推迟了一个雨季。导流洞处于施工设计关键路径，导致合同总工期延长。

同时，大坝主体工程基础开挖受雨季施工影响。在暴雨天气承包人不得不停止作业，设备转移避险，降低了施工效率。承包人被迫放慢开挖速度，放缓开挖坡比，增加边坡支护和排水工作。大坝基础开挖位于总计划关键路径，导致合同总工期延长。

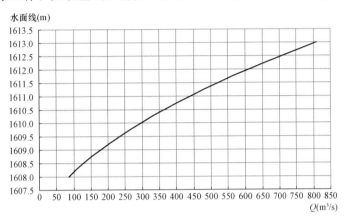

图 1　坝址处河道水位与来水流量关系曲线

4.5　开工日期变更与工程截流

工程截流是关键路径上的一个重要节点。工程开工的推迟，使导流洞错过旱季施工的最佳季节，导致导流洞施工和相关建筑物施工延误。根据水利工程施工季节性关系和风险因素，承包人在提议的计划中要求推迟一个汛期截流得到工程师的认可。最终承包人承担着一定风险在 2013 年 2 月 18 日主汛初期实现河道截流。原投标计划截流日期为 2012 年 4 月 1 日，承包人为此较原计划同期提前 41 天完成截流。

4.6　开工日期变更与下闸蓄水、供水关系

工程师起初坚持顺延原投标文件合同计划，即顺延合同计划的开工日期为 2012 年 1 月 12 日，总工期 821 天不变。根据投标计划、投标顺延计划、建议的合同计划以及招标文件提供的水文气象报告资料，三个计划中合同里程碑工期对比（见表 4），蓄水、供水的可行性分析（见表 5）。从表中分析可知，工程师的顺延计划中工程蓄水被计划在旱季，最终水库蓄水位达不到供水要求的最低水位。而投标计划和承包人提议的计划均能满足供水要求。

表 4　　　　　　　　　　　　　各版本计划里程碑工期对比

序号	合同里程碑	招、投标计划		工程师顺延的计划		承包人提议的计划		工程师批准的计划	
		完工日期	距开工	完工日期	距开工	完工日期	距开工	完工日期	距开工
1	工程开工	2011/06/30	0	2012/01/12	0	2012/01/12	0	2012/01/12	0
2	输水管线工作面移交	2012/01/30	215	2012/08/13	215	2012/08/13	215	2012/08/12	214

续表

序号	合同里程碑	招、投标计划		工程师顺延的计划		承包人提议的计划		工程师批准的计划	
		完工日期	距开工	完工日期	距开工	完工日期	距开工	完工日期	距开工
3	截流	2012/04/01	277	2012/10/14	277	2013/04/01	446	2013/02/01	387
4	下闸蓄水	2012/10/31	490	2013/05/15	490	2013/11/30	689	2013/10/01	629
5	供水 25ML/d	2013/01/31	582	2013/08/15	582	2014/03/02	781	2014/01/02	722
6	供水 35ML/d	2013/03/02	612	2013/09/14	612	2014/04/01	811	2014/02/01	752
7	供水 93ML/d	2013/07/01	733	2014/01/13	733	2014/07/31	932	2014/06/02	873
8	工程第一阶段完工	2013/08/09	772	2014/02/21	772	2014/09/08	971	2014/07/11	912
9	工程第二阶段完工	2013/09/27	821	2014/04/11	821	2014/10/27	1020	2014/08/31	963

表 5　　　　　　　　　　各版本计划与蓄水、供水关系

施工总计划	蓄水时段	径流量（Mm³）	生态流及施工（Mm³）	蓄水（Mm³）	库区水位（m）	是否满足最低取水位 EL.1635m
投标计划	2012/10/31— 2013/1/31	19.94	0.81	19.13	EL.1648.8	是
工程师的顺延计划	2013/5/15— 2013/8/15	7.55	0.81	6.74	EL.1634.2	否
承包人提议的计划	2013/11/30— 2014/3/2	15.70	0.81	14.89	EL.1644.0	是

注　其中生态流每月（$0.1m^3/s \times 3600s \times 24h \times 30d$）$0.2592Mm^3$，施工用水每月 $0.01Mm^3$，忽略库区渗漏和蒸发量。下闸蓄水至首次供水 3 个月内，水库累计下泄量 $0.81Mm^3$。

5　麦特隆工程工期索赔谈判

　　起初工程师罔顾水利工程的施工季节特性，固执于顺延原投标文件计划。由于麦特隆工程控制流域水文气象特征，下闸蓄水时段必须被限制在汛期进行，否则下闸后将无水可蓄、下游河道将面临长期断流的生态灾难，或水库蓄水高程不能满足供水要求导致供水违约并导致其他标段承包人向业主索赔的连锁反应。根据表 5 对比分析，投标计划和承包人提议的计划中蓄水时段均在汛期进行，水库水位满足供水要求。最终工程师同意将下闸蓄水日期从旱季推迟到汛期进行。

　　工程师认为承包人在得到总工期延长后，后续施工有充足的施工准备时间，而这一准备时间不再重复计入，要求承包人不但要保证在原投标的 10 月 31 日实现下闸蓄水，还有可能提前到 10 月 1 日下闸蓄水。承包人根据导流洞施工充足的工期，考虑提前截流的可能性，把截流日期从 4 月 1 日提前到 2 月 1 日进行。按照承包人与工程师双方友好协商原则，双方做出一定妥协让步，承包人最终接受了在提前 2 个月截流的条件下，提前 1 个月实现下闸蓄水。

6 应 用 与 效 果

根据 FIDIC 合同条款，工程正式开工后 28 天内承包人首次向工程师递交提议的 1020 天施工总进度计划，经过 4 次修改，与工程师的谈判长达半年，最终 E 版本计划得到批准。工程总工期从原合同计划的 821 天，增加到 963 天，增加了 142 天，比原合同总工期增加 17％，大大降低了违约风险并增强了项目盈利能力。

本次工期索赔在效果上符合水利工程建设特点和合同边界条件，尤其是水文气象因素对水利工程建设的特殊影响。变更后的施工程序及工期更为合理、施工组织更为科学，有利于工程整体建设，符合各参与方的利益。

7 结 语

（1）开工的延误，直接导致原投标计划中的关键作业错过了有利或可行的施工时段。开工延误的客观事实，是进一步工期影响分析的基点。

（2）根据水文气象条件，全面分析旱季、雨季、汛期等不同时段对工程施工计划实施的具体影响，形成有丰富科学数据支撑的索赔材料。

（3）业主提供的条件的缺陷，如交通、电力、通信、征地等影响，直接或间接地成为工期索赔的依据。

（4）以事实为依据，公正、客观、科学、充分地准备索赔材料，在不影响重大利益的前提下做出一定妥协，有效促成谈判。

（5）业主、工程师、承包商各方都有契约精神，严格遵循 FIDIC 合同条件。承包商利益得到相对公平的保证，这也是承包人开展索赔的基础。

（6）项目管理人员要树立索赔意识，注重在索赔有效期内收集证据，并通过信函、邮件等有效方式固化证据。

参考文献

［1］ 田威. FIDIC 合同条件应用实务(2 版)［M］. 北京：中国建筑工业出版社，2008：222-228.

［2］ 刘东元. 国际工程工期索赔的计算方法分析［J］，项目管理技术，2009，7（7）：73-76.

［3］ SANS 1000. Standard specifications for road and bridge works for state road authorities (1998 Edition)［S］.

［4］ 詹道江，叶守泽. 工程水文学(3 版)［M］. 北京：水利水电出版社，1987：236-252.

［5］ 李建中. 水力学［M］. 西安：陕西科学技术出版社，2002：175-178.

全过程动态管理在大型升船机工程 EPC 合同中的应用

葛铭洋，廖基远

（思林发电厂，贵州思南 565109）

【摘　要】　EPC（工程总承包）模式是现代工程项目管理的主流，是先进工程管理模式和设计的结合。本文根据思林通航工程实际，总结出 STIC＋QCR 管理法，确保通航工程建设顺利推进。为贵州水运北上长江南下珠江，通江达海奠定坚实基础。

【关键词】　EPC 模式；STIC＋QCR 管理法；通江达海

0　引　　言

思林水电站位于贵州省东北部，乌江干流中游。电站枢纽由碾压混凝土重力坝、垂直升船机、右岸引水发电系统组成。电站正常蓄水位 440m（高程），相应库容 $1.205 \times 10^9 \mathrm{m}^3$，装机容量为 1050MW（$4 \times 262.5$MW），年发电量 40.64×10^8 kWh。

思林水电站枢纽工程于 2003 年 12 月开始筹建，2009 年 12 月四台机组全部投产发电、实现"一年四投"的目标；思林升船机布置于枢纽左岸，采用全平衡卷扬提升式垂直升船机，设计标准船型吨位为 500t 级机动单驳，船型尺寸为：$55\mathrm{m} \times 10.8\mathrm{m} \times 1.6\mathrm{m}$（总长×型宽×设计吃水深），通航工程由上游引航道、过坝渠道、升船机本体段（包括上闸首和塔楼）、下闸首及下游引航道等主要部分组成，总投资 60 993.86 万元。

思林升船机工程本体段 442m（高程）以上等部分土建工程及设备制造、安装工程于 2013 年 11 月 20 日开工，2017 年 8 月 1 日正式进入试运行。采用 EPC 模式委托杭州国电机械设计研究院有限公司承建，中国水利水电第八工程局有限公司等单位分包施工。设计单位为中国电建集团贵阳勘测设计研究院有限公司，监理单位为中国水利水电建设工程咨询昆明有限公司。

1　实　施　背　景

1.1　思林升船机工程 EPC 总承包情况

思林电站升船机工程的项目管理模式采用 EPC 建设管理模式，乌江水电开发有限责任公司以总价合同为基础，杭州国电机械设计研究院有限公司按照合同对思林电站通航工程项目的勘察、设计、采购、施工、试运行、竣工验收等实行全过程承包。承包商对工程的质量、安全、工期、造价全面负责。

作者简介：葛铭洋（1981— ），男，硕士，E-mail：25121787@qq.com。
　　　　　廖基远（1985— ），男，本科，E-mail：263001598@qq.com。

1.2 工程建设中存在的问题

（1）施工质量控制力度不够。由于我国长期以来采用建设管理、设计与施工分离的模式，EPC承包商往往不具备同时拥有较强的建设管理、设计与施工能力，因此在承包商中标之后再将部分设计、施工及设备制造工作分包给相应单位进行工程开展，承包商在此过程中常常通过调整设计方案、施工工艺及采购低价设备来降低成本，在施工过程中使工程整体质量受到影响。

（2）施工进度管控难度大。思林电站建设公司主要是通过EPC合同对EPC承包商进行监管，对工程实施过程参与程度低，控制力度低。思林通航工程项目主要包含三个主要的组织系统：发包方、EPC承包商（含EPC项目管理下的施工方、设计方、材料及设备供应方）和监理公司。在通航工程项目管理工作中出现矛盾常常是由于参建各方信息不畅通、各参建单位各行其事造成的。

（3）人力资源不满足工程建设要求。管理学大师托马斯·彼得斯曾说："企业或事业唯一真正的资源是人，管理就是充分开发人力资源以做好工作。"由此可见，人力资源在工程建设中的重要性。但是由于总承包商企业性质原因，技术人员大都是高学历年轻员工，缺少工程建设管理经验，加之企业转型期间人才流动大、流失多，导致思林升船机工程建设期间总承包单位的人力资源投入并不满足工程建设要求。

（4）工程建设资金缺口较大。升船机工程采用EPC总承包模式建设，总承包合同金额与分包合同金额之间存在较大资金缺口，加之总承包方筹资能力有限，造成分包合同支付存在问题，部分分部工程因总承包商设备款支付周期，导致设备迟迟不能交货，现场安装窝工现象严重，直接影响进度。

2 内涵和主要做法

管理创新是现代企业发展的必经之路，鉴于以上几点工程建设中不断发现的问题，以及参考类似项目出现的各类问题进行经验总结，创新采用动态管理模式，即在升船机工程建设过程中应用STIC＋QCR（S＝safety，安全；T＝time，工期时间；I＝information，信息；C＝cost，成本；Q＝quality，质量；C＝coordinate，协调；R＝resource，资源）法针对工程不同的施工阶段、不同的资金使用情况对升船机工程实施动态管理。其主要做法如下。

2.1 安全控制（safety control）

思林电站建设公司根据项目实际情况设置升船机项目部，依托原有电站安全生产体系结合项目工程实际情况制定为实现升船机工程安全建设目标设立相应组织机构，明确各单位安全职责，制定施工安全措施，做到全过程安全控制、动态管理。

（1）加强安全专项方案审查及措施落实，确保施工安全。针对升船机工程建设中的高空、交叉、大跨度施工及特种作业、升船机联合调试，督促承包方开工前认真编制安全专项方案及应急预案，经参建各方审查后监督落实；重点部位和危险作业面的安全防护设施，须经参建各方验收合格、现场挂牌后才准许作业，保障施工安全；始终保持安全高压力度，重点紧盯各个危险作业面，对违章现象发现一起惩处一起，做到作业人员不敢触碰红线。

（2）多措并举，确保工程建设安全、高效。面对工期紧、任务重、问题多多、困难重重的严峻形势，思林电站建设公司抱定务期必成的决心，强化责任意识、发挥主导作用、着力解决问题，多措并举确保了思林水电站通航工程顺利实现集控过船。一是利用各种会议及函件反复向参建各方传达本工程建设的政治意义，增强责任意识、大局意识和看齐意识。二是分别安排专人到上游检修门抓梁制造厂家、上下闸首工作门拉杆制造厂家和安全卷筒大轴制造厂家监造与催货，有效加快了供货进度，缩短了建设工期。

（3）积极应对，突出重点，实现安全度汛。建设公司始终坚持"早安排、早部署、早落实"的防汛工作指导思想，按照"安全第一、常备不懈、以防为主、全力抢险"的防汛工作方针，根据工程建设实际情况，组织参建各方成立防洪度汛管理组织机构，明确各参建单位职责，督促参建各方编制防洪度汛方案，组织现场演练，使防洪度汛工作真正落实到位，保证安全度汛和汛期施工安全，实现既定工程建设目标。

2016 年在抗击"7·19"小区特大暴雨（坝址 7 小时降水量达到 328mm）过程中，思林电站建设公司一方面协调思林发电厂水工部将水情信息及时发送参建各方负责人，做到动态了解汛期水情情况。并根据降雨情况组织人员一方面加强对施工工地进行巡视、排查，一方面对存在危险的工程设施设备进行保护；同时根据渗水情况对洪水进行封堵或启动抽水泵抽排积水。通过采取一系列强有力的措施，确保了通航设施安全度汛。

2.2　工期控制　（time control）

乌江复航作为贵州省"水运三年会战"的重要内容，是贵州省融入长江经济带，助推经济社会更好更快发展和实现同步小康工作的重要组成部分。思林升船机工程是乌江复航工程的第一步，它的开工建设和投入运行具有里程碑意义。贵州省委、省政府及乌江公司，要求全力以赴加快乌江通航进度。思林电站建设公司加强工期控制，针对不同施工阶段及工程实际进度进行工期调整，动态管理，确保按期完工。

（1）及时向参建各单位尤其是总承包、分包施工单位领导层传达省委省政府督查会议精神，使其充分认识到本工程建设的重要意义及工程建设成败对企业诚信度的影响，提升责任意识，促进工程推进。

（2）根据工程实际进度、人员安排和设备到货情况绘制工期横道图，将排定的工期计划分解为月、周、日进度计划，按天控制。通过日进度保周进度、周进度保月进度、月进度保总进度，实现既定工期目标。

（3）实行日协调会制度，每天下午五点由总监（副总监）主持参建各方负责人在现场召开协调会，检查当日工作完成情况，部署安排次日工作任务，并及时协调解决施工中出现的问题，确保进度按计划推进。

（4）强化建设公司的主体责任意识，根据专业划分将每周施工项目现场协调管理责任落实到人，有效掌控和顺利推进工程进度。

（5）增强超前意识，对后续施工中可能出现的问题提前预想预判，竭力将缺陷处理对工期的影响降到最小程度。

2.3　信息控制　（information control）

尽管思林升船机工程采用了 EPC 总承包方式，鉴于本工程及类似项目中存在的种种问题依然存在大量的工程管理环节，为了确保在工程建设中因信息不对称带来的工作效率、质量控制问题，升船机项目部采取以下方式进行信息控制，做到施工动态全知晓。

（1）加强与上级单位职能部门的协调联系，确保信息畅通，有效监督管理。每周编写《思林升船机建设周报》报送乌江公司及总承包、设计、监理和施工单位，确保工程进度及施工计划及时有效传递。

（2）依托本工程前与机电、土建分包单位建立的联系，通过发文告知、电话联系等方式多次直接协调分包单位总部领导为本工程增派技术力量、增加资源投入等信息。

（3）积极组织开展设备缺陷处理专题研讨会，商定缺陷处理方案，制订完善工期计划，加快缺陷处理进度，保证处理质量。

（4）利用QQ、微信等网络平台，加强信息沟通。按照工程不同专业、施工不同阶段建立不同工作群组，进行信息共享。如，按照管理职能建立"思林升船机总承包群""思林升船机施工群""思林升船机监理群"等；按照专业成立"思林升船机土建群""思林升船机金结群""思林升船机电气群"等；按照不同时间段建立"机电设备安装群""过船调试群""分部工程验收群"等。

2.4 成本控制 （cost control）

因客观因素，思林升船机工程在建设过程中存在较多的设计变更及合同签订内容与现场实际发生存在差别的环节，因此施工阶段不可避免因各种情况而要对施工计划和内容进行改动，在这些方面进行成本控制是工程动态管理的重要环节。

（1）设计变更。其一，变更评估项目。在前期规划、定位时尽量做到全面、准确，尽量避免施工中的重大设计调整。加强施工前的审核工作。全面考虑工程造价，对可能发生变更的地方有预见性，并予以事先约定。全面评估变更带来的各种变化，为审批提供参考依据。其二，变更的审核签认。根据变更原因所涉及专业将设计变更分成土建、金结、机械和电气四大类，不同类别按相应的审核签认流程进行。

（2）施工现场签证。其一，签证的必要性。在动态管理过程中，施工现场往往会出现因设计、设备或人员原因导致的工程量变动，在这种情况下就会出现现场签证的情况。现场签证的确认应严格按照合同中所约定的条款执行。其二，签证的时限现场签证确需发生，坚持当时发生当时签证的原则，避免出现人为因素导致成本增加。其三，遵循"先洽后干"的原则。在确认签证前，专职工程师按相应审批程序报审，通过后再正式签证。其四，签证的反馈。对工程变更定期进行分类汇总统计分析，并根据统计资料对控制工程变更提出改进意见。便于进一步对工程施工进行动态管理。

（3）材料验收及使用情况核实。材料的验收及使用情况的动态管理是成本控制的重要环节，通过对材料的选型、供应方式、材料计划及现场验收，进行严格把关，彻底解决材料供应对施工成本的影响。

（4）跨专业集中管理。思林电站建设公司升船机项目部人员涵盖安全环保管理、机电物资管理、工程管理、资料管理等专业人员，集中管理有利于信息收集、传递及处理，避免信息沟通的烦琐流程和部门间推诿扯皮；各专业间相互配合项目、干扰事项及时得到解决，避免返工、窝工等造成的投资浪费，有力推动工程快速进展，提高工作效率，降低工程管理成本。

2.5 质量管理 （quality management）

质量是企业的生命，工程质量关系到国家经济发展和人民生命财产安全，思林升船机工程的质量更是决定了乌江通航工程成败。思林电站建设公司在升船机工程的建设过程中严格按照GB/T 19001—2008、GB/T 19001—2016质量管理体系要求，辅以运用计划流程图法、清单核验法、质量检验法、趋势分析法等一套质量管理体系、手段和方法所进行系统动态管理。

（1）对人员的管理。工程施工过程中的人员，主要是指直接参与施工的决策者、指挥者和实际作业者。对人员的管理就是充分调动人的积极性，发挥人的主导作用。在实际施工过程中，升船机项目部组织各单位，对工程设计人员加强政治思想教育、劳动纪律教育、专业技术和安全培训，健全岗位责任制、改善劳动条件。还根据本工程特点，从确保工程质量出发，在人员的技术水平、生理缺陷、心理行动、错误行为等方面来控制对人员的使用。如对技术复杂、难度大、精度要求高的工序，应尽可能地安排责任心强、技术熟练、经验丰富的工人完成；对某些要求万无一失的工序，分析操作者的心理活动，稳定人的情绪；对具有危险源的生产现场，严格控制人的行为，严禁在生产现场吸烟、嬉戏、打闹等。此外，还严格检查操作人员的技术资质，杜绝无证上岗情况，做到发现一起查处一起；对不懂装懂、碰运气、侥幸心理严重的或有违章行为倾向的及时制止。总之，提高人的素质，确保思林升船机的工程质量。

（2）对材料的管理。配合EPC总承包方运用材料全生命周期管理方式，经过设计、材料计划、招标采购、到货验收、入库及发放、剩余材料利用，建立统一的管理台账。对材料的管理包括对工程施工中运用的原材料、成品、半成品、构配件等规格型号、材质和制作工艺等情况的管理。做到严格检查验收、正确合理地使用材料，建立健全材料管理台账，认真做好收货、存放和使用等各环节的技术管理，避免混料、错用和将不合格的原材料、构配件用到工程上去。

（3）对设备的管理。包括对所有施工机械和工器具的管理。根据不同的施工工艺特点和技术要求，选择合适的机械设备和工器具，正确使用、管理和保养机械设备和工器具，建立健全"操作证"制度、岗位责任制度、"保养"制度等，确保机械设备处于最佳运行状态，避免机械设备或工器具带病作业，在工程施工的环节埋下质量隐患。如施工现场不锈钢防护栏杆制作，在材料切割过程中，规范要求切口弧度相同、表面光滑无毛刺，如因液压切割机械达不到要求，就责令施工单位立即更换或维修后再用，确保工程质量。

（4）对施工过程的管理。主要包括对施工组织设计、施工方案、施工工艺、施工技术措施等的管理，切合工程实际，能解决施工难题，技术可行，经济合理，有利于保证工程质量、加快进度、降低成本。选择较为适当的方法，使质量、工期、成本处于相对平衡状态。如在承船厢焊接过程中，将整个承船厢分解成为若干分部，选择距离施工现场较近的原电站机电加工场作为加工场地，在加工场地将承船厢焊接制作成半成品再运输到工程现场进行拼接，节约了施工资金，加快了施工进度，保证了工程质量。

（5）对环境的管理。多种环境因素都会对工程质量有直接影响，如外部环境，气候、材料价格等；管理环境，如总承包单位人员变更、质量保证体系、管理制度等；作业环境，如劳动组合、作业场所、工作面等，环境因素对工程质量的影响，具有复杂而多变的特点，如外部环境就千变万化，气候、原材料价格、人工成本都直接影响工程质量；因此，对影响工程质量的环境因素采取有效的措施予以严格控制，尤其是施工现场，建立文明施工和安全生产的良好环境，保证不同环境下按照统一的施工要求，始终保持材料堆放整齐、施工秩序井井有条，为确保工程质量和安全施工创造条件。

2.6 协调管理 （coordinate management）

如何协调组织各方的工作和管理，是实现安全、工期、质量和降低成本的关键。对于思林电站建设公司来说，作为施工建设管理者，要求有良好的大局观和高超的组织协调管理能力。在工程施工过程中碰到的各种问题，思林电站的建设者不断针对实际情况，研究出合理的解决方案，保证施工正常进行。

（1）与总承包单位积极协调。因总承包合同金额与实际建设金额缺口较大，思林建设公司就合同商务问题多次组织总承包、分包单位主要负责人进行磋商，减少分歧，求同存异维系工程持续施工。在建设高峰期，一方面督促协调设备厂家及时交货，保证机电设备质量；另一方面与总承包单位进行协调，及时向设备厂家支付设备款项，保证工程设备及时到货；同时派出专业技术人员到设备制造厂家进行现场设备验收，确保设备质量满足工程要求。

（2）及时向上级主管单位汇报。用公函、电话沟通、当面口头汇报等方式向上级主管单位汇报工程建设情况，在出现合同支付、设计重大变更等重大问题时，主动向上级单位提出召开专题会议、协调解决。

（3）配合政府主管部门相关工作。加强与航运管理单位的交流沟通，确保通航工程建设与标船筹备、航道治理的进展匹配，为集控过标船、工程按期进入试运行做好充分准备。积极参与各项工程运行管理制度、规程修编，为航运工作正常开展提供技术支持。

2.7 资源管理 （resource management）

为了保证思林升船机项目的顺利实施，按照动态管理的模式组织好工程建设就需要将各种资源进行整合，发挥出各自最大作用。

（1）人力资源管理。思林升船机项目部根据不同的施工阶段由不同岗位、职责的人员构成，该管理团队功能齐全，涵盖了项目管理、部门管理、技术管理、资料管理的功能，管理职责与管理接口明确。①建立健全制度。项目部自成立以来就发布了岗位职责、技术要求等相关制度，确保了工作过程中分工明确、有理有据。②制订可行的工作计划。部门根据工程进度要求制订合理的月度、周工作计划，超前谋划，努力提高处理复杂问题的能力和综合协调能力。③强化员工培训。升船机项目部按照要求制订月度培训计划，自觉按照计划实施员工培训，提高管理人员综合素质，强化业务能力。④加强作风建设。倡导和推行雷厉风行干实事、精益求精办好事的行为准则，始终保持高度的使命感和责任感。根据工作需要，在升船机工程建设过程中，已向兄弟单位推荐借调两名专职工程师支援新的水电项目建设，真正做到人尽其才。

（2）财务资源管理。①重视预算管理。预算管理是工程建设财务资源管理的基础，已经在生产建设企业中广泛运用。预算工作主要包括：成本及付款总预算和费用总预算。实际工作中，实际支付款时间与合同付款时间都有差距，各期确认的成本金额也与实际有一定的差距，因此，在编制预算时，应将二者分开编制。费用就是指与工程相关的一切直接费用，包括办公消耗费用、财务费用、差旅费等。无论是否编制预算，其都要将各项数据分至到各个月终，按年度来进行汇总，并且编制好的预算可以根据项目的实际需求而进行相应的变动。②及时支付工程款。EPC总承包项目资金的主要来源就是业主方支付的工程款，因此及时按照工程进度支付工程款是保证工程进度的必要条件。在实际工作中，思林电站建设公司计划财务部门按照合同约定定期提醒总承包方及时提供工程月度报表等资料，始终保持良好的沟通，进而降低项目资金压力。③加强现场设备物资管理，避免浪费。工程现场具有大量的材料和设备，对这些物资的管理也是施工过程中重要的管理内容，因此，加强对各种物资管理，避免不必要的经济损失发生。

（3）基础设施管理。为了便于工程项目稳步推进，思林电站建设公司采用基础设施共享的方式进行基础设施管理。积极为EPC总承包、设计、监理及施工单位提供住房、食堂和办公室共享服务，如在工程分部验收阶段，为了便于施工方与监理、设计和总承包方高效沟通，采用集中办公方式，抽调施工方资料员进驻业主办公室联合办公，极大地提高了工作效率。既解决了工程各方的后顾之忧，又有利于技术方案讨论、施工进度协调等问题，为整个工程的动态管理打下良好基础。

3 实 施 效 果

通过STIC＋QCR法进行工程动态管理，思林升船机项目部各专业人员充分发挥了技术能力，提升了综合管理水平，提高工作效率，工程建设及工程专项验收工作取得良好的效果。

3.1 有效缩短工期

通过安全控制、工期时间控制、信息控制、成本控制以及质量管理、协调管理、资源管理，集中建设公司管理和技术力量，把参建各方相关管理人员融入统一的建设管理体系，弥补了建设公司组织机构不完善、人员不足的短板，及时处理工程中存在的问题，有力推进工程建设。通过参建各单位共同努力，思林升船机工程于2016年11月30日成功实现集控过船试验，2017年8月1日正式进入试运行。

3.2 降低管理成本

升船机项目部职责除了包括升船机工程建设的安全环保管理、机电物资管理、工程管理、资料管理，还涵盖了思林电站的环境保护、消防、枢纽工程、安全设施、移民工程等工程专项验收，负责代表建设公司对外协调；部门共配置7人，避免单独成立综合办公室、安环部、机电物资部、工程管理部造成的人力资源浪费，降低企业管理成本。且集中管理有利于信息收集、传递及处理，避免信息沟通的烦琐流程和部门间推诿扯皮；各专业间相互配合项目、干扰事项及时得到解决，避免返工、窝工等造成的投资浪费，有力推动工程快速进展，提高工作效率。

3.3 促进人才成长

为满足工程管理需要，部门通过学习型组织建设、换岗锻炼等有针对地培训，使员工成为一专多能的综合性管理人员，能切实做好工程建设管理的操盘手。

3.4 履行社会责任

随着思林通航工程的建成，乌江500吨标船"空船入渝、荷载返黔"试航成功，标志着断航10余年的乌江水运复航。改写了贵州无高等级航道的历史，让"北上长江、南下珠江"，贵州通江达海的梦想走进现实。思林发电厂（建设公司）很好地履行了国有企业应尽的社会责任。

2015年12月底，思林水电站升船机顺利实现手动过船，成为贵州省及华电集团公司第一个实现过船调试的升船机。且自2014年10月承船厢开始安装至2015年12月完成联合调试，工期仅14个月，较同规模的彭水水电站通航工程升船机安装调试工期缩短10个月。2017年8月1日，思林升船机正式进入试运行，是贵州省第一个进入正式试运行的大型升船机。

参考文献

[1]　陈丽兰. 工程管理专业创新人才内涵及培养路径研究[J]. 高等建筑教育，2016，25(1).

[2]　范秀琴. 工程管理人才培养模式的创新与实践[J]. 山西建筑，2011，37(33)：255-256.

[3]　王伍仁. EPC工程总承包管理[M]. 北京：中国建筑工业出版社，2010.

EPC 总承包模式下水电站移交过程中的问题分析与探讨

左琦兰

（汉能发电集团墨江万丰水电开发有限公司，云南普洱 654800）

【摘　要】 本文仅分析和讨论在中小型水电站 EPC 工程总承包管理模式下，合同履行的中后期工程试运行及交接事项中存在的问题。由于 EPC 工程总承包管理的性质，业主与总承包方之间没有传统模式的监管手段，合同内容又不可能包罗万象，总承包方为了自身利益的最大化，导致在工程移交过程中会出现一些有争议的问题，如业主与总承包方移交信息不对称、设备调试项目不全等。本文从 EPC 工程总承包管理模式下建设的几座中小型水电站试运行过程中出现的问题进行归纳、分析和探讨，从而发现一些规律，便于今后在类似项目建设过程中参考和借鉴。

【关键词】 EPC 工程；水电站；试运行；总承包；模式；信息不对称

0　引　言

我国水电站采用 EPC 工程总承包管理模式已经取得了一些成就，但它毕竟是一种新生事物，人们必须从传统的管理模式中转变观念，适应新的管理模式，在新的管理模式下势必会出现一些新的矛盾和问题，这就是需要我们探讨的课题。本文仅分析和讨论在中小型水电站 EPC 工程总承包管理模式下，合同履行的中后期工程试运行及交接事项存在的问题。由于 EPC 工程总承包管理的性质，业主与总承包方之间没有传统模式的监管手段，合同内容又不可能包罗万象，总承包方为了自身利益的最大化，导致机组在移交过程中出现一些有争议的问题在所难免。譬如，安装和调试中信息不对称、试验项目确定、水工建筑物的检验、设备质量及消缺、对业主人员的培训问题等。本文将从 EPC 工程总承包管理模式下建设的几座中小型水电站试运行过程中出现的问题进行归纳、分析和探讨，从而发现一些规律，便于今后在类似项目建设过程中参考和借鉴。

1　信息不对称问题

1.1　安装及调试过程中信息不对称

EPC 工程总承包方遗留设备缺陷。某 EPC 工程总承包模式建设的水电站，一台机组从试运行到投产发电后一直存在导叶漏水量较大的现象。该机组经过 72h 试运行后投产发电，在机组停机备用时发生自转现象，采取将停机后的制动投入保持时间由 90s 增

作者简介：左琦兰（1963—），男，高级工程师，E-mail：zuoqilan@hanergy.com。

加到 180s，此现象暂时消失。经过 40 多天的运行后，该机组在停机备用时又发生自转现象。

业主代表在机组交接时声明，该机组存在导叶漏水较大问题，但总承包方不认同此观点，双方始终各执一词。直到该机组在运行一年后业主进行检查性大修时发现，该机组导叶的确存在立面间隙和端面间隙严重超标现象[1]。检查性大修前、后导叶立面间隙的数据见表 1 和表 2。从表 1 中的数据可知，导叶 6-7、9-10、12-13、13-14 和 14-15 之间的立面间隙严重超标[1]。从表 2 中的数据可知，机组检修后各导叶之间的立面间隙合格。检查性大修时将导叶间隙处理合格后，机组停机备用时再也没有发生自转现象。

表 1   **检修前导叶立面间隙测量记录表**

导叶编号	立面间隙（mm）	导叶编号	立面间隙（mm）
1-2	0.00	9-10	0.15
2-3	0.00	10-11	0.00
3-4	0.00	11-12	0.00
4-5	0.00	12-13	0.10
5-6	0.00	13-14	0.15
6-7	0.15	14-15	0.10
7-8	0.00	15-16	0.00
8-9	0.00	16-01	0.00

表 2   **检修后导叶立面间隙测量记录表**

导叶编号	立面间隙（mm）	导叶编号	立面间隙（mm）
1-2	0.00	9-10	0.05
2-3	0.00	10-11	0.00
3-4	0.00	11-12	0.00
4-5	0.00	12-13	0.00
5-6	0.00	13-14	0.05
6-7	0.05	14-15	0.00
7-8	0.00	15-16	0.00
8-9	0.00	16-01	0.00

经查该台机组安装时的原始数据，导叶立面间隙的 16 个数据全为 0.00mm，全部满足规范要求。该台机组端面间隙的数据也存在类似情况，为了节省篇幅在此省略端面间隙记录数据表。

EPC 工程总承包方的隐蔽工程质量问题。两座水电站引水隧洞衬砌护壁厚度设计和施工图纸均为 30cm。但在充水发电后，分别于一周和两周后便发生山体大量漏水现象，均导致停止发电 40 多天，不得不对隧洞衬砌护壁进行灌浆处理。向施工人员了解得知，引水隧洞极个别地段衬砌护壁厚度仅为 10cm。查阅施工报告，衬砌厚度为 30cm，显示两者明显不一致。

通过上述两例，我们发现在 EPC 模式管理中，业主与总承包方之间存在信息不对称现象。

1.2　信息不对称的解决办法及建议

由于国情的不同，水电工程 EPC 总承包管理模式在我国实际应用中还存在许多值得探讨之处，信息不对称就是其中之一。解决办法及建议如下。

（1）建立诚信档案。建立统一的 EPC 总承包及监理诚信档案，实现全国联网，一旦失信将遭受市场上的相应惩罚。

（2）完善各方合同。在监理合同中，对隐蔽工程增加相应监理的责任条款；业主与总承包方的合同中，增加业主代表有权对隐蔽工程及机电安装过程随时现场抽查的条款，一旦发现不满足规范或不满足设计施工要求，立即采取相应的严厉处罚措施，以达到惩戒的效果和目的。

（3）第三方裁定。如存在较重大的质量问题或弄虚作假等，还可通过第三方鉴定，或者通过仲裁直至法院裁决。

上述第一条是通过道德层面解决的手段，第二条是通过经济层面解决的手段，第三条则是通过调解或法律层面解决的手段。

2　试验项目问题

2.1　机组试验中存在的问题

试验项目问题在大部分水电站投运试验过程中均存在。由于安装合同中的规定一般是按照现行国标或行业标准执行，未明确所有的试验项目，在 EPC 工程总承包管理模式下，业主与总承包方的矛盾表现得尤为突出。常常存在以下几个问题。

（1）机组的效率试验是否开展或者何时完成。

（2）机组为非单元引水方式布置的电站，多台机组同时甩负荷试验的问题。

（3）AGC 和 AVC 试验的问题。

（4）72h 带负荷连续运行试验的问题。

2.2　解决试验项目问题的建议

机组效率试验的问题。在中小型水电站如果机组能够在额定水头下以额定出力运行，则没有必要做此项试验。当然，合同条款中另有约定者除外。至于何时做试验，一般选择枯水期做此试验为宜，但必须保证试验时各种水头的需要。

机组为非单元引水方式布置的电站，多台机组同时甩负荷试验的问题。某 EPC 工程总承包模式建设的水电站，在签订合同时规定使用 DL/T 507—2002《水轮发电机启动试验规程》，当电站建成后，DL/T 507—2014《水轮发电机启动试验规程》发布实施。总承包方根据合同理所当然不愿意做多台机组同时甩负荷试验，业主与总承包方协商多次才完成此项试验。建议在签订合同时，注意类似问题。

AGC 和 AVC 试验。一般安装单位均不愿意做此项试验，因为此项试验，不但耗时长、牵涉面广，而且工作量较大、成本高。中小型水电站是否开展此项试验，有必要在合同中事先进行约定。

在枯水期安装完成的小水电站，如果水库的库容不大，则很难完成 72h 带额定负荷连续运行的试验，有的水电站甚至连空转 72h 也不能完成。则此项试验可以保留到条件成熟时再进行，在设备移交时做必要的说明即可，但在移交前机组必须带额定负荷运行至少 4h[2]。

此外，机组的特性试验等项目，总承包方为了节省工期，优化试验方案，在不违反原则的前提下，根据经批准的试运行程序大纲进行，适当调整试验顺序和合并试验项目。建议合同中对启动试运行大纲及其试验项目进行约定。

3　水工建筑物的检验

3.1　水工建筑物的检验

水工建筑物及其相应设施检验包括几个方面：一是大坝蓄水的检验；二是引水隧洞的充、排水检验；三是其他设施的检验。其他设施主要是指与水工建筑物相关的设施和设备，如通航、过鱼设施，上下游的闸门，拦污栅、拦浮排，调压井，水情自动测报系统等。

3.2　水工建筑物检验的建议

水工建筑物的检验一般至少需要一个洪水期的检验，有的甚至需要两个或多个洪水期才能得到充分地检验[3]。这些检验项目有必要在合同中约定清楚。

水电站引水隧洞需要在不同工况下检验。所以，必须经过几次充、排水试验，检验在不同工况下引水隧洞各部位是否正常。

某 EPC 工程总承包模式建设的水电站，拦污栅栅条间距因设计不满足规范要求，导致该电站的机组在枯水期能正常发电运行，但在汛期不能正常发电运行。在对拦污栅进行全面改造后，机组能在任何时段正常发电运行。

水情自动测报系统至少经过一个洪水期后，对各方面测量的数据进行率定。

4　质保及缺陷处理问题

72h 带负荷连续运行试验完成后，及时消除试运行中发现的所有设备缺陷，方可办理交接手续。按照合同规定，在质量保证期内，发生较大的设备缺陷由总承包方负责处理。发生一般性设备缺陷，则根据运维管理模式由双方根据实际情况协商解决。

质量保证期双方有必要依据合同进行书面明确。

在几座 EPC 工程总承包模式建设的水电站交接后，工程质量及设备缺陷处理均存在由哪一方来承担责任的争议，但依据合同，经过协商后，比较圆满地解决了问题。

5　工　程　交　接

5.1　工程交接中存在的问题

当机组启动验收鉴定书完成后，可进行工程交接。编制并确认双方验收交接工程项目清单。目前工程交接中存在的一些主要问题有：

（1）竣工文件不齐全。

（2）总承包方未编制设备的操作手册和维修手册。

（3）对业主的生产人员培训不足。

（4）移交的专用工器具不全。

5.2　分析和建议

工程进入中后期，土建、机电及金结三方面工作同时并存，总承包方此时需要投入更多的人力，否则会导致竣工文件收集困难，交接工作较难开展。建议进行如下安排。

（1）合同约定参建各方收集资料的义务。总承包方应编制一套完整的、有关工程施工情况的"竣工"记录和相关资料，监理单独建立自己的"监理"记录和相关资料，均一式四份移交给业主。

（2）依靠各分包方和设备生产厂家编制设备操作手册及维修手册，其内容必须满足生产人员操作、维护和检修生产设备的需要。此项工作在我国 EPC 工程总承包模式建设的水电站实践中还大有完善的空间。

（3）总承包方应按照业主的要求，对业主的生产人员进行设备的操作和维修培训。特别是在工程接收前要分阶段进行培训。培训分阶段完成对双方都有裨益。

（4）专用工器具必须登记造册，逐一交接。如有遗漏，对后期运行维护工作会带来不利影响。

（5）亟待建立一套完整的行业编制的水电站 EPC 工程总承包移交规范。

6　结　　语

近三十年以来，我国中小型水电站建设实行 EPC 工程总承包模式越来越多，也充分发挥了水电站总承包管理模式的优越性，同时也存在一些亟待解决的问题，如何扬长避短，是我们水电工作者义不容辞的责任。在 EPC 工程总承包建设的水电站中，借鉴 FIDIC 条款，详细界定各方的责、权、义是非常有必要的。合同中对质量和工期既要有正向激励机制，也要有负向约束机制的条款。同时要求总承包方在优化设计方案，使自身效益最大化的同时，也要有效地解决各种矛盾，加强质量和进度的管理，严格按照合同约定及规范的要求执行，确保工程的进度、质量和安健环三位一体得到有效落实，最终实现互利多赢的良好局面。

参考文献

[1] 中华人民共和国国家质量监督检验检疫总局. GB/T 8564—2003 水轮发电机组安装技术规范[S]. 北京：中国标准出版社，2013.

[2] 国家能源局. DL/T 507—2014 水轮发电机启动试验规程，北京：中国电力出版社，2014.

[3] 国家能源局. NB/T 35048—2015 水电工程验收规程，北京：中国电力出版社，2015.

世行投资的某国外水坝 EPC 总承包工程合同管理探讨

曹际宣

（中国电建集团海外投资有限公司，北京 100048）

【摘　要】 本文结合非洲喀麦隆某水电站大坝 EPC（设计、采购、施工）合同标段项目实践，论述了该世行水电项目合同文件组成、合同特点、并对其合同管理的关注重点进行了剖析，对我们履约世行投资的国外水电项目具有一定参考意义。

【关键词】 国际水电；EPC；合同管理；管理模式；咨询工程师 PGES

0 引　言

国际水电工程项目在资源需求与组织、施工方法及工艺、施工程序与标准、施工环境与周边条件等与国内有较大差别，这些差别给管理增加了难度，差别最大是在合同管理理念上。国外工程合同管理包含了安全、质量、进度、成本、环境保护、职业健康控制等各个履约要素全面、全方位的管理，直接决定了项目的成败，决定着"共赢"合同目标能否实现，合同管理是国际工程管理模块的核心。

1 某水电工程概况、 合同文件组成

1.1 工程概况

某水电站位于喀麦隆东部省洛姆河与隆潘卡尔河交汇处下游 4km，枢纽建筑位于热带雨林、世界自然保护区内，距喀麦隆杜阿拉港 730km、距喀麦隆首都雅温得 450km。电站装机规模 $4 \times 7.5MW$，水库库容 $60 \times 10^8 m^3$，是该流域梯级开发龙头水库电站。

某电站工程项目世界银行投资，某电站大坝承包合同免税后价款 1.6 亿美元，合同规定开工后 39 个月大坝具备蓄水条件。某水电站大坝实际于 2011 年 9 月开工，于 2015 年 9 月历时 49 个月大坝实现蓄水，超出合同规定工期 10 个月。大坝主要工程量：土石方填筑 340 万 m^3，混凝土 32 万 m^3，金结安装 2100t。工程业主为喀麦隆电力发展公司（Electricity Development Corporation，简称 EDC），工程咨询为两家法国公司组成的联营体，工程为中资企业 EPC 总承包。

1.2 合同文件组成

合同文件包括Ⅰ：履约承诺书；Ⅱ：中标函；Ⅲ：合同谈判纪要及其附件；Ⅳ：投

作者简介：曹际宣（1975— ），男，高级工程师，E-mail：925865240@qq.com。

标书及其附件；Ⅴ：公司投标技术方案及其附件，含 EDC 的澄清要求及承包人的澄清答复和附件；Ⅵ：特别行政条款；Ⅶ：技术规范与图纸；Ⅷ：价号说明；Ⅸ：工程量清单；Ⅹ：一般行政条款；Ⅺ：签字授权书；Ⅻ：调解人履历。

若合同组成文件存在分歧，以上列先后顺序为准。

2　某水电站大坝工程 EPC 合同特点

某水电站大坝项目工程量大，工期紧，合同中包含工程大坝（两边土石坝和中间混凝土坝、副坝）施工、金属结构与机电设备的采购安装、运行指导培训及 90 多千米进场道路的维护保养等工作内容。还有：大坝地质勘查、开挖区域考古、施工图设计、工程实施所必须的行政许可办理和给业主、咨询工程师提供办公、生活、通信网络、交通等服务内容；当地劳工食宿、劳保、健康医疗提供，所辖建设工地营区治安保卫、环境卫生、职业健康、垃圾处理、休闲娱乐、银行商业服务等临建施工与管理工作；当地劳工工地交通与休假向工地外运 200km 进城的接送工作。

合同中除工地临建、大坝监测、金属结构及机电安装为总价包干外，其他项目均为单价可调差。

3　某水电站大坝工程 EPC 合同管理感悟

3.1　主动与国际惯例无缝对接

国际工程承包合同条款本身就是法律文件，是各方必须遵守和履行的法定义务，义务履行是其契约精神的具体体现。可我们国内水电项目严格履约普遍欠缺法制和自律意识，形成的习惯和行为是履行国际工程合同的最大障碍。举例来说：醉酒驾车应罚款、受教育、扣分，本应完全是自觉守法行为。但是在我们某些中国人看来，遇到酒后驾车被警察抓住时，先是想着如何搪塞过关或联系动用各种关系求情网开一面，的确无可动用关系才履行法律责任；同时作为执法交警罚款、教育扣分酒驾违章朋友，也是公正执法应尽职责，但真这样执法的人，又可能会被某些中国人当作不懂人情世故的"另类"，执法别太较真和"死板"似乎更合中国人情味，更符合中国人的为人"宽容相待"之处事原则。类似事件不胜枚举，习以为常。超越蔑视法律、擅自滥用特权、讲求关系情面，已经成为好些中国人的惯性思维。思路决定出路，如此将导致我们在国际项目合同管理中处处碰壁，是难以适应国际惯例的主要原因。如合同规定所有工程项目开工前，必须制订详细的施工方案，完成所有的技术准备并得到咨询工程师批准后，才允许开始实施。很多时候，具备这种条件比干活本身更难，如进驻工地现场合同文件要求，开工前必须呈报并经批准获得社会环境管理计划（PGES），我们配合一家属地分包商公司编制了 4 个多月，最终社会环境管理计划（PGES）才经咨询工程师带保留意见批准。我们认为，临建工程所用混凝土属于自用自建，石料场开采爆破这些工作亦没有必要报专项方案经批准才能实施，结果一动手就要求先报混凝土配合比和料场开采爆破方案并经批准，否则就要让停工。合同要求工地一切险必须在开工进驻工地前报业主批准，因工期滞后，一切险保险合同正在与保险公司商谈，我们计划采取边进点边谈签保险合同，然后立即提交给咨询工程师。我们对咨询工程师"晓之以理"，咨询工程师不为所动，反而告之："保险合同未按规定签订上报不允许工程开工；临建项目不按合同规定程序组织施工，此举非有经验的承包商所为，由此导致工期延误，完全属于你们的责任，继续施工不但不予计量结算，且要求恢复原状。"我们要彻底解决上述观念转变必须从以下着手：一是层层落实岗位责任，压力下传，充分发挥各级管理层和作业层作用，加强监管和执行力度；二是制定适用有效激励约束机制，充分利用经济杠杆，重奖出勇夫，重罚使"敬畏"，并及时兑现奖罚。只有切实改变传统的思维习惯，提高自我管理能力、诚信和契约意识，才能不断增强企业在国际市场的适应能力，提升企业信誉，创出品牌，最终实现与国际惯例无缝对接。

3.2 适应国际工程管理模式

国内大型水电项目，一般都有业主单位管理工地现场，全面协调监理和施工等各方面关系。在喀麦隆某水坝工地现场只有业主聘用的咨询工程师作为业主代表全面行使业主工程建设管理权限。业主代表为法国咨询公司，在某些大的决策及与当地政府协调上难以迅速果断决策，因此我们必须适应这种管理体制，寻求适宜的应对办法，以确保工程顺利实施。为应对上述情形，遇到重要事件，我们承包人项目班子曾主动到东道国首都找业主沟通，平时经常电话与业主沟通汇报工作，并经常邮件或书面函给业主汇报工程进展急需解决的难题，项目部积极加强与各级地方政府联系，以便工程实施中困难解决。

3.3 高度重视社会与环境 （PGES） 管理

本项目由世行投资，且位于世界自然保护区内，业主和咨询工程师对工程的环保、安全、健康，看得比工程的质量进度还重要。工程的质量进度有了问题，业主可以向承包商索赔，而环保、安全、健康出了问题，业主和咨询管理人员就可能被炒鱿鱼，还可能被世行终止投资而停建。在本水电站工程上，咨询现场经理每天认真抓的就是环保、安全、健康及医疗体检，垃圾处理，森林保护，水土保持，劳工薪酬待遇、社保、劳保、食宿交通等，看的比什么都重要。在咨询工程师这种强制的管理下，只要工程一动，就是PGES不合格整改文件，当然这与西方国家某些咨询工程师对中国在非洲"动了他们的奶酪"，也许患有点"红眼病"有关，但更主要原因还是我们工作未能完全达到合同有关规定的要求，做到无可挑剔，让咨询工程师满意。例如工程施工中曾出现几名本土电焊工自己未用电焊面罩而眼睛被灼伤的事件，这在国内电焊作业比较平常，可在本水电站大坝工地上，咨询工程师立即发出了停止电焊作业的停工令，要求对电焊作业全面整改验收闭合后才能复工。我们必须适应国际工程高标准、严要求，增大额外投入，把社会环境管理盯在眼里，放在心上，落实在行动中，否则工程实施就寸步难行。

3.4 必须认真研究和履行合同

在国内项目实施中，一般都为国企，承、发包双方是"合同＋行政＋感情"式甲乙方合同关系，重大分歧还可用行政和感情手段化解，使合同认真研究和严格执行有"文章"可做。国际工程合同之所以要认真"研究"，目的是要"知其形、明其神"。国际工程合同原稿为外语，在外语译成中文与译文理解中，对原文的本义会失真（可能也会有错译或漏译），再加之我们对执行此类合同的经验不足和思维方式、文化背景不同，对合同条件不能充分理解，导致无法按合同要求认真履行到位。如在工程临建施工中，合同要求当地劳工住宿每栋最多住 8 人，而我们翻译译成中文为每间最多住 8 人，我们按每栋建了 10 多间房，然后按每间住 4 人分配了房屋，咨询工程师当即依据合同条款发函要求我们严格整改——按合同 10 多间房为一栋房，要求 10 多间房只能住不超过 8 人给予分配房屋，这就造成了我们劳工房建施工规划实施过程的很大扯皮；另外合同环保条款要求所有临建设施离河最小距离不小于50m，我们原认为此条款是针对常年流水的小河而言，况且临建道路规划必须跨越小溪与沼泽，认为可不受此限制，然而咨询工程师认为合同中相应环保条款对河和雨季才形成径流的小溪与沼泽地都适用，仅对直接跨越河、溪的路段不受此限，其他路段必须离溪、河、沼泽大于50m，造成已修筑临时道路重新改线。

认真研究合同，不仅要全面研究原合同内容，而且要认真研究合同中引用的标准、规范及东道国法律法规。合同规定是国际上很严格的标准，有英国、德国、法国、瑞典标准，还有美国标准、国际电工协会标准、国际标准组织等几十种，除这些标准外，合同中还这样规定："当标准中出现矛盾时由业主处理解决，且为最终决定"。如在本水电站大坝工程混凝土骨料碱活性检验问题上，咨询工程师不承认喀麦隆国家实验室和中国检测成果，必须依据欧洲标准送到法国进行检测。另一方面，合同执行过程严格按东道国法律执行，因此必须研究东道国法律法规，如在国内民工工资标准由项目部直接确定，项目部解除民工劳动合同相对较容易，对其损坏设备或工作失误可给予经济处罚，在不违法条件下项目部有充分自主权确定项目内部管理制度，且管理制度不须上报政府有关部门审批。然而在喀麦隆却行不通，东道国以合同要求遵守政府部门《劳动法》，全面介入上述管理工作，劳工工资等级由喀麦隆政府劳动局审批确定，项目部很难解聘劳工，不能对其进行任何经济处罚，项目部内部管理制度要报喀麦隆劳动局审批通过才能有效适用等，否则劳工就会以上述理由集体罢工滋事，东道国政府部门也会支持劳工罢工，将使工程陷于非常被动而无法正常开展。

综上所述必须认真研究合同，才能做到认真履行合同。

4　结　　语

喀麦隆某水电站大坝项目经历49个月实现了电站蓄水目标，大坝已于2016年7月完工并移交给业主EDC，工程总体进度较合同规定稍有滞后，这与西方咨询在工程施工中严格以合同为准绳管理及当地劳工以环保职业健康为由的各种罢工影响进度密切相关，笔者深刻体会到了国际水电项目合同管理的核心地位，我们必须认真研究并全面理解和掌握合同条款的内涵，正确履行合同责任和义务的同时，敏锐发现实施过程中各种合同条件的细微变化，充分利用合同管理"武器"，维护自身权益，才能实现效益最大化。并对合同管理中出现的问题及时分析，采取有效管理机制，提出改进意见，以对项目管理方法进行持续改进、不断优化。

参考文献

[1] 刘亚星，曹际宣. 世行投资的某国外水坝工程项目合同管理探讨[J]. 水利水电工程造价，2018(1).

境外水电工程总承包合同管理探索

刘省忠

（中国电建集团海外投资有限公司，北京 100048）

【摘　要】　水电站工程 EPC 项目特点显著，在管理方面有特殊要求。境外水电工程总承包合同管理工作面广、复杂、措施落实难度大。本文以尼泊尔上马相迪水电站 EPC 总承包合同管理工作为例，对水电工程总承包合同管理进行了分析和总结，为探索中国企业在境外水电工程总承包管理工作提供参考。

【关键词】　工程总承包；EPC；合同管理；探索

0　引　　言

上马相迪水电站位于尼泊尔西部甘大齐地区马相迪河的上游河段上，是一座以发电为主的径流引水式水电枢纽工程，坝址上游河道长 82.3km，控制流域面积 2740km²。主要建筑物有拦河闸坝、沉沙池、引水隧洞、调压井、压力管道、地面厂房、升压开关站及 20km 长的 132kV 输电线路等。引水隧洞长 5km；安装 2 台单机容量 25MW 的混流式水轮发电机组，总装机容量 50MW。

电站机组额定水头为 113m，单机引水流量约为 25m³/s。电站采用 132kV 单回输电线路送至下游中马相迪电站，汇流后再通过 132kV 单回输电线路送至下马相迪电站并入尼泊尔国家电网，40%电力送至博卡拉地区，60%电力送至加德满都地区。

上马相迪水电站项目现场距离尼泊尔首都加德满都约 180km，是中国电建集团海外投资有限公司在尼泊尔的第一个投资项目。2013 年 1 月 8 日开工，2016 年 9 月 26 日实现了电站机组发电目标，2016 年 11 月 15 日首台机组进入商业运行，2017 年 1 月 1 日正式进入商业运营。

1　项　目　总　承　包　背　景

中国电建集团公司自 20 世纪 90 年代进入尼泊尔的工程承包市场，先后建成 6 个项目，已与尼泊尔政府及相关机构建立了长期的合作关系。2004 年 9 月，中国电建集团公司组织有关专家赴尼泊尔对当地水电站项目进行实地考察，经研究，认为上马相迪水电站项目前期工作较成熟，开发条件良好，具有投资的可行性。2004 年 10 月，中国电建集团公司与尼泊尔当地公司萨格玛塔电力公司就联合开发上马相迪水电站项目达成初步合作意向，双方组建项目公司，以 BOOT 形式共同投资开发建设上马相迪水电站，中国电建公司持有项目公司 90%的股份，尼泊尔当地公司持有项目公司 10%股份，中国电建公司将是上马相迪水电站项目的 EPC 承包商。

作者简介：刘省忠（1968—　），男，本科，多年海外从事水电站建设合同管理，E-mail：FCBLSZ@163.com。

2 项目开发意义分析

(1) 上马相迪水电站是中国电建集团公司按照国家实施"走出去"发展战略的要求,从企业自身发展的需要,利用在国外承建水利水电工程项目的优势,积极寻求与尼泊尔政府的合作,以优势业务为依托,通过角色定位与管理方式的转变,扩大集团海投投资市场,实现业务多元化转型和国际业务优先发展的重要项目。

(2) 尼泊尔水力资源丰富,大部分尚未开发,因经济落后存在巨大的融资需求。从投资机遇分析,尼泊尔全国仅40%的人口能用上电,电力缺口大,迫切需要建设新的电源。上马相迪水电站开发建设,对加强中尼合作、巩固中尼传统友谊十分必要,对促进尼泊尔国家经济社会发展、满足电力发展需求、改善民生、减轻水土流失、保护生态环境、促进旅游业并带动相关产业发展等方面具有重要的作用。

(3) 上马相迪水电站项目特许期35年,商业运行期30年,运行期满后无偿移交给尼泊尔政府。根据中国电建集团公司与尼泊尔政府有关部门签署的长期购电协议,年合同发电量3.176 2亿kWh,从盈利能力指标分析,项目具有稳定的资金流,股东能够取得预期的收益。中国电建集团公司以BOOT模式(建设—拥有—运营—移交)投资开发建设上马相迪水电站,有利于我国机电设备、技术和劳务出口,能够实现双赢。

3 产业链一体化模式

中国电建集团为积极响应我国政府"走出去"战略,制订规划"国际业务优先发展"战略,对集团内部优势资源、产业链进行整合配置,赋予电建海投公司履行项目投资人和总承包管理职责,通过公开招标,按专业选择系统内优势企业承担设计、监理、施工、制造、运营等职能实施上马相迪水电站。

电建海投公司是中国电建旗下全资子公司,是中国电建主要从事海外投资业务市场开发、项目建设、项目运营与投资风险管理的法人主体,以投资为先导,带动集团海外EPC业务发展。海投公司根据项目特点选派优质人力资源与当地合作伙伴组建项目公司,代表海投公司履行业主职责,在中国电建"集团化、国际化、一体化"战略的引领下,尼泊尔上马相迪水电站作为集团公司"产业链一体化"战略的重要实践项目,通过集团统筹、协调、招标,整合集团内部各方优势资源,从项目可行性研究、勘测、设计,到采购施工、试运行,再到最后的生产运行和维护管理,充分发挥各参建企业的技术、建设和管理优势,创造性地形成产业链一体化模式。

4 EPC合同模式下的合同管理

EPC总承包是指工程总承包商按照与业主签订的工程总承包合同的约定,承担工程项目的设计、采购、施工、试运行等工作,并对承包工程的质量、安全、工期、造价全面负责,最终向业主提交一个满足使用功能、具备使用条件的工程项目。为确保境外总承包合同项目成功实施,实现"共赢"合同目标,总承包商前期工作内容的深度、范围、质量的好坏,特别是过程工作管理精细与否,直接影响着总承包商的得失,因此,总承包商必须抓好前期工作管理和过程工作管理。

4.1 总承包商现场组织架构

在完成分包招标选定分包商后项目开工伊始，总承包商应及时组建项目现场管理机构（EPC 总承包商项目经理部，以下简称"EC 项目部"），根据项目规模和工作需要，成立专业管理部室，合理配置人员，及时开展建章立制、项目管理设计和规划，建立起一支目标明确、分工清晰、敬业勇为的高效管理团队。

4.2 总承包商前期工作

（1）境外 EPC 总承包商的 EC 项目部必须配备专业熟练、素质过硬、懂英语的合同专业人才。在招标分包合同谈判阶段，总承包商应要求分包商配置合格的合同管理人员，有必要专门安排对其合同管理人员进行面试，重点关注分包商合同管理人员的工作经验、专业、综合素养等。

（2）总承包项目部的合同管理人员必须认真研究合同，详细掌握总承包合同内容，对合同结构、单位工程和分部分项工程等费用组成了然于心，在项目实施过程中，根据进度及时办理分包合同结算和支付，保证资金供给与施工进度同步。总承包商应在开工初期要求分包商相关管理人员认真研读分包合同，或者组织分包合同文件的专题学习会，树立分包履约意识。

（3）总承包商合同管理人员应加强合同管理能力建设，与总承包项目部工程管理等人员一道严格监督分包合同履行，严格落实并要求分包商执行总承包商颁发的系列项目管理制度。

（4）总承包项目部组建后，应立即着手结算支付、变更索赔、立项、考核奖惩等管理制度的建立。下发管理制度前，应反复征求总承包商内部、监理单位、设计单位的意见和建议，保证制度的可操作性；管理制度下发后，总承包商组织专题宣贯会，保证参建各方认识统一，切实发挥管理制度的服务、指导和监督作用。有必要时，还需对个别制度适时修订和完善，重新下发。

4.3 总承包商结算管理

（1）根据工程施工进度，EC 项目部及时向业主申请进度结算支付。在每月初及时做好英文进度结算报表，递交规定份数，经监理审核、业主审批通过后，跟踪结算款到账。每期进度结算申报表中的实物工程量尽量与分包合同结算的签证工程量保持一致，费用项目对照总包合同对应项根据实际进度按百分比计列。EC 合同当期结算金额原则上要高于当期分包结算申报额度。

（2）分包商严格按照结算支付管理办法的有关规定，每月按时向 EC 项目部递交工程进度结算支付申请表。EC 项目部严格按合同中有关计量与支付条款办理工程进度款结算，做到及时、有效、不拖欠，保证分包商资金链不断，充分保证分包商工作积极性。

4.4 总承包商变更及索赔管理

（1）一般情况下，EPC 合同价格是基于计满打足的原则，充分考虑了项目的一般费用和工程费用等，EPC 总承包合同为固定总价合同，但是，在项目进行过程中，因出现明确的业主变更或不可抗力等情况，分包商向总承包商提起变更、发起索赔，相应地，总承包商为保证资金支出和避免亏损，也需向业主提出变更及索赔费用申请。上马相迪水电站在施工过程中，业主考虑到建设组织管理、施工便利、长久运行安全需要，提出了新的要求，并明确为变更，总承包项目部据此提出了三项变更。并且，在项目建设的关键阶段，当地发生8.1级大地震，6个月后印度－尼泊尔边境口岸因政治原因出现封锁，两个大的不可抗力事件造成施工受阻、成本增加、人员和设备窝工等损失，总承包项目部据此提出并获得索赔。

（2）水电工程建设周期长，各种难以预测的因素和客观条件发生变化多，尤其是因设计变更和施工状态变化以及不可抗力等因素的影响经常导致分包商提出变更和索赔。对于因监理工程师和业主发出变更指令和新的要求、国家政策和法律法规的变更、不利自然条件和客观障碍等引起分包商成本增加提出的变更和索赔，总承包商首先要协调好工程参建各方的关系，建立和营造平等、互信的氛围，要求分包商及时做好现场签证、收集并整理好第一手资料；总承包商要注意及时、合规处理变更费用，对于争议问题、索赔事件要特别注意处理的时效性，不可搁置、拖延时间太长，保证问题及时得到解决，将工程变更和索赔对总包合同的不利影响减小到最低程度，从而达到控制造价的目的。

4.5　总承包商过程文件资料管理

（1）建立完善的文件管理系统。工程总承包项目合同结构复杂、关系众多，对外信函、会议纪要等书面材料往来密切，特别是海外工程的复杂性，对总承包商的文件管理能力提出了更高的要求。总承包项目部应当从招投标开始建立起有效的文件管理制度，注意在施工过程中留下对己有利的书面证据为处理变更索赔提供依据。

（2）竣工资料整理。总承包项目部合同管理人员在项目进行过程中，务必重视总承包合同竣工资料的提前收集和整理，包括项目设计图纸、EC合同单元工程量现场确认单和签证单、进度结算单等，以备当地政府管理部门对外资建设项目提出核查时使用，以免项目完工时，建设期人员已离场，运行期人员弄不清楚现状导致工作被动。除此之外，总承包商还应依据下发的管理制度，要求分包商施工过程中注意提早收集和准备竣工移交的相关资料，并定期督促和检查分包商竣工资料的收集和准备情况。

4.6　总承包商合同风险管理

（1）合同谈判时，总承包商应重点关注合同范围、权利与义务、价格与支付、人员要求、接口管理、质量与进度控制等，双方在中国电建"四位一体"组织模式的引领下，增强互信，在保护自己利益的同时，正确认识整体利益，优质如期地完成项目建设。

（2）合同管理过程是动态的控制过程，无缺陷的合同是不存在的。总承包商应尽量保证分包合同文件的严密性，并且保证设计质量，尽量减少设计变更，以减少分包商变更和索赔的概率。双方在严格执行合同规定和标准的前提下，以合同为准绳，确保分包合同顺利履行。

（3）在项目开工后，总承包商项目部要建立分包商管理制度和考核制度，针对合同约定资质条件的分包商主要人员擅自更换和缺岗处以经济罚款；认真开展分包商合同履行情况评价和考核奖励，找出差异并分析其原因，总结履约管理的经验与教训，用于指导和改进后续管理工作。

（4）在合同履行阶段，总承包商可能会面临分包商的工期拖延、质量不合格、材料设备供应、设计变更、各方责任义务不清、不可预见等风险，这就要求合同管理人员提高风险意识和法律意识，一方面加强项目参与方的互相沟通，另一方面积极采取预防措施，合理回避风险。

4.7 总承包商采购管理

总承包商设备和材料采购应根据总进度计划要求编制采购计划，建立招标采购制度，引入市场竞争机制，降低采购成本。采购的范围、合同条件及技术标准要明确且严密，避免出现模糊和矛盾的条款。在合同执行过程中，要及时跟踪设备产品的生产进度情况进行设备的催交，关键性的大型设备采购时还应有设备监造人员。设备交货时，应组织严格的验收，保证采购产品质量合格。

5 总承包商对分包合同管理应注意的问题

5.1 设计合同及设计管理

（1）在 EPC 项目建设周期中，设计是龙头，对 EPC 项目起着主导作用。EPC 总承包商为了在分包、采购、施工等环节获得优质的咨询服务，实现利润最大化、防范风险、将总成本控制在合理的范围和核定的限额内，不能降低设计成本，必须择优选择设计咨询服务商。

（2）总承包商应组建设计管理部门或设计管理团队，在实施 EPC 项目过程中，负责对设计咨询委托单位进行设计管理，积极参与设计的全过程，使设计方案既科学，又经济，从而保证设计阶段的工程概算不超过决策阶段的投资概算。设计阶段的工程造价管理是整个工程造价管理的关键环节。在设计过程中，EPC 总承包商设计管理团队应随时提供有关资料，反映相关情况，这样做既可缩短设计时间，又能使设计方案满足安全适用、稳妥可靠、经济合理的要求。在设计阶段，EPC 总承包商的参与程度直接影响到工程设计的好坏和工程造价的高低。

5.2 采用标准的合同文本

（1）签订施工分包合同，要根据项目的实际要求，采用规范的施工合同文本，总承包商不能只考虑自身利益，应该尽量减少合同缺陷，从而避免不必要的合同纠纷。

（2）在招标承包制阶段，严格按公平、公开、公正原则进行招标，组织专家对合同中的双方责任、工程量清单、工期、质量与验收、计量与支付、材料与设备供应、设计变更、竣工与结算、争议与索赔等条款进行审查。

5.3 实行履约保证金制度

履约保证金制度是国际建筑市场运作的一个惯例，世行指南和亚行准则都有相应规定，国际咨询工程师联合会制定的《土木建筑工程合同条件》中也有明确的履约保证金规定。实行履约保证金制度，有利于发包人的利益，在施工方违约时起到约束的作用。

5.4 充分发挥监理的作用

工程监理具有专业性强、施工管理经验丰富的特点，他们依照国家法律行使自己的职责。工程监理与总承包中的项目管理并不矛盾，它代表第三方对工程实施中施工进度、质量、安全、费用的全过程进行事前、事中、事后的控制。为有效地控制工程造价，在监理服务合同谈判阶段，重点关注合同监理工程师的配置和选择。利用"第三方"管理，应充分信任和尊重监理方，树立监理方的权威性，积极支持监理方的工作，让他们能够放开手脚充分发挥其专业管理技能，对各个方面进行有效的控制，从而降低工程造价。

5.5 加强中期结算管理

在工程施工过程中，总承包商要严格按分包合同中有关计量与支付条款及时办理工程价款结算，分包单位有了充裕的资金，才能保证工程顺利进行，确保合同工期内按期完工。

5.6 严格做好工程变更费用审核

工程变更导致合同费用的变化。变更费用审核，包括工程项目、工程量和单价。在变更费用审核时，监理工程师要加强对设计图纸的审查，对于隐蔽或覆盖或超出常规作业特性的项目，应及时在签证单上给予工程量签证确认和相关工作特性注解，保证工程项目和工程量不重不漏，为单价审核提供相关基础资料。合同工程师应根据项目作业内容和特性做好单价分析和审核。对超常规作业项目，应根据施工方案、工程量签证资料并结合现场施工环境和条件认真分析人工、机械工效和主辅材料的消耗量，着重收集施工过程工效记录资料，严格控制因承包人原因造成的工效降低导致成本增加摊入变更项目单价中，或因承包人自行随意调整方案导致成本增加摊入变更单价中。

6 结 语

境外水电工程投入大，各种不确定因素对实施成本影响大，因此就需要总承包商加强合同管理，在满足工程质量标准的前提下，在项目实施阶段，将发生成本控制在批准的限额内，力求合理使用人力、物力、财力，取得较好的经济效益和社会效益。在"一带一路"政策的引领下，中国企业"走出去"在国际市场承揽项目将会越来越多，这要求我们不断总结和积累实践经验，做好以下几个方面的工作。

（1）加强组织建设和制度体系建设。组建精干高效的管理团队，建立健全规范的管理制度，以此为保障，提升境外工程总承包的项目管理和合同管理水平，实现境外工程总承包的长足发展和成功。

（2）加强招投标管理。执行国家的招投标法，推行工程量清单报价体制，在招标形式和方法上兼顾总承包和分包单位双方利益，在合同文本的形式上采用规范的合同文本，并对合同条款严格审查。

（3）建立工程变更管理奖惩机制。在分包施工过程中，项目其他参建方监理和设计单位处理工程变更的压力以及减少设计变更的动力比出资人小，这容易造成工程变更管理的失控，也容易给职业道德差的从业人员以可乘之机。因此，总承包单位要建立工程变更责任追究制度和激励制度，在与监理、设计方签订合同时，制定相应的条款，以此有效地控制工程造价。

（4）做好合同管理的基础工作。了解国家政策和行业规定，收集设备和原材料的价格信息，调研与本项目相关的技术经济信息，及时掌握各拟参建方的情况，是保证合同管理成功的基础。

（5）做好项目前期筹划。在项目开工初期，针对项目人员配置、材料设备供应、资金筹措与支付、风险应对、财税管理等进行筹划，这项工作对节约成本及项目的成功实施起到铺垫作用。

（6）加强经营管理能力建设，高度重视对完工总承包项目合同管理的复盘，不断总结、创新总承包项目管理模式，全面提升企业国际影响力和竞争力。

参考文献

[1] 蔡斌，杨杰. 创新投资模式在南欧江梯级开发中的应用[J]. 水利水电施工，2015(5)：94-96.

[2] 王有杰. 浅谈国际工程总承包项目的合同管理[D]. 城市建设理论研究，2015(6)：240-241.

[3] 孙矿生. EPC合同模式下的变更和索赔管理[J]. 煤炭工程，2013(12)：139-141.

海外电力投资项目开发过程中EPC 工程建设成本的控制

陈 琛

（中国电建集团海外投资有限公司，北京 100048）

【摘　要】 近年来，随着经济全球化的进一步深入，中国电力投资企业越来越多地走出国门，参与到激烈的国际市场竞争当中。在通过公开竞标或者议标的方式，开发海外电力投资项目的过程中，EPC工程建设成本，作为总投资中比例最大，份额最高的核心要素，对于整个项目的投资成败有着至关重要的作用。如何在复杂的国际市场竞争环境中，合理客观地控制EPC工程建设成本，成功地实施和开发投资项目，将是未来中国电力投资企业，在海外进一步拓展业务的重要课题。本文将对EPC总承包模式下，设计、采购、施工各个阶段的成本控制进行研究、论述，以提出各阶段的成本控制手段和方案。

【关键词】 海外；投资；EPC建设；成本控制

0 引 言

EPC总承包模式，是指由投资人设立的工程建设单位（业主）将建设工程发包给总承包单位，由总承包单位承揽整个工程的设计、采购、施工，并由总承包单位对整个建设工程的质量、安全、工期、造价等全面负责，最终向工程建设单位提交一个符合合同约定、满足使用功能、具备使用条件，并经竣工验收合格的建设工程承包模式。

EPC总承包模式，也是目前国际工程项目实施的主要合同形式，项目成本控制贯穿于项目实施过程中的设计、采购、施工等各个阶段，是一项复杂的系统工程，只有对项目的设计、采购、施工各阶段进行全过程科学控制，并且在过程中不断地总结学习、探索和积累，不断提高成本管控水平和抗风险能力，才能做到更好地提质增效，为海外投资项目保驾护航。

1 "设计管控" ——技术经济最优化

好的规划设计，意味着项目已经成功了一半，从设计出发控制投资，这也是EPC项目降低工程造价成本最直接的环节，它可以真正将限额设计落实到从初步设计到竣工交付的各个环节，可以有效避免"概算超估算、预算超概算、结算超预算"的出现，特别是在确保结构安全的前提下，大胆进行设计优化，可有效缩短工期和降低综合成本。

1.1 了解设计意图，准确定位项目

在开展正式的设计工作之前，设计人员要认真学习招标文件或设计要求、充分了解

作者简介：陈琛，男，中级经济师，E-mail：chenchen-djht@powerchina.cn。

项目所在国的技术标准和规范，加强与工程建设单位各相关部门商务技术人员的沟通，把投资人的设计要求和设计理念，体现在设计方案中。同时，设计人员也要充分了解项目所在国当地实际的技术、经济水平，进行必要的现场勘查，尽量考虑周详，少走弯路。

1.2 提供相对优化的初设方案

设计人员要严格按照招标文件或设计要求，对设计规划进行分析，使限额设计贯穿于整个设计工作中，从源头控制投资成本，保证实际设计与投标时估算的工程量差异不大。在没有限额的情况下，要按照经验对工作量大、投资高的子项做出方案比较，在满足投资人和项目所在国基本要求和技术规范的前提下，提供既便于施工、又节约投资的设计方案。

1.3 控制设计深度

在方案设计、初步设计、施工图设计中要分别满足估算、概算和预算需求。设计方案如考虑过高的保险系数必然增加工作量及工程费用，也就会增加成本控制难度，但如果对风险考虑不足，可能会给工程带来难以弥补的损失，造成超支。基于这个目的，在项目设计方案比较和材料设备选型上要抓好价格控制，在满足工程建设单位基本要求的前提下，做好技术与经济的有机结合，同时要将设计节点控制纳入项目计划监控体系，特别是施工周期长的关键子项，要详细制定从设备订货、工艺委托到土建施工的各个节点时间要求。

1.4 设计与设备采购有机结合

在设计中对材料和设备准确定型，设备选型要充分考虑经济技术可行性，在初步设计结束后即可着手编制采购大纲和采购计划，以方便 EPC 总承包商安排采购准备工作，缩短采购周期，降低采购费用。

1.5 合理划分工作

将电力工程项目按照不同的专业进行划分，形成不同的工作区块（如土建、设备、安装），通过各工作区块界面的明确划分，相对准确地控制工程建设成本。

2 "采购管控" ——流程清晰， 渠道畅通， 程序严谨

EPC 项目采购形式多样、采购责任众多、采购链条较长以及采购范围较大等特点，使得项目采购风险大大增加，特别是电力能源项目的设备选型、设备配备直接决定着项目的进展和效益，所以采购中需要确立全流程成本控制概念，来达到对整个项目采购总成本的控制，这样既可长期获得可靠的货源供应和质量保证，又可适时采购和批量购买，以获得采购价格的优势。

2.1 合理选择供应商

供应商的选择是采购管理的核心工作，采购中只向一家厂家询价会增加物资设备供应的风险，也不利于与供应商进行合同谈判，使采购成本难以控制。因此，在进行供应商数量的选择时既要避免单一货源，寻求多家供应，同时又要保证所选供应商能够承担供货量，以获取供应商的优惠政策，降低物资采购成本。

一旦确定了可靠的供应商，采购人要与之建立长期的战略伙伴关系，在稳定的合作中获得货源上的保证和价格上的优势。同时也可使供应商因为拥有长期稳定的大客户，可以保证其产品规模和生产的稳定性，在合作中实现双赢。

2.2 加强对供应商的绩效考核

对供应商要建立绩效管理制度，要建立企业合格供应商名录，通过考核确定与供应商的后续合作，对不合格的供应商要取消资格，促使供应商持续改善供货服务，保证其优质及时的供货。

2.3 建立合理可靠的供应渠道，提高工作质效

转变"采购单—询价—合同"一事一办的作坊式采买，实现向框架协议采购的转变及向招投标方面的发展。对大宗采购要实施公开招标的方式，利用供应商之间的竞争来压低采购价格。另外，要建立合理可靠的供应渠道，通过增加采购渠道和缩短管理链条来降低采购成本。以合理有序的采供渠道，做到采供"及时、优质、优价"，提高采购质量、效率。

2.4 抓好储运过程的风险控制

EPC工程建设成本中设备和材料成本，占电力工程总投资的比例很大，一些设备甚至是进口设备，一旦因供货商供货延误、采购设备和材料存在缺陷、货物在运输途中发生损坏和丢失，则会造成严重后果，影响项目工期。在采购招标中，采购人要从技术上和交货期上分析供货商的履约能力，将设备材料运输的全程列为强制性的保险，并要求供货商承担违约赔偿责任，以规避储运风险。同时要根据市场价格波动的规律，通过把握采购的时机来降低采购成本，以适时采购控制或减少因市场材料价格变化对资金使用效果的影响。

3 "施工管控" ——过程管理，精益求精

EPC总承包交钥匙合同一般情况下，合同金额不会增加也不会减少。因此，工程建设单位只有强化项目的过程控制，使每道工序管理精细化，才能最大程度的节约工程建设成本，提高投资收益。

3.1 评估EPC承包商的综合项目实施能力

EPC承包商的综合项目实施能力，是整个项目工程建设能够成功顺利实施的保障。通常情况下，EPC承包商除了需要具备较强的专业技术能力和各项专业施工资质外，还需要具有一定的资金实力，以及在项目所在国实施同等规模项目的EPC施工经验等。

3.2 慎重选择合作单位

作为EPC总承包商，在施工组织上把分包方管理好，就等于工程干好了一半。在分包方的评价和选择上，要综合考虑其是否有在项目所在国类似工程的经验和业绩，项目管理人员的资质，资源组织和投入的能力以及合作精神和报价等因素。要按照互利、互惠、互信的原则，将那些技术配套、业绩优良、队伍稳定、拉得上干得好的外协作为优先选择对象，建立一批长期稳固的合作队伍。同时要按照EPC运作要求，制定企业内部定额，依据这个定额和配套的管理办法，对分包方进行有效的管理。

3.3 转嫁部分风险

要善于利用项目所在国分包方的资源和力量，把风险比较大或不擅长的部分分包出去，分包时可把工程建设单位规定的误期损害赔偿费等纳入分包合同，将这部分风险转嫁出去。

3.4 抓好工程进度和质量控制

在项目实施过程中，承包商要采取倒排工序、正向组织的方法，编制工程总进度计划、阶段进度计划和各类保障计划，严格执行技术交底制度，抓好物资进场检验，认真执行三检制，通过对关键节点、关键工序、关键流程的控制，对施工过程实行穿透式管理，保证工程进度，以过程精品确保工程整体质量目标得以实现。

3.5 积极开发和应用新技术、新工艺

在工程建设的过程中，可针对 EPC 总承包合同的特殊性，结合工程实际，采取新工艺、新方法，在不降低设计标准的前提下，抓好方案优化，降低工程成本。

3.6 抓好关键项目节点，设立节点奖罚，鼓励提前完工

一要根据 EPC 合同中的奖励条款，设立提前完工奖，争取工程建设单位和工程承包单位的双赢。二要根据罚款条款，对未按时完成项目关键节点的承包商，要根据情况予以惩罚，严格控制工期延误、设计变更等重大事项的发生，以保障项目的顺利履约。

3.7 抓好竣工验收

一是按时完成竣工资料编制，完善移交手续，做好正式移交前的准备工作；二是成立结算小组，明确结算确保目标和力争目标。结算目标要按专业分解，明确责任人，确保各个目标实现；三是项目交付时要确保根据各变更部分编制增量部分结算书，上报工程建设单位核定变更工作量，并签字确认；四是项目交付后，结算人员要及时确认各种单价，形成结算报告交业主确认，做到不丢项、不漏项，不缺项及时协商达成共识。

4 结 语

EPC 总承包模式在国际工程承包中已被广泛应用，是一种国际认可，发展成熟的工程承包模式。工程建设单位和工程承包单位均应充分认识到这种模式的价值所在，双方应共同努力，提升对产业链各个环节的整合能力、控制能力和综合服务能力，对设计、施工、采购全过程进行科学控制，以有效地降低工程成本，提高项目整体效益。

EPC 总承包模式下的轻型化项目成本管理

刘光明，李　亮，张华靖

（中国水利水电第十四工程局有限公司，广东广州 510800）

【摘　要】　随着工程建设市场的日趋完善，工程总承包企业管理越来越规范化、明朗化，项目建设业主也看中如今 EPC 总承包管理的投资管理优势，即在 EPC 总承包模式下，设计、采购、施工均可委托由总承包单位进行统一管理，如此建设单位的管理难度降低，管理工作量也大大减少，由此现在采用 EPC 工程总承包管理模式的项目越来越多。而当前国内大型施工企业又主推轻型化模式管理，轻型化意味着管理人员需要精减。由此，在 EPC 总承包模式下的轻型化项目的管理难度将大大提高，其中，如何进行有效地降低成本管理，是施工企业保持市场竞争力的根本。

【关键词】　风力发电；EPC；工程总承包；轻型化；项目成本管理

0　引　　言

中电建阳江风电场（一期为岭南风电场、二期为宝山风电场）位于广东省阳江市阳东区新洲镇，距离阳江市约 35km，风电场占地约 100km^2。工程规模为 100MW，由 44 台单机容量为 2000kW、4 台单机容量为 3000kW 的抗台风型风力发电机组组成。

EPC 工程总承包指工程总承包企业受业主委托，按照合同约定对工程建设项目的设计、采购、施工、试运行等实行全过程或若干阶段的承包[1]。本文以阳江风电场项目为例，阐述在风电场建设过程中 EPC 工程总承包模式下的成本管理。

1　轻型化项目的特点

轻型化项目是在传统的项目管理基础上，充分立足项目现场的具体实际情况，熟练掌握项目管理的各项要求，对项目部门管理职能进行转移、归并、减员，在满足合同履约的前提下达到减员增效、优化资源的目的[2]。其管理要点有以下两方面：

（1）减少项目管理层构架、压缩项目组织机构，即缩减一些臃肿部门，将部门合二为一、人员一岗多责，这样既可以降低管理成本，也可以加强现场管理工作的无缝衔接。同时将部分工作交由公司后方专业人员完成，项目经理部只需提供基础数据即可，以此减轻前方人员工作负担，达到降低项目管理成本的目的。

（2）整合企业和社会资源：企业资源和社会资源不仅限于公司内部资源，还包括专业分包队伍资源、供货商资源、地方政府资源以及业主、监理资源等，凡是能有利于本工程建设推进的都应充分加以利用，快速推动项目建设，如此方能实现项目经理部以最少的经验丰富人员管理整个工程建设项目的目的。

作者简介：刘光明（1989—　），男，助理工程师，E-mail：1034888327@qq.com。

2 轻型化项目管理人员的要求

轻型化项目下的 EPC 总承包管理突破了传统的总承包管理机制，强调减员增效的原则。风电场的建设过程中包含房建、道路、装修、设备、电气、线路、吊装等多个专业，并且对外沟通协调工作量大，因此对项目部的管理人员要求更高，既需要有懂得各个专业的综合型技术管理知识，又需要有经验丰富的对外协调能力，同时这些管理人员还需具备很强的成本管理意识和执行能力。

3 总承包成本管理

3.1 总承包合同的成本管理

投标前期做好勘察、成本分析等工作，在合同源头控制风险。总承包合同在谈判阶段，总承包方就需要组织人员现场踏勘，掌握工程中的风险和可操作点，并在总承包合同条款谈判时，应避免承包人的风险被限定死，合同条款要由总承包方对现场进行管理的可操作空间约定，规避建设业主在合同履约期过多的干预风险，增加总承包方施工成本。如在本岭南风电场合同中对场内道路就预留了可控条款，合同约定总承包方可对道路长度、线形及路面结构形式进行优化，其优化减少费用归总承包单位。在岭南风电场施工阶段，现场做了如下优化工作，有效地减少了工程成本，加快了工期，营造了业主、总承包单位双赢的局面。

（1）线形的优化：进场道路只需要满足风机塔筒等大型设备抵达机位平台条件即可，长度和宽度可根据实际地形情况及通行要求进行优化。在岭南风电场建设过程中，场内道路的优化量达到 30%，通过优化，缩短原始地形长度，调整路面纵坡及边坡坡度，使得道路开挖量减少，同时征地面积也得到减少。如此既节省了投资，也缩短了工期。

（2）路面结构的优化：原设计为混凝土路面结构，在征得项目业主同意优化后，将混凝土路面结构优化为水泥稳定粒料路面结构，此优化降低了 25% 的施工成本，同时加快了施工进度。

3.2 对设计方案的成本管理

EPC 工程总承包模式下，加强对设计单位技术管理，选择技术可行、经济合理的设计方案是降低工程成本的关键。

设计单位作为项目技术的核心力量，也是设计方案的编制单位，在设计方案的比选上要有很强的成本意识。在非 EPC 工程总承包模式下，设计单位由业主单位进行管理，业主施工经验相对欠缺，往往只依赖设计方案实施工作，由此易出现对设计单位提出的不合理设计方案，业主单位没法提出可优化意见，而又不及时与施工总承包单位沟通，由此风险都将转移给施工总承包单位，导致总承包单位施工成本增加。

设计单位在设计时要对新材料、新设备、新工艺、新技术合理利用，充分挖掘风电场工程可优化的设计潜力，通过设计方案优化降低施工成本和材料成本，降低投资风险。在 EPC 总承包模式下，设计单位由总承包单位进行管理，如此总承包单位与设计单位的沟通将更加顺畅，更加有利于处理设计中遇到的问题，在满足并保障整体工程质量、安全达标的前提下，对设计方案进行比选优化，合理地降低施工成本。同时，项目业主投资费用也将大大降低，减少总承包方的索赔风险。譬如在宝山风电场项目中，风机基础环原设计材质为高强钢板，通过与设计院、厂家沟通，引进新技术，经过优化，将传统重力式扩展环式基础优化为新型预应力锚栓梁板式基础形式，此举给每个基础节省了 40.28％的混凝土用量，亦减少了混凝土运输的安全风险并且缩短了施工时间，达到降低成本，节省投资的目的。

3.3 施工现场的成本管理

生产、技术与经营相结合的理念，既是对技术方案进行验证和纠偏的关键，也是工程总承包模式降低成本的关键。

现场生产离不开技术，技术脱离不了现场，但二者都必须与经营相结合方能实现工程总承包的利益最大化。

施工现场是千变万化的，尤其风电场这种涉及多专业的工程项目，不可控因素非常多。如道路施工过程中，遇到拆迁、征地补偿、难以跨越的障碍物以及与民俗相关的构筑物等影响施工进度的问题时，就需要现场管理人员详细勘察现场、多方走访摸排，进行细致分析和商议，以综合成本最低、工期最短、见效最快这三项指标为原则，经比选后选择最优方案，并对现场发生事件做出灵活判断。如岭南风电场 7 号支线在开挖施工过程中，发现原设计线路经过一处地方风水地，如拆除庙宇，必然招来村民阻挠，相应的征迁难度大，虽然原设计路线较短，但征地费用增加、工期延长，因此经现场管理人员走访其他备选线路，经技术、成本、工期对比，最终选择了一条绕开庙宇，避开风水地的长度适中的线路；此项决策即是遵循成本最低，工期最短，见效最快的原则，实现控制项目成本的目标。

3.4 分包商的成本管理

重视分包商的选择和合同管理也是降低工程成本，实现项目盈利目标的关键。

分包商施工成本是施工总承包单位最难以控制的重要因素之一。由于工程现场不可预见事件太多，工程变更频繁，如此导致施工成本持续变化，无法预控。这往往与分包商的施工经验和履约能力有很大关系。通常分包商的选择往往是从社会中选择，但分包商履约能力高低不同，施工能力参差不齐。施工过程中往往出现很多扯皮和工作推诿现象，工程成本意识较弱，创新意识不高，按部就班，缺乏主观能动性，造成总承包单位管理难度加大，进而造成管理成本增加。

根据风电场项目特点，对分包商应通过以下两种方式管理，降低施工成本：

（1）通过分包商资源库管理，选择优良管理队伍：集团公司建立分包商资源库管理网站，分包商资源库中保留的都是已经与集团公司内部企业合作过的，信誉良好的分包商，且公司已对其施工经验、履约能力和诚信度进行优良评级，分包商队伍已经专业化、规范化。通过招标从中选择与公司进行长期合作的分包商，减少了施工过程中与分包商的磨合时间及扯皮现象，管理起来将更加顺畅，更有利于工程进度的推进。

（2）分包合同中通过固定单价结算方式，降低合同风险：根据国内风电场建设的通性，通常是边设计、边征地、边施工的方式，在此种设计或其他建设条件还没有落实，而后续施工过程中又需增加工程内容或工程量的情况下。通过固定单价，在进行工程结算时，是依据按实际完成的工程量结算，在工程全部完成时以竣工图的工程量最终结算[3]，由此采用固定单价合同更有利于项目管理。如在岭南风电场中，土建施工以固定单价的形式进行分包，施工时对道路进行优化，改变了道路的长度及路面结构形式（混凝土路面改为水泥稳定碎石路面），工程量大幅度减少，而采用固定单价结算，降低了道路工程总费用，缩短了工期，达到了分包成本预控的目标。

4 结 语

本文依托中电建阳江岭南风电场和宝山风电场工程实践，通过轻型化项目成本管理在 EPC 工程总承包模式下的案例应用，进行总结和分析，应做到如下几点：

（1）组建轻型化项目团队的要求：具备多专业施工管理经验，且具有很强成本管理意识和执行能力。

（2）总承包合同的成本管理：尽可能争取在总承包合同条款中预留总承包可自行优化空间条款，为后续优化提供依据。

（3）设计上的成本控制：在设计过程中加强成本意识，对四新技术进行合理利用，尽量降低工程预算。

（4）施工现场的成本控制：加强生产、技术与经营相结合的理念，注重对技术方案进行验证和纠偏，灵活地进行现场变更，达到成本最低、工期最短、见效最快的目标。

（5）分包商的成本控制：选择施工经验丰富、履约能力和诚信度高的分包商；重视分包商的成本预控管理。

以上所述方法在中电建阳江风电场项目中得到了很好的实施验证，同时每个工程都有自己独立的工程特性，没有哪个工程能够照搬复制，是一次性的，工程总承包管理模式也并非一成不变，应根据企业总体战略规划和工程项目实际特点等情况制定。只有坚持科学管理，才会给企业带来更多的经济效益和社会影响力。

参考文献

[1] 中华人民共和国住房和城乡建设部. GB/T 50358—2005 建筑项目工程总承包管理规范[S]. 北京：中国建筑工业出版社，2005.

[2] 刘立贵，张廉敏. 石头寨风电场项目轻型化管理探索[J]. 云南水利施工，2014(01)：73-75.

[3] 严艳林，姜亮. 固定总价合同与单价合同的风险分析[J]. 长江工程职业技术学院学报，2010(03)：66-67.

以竣工决算为目标的境外水电工程
投资成本控制探究

石　嵩，王家琨

（中国电建集团海外投资有限公司，北京 100048）

【摘　要】　电力工程项目投资具有建设周期长、地质环境复杂、建设条件变化大等特点，且境外项目受信息化程度不够，人员配置不足等客观条件的限制，往往在建设过程中存在概算控制不力甚至超出概算等问题，进而影响投资项目效益。竣工决算是国内对建设工程实际造价和工程质量评价的基本要求，一般是由财务牵头，但目前竣工决算工作往往体现为项目建设结束后填报格式化的报表及报告，对建设过程的促进作用较小，并没有真正的发挥财务管理职能。本文以电建海投公司老挝 B 项目为例，将竣工决算与项目概算、年度预算和合同招标和执行管理结合起来，探究如何以竣工决算为导向，通过建设过程的配套控制，实现投资成本的有效管控。

【关键词】　竣工决算；境外水电工程承包项目；投资成本控制

0　引　　言

随着国家"一带一路"倡议的实施，境外水电项目投资规模不断扩大，且投资主体多为大型央企；央企集团能够发挥设计—采购—建设—监理—运营全产业链优势，对水电项目从投资前期进行规划，能够较好地实现项目收益。但由于境外客观条件的限制，在水电建设项目中存在概算控制不力甚至超出概算的问题，无法有效实现成本控制。

为应对此问题及更好地实现项目收益，本文结合项目实际，以竣工决算为目标，合同台账为抓手，设置水电建设项目标准会计科目体系，落实分部分项原则，将成本控制思路贯穿于水电项目始终，实现水电建设项目效益充分释放与境外国有资产保值增值。

1　以竣工决算为目标的境外水电工程承包项目投资成本控制实施背景

1.1　应对境外项目成本控制难点，进一步提升境外水电项目投资效益，实现"一带一路"倡议效果

境外水电项目在工程承包期的收入是项目建设阶段的重要营收保障，但由于受境外人员配置不足、成本控制标准不统一、信息化条件受限及部门间沟通不畅等客观条件的限制，水电项目建设过程中存在成本控制失效甚至超出执行概算等风险，导致效益无法充分释放。而电建海投公司充分结合水电项目建设经验，以竣工决算为目标，合同台账

作者简介：石嵩（1980—　），男，会计学硕士，E-mail：shisong@powerchin.cn。

王家琨（1994—　），男，会计学学士，E-mail：1194411729@qq.com。

为抓手，设置水电建设项目标准会计科目体系，落实分部分项原则，将成本控制思路贯穿于水电项目建设阶段始终。对历史成本及未来预计发生成本进行动态把控，及时分析，充分发挥财务管理作用；有利于水电建设项目效益的充分释放，保障境外国有资产保值增值，达到"一带一路"倡议预期目的。

1.2 贯彻竣工决算新思路，开发境外项目全过程财务管理体系

目前水电建设项目仅仅在水电项目建设完工后，将竣工决算所需资料逐步集中到财务部门，形成竣工决算报告；这种竣工决算资料准备及审计过程中发现的问题是对历史成本的评价，滞后性严重，对水电项目建设过程中的成本控制和管理提升意义较小。且就目前管理而言，项目建设接近完工后，工程与商务人员相继离场及过程资料的缺失，导致投资成本的准确性与真实性很难通过严谨的审计；同时工程建设之初，财务普遍未能够依据《水电竣工决算验收办法》的事物资产明细表设置会计核算体系，导致在竣工决算工作中大量时间与精力花费在资料准备，事倍功半。

以上问题造成竣工决算工作失去原有的成本控制作用，而越发脱离实际，流于监管形式。以竣工决算为目标的境外水电项目投资成本控制，从设计概算开始贯彻分部分项原则，统一建设过程中核算体系与执行概算、竣工决算标准，明确成本控制责任，夯实造价工程基础，打通建设过程中业务与财务部门沟通渠道，充分发挥项目建设全过程财务管理效果。

1.3 为境外投资其余大型工程项目提供成本管控经验

随着"一带一路"倡议的实施，境外投资建设项目规模与数量不断增长。如何衡量境外项目投资效益，如何有效地进行以竣工决算为目标的成本控制体系探究，将境外项目资源统一整合，设置标准化成本化管控体系，打造境外项目管理团队；利于境外其余投资项目，设立符合不同工程需求的成本控制体系。

2 以竣工决算为目标的境外水电工程承包项目投资成本控制体系主要做法

2.1 明确成本控制基础，建立概算标准体系

2.1.1 建立概算标准体系

根据《水电工程设计概算编制规定（2013年版）》，工程总概算构成可分为静态费用与价差预备费和建设期利息三项。

静态费用包括枢纽工程、建设征地移民安置补偿和独立费用三项。枢纽工程主要包括为辅助主体工程施工而修建的临时性工程、枢纽建筑物等建筑工程、专为环境保护和水土保持目的兴建的环境保护和水土保持专项工程、构成电站固定资产的全部机电设备及安装工程、构成电站固定资产的全部金属结构设备及安装工程。水电站项目往往涉及移民征地，故设计概算中包含水库淹没影响区补偿费用与枢纽工程建设区补偿等建设征地安置补偿费用，此项费用可具体细分为涉及农村与城市集镇土地征收及基础设施恢复的项目补助；同时包含受项目影响的迁建或新建的铁路、公路等工程、水库蓄水前对库底进行的清理、农村移民安置区与城市集镇迁建区所采取的环境保护和水土保持工程。独立费用包含项目前期建设管理费、生产准备费、科研勘察设计费及耕地占用税等其他税费。基本预备费在此三项费用基础上分别计算，各部分的基本预备费，按工程项目划

分中各分项投资的百分率计算。

枢纽工程、建设征地移民安置补偿、独立费用三项费用可均分为三级项目明细进行工程分部分项划分，比如"枢纽工程"中的"建筑工程"，分为一级项目：挡（蓄）水建筑物。二级项目：混凝土坝（闸）工程。三级项目：土方开挖。在此分类下，第二级项目就是整个工程的分部分项划分原则，第三级构成工程的主要工作和工程量。基本预备费由于基于其余三项费用进行计算，故可进行三级项目明细划分。

动态费用包括价差预备费与建设期利息。价差预备费根据施工年限，以分年度投资（含基本预备费）为基础进行计算；建设期利息包含债务资金利息和其他融资费用，债务资金利息从工程筹建期开始，以分年度资金流量、基本预备费及价差预备费之和扣除资本金后的现金流量为基础，按不同债务资金以及相应利率逐年计算；同时某些债务融资中发生的手续费、承诺费等计入其他融资费用。由于动态费用包含内容较为单一，具有明确的计算公式，故可根据实际需要设置一级科目进行核算。

设计概算中对工程的分部分项，基本明确了水电工程的造价构成，是建设期成本分类控制和竣工决算实物资产分类的基础。如图1所示为工程概算的组成。

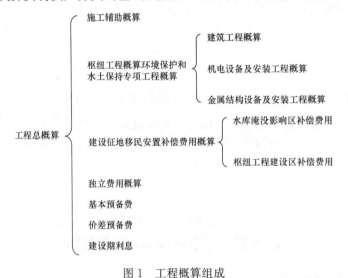

图1　工程概算组成

2.1.2　建设阶段合同招标清单

按照《设计概算编制规定（2013年版）》对水电工程分部分项后，《水电工程工程量清单计价规范》对水电工程计价、工程分表、标底编制、招投标及合同签订、工程计价争议处理、索赔进行进一步规范。规范明确项目设置在分部分项工程下按照不同工作细化，工作序号表示为：SD（表示水电工程）＋××（2位数字、表示专业工程）＋××（2位数字、表示项目明细，分部工程）＋×××（3位数字、表示具体工作）构成。如SD01为土方明挖工程，SD0101为土方明挖工作，SD0101002为一般土方工作；SD02为石方明挖工程，SD0202为水下石方明挖，SD0202001为水下表层石方开挖。

2.1.3　建立水电建设项目会计科目体系

电建海投公司根据会计准则规定、概算编制规定和竣工决算管理办法，以项目概算中的单项工程和费用明细作为成本核算的基础，设置会计账簿与会计科目体系，与项目概算费用保持一致，以便竣工决算报告的顺利编制和资产计量与移交。主要科目包括工程物资、在建工程、原材料、工程施工。在会计科目体系下设末级科目。

2.1.4　竣工决算交付、验收明细表

设计概算编制规定及水电工程工程量清单计价规范对项目招标、会计核算定下标准；验收的标准为《水电站基本建设工程竣工决算专项验收管理办法》（水电规验办〔2008〕90 号），竣工决算审计主要内容包括：竣工财务决算报表、投资及概算执行情况、建设支出情况、交付使用资产情况、未完工程及所需资金、建设收入情况、结余资金情况、工程物资招投标执行情况及项目投资收益。为满足审计与验收需求，此阶段主要填列与完善 5 张系列表，重要内容为 3 张系列表：工程概况表、交付使用资产明细表、工程决算一览表。

竣工决算验收秉承了设计概算对工程分部分项的要求，在最终竣建决 05 系列表与设计概算的工程一、二级分类完全一致，能够达到概算对比分析的目的；竣建决 04-1 和 04-2 表反映的实物资产在设计概算的工程一、二级分类中均有单项显示，只需要将概算中一、二级分类中的无形的投资成本分摊至有形实物资产即能完成实物资产移交的目的。竣建决 01 表对主要工作工程量和材料耗料的要求，同《水电工程工程量清单计价规范（2010 年版）》的明细程度完全一致。

设计概算阶段明确了水电建设工程的分部分项，建设阶段在招标过程就明确了在各分部分项工程下的具体工作及其工程量和单价，并设计会计科目体系，保证业主单位与承包商口径的一致性；此两项分部分项划分，不能随意删减和合并，影响验收基础。竣工决算阶段一方面将批准概算与实际投资进行对比，评价项目投资成本控制情况；另一方面将建设期主要工作的工程量按系列表形式进行汇总，将设计概算中的无形资产支出摊销到有形实物资产价值中，保障资产交付手续。

由此可见，水电工程项目开发、建设和竣工决算对工程分部分项要求一致，构成水电项目以竣工决算为目标的境外水电项目投资成本控制标准，为成本控制体系奠定了坚实的基础。

2.2　建立水电投资建设成本控制过程抓手，贯彻成本控制标准

设计概算中工程的分部分项是一切投资成本控制和竣工决算的基础，在工程招标、合同评审阶段，均需按照分部分项原则进行控制。为在后续建设过程中进一步贯彻标准，做好执行概算分析与成本把控，确保竣工决算所需资料准确、完整，需以合同作为抓手，通过评审、签订、执行、争议解决及履约完成环节，通过标准会计核算体系对水电建设项目成本予以计量。

2.2.1　合同执行全过程管理

电建海投公司主要以投资方身份参与境外水电 BOT 项目建设，经过对公司项目投资成本的测算，投资中以合同形式形成的成本占到总投资的 70%～80%，只有少数项目如建设管理费、补偿费、人工费、零星费用为非合同成本，因此合同是以竣工决算为目标的境外水电项目投资成本控制中最为重要的抓手。为最好程度地做好合同执行管理，电建海投公司老挝 B 项目公司建立了明确的合同责任体系，将设计概算中不同工程的分部分项管控责任划分到具体部门，确保所有成本均有具体部门负责，达到成本无遗漏无死角管控。具体管控如下：

（1）合同部、工程部负责施工与监理类合同，主要负责施工合同中的施工辅助工程、建筑工程、环保水土保持、金结及安装，机电部负责物资采购合同，明确机电设备及安装归属。

（2）移民征地部：境外水电项目通常会涉及移民征地，其涉及的枢纽工程建设区补

偿费用、水库淹没影响区补偿费用，这两类合同归属于移民征地部负责。

（3）综合部：负责项目建设、生产准备（其他类合同）；科研勘察设计等设计类合同。

（4）财务部负责耕地占用税、耕地开垦费等其他税费类合同，及建设期利息。

2.2.2 合同台账登记工作

在合同管理过程中，合同台账的设立与记录是重要一环，是会计核算与成本控制的重要核实依据，因此单独予以介绍。财务部牵头打造合同台账体系，将项目所涉及合同金额、索赔与变更金额（如涉及）、合同结算及支付记录纳入合同记录体系。合同归属部门及项目公司财务部门日常填列合同台账数据，并按月开展合同台账数据核对工作，分析业务数据与财务数据的差异，核实会计核算处理与投资额统计情况。

在水电工程建设过程中，工程量的正确计量是业主单位向承包人支付工程进度款的前提和依据。为充分发挥财务管理作用，财务部门对合同进度付款建立审批程序；并通过合同台账结算金额分析工程进度与投资发生额之间的合理关系，发挥成本分析与管控作用；同时合同若存在金额变更及索赔事项，财务部门充分参与调整流程，对索赔签证内容予以核实，保证成本调整的合理性，控制合同风险。

根据工程进度需要，财务部门与业务部门对合同未来履行进行合理预测，对分部分项成本进行合理预计。

2.2.3 加强固定资产核算，建立设备核算卡片

为明晰无形资产与固定资产区别，应根据实际情况，核算水电项目购入房屋建筑物及各项不需要安装的设备；对于各项固定资产，应设置完整的设备台账，台账应符合决算要求，台账应包括设备名称、规格型号、供应单位、所在部门和使用者、计量单位、数量、资产价值和单位指标等信息。

2.2.4 概算控制动态明细表

概算控制动态明细表在设计概算的工程分部分项基础上，添加截止到报告期的成本执行金额、未来预计成本发生额、有纠纷未解决金额，完整、实时反映历史数据与未来数据、财务数据和业务数据，切实实现动态控制、对比、分析，避免重大成本遗漏。

合同台账及时填列、核实与更新后，即可作为概算控制动态明细表的主要依据。合同管理是成本全过程控制的重要抓手，而概算动态控制表是概算执行分析体系的重要参考。

2.3 建设水电投资建设过程成本控制团队，建立内部沟通有效渠道

优秀的过程成本控制团队是贯彻全过程成本控制标准与发挥合同抓手作用的重要保障。现阶段随着信息化技术的不断发展，成本控制对技术依赖越发明显。而境外水电工程建设过程中，财务与业务融合及技术充分发挥功效的关键却在于人才团队的建设。

在以竣工决算为目标的境外水电项目投资成本管控体系里，人才团队既是体系的重要一环，也是体系贯彻的有效保障。体系建立与维护在于人，在项目建设之初，就必须贯彻以竣工决算为目标的境外水电项目投资成本理念，贯彻公司利益最大化原则，在建设每一阶段实现有效沟通，避免部门间纠纷对资源的消耗，降低个人牟私的可能性。

（1）对已发生成本进行及时分析：判定成本是否与工程进度相匹配，合同分包商履约是否及时。

根据工程建设的实际情况，财务部门出于严谨性考虑，往往以已经确定的事项作为

核算依据；但业务数据会存在先行指标与职业判断，比如供应商已经发货、发票未收到，货款尚未支付，财务无法进行入账；同时工程结算中若出现索赔、变更事项，金额基本明确，但是双方并未进行签字确认，业务数据尚未进行登记，但财务尚未进行核算。这两种存在差异，双方要明确差异存在的客观性，并做好协同审核与沟通工作。

（2）对合同纠纷进行探讨，深追原因；共同探讨纠纷解决机制，同时为规避纠纷风险应建立风险防控机制。

（3）对合同未来预计发生成本进行探讨；结合概算设计、工程进度，严格规避超概风险。

（4）通过概算动态控制明细表分部分项预测数据发生重大变化：在建设阶段前期，由于制度与体系尚未完善，存在工作内容不清晰、合同不健全、台账制度不完善、投资成本无法预测等客观问题，分部分项预测数据在前期存在完整性、合理性缺失问题。

在项目前期要对问题建立容忍度，及时暴露项目在前期面临的问题，针对问题进行制度与风控的建立；同时对概算动态控制明细表，根据工程进度，要开展定期地更新和分析。

2.4　竣工决算成本中的非合同费用控制

在竣工决算中存在非合同费用，比如项目建设管理过程中发生的办公费、会议费等管理费、建设征地与移民补偿管理费、人工费、零星费用等，此项费用也需由相应部门负责，财务部门做好登记，同时未来数据必须由分管部门进行合理预计，切实实现费用管控无死角。

根据以上步骤，以竣工决算为目标的境外水电项目投资成本控制体系基本确立，如图 2 所示。

2.5　完成竣工决算报告出具工作

水电工程建设成本控制体系建立后，在完工阶段，应汇总整理竣工决算所需资料，做到账账、账证、账实、账表相符；反映工程从筹建到竣工验收实际发生的全部建设投资的使用情况、建设经验，进行复盘分析，考核设计概算的执行成果，分析建设成本的节约与超支的总结性文件。

BOT 项目以无形资产—特许经营权计量，无形资产—特许经营权应当以竣工决算审计确定的金额为可靠计量该建造服务公允价值的依据。工程达到预定可使用状态，但尚未办理竣工决算的，应自达到预定可使用状态之日起，根据工程预算或实际成本，做资产暂时入账，待正式办理竣工决算手续后，按照实际决算数调整资产暂估入账数。

3　以竣工决算为目标的境外水电承包项目投资成本控制的作用

3.1　打通境外项目投资建设环节，形成可推广的水电项目投资成本控制体系

利用竣工决算现有工具，从概算设计开始，分部分项，统一标准，进行合同分标与招标，建立水电工程项目科目体系，打通业务与承包商环节；并以合同作为抓手，明确责任归属，通过合同评审、合同执行、变更及索赔的全过程参与，充分发挥财务管理作用，打通境外项目投资建设环节。保障会计核算与入账的完整准确性；通过合同台账建

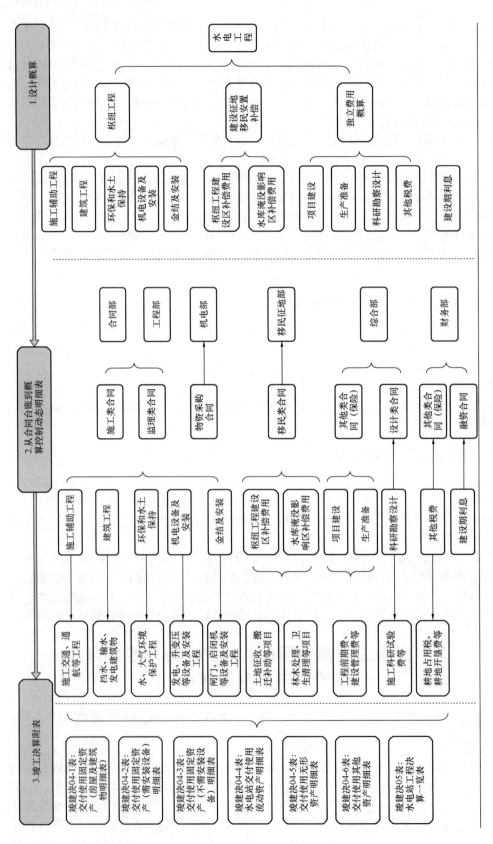

图 2 以竣工决算为目标的境外水电项目投资成本控制体系

立与完善对投资成本发生额进行登记，对工程进度予以把控；结合专业性，对未来成本进行预计，切实实现建设成本发生额与执行概算比对的有效分析。

3.2 创新竣工决算模式，建立全过程财务管理体系

以竣工决算为目标的境外水电项目控制，对工程建设整个周期的成本管控目标分解到位。从概算设计到竣工决算报告的出具，财务管理均发挥重要作用，并通过合同实现业务与财务的充分融合，建立水电工程项目科目体系，构建业务与财务数据的对比体系，并通过未来成本发生的预计进一步实现财务管理前移。

在这一过程中，竣工决算报告所需资料也得以有序整理，包括工程进度、工程成本、费用登记簿及待摊投资发生额的统计资料等；利于竣工决算报告出具时间的缩短，提升编制效率。

3.3 有效应对境外项目成本控制难点

3.3.1 人力资源配置难点

现阶段，熟练适应海外社会、经济、人文、语言环境，同时能够开展特定工程管理的人力资源的储备有限，尤其是海外人工成本相对较高；配置足额的、能力强的各级项目管理人员是最大的难点。

而成本管控体系建立之后，将对优秀项目管理团队建立及团队人员素质提高产生巨大促进作用；并作为体系运行的有效保障，实现良性循环。

3.3.2 成本控制标准难点

在公司成本控制体系中，"分部分项"标准贯穿于项目建设的始终。在现阶段，工程分标和招标的工程分项相同，会计科目体系设立也以此作为依据。电建海投公司将国外水电项目的设计概算纳入国内体系，统一标准，为投资额统计统一口径，解决了工程控制成本和财务控制成本视角不同的问题。

3.4 为境外大型基建项目成本管控提供思路借鉴

目前，境外投资项目主要为大型基建工程，以电建海投公司水电项目管控体系为例，其余基建项目可结合行业实际与标准，从设计概算直至竣工决算报告出具，确立分部分项原则，明确成本控制抓手，打通境外建设中成本管控的各个环节，有利于投资项目效益的进一步释放。

参考文献

[1] 徐艺. 电力工程项目竣工决算管理研究[D]. 华北电力大学，2008(5).
[2] 单明慧. 竣工决算是工程造价管理的重要环节[J]. 青海交通科技，2005(1)：13-21.
[3] 刘静. 工程项目竣工决算财务标准化管理体系的构建及应用[J]. 财务与会计，2016-02：55-57.

国际水电工程 EPC 合同项目的工程
造价和风险控制研究

贺焕彬

（中国水利水电第七工程局有限公司，四川成都 610081）

【摘　要】　近年来，水电工程行业为我国社会经济的建设和清洁能源发展做出巨大的贡献，作为确保水电工程行业稳定发展的重要保障，水电工程造价控制的质量和水平不仅关系着水电工程行业的发展，而且对于国家能源结构调整也具有重要影响。鉴于此，本文对 EPC 模式进行简要概述，并对加强国际水电工程 EPC 合同项目工程造价和风险控制的意义，以及 EPC 总承包模式存在的不足展开研究，从而提出加强水电工程 EPC 合同项目工程造价控制的几点思考。以期为国际水电工程项目建设及工程造价控制研究提供有价值的参考意见。

【关键词】　国际水电工程；EPC 合同项目；工程造价控制

0　引　　言

伴随着我国水电工程建设不断深化和发展，响应国家走出去战略和国际化经营战略号召，推进全面开放新格局，推进"一带一路"建设，创新对外投资方式和促进产能合作成为主流。在这样的背景下，我国越来越多的建筑工程企业开拓了海外市场，这对于水电工程造价控制水平提出了更高的要求。为了确保国际水电工程造价控制的质量，提高控制的水平，就需要采用先进的管理模式。因此，本文对国际水电工程 EPC 合同项目工程造价和风险控制展开研究。这无疑对于确保水电工程项目建设管理质量和提高工程造价控制的水平具有理论性的意义。

1　EPC 模式的概述

EPC 合同模式一般运用在大型的水电工程项目建设中，项目一般具有管理难度大、专业技术高、投资规模大的特点。在工程建设过程中，材料的采购和成套设备的采购占比较大，采购周期较长，甚至有大量的特殊施工设备需要独立定制。另外，EPC 合同模式，还具有不同的分项工程承担模式、不同的项目管理方式、不同的招标模式以及不同的组织与合同关系的特点。EPC 合同模式还具有交易成本低的特点，业主与承包商只需签订一个工程承包总合同，业主可将工程项目建设全部流程委托给承包商管控，承包商承担工程项目建设大部分风险，业主无须聘请大量工程监理/咨询人员，可由业主或业主代表直接组建项目管理团队，直接进行项目管理，有利于提高管理效率。与传统模式相比，EPC

作者简介：贺焕彬（1978—　）男，高级经济师，中国水利水电第七工程局有限公司国际工程公司副总经济师、商务合同部主任。

合同模式是在传统模式的基础上建立的，具备了传统观的公正公平的特点，有着不同的适用范围，EPC 合同模式项下工程建设包含勘测、初步设计、详细设计到复杂的设备采购、安装、调试和试运行全部环节，在这样的模式下，业主无须将不同阶段的设计任务和不同专业的施工任务交由不同的工程承包商来执行，项目实施过程中能缩短设计、采购和施工的各个关键管控环节，有利于最大程度发挥承包商的专业经验。

2   加强国际水电工程 EPC 合同项目工程造价控制的意义

国际水电工程 EPC 总承包的模式下，承包商需要对水电项目工程设计、采购和施工等环节进行严格控制。在项目设计和初期的建设过程中，应进行详细的地质勘探和水文调查，进行水力模型实验和结构分析计算，根据《业主需求》确定结构物布置和关键参数，进行永久设备选型，充分利用项目周边自然条件，将影响项目目标、永久设备选型、制造、采购和现场施工环节的因素放在首位，从而做到尽量避免采购和施工过程中出现技术问题，确保水电工程项目能够顺利完成施工。通过前期详细的调查论证，努力降低水电工程的设计错误，避免在施工过程中出现容易忽略的技术问题，根据项目特点，承包商由经验和能力优化资源配置，采用新工艺、新材料和新施工方法，能提高水电工程施工的安全和建设的质量。工程设计是 EPC 合同模式下的龙头，设计关系着整个项目的经济预算和建设成本，在满足业主要求前提下，控制设计才能降低国际水电工程 EPC 合同预算和建设的成本，提高水电工程 EPC 合同项目的经济效益。在大型的水电工程建设项目中，通常情况下，业主为了降低自身的管理成本，缩短建设周期，降低因通胀引起的投资风险，愿意采用 EPC 总承包合同管理模式，愿意付出优惠的合同价格，从而确保水电工程 EPC 合同项目的顺利实施。

在国际水电工程 EPC 合同项目工程造价控制过程中，承包商往往习惯于照搬传统施工承包模式的经验，将施工阶段作为工程造价管理的重点，对施工的各个环节进行严格的审查，力求通过强化后期施工来提高水电工程项目建设质量，但这无异于亡羊补牢，在特殊的水电工程项目建设时，各个阶段都会影响到整个水电工程建设成本。若未能在各个环节进行严格的把控，未先解决设计环节的工作，未能将设计成果转换并直接用于指导装备和设备采购，可能会对水电工程项目的进度控制、质量控制、投资控制造成影响和干扰。各个关键实施环节和专业管控如果失当，不仅增加了水电工程施工的周期，还影响水电工程项目的施工质量，增加工程项目的投资成本。由此可见，在工作中需要更加注重强化国际水电工程 EPC 合同项目工程造价和风险控制。

3   EPC 总承包模式存在的不足

近年来，传统的施工承包在水电建设领域被逐步替代，EPC 总承包模式已经在国际水电施工承包行业中已得到广泛的应用和推广，但在水电项目建设的实际应用中，EPC 总承包模式依然存在一些不足，具体如下。

（1）EPC 总承包模式与传统的施工模式相比，具有较大的差异，导致 EPC 总承包模式在应用的过程中，项目业主难以理解和配合 EPC 总承包商的工作，造成 EPC 合同项目在施工过程中某些环节难以顺利开展，有些情况下业主按照传统施工承包模式管控，对承包商实施项目干扰太多、太紧，尤其业主对承包商的工程设计不放心，对设计文件审批流程太长，阻碍了项目工程的顺利施工，使得承包商和业主均遭致额外管理成本，更有甚者发生合同纠纷。

（2）EPC 总承包商承担了合同项目工程建设的大部分风险，导致承包商在接到项目工程后，往往需要考虑投入的管理成本，过度地考量风险、利润和投入产出比等要素，甚至在重大设计和施工方案方面犹豫不决，消耗项目工期，导致工程造价增高，很大程度上减少了承包商经济获利的机会。

（3）在 EPC 总承包的模式下，业主将 EPC 合同的项目建设风险大部分转移到了工程项目承包商身上，业主在工程招标时，科学合理地选择具有设计、采购和施工经验、能力和具备全产业链条的承包商显得尤为重要，若承包商出现了管理问题，将使得整体工程项目面临着巨大的风险，导致工程项目在建设过程产生诸多问题，最终造成双方发生合同纠纷。

（4）EPC 合同模式下自合同签订起，水电工程承包商就处于被动的状态，主要体现在部分由自然环境中的不可抗力、社会风险、政治风险等直接损失都由承包商承担。业主可派代表或自身通过 EPC 合同对承包商进行监管，监控工程项目施工的质量和进度。但实际的项目实施过程中，业主对工程项目管理的参与程度应适度，不宜太紧，但又不能完全放开，完全放开可能导致 EPC 合同工程项目的建设控制力缺失，无法发挥出 EPC 总承包模式应有的作用，导致最终风险完全失控。

（5）在 EPC 总承包的模式下，因涉及大量复杂地质条件，承包商对项目周边的地质条件进行详细调查尤为重要，一旦前期对地质条件把控失准，可能导致后期工程设计变得更复杂，导致结构物增加和承包商预估工程量剧增，甚至导致地下工程处理面临更大技术风险，承包商为了避免亏损，后期试图通过设计优化减少构筑物和部分工程量，可能降低了工程结构的安全标准，降低功能性保障，因过度设计优化导致与业主发生合同纠纷，增加审批次数，导致实施工期延长，既增加业主的管理成本也增加了承包商的经营成本。如果出现极端情况，在工程详细设计完成后，发现签约合同金额根本无法完成项目实施，导致承包商毁约，最终导致项目失败。

4 加强水电工程 EPC 合同项目工程造价和风险控制的几点思考

4.1 明确 EPC 合同工程项目风险

工程项目的风险很大程度上直接影响 EPC 合同项目工程造价控制的质量，并成为影响工程造价控制的主要因素。通过及时识别和分析工程项目的风险，拟定防范措施，通过有效执行能有效地确保水电工程 EPC 合同项目工程造价和风险控制的质量。因此，在 EPC 合同项目工程造价控制过程中，应明确 EPC 合同工程项目的风险。例如：加强项目工程风险辨识的能力，根据 EPC 合同项目的实际情况，可将风险指标分为目标层、准则层和指标层。目标层即 EPC 工程项目风险；准则层即采购风险、管理风险、技术风险、商务风险以及决策风险；指标层即影响准则层的具体指标。

另外，项目实施过程中，可大量采用经济、简便和安全风险小的施工方案，放弃不成熟的施工工艺。同时，还可通过选择有能力和有经验的分包商分担 EPC 项目的部分施工风险，实行分包承包等，通过利用分包商的专业能力，降低部分工程造价失控的风险。在国际水电工程 EPC 合同项目的造价控制过程中，造价控制人员应是项目风险管控的主要主导者和参与者，要求管控人员综合素质和能力强，要求其必须了解项目所在国家的政治和经济基本情况，掌握项目所在国的进出口贸易、物资供应、物流、税种税率、政策、文化和法律等基础知识，此外，还应熟悉保险、运输、代理及金融等相关业务领域。学会综合分析和考虑这些因素可能会对 EPC 合同项目造成的影响，分析和研究其中可能存在的风险因素，并结合风险预防和控制手段，有效的消除风险对国际水电EPC 合同项目建设的影响。除此之外，还需避免 EPC 合同项目在建设过程中，受到来自外界因素的影响，例如设计变更、规划变更、水文气象、地质条件等。

4.2 EPC 合同项目工程造价控制风险应对措施

为了确保水电工程项目的施工顺利进行，需要实施有效的国际水电工程 EPC 合同项目工程造价控制风险的应对措施。首先，水电工程承包商建立和完善回避风险的应对机制，有意识地将部分风险转移到第三方，例如，将自然灾害导致的不可抗力、工程设计失误、非承包商之外人员引起罢工、物流、人员和设备财产等风险转移到保险公司，将部分专业要求高的施工项目实行分承包等，工程实施过程中通过特险保险、工程保险与银行担保、控制型非保险转移等形式规避收款风险。其次，承包商可通过有效的手段对国际水电工程项目的施工存在的风险因素进行控制，通过实施有效的国际水电工程EPC 合同项目工程造价控制的机制和措施，确保国际水电工程项目施工顺利进行。例如，完善国际水电工程合同纠纷处理方法，发生合同纠纷时，及时通过合同调解和仲裁机制解决；规范水电工程项目管理，加强专业整合；提高国际水电工程 EPC 合同谈判技巧，及时解决合同争议；加强水电工程项目建设中的成本控制，尤其控制采购、物流和税务成本，推动本土化和属地化经营；做好水电工程项目 EPC 合同管理，从而提高国际水电工程 EPC 合同项目工程造价控制的水平。

5 结 语

综上所述，在当前国际市场竞争激烈的环境下，EPC 总承包模式能够最大限度地推动国际水电工程承包发展，加强对工程造价和风险管控研究，能为今后的国际水电工程项目实施提供必要的支持，对今后的水电工程项目开发和合作具有重要的意义。因此，在未来的工作中，还需加强国际水电工程 EPC 合同项目的工程造价控制研究，为水电工程行业承包良好发展奠定基础。

参考文献

[1] 杨明东，唐彬耀. 浅谈 EPC 模式下施工过程中的工程造价控制[J]. 四川水力发电，2017，36(07)：17-19.

[2] 郭雪丽. 火电厂烟气脱硫工程 EPC 总承包工程造价控制探讨[J]. 经济，2017，01(3)：131-131.

[3] 陈敏. 基于水利工程项目 EPC 总承包模式的工程造价管理研究[J]. 珠江水运，2016，12(17)：94-95.

[4] 张海宇. 政府采购 EPC 工程总承包项目工程造价管理中存在的问题探讨[J]. 建筑与预算，2016，10(12)：5-7.

[5] 刘永志. EPC 石化项目工程造价管理工作常见问题和对策分析[J]. 建筑建材装饰，2016，12(14)：105-106.

[6] 魏琳. EPC 承包模式下建设项目造价全过程管理研究[J]. 低碳世界，2017，05(19)：242-243.

EPC 模式下大型水电工程不同价差调整机制对工程造价的影响及评价

赵茂羊，李锦成，李　武

（雅砻江流域水电开发有限公司，四川成都 610051）

【摘　要】为合理分摊大型水电站长建设周期内物价波动较大的风险，合同条款需要设置价格调整机制，EPC 模式下合同价款结算不再以计量签证为结算依据，合同总价包干，价格调整是对合同发承包双方风险分摊的一项重要手段。签约合同价总额较高、建设周期较长的大型水电工程不同价格调整机制的结果影响差别较大，本文介绍了水电工程行业常用价差调整方法，以国内水电站典型 EPC 项目采用不同价差调整机制得出不同结果，并以结果为导向分析评价不同价差调整机制对价格调整结果的影响。

【关键词】EPC 模式；价差调整；工程造价；风险管理

0　引　　言

大型水电项目工程规模大、建设周期长，受国家政策、宏观经济形势及通货膨胀的影响，建设期间生产要素价格往往波动较大，该变化无法在招投标阶段准确预判。为了体现公平公正，通过价格调整进行合理的风险分摊是必要的。对于采用 EPC 模式进行建设的大型水电工程项目合同额总价包干，价格调整显得尤为重要，而不同价差调整机制的选择对工程造价有较大影响。

1　价格调整定义

价差调整包括物价波动和法律政策变化两类，本文所述价格调整特指物价波动引起的变化，不包括法律政策变化引起的价格调整。

根据水电水利规划设计总院和可再生能源定额站编制，由国家能源局颁布的《水电工程施工招标和合同文件示范文本（2010 年版）》中通用条款对物价波动引起的价格调整有两种调差机制：采用价格指数调整价格差额和采用造价信息调整价格差额。其中，价格指数调整价格差额法分为分类价格指数法、分部分项工程价格指数法和单一价格指数法。

2　价格调整方法

2.1　价格指数调差法

因人工、材料和设备等价格波动影响合同价格时，根据行业主管部门颁布的权威价

作者简介：赵茂羊（1991—　），男，工程师，zhaomaoyang@ylhdc.com.cn。

格指数和合同约定的权重表及相关依据，按以下公式计算差额并调整合同价格。

$$\Delta P = P_0[A + (B_1 \times F_{t1}/F_{01} + B_2 \times F_{t2}/F_{02} + B_3 \times t_{t3}/F_{03} + \cdots + B_n \times F_{tn}/F_{0n})] - 1 \tag{1}$$

式中　　　　　　　ΔP——需调整的价格差额；

　　　　　　　　　P_0——承包人应得到的已完成工程量的金额。此项金额应不包括价格调整、不计质量保证金的扣留和支付、预付款的支付和扣回；

　　　　　　　　　A——定值权重（不调部分的权重）；

B_1，B_2，B_3，$\cdots$，B_n——各可调因子的变值权重（可调部分的权重）为各可调因子在投标函投标总报价中所占的比例；

F_{t1}，F_{t2}，F_{t3}，$\cdots$，F_{tn}——各可调因子的现行价格指数；

F_{01}，F_{02}，F_{03}，$\cdots$，F_{0n}——各可调因子的基本价格指数，指基准日期的各可调因子的价格指数。

根据水电水利规划设计总院可再生能源定额站定期公布的分类工程指数、分部分项工程价格指数和单一价格指数，按照以上价差调整公式进行价格调整的方法分别称为分类工程指数调差法、分部分项工程价格指数调差法和单一价格指数调差法。

（1）分类工程指数调差。若可调价部分按照分类工程进行调整，则式（1）中的 B_1，B_2，$B_3\cdots B_n$ 为各分类工程投标价在投标总报价中所占的比例。1，2，$\cdots$，n 表示建筑工程—当地材料坝、建筑工程—混凝土工程、设备安装工程等。历年的川渝地区分类工程价格指数，如图 1 所示。

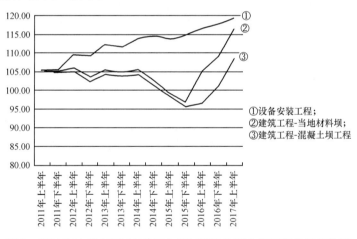

图 1　2011 年上半年至 2017 年上半年川渝地区分类工程价格指数图
（2010 年下半年为基期）

（2）分部分项工程价格指数调差。若可调价部分按照分部分项工程进行调整，则式（1）中的 B_1，B_2，B_3，$\cdots$，B_n 为各分部分项工程的投标价在投标总报价中所占的比例。1，2，$\cdots$，n 表示土方工程、石方工程、土石方填筑工程等。历年的川渝地区分部分项工程价格指数，如图 2 所示。

（3）单一价格指数调差。若可调价部分按照单一价格进行调整，则式（1）中的 B_1，B_2，$B_3\cdots B_n$ 为人工费、水电费、材料费等投标价在投标总报价中所占的比例。1，2，$\cdots$，n 表示人工费、电费、各种材料费等。历年的川渝地区单一价格指数，如图 3 所示。

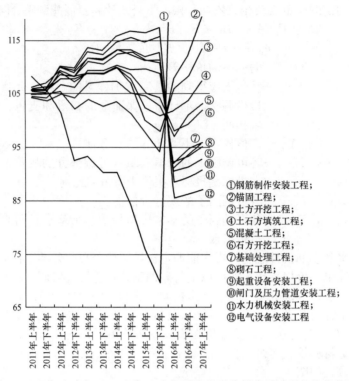

图2 2011年上半年至2017年上半年川渝地区分部分项工程价格指数图
（2010年下半年为基期）

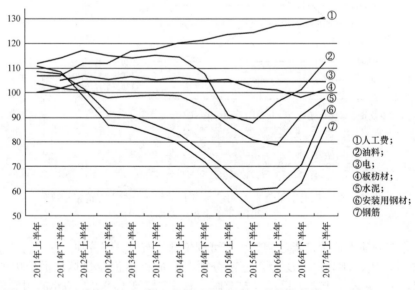

图3 2011年上半年至2017年上半年川渝地区单一价格指数图
（2010年下半年为基期）

2.2 造价信息调差法

施工期内，因人工、材料、设备和机械台班价格波动影响合同价格时，人工、机械使用费按照国家或省、自治区、直辖市建设行政管理部门、行业建设管理部门或其授权的工程造价管理机构发布的人工成本信息、机械台班单价或机械使用费系数进行调整的方法称为造价信息调差法。该方法常用于房屋建筑安装工程概预算调整，在水利水电工程则较少使用[1]。

3 国内典型 EPC 项目 2017 年上半年不同价差调整机制应用分析

某水电站为一等大（1）型水电项目，于 2016 年 1 月 1 日开工建设，合同约定的价格调整方法为分类工程指数法，价格调整以 2015 年下半年为基期。现采取不同的价格调整方式进行测算并分析不同价格调整方法差异原因。

3.1 价格指数法

1. 分类工程价格指数法

（1）调差情况。水电水利规划设计总院可再生能源定额站发布 2017 年度上半年"水电建筑及设备安装工程价格指数"中分类工程价格指数（川渝地区）的混凝土坝指数为 113.51，设备安装工程价格指数为 104.14，基期为 2015 年下半年。

（2）调差结果。利用式（1），采用分类工程价格指数法 2017 年上半年价格调整结果为 3427 万元。

2. 分部分项工程价格指数法

（1）调差情况。水电水利规划设计总院可再生能源定额站发布 2017 年度上半年"水电工程分部分项工程价格指数"中各分部分项工作价格指数如表 1 所示（基期为 2015 年下半年）。

表 1　　　　　　　　　　　　2017 年分部分项工作价格指数

项目		川渝地区
建筑工程	土方开挖工程	111.12
	石方开挖工程	106.22
	土石方填筑工程	108.47
	砌石工程	106.27
	混凝土工程	106.03
	基础处理工程	104.36
	钢筋制作安装工程	138.43
	锚固工程	112.76
设备安装	水力机械安装工程	104.9
	电气设备安装工程	102.16
	起重设备安装工程	105.95
	闸门及压力管道安装工程	104.46

（2）调差结果。经测算分析，采用分部分项工程价格指数法 2017 年上半年价格调整结果为 2797 万元。

（3）偏差分析及方法评价。分部分项工程价格指数法较合同约定的分类工程价格指数法计算调差费用少 630 万元。经分析存在较大差异的主要原因为：

1）分类工程指数为考虑相关分部分项工程在调价期的价格指数权重综合而得，由于调价期水电项目各分部分项工程所发生的产值会根据施工进度而存在差异（如开工初期以开挖为主，施工中后期处于混凝土浇筑高峰，后期机电金结项目比重增大等），会直接导致分类工程指数与实际进度反应结果存在差异。

2）本项目 2017 年上半年施工项目中钢筋制作安装工程投资比重较小，而总院分类工程指数由于钢筋制作安装工程涨幅较大，从分部分项工程价格指数表可见，钢筋制作安装工程指数高于分类工程指数，而其他分部分项工程价格指数均低于分类工程指数，因此钢筋制作安装工程指数的高涨幅在很大程度上拉高了分类指数上涨水平。

3）分部分项工程价格指数与实际施工项目属性及进度符合性更强，但对应分部分项工程价格指数相关工程投资归项存在难度，影响价差费用测算精度。

3. 单一调价因子价格指数法

（1）调差情况。水电水利规划设计总院可再生能源定额站发布 2017 年度上半年"水电工程单一调价因子价格指数"中各单一调价因子价格指数如下（基期为 2015 年下半年）。

表 2　　　　　　　　　　2017 年单一调价因子价格指数

序号	项目	定基价格指数
一	人工费价格指数	104.91
二	燃料、动力及主要材料价格指数	
	电	100
	水泥	120.81
	钢筋	162.64
	安装用钢材	153.87
	板枋材	99.53
	炸药	100
	油料	128.39
	粉煤灰	100
	综合运杂费	109
三	施工机械折旧	99.77
四	管理性费用	103.86

（2）调差结果。经测算分析，采用单一调价因子价格指数法 2017 年上半年价格调整结果为 2006 万元。

（3）偏差分析及方法评价。单一调价因子价格指数法较合同约定的分类工程价格指数法计算调差费用少 1421 万元。经分析，存在较大差异的主要原因为：

1）与分类工程指数调差费用存在差异的原因同分部分项工程指数法差异分析相关内容；

2）水电工程单一调价因子价格指数中的安装用钢材、综合运杂费等合同清单费用在利用凯云计价软件处理时难以有效统计分析，因此按照单一调价因子价格指数调差测算费用不完整；

3）其他辅材不在总院单一指数调差范围内。

3.2　造价信息调差法

1. 调差情况

四川省工程造价信息网公布的主要材料价格见表 3。

表 3　　　　　　　四川省工程造价信息网公布的主要材料价格

序号	项目名称	单位	基期信息价	2017 年上半年信息价	增长幅度（%）
1	水泥	元/t	193.00	396.67	105.53
2	钢筋	元/t	2491.67	3782.83	51.82
3	油料（0 号柴油）	元/t	6380.67	6353.33	−0.43

2. 调差结果

经测算分析，采用造价信息调差法 2017 年上半年价格调整结果为 2061 万元。

3. 偏差分析及方法评价

（1）与分类工程指数调差费用存在差异的原因同分部分项工程指数法差异分析相关内容。

（2）虽然按照市场信息价格水平对比调差测算费用与按照单一调价因子价格指数调差测算费用基本一致，但水泥、柴油单项差异极大，说明单一调价因子价格指数作为水电行业指数（无地区差异），无法充分考虑不同区域间市场价格水平差异。

（3）市场信息价格水平按照投标期和施工期各月份的数学平均值计算，可能影响费用测算精度。

4　不同价差调整机制在大型 EPC 水电工程应用中的评价与分析

水电工程单一调价因子价格指数调差法和造价信息调差法均属于以主材调差为主的调整方式，二者调差方式最为接近，调差结果也基本相同。但这两种方法仅仅对主要生产要素进行价格调整，存在一定的片面性。EPC 模式下，不再以计量签证为结算依据，合同价格清单中当期结算工程量的生产要素使用量的统计存在较大难度，可以作为 EPC 模式下价格调整的参考，但不适用或难以适用于 EPC 项目合同价格调整。

分类工程价格指数对合同结算价款工程量清单项的整体或者局部进行统一调整，操作性较强，但对价格指数准确性依赖较强。同时，由于分类工程价格指数具有较强的综合性，当期价格调整周期内工作内容的施工重点和进度侧重不同对调差结果影响较大。若采取分类工程价格指数法进行合同价格调整，建议审慎研究确定变值权重系数，同时建议对将与市场物价水平关联较少的项目剔除出调差范围。

分部分项工程价格指数调差法相对分类工程价格指数法而言，与实际施工项目进度符合性更好，但 EPC 模式下合同价格清单与分部分项工程指数无法完全一一对应（清单分类困难），导致分部分项工程指数调差方式在总承包项目按节点支付情况下缺乏操作性。若采取分部分项工程价格指数法进行合同价格调整，建议要求承包人在投标报价时对所有价格清单项按照分部分项工作进行分类，但随之会产生策略性不平衡报价问题，需要特别关注。

5　价格调整中合同双方风险承担和应对措施

2003 年，我国全面实行工程量清单计价规范，在清单计价模式下采用的是综合单价，在综合单价中包含一定的风险费[2]。该部分风险费用用于应对正常施工过程中可以预料到的风险存在及其额外零星工作。对于生产要素价格的变化，属于不可预见因素，通常需要在合同中明确具体的价格调整方法，以合理分配风险。

5.1　发包人的风险划分和应对措施

EPC 模式下发包人承担的风险较小，但相对而言招标控制价及其施工组织编制难度较大，变值权重的确定及其准确性对发包人而言存在一定的考验。发包人可通过信息化造价手段对招标控制价中的重点项目开展专项研究，对占比较大的主要生产要素开展进行敏感性分析，以获取最合适的变值权重。

EPC 模式下发包人虽然不进行计量支付，但是仍需在过程中及时记录实际完工工程量，统计工程实际施工成本。同时对处于上涨周期的生产要素使用较多的工程项目进行重点关注，并将该部分已完项目及时纳入项目，以避免进入下一个上涨调价周期。严格审查承包人的进度计划和施工组织，避免承包人通过预判一段时间内的某一生产要素涨跌情况，结合施工组织的灵活调整获取更大的价格调整费用。

5.2 承包人的风险划分和应对措施

EPC 模式下承包人承担了较大的风险。首先，EPC 合同采用固定总价，承包人需承担工程量和单价双重变化的风险。其次，在项目实施过程中，EPC 承包商对于设计、施工和采购全权负责，总承包人还需承担一定的协调和管理风险[3]。张建成等[4]认为，水电工程 EPC 项目总承包商面对全面风险管理，应运用全面集成管理模式。李超娟认为采取风险回避、风险转移、风险缓和和风险自留四种策略[5]。

承包人应对生产要素价格变化的风险管理可以分为内部管理和外部管理。在外部管理上承包人需要选择合适的联合体合作伙伴和分包商，部分联合体或者分包商具有强大且较为稳定的企业内部采购渠道和供应模式，在供应强度和供应价格上具有一定的优势。而内部管理是承包人应对生产要素价格变化的风险管理核心。承包人有必要在企业内部建立足够强大的工程数据库，对生产要素的单位消耗有科学明了的基础数据，同时对当下及未来一段时间大的经济环境形势下不同生产要素价格变化有一定的预判能力，对于人工费等在大周期环境下大概率价格恒定上涨的生产要素，通过加强过程控制、减少管理环节、机械化替代等方式减少单位使用量或签订长期合作协议等形式加大存储量，对于电子产品等随着社会进步价格在大周期环境下大概率恒定下降的生产要素，在保障连续施工的前提下通过合理压缩供货周期来减少不必要的成本浪费和货物积压。

6 结 语

大型水电工程规模大、建设周期长，不同的价差调整方法有不同的优缺点和适用性，如何选择最合适的价格调整机制，在过程中采取怎样的最优应对策略，对于发承包双方的风险管理至关重要。本文介绍了水电工程行业常用价差调整方法，并以国内典型EPC 水电工程项目对 2017 年上半年采用不同价差调整机制得出不同结果的实例分析评价了不同价差调整机制对价格调整结果的影响，并在此基础上对不同价差调整方法的适用性和应用情况进行了分析，同时提出了发承包双方风险承担及其应对措施，具有一定的实际借鉴意义。

参考文献

[1] 齐丽丽. 水利水电工程概预算价格调整法应用探讨[J]. 能源与节能，2018(4)，162-163＋189.

[2] 刘欣乐. 生产要素价格变化时建设工程合同价款调整方法研究[D]. 长安大学，2014.

[3] 张崇涛. EPC 总承包模式的风险管理[J]. 工程管理学报，2004(3)：12-14.

[4] 张建成，彭反霸. 水电工程 EPC 项目总承包商全面风险管理研究[J]. 水电能源科学，2011，29(9)：141-143.

[5] 李超娟，罗福周. EPC 承包模式下水电工程风险管理研究[J]. 人民黄河，2013，35(5)：115-117.

复盘在海外水电工程总承包项目建设
质量管控中的应用

戴吉仙，张华南

（中国电力建设集团海外投资有限公司，北京 100048）

【摘　要】　"复盘"概念引入企业管理领域，作为一种管理方法来使用，不仅能提升企业整体管理水平，也能应用到水电工程质量管理中，通过对复盘理论的应用，从而提升在建海外水电站工程实体质量，为工程创优打下坚实基础。本文主要探讨复盘应用到老挝南欧江流域一级水电站质量管理中，如何进行总结分析，复盘提炼工程亮点具有借鉴作用，找出工程实体发生质量通病的本质，有针对性去解决问题，通过不断学习、总结、反思、提炼和持续提高，提升海外水电站工程实体工程质量。

【关键词】　复盘；海外；工程；质量管控

0　引　言

伴随着国家"走出去"号召和"一带一路"倡议的推进，大量中国企业在海外开展工程承包和投资业务，中国技术、中国规范、中国标准走出国门，为各东道国的经济、技术、就业等方面提供了巨大的支持和帮助。随着海外大型项目日益增多，海外工程所占比重逐年增大，海外工程风险日渐增加，其中质量风险导致的事故时有发生，例如，2012 年一家中国企业参与投资的柬埔寨斯登沃代水电站一级电站发生事故，冲沙底孔左侧边墙及部分顶板突然开裂。因此，在项目建设过程中，重视工程质量，加强质量管控，显得尤为重要。

中国电力建设集团海外投资有限公司专业从事境外水电站和火电站的投资建设，在老挝成功获得南欧江流域梯级项目（七座水电站）的开发权，本文引用建设中的南欧江一级水电站，运用复盘理念，总结规律，提炼经验，反思不足，把好的经验固化成制度流程、操作指引、典型经验、案例范本，提升质量管控效应。

1　复　盘　的　原　理

1.1　复盘的由来

复盘是中国围棋的一个术语，2001 年柳传志第一次在联想提出"复盘"，2011 年将"复盘"方法论向联想全球推出。

复盘是行动后的深刻反思和经验总结，复盘是一个不断学习、总结、反思、提炼和

作者简介：戴吉仙（1982—　），本科，E-mail：daijixian@powerchina.cn。

持续提高的过程。

为了知其然与知其所以然，为了使同样的错误不再重犯，为了传承经验和提升能力，为了总结经验和固化流程，对所做的项目或某一阶段的事件有必要进行复盘。

1.2 复盘 "四部曲"

复盘的过程有四个步骤，简称复盘"四部曲"：

（1）回顾目标，当初的目的或期望的结果是什么；

（2）评估结果，对照原来设定的目标找出这个过程中的亮点和不足；

（3）分析原因，事情做成功的关键原因和失败的根本原因，包括主观原因和客观原因两方面；

（4）总结经验，包括体会、体验、反思、规律，还包括行动计划，需要实施哪些新举措，需要继续完善哪些措施。

2 质量管理 "四部曲"

质量管理有四个过程，就是计划 P（plan）、执行 D（do）、检查 C（check）、调整 A（act），不断进行 PDCA 循环，持续改进。这就是质量管理"四部曲"。

（1）计划 P（plan），参建各方根据本工程的特点和自身情况，在本工程总的质量目标下，制定质量方针、确定质量目标，建立并完善质量管理体系（建设单位为核心，全面负责；设计单位提供技术支持；监理单位实施质量控制；施工单位实体保证的质量管理体系）。

（2）执行 D（do），参建各方根据本单位制定的质量管理制度、措施、方案，在质量管理过程中，严格控制影响工程质量的五因素（人、机、料、环、法）。

（3）检查 C（check），在每一个单项工程开工伊始，对施工准备（设计交底和图纸会审，施工组织设计、方案、措施的编制、施工生产要素配备、质量控制系统、质量管理体系等）进行检查，严把开工关；在施工过程中，对作业技术交底、施工过程质量控制、中间产品质量控制、分部分项工程质量验收等质量形成过程进行检查。

（4）调整 A（act），对每一个单项或分部工程，包括单元及工序质量通过分析、反思和总结，找出其中的亮点和不足，及时调整和改进质量控制计划、措施、方案和方法，不断进行 PDCA 循环，以达到最终的质量目标。

3 复盘在质量管理中的切入

从"复盘四部曲"与"质量管理四部曲"不难看出，里面有很多类似的管理理念，复盘就是通过一个事件做完后，无论成功与否，坐下来把当时预先的想法、中间出现的问题、为什么没达成目标等因素整理一遍，在下次做同样的事时，自然就能吸取上次的经验教训。复盘就可以在质量管理的第三步检查 C（check）和第四步调整 A（act）中切入，并对质量计划进行完善和调整，达到持续改进的目的。

复盘虽然是一种反思与总结，但要比一般意义上的反思和总结更系统化、机制化。复盘是一次目标驱动型的学习总结，形成一种"质疑＋反思"的机制，其目的性更强，从梳理最初目标开始便一路刨根问底，探究导致结果与目标之间差异的根本原因，然后总结、反思和体会，得到质量提升的措施与方法。

4 复盘在阶段性质量管理中的应用

4.1 质量亮点复盘

（1）坝肩及消力池边坡开挖，平整度达 90%、半孔率达 85% 以上，开挖体型光滑整齐。

复盘成果：一级电站边坡石方开挖岩性组成复杂，辉绿岩、板岩、灰岩占比为 50%：30%：20%，过程控制难度大。从以下方面加强控制，达到预期效果：①钻爆台阶平台工作面清理必须清理至基岩，保证开孔不错位；②测量逐孔放点，炮孔点位和方向点位同步放样完成，并覆盖保护；③100B 钻机摆放在固定样架上，样架务必牢靠，专用靠尺量测角度，方向点对正；④开孔采取弱风慢进，前三根钻杆都需要对角度、方位进行校正，直至成孔；⑤采用预裂爆破方式，一次爆破成型。

（2）闸墩混凝土外观质量良好。

复盘成果：一级电站闸墩混凝土采用滑模施工工艺浇筑。滑模工程技术是我国现浇混凝土结构工程施工中机械化程度高、施工速度快、现场场地占用少、结构整体性强、抗震性能好、安全作业有保障、环境与经济综合效益显著的一种施工技术，滑模工艺是竖向混凝土工程的最好选择。

（3）砂石系统干法生产、全封闭工艺绿色环保。

复盘成果：为降低噪声和粉尘量，一级电站砂石骨料生产系统采用干法生产工艺，对整个生产线采用全密封环保设计，对产生的粉尘采用 PPDC32 风机和收尘器进行回收，并采用分选机进行分级，对有用的粗颗粒进行回收利用。国内过去主要在破碎机的进出口部位采用洒水除尘，近年随着环保意识的提高，一些采用干法生产的砂石加工系统对破碎筛分设备也采用全密封环保设计。一级电站干法生产工艺已经采用全密封环保设计，取得了成功。

4.2 混凝土质量通病复盘

南欧江一级水电站参建各方就混凝土施工过程中出现的质量通病进行了复盘，通过回顾（演示过程中的幻灯片）、将参与混凝土施工的各工序操作人员、管理人员等集中，在引导人的引导下，设问人提出相关问题，每一层级（决策层、执行层、操作层）的叙述人以开放的心态，坦诚的表达，基于实事求是，反思自我，最后参与者集思广益进行探究、总结、提升，复盘成果如下：

（1）混凝土麻面、气泡。

存在的现象：混凝土表面局部缺浆粗糙，或有许多小凹坑，但无钢筋和石子外露。

原因分析：①混凝土拌和物的和易性、工作度较差，振捣难度大；②模板表面粗糙或清理不干净，拆模时间选择不当；③模板接缝拼装不严密，灌注混凝土时缝隙漏浆；④混凝土振捣不密实，混凝土中的气泡未排出，一部分气泡停留在模板表面。

复盘成果：①进行配合比优化工作，保证入仓混凝土的和易性和工作度；②模板面清理干净，不得粘有干硬水泥砂浆等杂物，合理选用钢模板脱模剂，合理控制拆模时间；③混凝土应严格分层振捣。

（2）蜂窝。

存在的现象：混凝土局部酥松，砂浆少石子多，石子之间出现空隙，形成蜂窝状的孔洞。

原因分析：①混凝土配合比不合理，造成砂浆少石子多；②混凝土搅拌时间短，没有拌和均匀，混凝土和易性较差，振捣不密实；③未按操作规程灌注混凝土；④混凝土一次下料过多，没有分段、分层灌注，振捣不实或下料与振捣配合不好，未振捣又下料；⑤模板孔隙未堵好，或模板支设不牢固，振捣混凝土时模板移位，造成严重漏浆。

复盘成果：①进行配合比优化工作，保证入仓混凝土的和易性和工作度；②混凝土拌和均匀，颜色一致，其延续搅拌最短时间符合规定；③混凝土自由倾落高度一般不得超过 2m；④混凝土应分层振捣，灌注层的厚度不得超过振动器作用部分长度的 1.25 倍；⑤灌注混凝土时，经常观察模板、支架、堵缝等情况。发现有模板变形，立即停止灌注，并在混凝土初凝前修整完好。

（3）冷缝。

存在的现象：施工缝处混凝土结合不好，混凝土有初凝现象。

原因分析：①在灌注混凝土前没有认真处理施工缝表面；②灌注混凝土前未按要求在缝面上均匀满铺砂浆；③入仓强度不足；④外界气温高，未采取温控措施；⑤混凝土初凝时间过短；⑥拌和楼出现故障；⑦交接班时间过长；⑧中午天气热、温度高。

复盘成果：①在施工缝处继续灌注混凝土时，如间歇时间超过规定，则按施工缝处理；②在已硬化的混凝土表面上继续灌注前，应按规程要求处理完成；③加缓凝剂，延长混凝土的初凝时间；④制造仓面喷雾小气候，改善环境。

（4）混凝土裂缝。

存在的现象：一期左岸 1 号～6 号溢流堰出现不同程度的裂缝。

原因分析：①局部基础地质条件差，有挤压破碎带，在浇筑台阶下部低标号混凝土时已经出现不同程度的裂缝；②部分坝段分缝宽度较大，2 号坝段坝宽达 29.5m，温度应力引起裂缝；③新老混凝土收缩不一致引起裂缝；④溢流堰台阶上部同时浇筑 C20 和 C40 混凝土，受水泥掺量不一致的影响，混凝土收缩量不一致产生拉裂；⑤闸墩堰面以下部分台阶预留成方形，四周棱角易形成应力集中，造成混凝土拉裂；⑥堰面浇筑时段集中在 5～7 月，正值老挝高温季节，昼夜温差较大；⑦砂石骨料的毛料为枢纽区开挖的石方明挖料，骨料品质较差，混凝土干缩量较大，易出现干缩裂缝。

复盘成果：准备二期 7 号～11 号溢流堰施工时采取以下措施：①在挤压破碎带增设拼缝钢筋；②对坝段分缝宽度以 20m 左右为宜；③采取小台阶浇筑混凝土方式，并进行倒圆，增设并缝钢筋；④台阶预留成圆形，避免应力集中；⑤采取仓面喷雾、控制混凝土入仓温度；⑥使用 2 号料场开采料，其母岩为石灰岩，可解决混凝土干缩量较大的问题。⑦裂缝处理措施：①Ⅰ、Ⅱ类裂缝，沿裂缝 0.5cm 宽范围采用钢丝刷刷毛，再用丙酮清洗。表面干燥后（吹干或烘干），涂一道环氧基液或用小漏斗渗灌环氧基液，再用环氧胶泥封闭处理；②Ⅲ类裂缝，采化学灌浆处理，表面采用环氧胶泥封闭。

4.3 复盘在质量管理中达到的效果

经过 2017 年 6 月 9 日阶段性复盘后，南欧江一级水电站混凝土施工质量通病明显减少，混凝土内在质量和外观质量得到了明显提升，为 7 号～11 号溢流堰裂缝控制积累了宝贵的经验，为二期厂坝混凝土浇筑质量提升打下坚实基础。

5 复盘后的反思

5.1 复盘的态度

开放心态，坦诚表达，实事求是，反思自我，集思广益。

5.2　复盘的误区

自己骗自己，证明自己对；流于形式，走过场；追究责任，开批判会；强调客观，推卸责任；简单下结论，刻舟求剑。

5.3　正确做法

（1）求真：重在实事求是。
（2）求实：重在内容和查找原因。
（3）求学：重在改进和提高。
（4）求内：重在反思和自我剖析。
（5）求道：重在找到本质和规律。

6　结　　语

复盘是一种工作方式，复盘是一种学习方式，员工在复盘中成长，质量在复盘中提升，让复盘成为一种习惯，只有持续进行小事及时复盘，大事阶段性复盘，事后全面复盘，才能使质量得到持续改进，全面提升，真正将南欧江一级水电站打造成"精品工程、窗口工程、样板工程"。

参考文献

[1]　邱昭良. 复盘十：把经验转化为能力[M]. 北京：机械工业出版社，2015.
[2]　韩国芬，杨玲. 坚持复盘理念，持续提升管理能力. 电建海投公司，2018-03-28.

EPC 模式下的杨房沟水电站质量管理探究

鄢江平，魏宝龙，李　俊，郑世伟

（雅砻江流域水电开发有限公司，四川成都610000）

【摘　要】　EPC 总承包因其特有的优势，在国际工程中已成为工程建设普遍采用的组织管理模式。在我国电力市场供给侧改革的背景下，雅砻江公司在杨房沟水电站（1500MW）建设中采用该模式，进行建设管理探索与实践。本文对传统建设管理模式下质量管理进行了分析，并结合工程实际，从 EPC 总承包模式下如何开展质量管理创新进行了研究、总结；根据杨房沟水电站 EPC 质量管理实施情况，提出了相关建议。

【关键词】　工程管理；EPC；质量管理创新；信息化；杨房沟水电站

0　引　　言

工程项目 EPC 总承包因具有内耗低、责任边界明确、建设单位协调工作量少、建设单位工作难度低等优势，已成为工程建设组织管理模式的发展趋势[1]。目前，相关的主要研究方向包括：国际总承包工程障碍因素研究[2]，不同总承包模式在适用范围、承包范围、风险责任主体、工作内容等方面的差异性[3-6]，国际 EPC 交钥匙合同中建设单位方设计管理重点[7]，火电及石油化工等 EPC 质量管理控制研究[8-10]等，而针对大型水电站 EPC 项目质量管理研究尚处于空白。

目前，我国处于经济结构转型升级，电力体制改革深化阶段，电力需求疲软，后续水电项目建设条件日趋恶劣。同时，水电开发成本日益增高而导致电力市场竞争趋于激烈。2011 年后，国家发布的相关政策为国内大型水电站设计采购施工总承包建设管理模式（以下简称"EPC 建设管理模式"）的实施创造了条件[11]。

为适应国内电力市场竞争，提高管理效率和建设各方效益，雅砻江公司果断决策，在杨房沟水电站建设中采用 EPC 建设管理模式，进行管理探索与实践，为大型水电站质量管理水平提升提供平台。

1　工　程　建　设　概　况

1.1　工程概况

杨房沟水电站位于四川省凉山彝族自治州雅砻江中游河段木里县境内，为Ⅰ等大（一）工程，开发任务以发电为主，总装机容量为 1500MW，正常蓄水位 2094.00m，相应库容 5.19 亿 m^3；死水位 2088.00m，相应库容 4.02 亿 m^3。枢纽主要由混凝土双曲拱坝、引水发电系统等建筑物组成，坝顶高程为 2102.00m，最大坝高 155m。泄洪消能建筑物采用坝身表、中孔加坝下水垫塘方案。

作者简介：鄢江平（1972—　），男，教授级高级工程师，E-mail：yanjiangping@ylhdc.com.cn。

1.2 工程建设与管理

杨房沟水电站 2015 年 7 月正式核准开工。雅砻江公司随即组织相关单位及部门编制主体工程设计施工总承包项目施工及监理招标文件，在全社会进行公开招标，并最终选定中国水电七局和华东勘测设计有限公司组成的设计施工总承包联营体为总承包人，长江设计公司和长江监理中心组成的联营体为总承包监理人。同时，雅砻江公司杨房沟建设管理局结合总承包项目特点，逐步完善了包括测量、试验检测、物探检测、环保水保等各专业中心在内的第三方检测力量。

杨房沟水电站设计施工总承包主体工程于 2016 年 1 月 1 日正式开工，截至目前，大坝及泄洪系统工程已开挖至 EL.1970m，引水发电系统工程开挖支护已全部完成。

2 传统模式下水电工程建设质量管理分析

2.1 设计、施工分设，质量责任不明确

传统模式下，设计、施工单位分别对建设单位负责，在工程质量管理中设计思路与施工实际情较难统一，易产生脱节。设计单位在以往工程建设过程中注重追求设计产品的可靠性，但因考虑不够全面、细致，易忽视施工和电厂运行期的需求；而施工单位也存在不能充分了解设计意图及标准要求，不能及时将实际施工中的问题反馈至设计方等问题。上述原因均易导致工程建设问题及事故。

2.2 质量责任主体多、关系复杂、水平参差不齐，易出现质量问题

（1）常规大型水电建设中，设计单位单独对建设单位负责，且场内同时存在 3～5 家监理单位，5～10 家施工单位及若干辅助、服务单位，各参建单位分别对土建施工质量、金结机电施工质量、设备及主要材料质量负责。在多责任主体、多重协调的质量管理环境中，质量信息易出现沟通不畅，质量管理指令无法及时、全面贯彻，工程建设过程中易形成质量管理盲点。

（2）传统模式下工程建设分标较多，各监理、施工单位在质量管理方面的人力、物力投入不均衡，各单位质量理念存在差异，施工能力、技术水平、施工设备、人员素质参差不齐，在较小标段中，这些问题更加突出。同一工程中，常存在某些工程部位质量优良，而某些工程部位质量问题、多发病，甚至质量事故时有发生。

总之，分标过多易增大工程质量标准化推广阻力，导致不规范质量行为和质量问题，对工程整体质量控制产生较大影响。

（3）常规大型水电站建设中，水泥、钢筋、粉煤灰等主要原材料、机电设备、金属结构一般由建设单位采购，施工单位仅负责现场使用。当工程建设出现质量问题时，建设单位提供的原材料、设备、金属结构常作为责任划分的矛盾点，相关问题处理过程复杂，易对工程实体质量产生影响。

3 EPC 模式下杨房沟水电站质量管理特点

3.1 质量管理特征

杨房沟水电站是国内首个百万千瓦级以上规模水电站采取设计施工总承包模式（EPC）的建设项目，工程规模大、建设周期长、隐蔽工程多，地质条件复杂，国家、

行业层面没有专门的法律法规、规程规范可依循，也没有成熟的质量管理经验可以借鉴。

与传统建设模式相比，建设单位为保证工程按期建成及后期安全运行，更加重视工程质量。在 EPC 模式下，质量管理有以下转变：

1. EPC 合同中，质量相关范围更广泛，目标更明确，要求更严格

EPC 模式，改变了以往建设单位与众多参建单位分别签订合同的复杂局面。在 EPC 合同中，质量管理方面的约定范围不仅限于工程施工质量，同时涵盖设计、采购、金结机电、机组试运行、档案资料以及电站达标投产等全方位、全过程的质量管理。同时，在 EPC 合同中，建设单位进一步明确提出了杨房沟水电站的工程目标，即"确保获得电力优质工程奖，争创国家优质工程奖"，并通过严格奖、惩，施工质量标准化要求，完工后一年内完成竣工验收等合同措施对总承包单位质量管理进行约束。

2. 参建各方质量职责发生转变

EPC 模式下，建设单位依然对工程质量全面负责，但不再事无巨细，而只需对质量管理过程进行监督、对重大质量问题进行管控。

监理单位由原来以施工质量管控为主，转变为对工程建设质量进行全面管理，包括设计质量、施工质量、采购质量、金结机电及试运行质量。

总承包单位由原来各自负责设计、施工、采购等质量工作转变为总承包联合体统一负责工程质量的策划、实施及管理。

3.2 质量控制关键

（1）设计优化。EPC 模式下，总承包单位常通过设计优化实现其经济利益最大化，易降低工程标准、加大工程建设风险。在工程建设中，建设单位和监理单位需将总承包单位提出设计优化、变更作为质量控制关键，避免总承包单位为片面追求经济效益等情况而提出不合理设计优化、变更得以实施，确保工程设计质量，满足工程建设需要。

（2）材料、设备管理。杨房沟水电站 EPC 总承包合同约定，除主材（水泥、钢筋和粉煤灰）和主、重要设备实行建设单位与总承包单位联合采购外，其他材料和设备均由总承包单位自购。因杨房沟水电站是首个采用 EPC 模式的大型水电工程，总承包单位和监理单位均无主要原材料和设备的采购及管理经验，且因在目前市场环境下总承包单位有降低采购成本的动力，易出现原材料、设备不满足工程建设质量要求的情况，建设单位需依托自身优势，加强管理。

3.3 质量控制重、难点

（1）隐蔽工程质量控制。隐蔽工程，尤其是灌浆工程质量控制是质量管理中的重点、难点。不同于传统单价合同，EPC 合同是固定总价合同，除合同约定调差机制外，不可调价。工程量和材料、设备消耗变化将直接影响总承包单位的施工成本，在目前水电工程市场环境下，这给隐蔽工程施工质量控制，尤其是灌浆工程质量控制，带来了较大的难度和挑战。

（2）总承包内部自律管理。总承包中各工区由水电七局不同分局组成，是总承包项目部的基本单元，是新模式下水电站质量管理、安全管理、人才管理的重要载体。建立一支高素质的自律型质量管理队伍，是推动总承包部严格执行合同，保证项目高质量建设的重点、难点。

（3）农民工过程培训。农民工是工程质量控制的先锋队，如何在频繁更新的农民工队伍中做好农民工培训，统一其对质量标准化的认知水平，是更好地完成工程建设是质量管理重点、难点。

4 EPC 模式下质量管理创新实践

4.1 EPC 模式下的体系建设

杨房沟作为国内第一个百万千瓦级水电站 EPC 项目，无成熟经验可借鉴，本工程综合国际、国内经验及相关要求，尝试建立适合中国大型水电站 EPC 项目管理的质量管理体系。该体系中建设单位对工程质量总体策划、过程监督、重大质量问题及事故的调查处理等负责，同时接受水电工程质量监督总站行业主管部门的监督；专业中心代表建设单位行使专业质量抽检及管理职责；监理单位负责全范围、全过程质量检查、监督及管理；总承包单位在设计、采购、施工、试运行方面进行质量控制。

杨房沟水电站创新管理体系组织机构如图 1 所示。

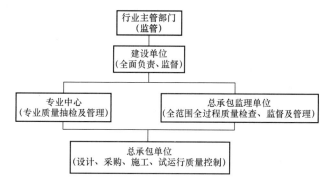

图 1   杨房沟水电站创新管理体系组织机构

4.2 发挥总承包一体化优势

（1）引进设计监理，在设计成果质量控制、重大工程技术问题咨询及设计变更等方面发挥重要作用。总承包设计工区积极开展工程深化、优化、复核工作，设计产品质量不断提高；在施工过程中，设计工区也能积极参与现场质量控制，设计与施工紧密联系、深度交叉，及时反馈质量动态，方便现场质量控制。

（2）发挥总承包资源优势，进行高标准试验室建设和管控。总承包试验室配备有150 余台套全新试验仪器设备。试验设备精度高，稳定性较强，为试验数据的准确性提供了重要保障，不仅覆盖了常规检测项目，也为水泥水化热、混凝土的干缩试验提供条件。

4.3 建成国内行业首个 "质量展厅"

本质量展厅总建筑面积为 $480.1m^2$，分为总厅、培训演示厅、土建项目厅、机电项目厅四部分，以工程实物和图片相结合的方式明确了质量控制标准、流程，各单位以展厅为平台开展质量培训、技术交底、质量对标等活动，展厅投运以来，已开展试验员、质检员、农民工等实操技能岗前培训 4000 多人次，岗中培训 1000 多人次。

4.4 推动工程各部位质量标准化

（1）在施工组织设计、施工技术方案、作业指导书等基础上，编制质量标准化工艺控制性文件，并形成具体可操作的质量标准小册子、质量明白卡等，推动工程实体质量标准统一、标准提升。

（2）实行施工工序"首建制"。由总承包部对每个工区首次实施的施工项目进行现场指导，参与工区施工中各工序施工全过程，推广标准化施工工艺，直至现场施工工艺达到标准化施工要求。

（3）建立各工区流动学习机制，组织施工质量较差的作业队到场内施工质量较好的作业面进行工序观摩，全面提高现场施工质量。

4.5 应用"互联网＋"手段，发挥数字化、信息化、可视化优势

（1）建成具备国内领先水平的 BIM 系统质量管理模块，实现了工程质量验评工作实时录入、工程质量控制过程可追溯、质量记录文件规范填写、档案资料与工程建设同步等，推动工程质量规范管理。

（2）建成视频监控系统，在大坝、厂房等主要工作面实现了 24h 视频监控，在工程现场前方、建设单位办公楼均设置了远程监控室，一定程度上解决人力资源不足、工作面多监控难的问题。

（3）开发"质量管理 APP"应用，实现个人移动终端查看工程质量管理信息，查阅质量标准化文件，快速处理现场质量问题、落实质量管理计划。

（4）组建质量管理 QQ 群平台，集中各单位自一把手到基层质检员在内的 140 余人，促进信息及时反馈、问题及时解决。

4.6 强化全方位原材料管控，把好质量龙头关

（1）制定完善的管理制度，对原材料采购规划、技术指标审查、采购控制及审批、供应管理、到货验收、进场质量检测管理、仓储管理等各环节进行明确规定，并每月督促监理组织检查实施情况。

（2）从源头加强大宗物资供应质量的控制。大宗物资的日常管理由承包单位负责管理，建设单位重点对供应及质量风险进行过程监管。对中热水泥、粉煤灰等关键物资由建设单位派驻厂监造对出厂物资进行质量监管；由建设单位及承包单位定期对生产厂家进行质量巡检，督促厂家加强质量管控；每月定期对检测数据进行分析对比，及时要求承包单位与厂家进行沟通交流，防范质量风险。

（3）总承包单位统一原材料检测适用标准、检测项目（内容）、检测频次及进场检测要求等，由监理审核执行。

（4）对于施工现场不具备检验条件的各类小宗材料（如波纹管、土工膜、主被动防护网、膨胀止水条、紫铜带、锚具等 15 大类），总承包单位按照要求进行外送检验并留样，监理部负责监督执行并签证，建设单位第三方检测机构一并送检、留样。

（5）加大监理和试验检测中心抽检比例。经对 53 大项原材料和中间产品的抽检频率统计，2017 年监理单位实际抽检频率的平均值占施工单位的 36.7%（合同约定为施工单位的 10%），试验检测中心实际抽检频率平均值占监理单位的 67%（合同约定为监理单位的 20%）。

4.7 提前谋划达标投产、工程创优

为确保该工程在达标投产验收中能高标准、高水平、高分通过，杨房沟水电站工程建设同步开展达标投产、工程创优工作。通过开展达标投产调研、达标投产自检、专家创优咨询等活动促进工程质量建设朝既定目标推进。

4.8 加强机电设计和采购过程管理，从源头提高机电设备质量

（1）杨房沟水电站主要机电设备由建设单位牵头进行联合采购，并由建设单位对机电设备质量进行把控。设备监造由建设单位招标确定并参与管理，加强了对制造过程的管理。

（2）在总承包合同中对承包人自购设备的参数、品牌、供应商资质等进行了规定；招标文件发售前由监理组织审查同意后方能发售；发包人对不满足总承包合同的采购结果拥有否决权，确保了承包人采购设备的质量。

（3）严把设计变更关，机电类的设计变更（含工厂制造和现场安装）必须得到发包人批准，杜绝了合同执行过程中的随意更改现象。

5　EPC 模式下质量管理成果初步显现

面对总承包工程质量管理的各种挑战，参建各方不断探索工程质量管理的思路、方法，经过管理碰撞、磨合，总承包方逐步认同杨房沟总承包建设单位管理，发布质量标准化建设手册、执行卡等，建成质量展厅、数字杨房沟信息系统，逐步实现总承包部对各工区的统筹管控，参建各方基本形成"注重换位思考、相互理解、互相体谅"的团结协作氛围，目前总承包部主动推行总承包部整体自律管理模式，总承包管理良性循环初成。

目前拱肩槽开挖平均超挖 10.6cm，半孔率平均值 95.7%，不平整度平均值 7.4cm。拱肩槽开挖成型质量平均合格率 93.3%，单元工程质量等级全部优良。岩锚梁开挖施工，开挖平均超挖为 8.5cm，最大超挖为 10cm，平均平整度为 4.7cm，平均半孔率为 97.3% 以上。

2017 年 12 月 15 日，质量监督总站经过系统的巡视、检查后，给予杨房沟水电站质量管理工作较高评价。

6　结　　语

水电项目本身具有"地质情况复杂多样、地下隐蔽工程多、施工流程复杂、施工周期长"等特点，且由于后续水电项目建设条件越来越差，质量控制难度将会越来越高。EPC 模式具有建设单位管理重心后移、资源配置优化、综合效益集成等多方面的优势，是未来工程承包的主流模式。根据本工程管理实际经验，对于 EPC 模式质量管理有如下建议：

（1）以建设单位质量管理建设为前提。在 ECP 工程质量管理设计中，建设单位应首先确定工程质量管理核心，明确质量管理目标（如对达标投产工作内容、标准、要求做出具体约定，避免承包商后期返工，减少扯皮），并在制度建设中全面贯彻"高标准、严要求"的质量管理思想。

（2）重点关注优秀承包商的质量管控措施落地。选择信誉好、综合实力强的总承包

商，并要求其制定、落实设计、采购、施工等环节的详细质量管控措施，为合同工程质量目标的顺利实现提供保障，最终实现建设单位和总承包商之间的双赢。

（3）国家层面需及时完善更新 EPC 模式下有关文件。现行国家规程规范基本上是基于传统 DBB 模式编制的，针对 EPC 模式的条款较少，缺乏"EPC 模式下验收管理流程的优化、安全质量责任主体及参建各方职责的明确、总承包责任强制保险机制"等内容。

为促进 EPC 项目的健康持续发展，建议我国应建立健全相关法律法规文件。

参考文献

[1] 余建. 国内外建设工程项目管理模式比较研究[D]. 西南大学，2010.

[2] 叶堃晖，黄英，赵瑞雪. 我国 EPC 模式"走出去"的策略研究[J]. 科技管理研究，2015，35(21)：215-218.

[3] 石林林，丰景春. DB 模式与 EPC 模式的对比研究[J]. 工程管理学报，2014(6)：81-85.

[4] 王学通. 总承包工程交易模式特征比较研究[J]. 工程管理学报，2011，25(1)：5-10.

[5] 赵艳华，窦艳杰. D-B 模式与 EPC 模式的比较研究[J]. 建筑经济，2007(s1)：149-152.

[6] 姚颖. EPC、DB、EPCM、PMC 四种典型总承包管理模式的介绍和比较[J]. 中国水运(下半月)，2012，12(10)：106-108.

[7] 张水波，杨秋波. 国际 EPC 交钥匙合同业主方的设计管理[J]. 中国港湾建设，2008(5)：63-66.

[8] 陈月霄，杜德富. EPC 总承包模式下质量管理的探索和实践[J]. 能源与环境，2007(3)：107-109.

[9] 韩德颖. 浅谈 EPC 总承包模式下业主的工程质量管控措施[J]. 当代石油石化，2010，18(9)：11-14.

[10] 宁波. EPC 总承包项目质量管理与控制的探讨[J]. 石油化工设备技术，2010，31(3)：34-36.

[11] 陈云华. 大型水电工程建设管理模式创新[J]. 水电与抽水蓄能，2018(1).

杨房沟水电站 EPC 质量管理实践

张叶林[1]，张　洋[1]，陈雁高[2]，徐建军[1]，周　强[2]

(1. 中国电建集团华东勘测设计研究院有限公司，浙江杭州 311122；

2. 中国水利水电第七工程局有限公司，四川成都 610081)

【摘　要】　大型水电工程建设采用 EPC 总承包模式是建设模式的创新，也是当前水电行业发展的趋势，同时对水电工程的质量管理水平也提出了挑战。水电工程总承包项目的质量管理有着标准要求高、覆盖面广、管理链条长等特点。本文通过杨房沟水电站设计施工一体化 EPC 项目质量管理的实践，创新性地引入了"自律"管理思想，通过全面构建质量管理体系，强化落实管理责任，不断完善质量管理"制度化、标准化、表单化、信息化"的建设，实现精细化质量管理，建立了一整套水电工程 EPC 建设模式下行之有效的质量管理模式，取得了良好的效果，为类似工程提供经验参考。

【关键词】　水电工程；EPC 建设模式；质量自律管理；实践与创新；

0　引　言

随着工程建设规模化、集群化的发展，工程建设市场主体从传统的"业主、勘测、设计、施工、监理"五方主体逐渐向"业主单位、全过程咨询单位、工程总承包单位"三方主体转变，投资方和业主单位对承包商的要求也日益提升，希望承包商能够提供更多的甚至工程全生命周期的服务，这一需求促使了工程总承包模式在国内外多个领域得到广泛的推广和应用，也越来越得到社会的认可。水电行业的工程总承包建设模式也在近些年的实践中进行了积极的探索和尝试[1]，但对于大型水电工程的总承包建设模式经验积累相对较少。杨房沟水电站是国内首个采用工程总承包建设模式的百万千瓦级水电工程，本工程的建设既是顺应时代潮流，也是行业的发展趋势，作为水电建设领域的改革实践先行者，工程建设管理也必将面临极大挑战。

工程总承包模式有"建设速度快、成本相对较低、项目纠纷较少"的优点，一般适用于建设周期相对较短、建设内容相对简单的工程项目，通常采用总价合同，由工程总承包方承担项目的设计、采购、施工、试运行服务等工作，并对承建工程的质量、安全、工期、造价等全面负责。大型水电工程的建设特点主要有建设周期比较长、技术难度高、涉及的专业领域广、自然灾害风险因素多、质量安全管控难度大、成本可控性差等特点[2]。采用工程总承包模式后，可以让业主单位避免与各平行发包承包商的复杂合同关系，优化管理结构和成本，适度转移工程实施阶段的部分风险[3]。承包商在工程总承包模式中，设计、施工可以更加深度融合的切实解决工程实际问题，通过优化提高工程效益。同时，承包商承担了工程实施阶段的大部分风险，尤其是管理风险，因此工程总承包建设模式对承包商的项目管理水平和风险控制能力提出了很高的要求。

工程质量的优劣对工程建成后能否正常运行关系重大，工程质量的优劣不仅影响着

作者简介：张叶林（1986—　），男，工程师，E-mail：zhang_yl3@ecidi.com。

承包商的信誉，也将影响建设项目业主的经济效益，更直接反映着总承包部的项目管理水平。如何做好质量控制，是 EPC 模式下需要解决的主要问题，本文主要从杨房沟水电站工程总承包项目质量管理的实践成果进行分析和总结。

1 项 目 概 况

杨房沟水电站位于四川省凉山州木里县境内，是雅砻江中游河段一库七级开发的第六级，电站总装机容量 1500MW。工程枢纽主要建筑物由挡水建筑物、泄洪消能建筑物及引水发电系统等组成，挡水建筑物采用混凝土双曲拱坝，最大坝高 155m。工程于 2016 年 1 月底正式开工建设，计划于 2024 年 11 月底全面建成投产。

杨房沟水电站是国内第一个采用 EPC 模式建设的百万千瓦级大型水电站工程，业主单位为雅砻江流域水电开发有限公司，中国电建旗下的中国水利水电第七工程局有限公司和华东勘测设计研究院有限公司强强联合组成紧密型联营体（以下简称"水电七局·华东院联合体"）开展总承包项目实施。联合体由董事会、监事会、总承包项目部、安全生产委员会、工程技术委员会组成，实行董事会领导下的项目经理负责制。总承包项目部是联合体在施工现场全面履行合同的实施机构，下设设计、质量、安全、施工、技术、经管、物资、财务、综合等九个生产管理部门，以及勘测设计、大坝、地厂、基础、辅助、安装、拌和、试验、监测等九个生产实施部门（工区）。

2 自 律 管 理

水电七局·华东院联合体在投标之初就引入心理学自律管理的理念："自律是自我约束，是个体在自我认知的基础上，自觉遵守道德或规范的行为，表现为我要守法，我要守规，我要努力等；他律是外在约束，是个体在某种外部压力下，被动地遵守道德或规范的非主动行为，表现为要我守法、要我守规、要我努力等。他律必须通过自律内化于心，外化于行，才能得以实现；同时，他律对自律意识的形成起着重要作用，只有当个体意识增强到能够主动遵守规范时，才会形成自我约束的底线，达到自律。"

杨房沟总承包项目部下属各个专业生产实施部门（工区）都是由水电建设经验丰富、实力强、信誉好，有着完备独立质量管理体系的单位构成，能够达到行业基本自律的要求。总承包部的质量自律管理主要任务是在体系建立、制度设计和行为管理上要求各级部门及个人自我约束和自我管理，化被动为主动，主动去学习落实各项规章制度和技术要求，主动去强化业务能力，高标准严要求地完成各项工作，增强各级部门和个人的主人翁意识，促进项目整体和部门、个人个体的共同发展，实现自我价值。同时，考虑到各级从业人员素质参差不齐的客观实际，注重他律的重要基础作用，充分利用制度、检查、监督、考核等外部管理手段，注重内部人文关怀，不断借助他律的力量来实行自我匡正、自我控制和自我提升，逐步实现他律向自律的转变。

总承包质量自律管理目标是要通过行之有效的管理手段达到总承包项目部管理层、生产管理部门、生产实施部门及从业人员的思想统一、步调一致，提升内部管理水平和外部形象，增强市场竞争力，创建水电工程质量管理品牌。

3 体 系 管 理

杨房沟总承包项目部的质量管理对外需要满足国家和行业管理规定，和满足业主、监理及相关监督部门的要求，对内需要对多个独立的专业生产实施单位（工区）进行管理。总承包质量管理有着标准要求高、管理覆盖面广、管理链条长等特点。质量管理的首要任务是构建有效的质量保证体系、责任体系、检查体系和评价体系。

3.1 质量保证体系

现场质量管理过程中，杨房沟总承包项目部以合同为准绳、以实现质量目标为目的、以发包人关切为关注焦点，采用先进的质量控制理念，制定科学的质量管理规章制度，严格执行国家/行业/业主的规范标准，积极吸收先进技术和质量管理经验，从组织措施、管理措施、经济措施、技术措施等方面强化质量保证体系，确保实现质量总体目标。

（1）组织措施：①项目管理层由联合体双方派遣行政、技术领导担任，统筹管理资源。选派技术精湛、经验丰富的专业人员担任项目现场技术负责人（总工程师、副总工程师、生产管理和生产实施部门负责人），组建精干高效的项目机构，保证工程的领导决策力量；②选择具有类似工程施工经验丰富、技术力量强、资源储备充足专业生产分包单位，以及常年合作、信任度高、施工质量业绩好的专业施工队伍开展本工程施工项目的实施，以雄厚的技术力量、高素质的施工队伍、精良的施工设备保证工程质量；③建立健全"横向到边，纵向到底，控制有效"的管理体系，设计、技术、施工、物资、质检各领域明确质量管理职责，质量管理系统配备专业质检工程师，生产实施部门配备专职质检员，厂队、工班配备兼职质检员，严格落实"三检制"；④以试验室、安全监测两个生产实施单位（工区）为有效抓手，形成实体质量内部第三方监督检查机制；⑤制定明确的质量岗位责任制，推行全面质量管理和目标责任管理，从组织措施上使质量目标真正落到实处。

（2）管理措施：①积极推行全面质量管理，采用 PDCA 循环控制理论，通过质量计划（P）、实施（D）、检查（C）、处置（A）四个阶段，使质量管理成效逐步上升，实现预期质量目标；②严格执行"事前控制、事中控制、事后控制"的"三阶段"质量控制程序，使工程质量控制始终处于监控状态；③严格遵循"全面控制、全过程控制和全员参与"的"三全"控制理念，从质量源头抓起，从每个环节上全面控制，实现设计产品、物资采购、施工组织、设备检测、试验检测、质量验收、工程竣工与交付、后期服务的全过程控制，确保实现质量目标；④建立健全质量管理制度，坚持按章办事，严格质量执法。

（3）经济措施：①坚持"奖优罚劣、优质优价"的原则，总承包项目部定期对工程质量进行检查评比，对质量先进的部门和个人实施奖励，对不合格工程产品坚决推倒重来，对造成质量问题的部门和个人严加惩处；②严格实行质量保证金制度，总承包项目部对各生产实施部门（工区）预留 5％的质量保证金，工程质量验收合格后返回，否则扣除相应的质量保证金；③总承包项目部设立质量奖励专项基金，奖励金从各生产实施部门（工区）内部承包协议目标成本总价中按相同比例计提，由总承包质量管理部统筹规划使用，按实施过程中各生产实施部门（工区）和个人的质量管理成效进行奖罚分配，有效促进部门和个人质量管理的主动作为。

（4）技术措施：①严格按照设计文件、施工规范进行施工，结合工程特点和工程创优规划，制定各类施工工艺、技术、质量内控标准和细则；②坚持设计文件分级会审和技术交底制度，重点工程由总承包项目部设计副经理、总工程师审核，一般工程由专业主管工程师审核。在严格审核的基础上由技术人员向施工作业队进行"施工方案、设计意图、质量标准、创优措施"四项交底；③认真贯彻 ISO 9001 系列标准，制定切实可行的质量检查程序，使每个施工环节都处于受控制状态；④技术资料和施工控制资料应内容翔实，各类设计变更应程序完备，满足工程验收要求。

3.2　质量责任体系

杨房沟总承包项目部成立了"质量管理委员会"和"自律管理委员会"，全面组织协调和统一领导总承包项目部的质量管理工作。"质量管理委员会"和"自律管理委员会"由领导小组和下设办公室组成，领导小组成员为总承包项目部管理层成员，办公室设置在质量管理部，履行委员会归口管理的日常事务和委员会交办的其他工作。总承包部质量副经理兼任办公室主任，成员由各生产管理部门和生产实施部门（工区）负责人组成。总承包项目部围绕工程质量总体目标，根据生产任务的分配，针对各道施工工序和各个施工环节，明确各部门和个人在质量管理活动中的责任和权利，建立质量管理责任体系。总承包项目部项目经理与各部门层层签订"质量责任书"，落实质量管理责任，约束质量管理行为。质量管理部作为归口管理部门，负责工程施工过程全程监督和检查责任制落实情况，并按期进行考核。

3.3　质量检查体系

杨房沟总承包项目部对工程质量管理的各项活动和行为进行全面管控，运用 PDCA 循环管理理论，按照"三阶段"质量控制程序，遵循"三全"质量控制理念，严格执行"三检制"的质量验收要求，对质量管理检查体系运行进行过程控制和持续改进，确保质量管理检查体系做到规范、有效、持续、稳定地运行。同时，根据工程进展情况，在严格落实"三检制"的基础上，结合杨房沟总承包项目生产组织结构的特点，充分整合质检队伍资源，将各生产实施部门（工区）质量终检人员纳入总承包质量管理部统一管理、统一考核、统一核定绩效，制定明确的职责分工和奖惩办法，根据各生产实施部门（工区）的质量管理成效决定验收终检权的归属，根据质检人员个人的质量管理成效决定薪资待遇和发展空间。通过总承包项目部质量检查体系的调整，大大缩短了质量管理链条，增强了质检队伍的凝聚力，实现了质检系统的高效运转。

3.4　质量评价体系

杨房沟总承包项目部制定了"横向到边、纵向到底"的全方位质量考核评价体系，考核评价范围横向覆盖项目管理层、生产管理部门、生产实施部门（工区），纵向包括质检系统各层级管理人员。质量管理部为考核评价实施单位，秉承"公开、公平、公正"的原则，采用月度考核、季度评价的方式对各部门和个人的质量管理成效进行综合评价，并建立了"工区月考季评制度""优秀质检员评选制度"，积极地营造"赶超争先"的工作氛围，极大地促进了自律管理行为的实现。

4　质量管理 "四化" 建设

4.1　制度化

制度化建设是现代建筑工程优质管理的基础和前提，也是决定施工管理质量优劣的关键性因素。推进规章制度的体系建设和完善是所有工程项目施工管理的核心步骤和内容，只有在工程项目施工的管理中健全制度，形成制度化管理模式，工程项目管理才能高效地运转，工程施工的质量才能得到坚实的保障[4]。

杨房沟总承包项目部建立质量管理相关制度 30 余项，并根据业主、监理、监督部门、外部专家等各方的意见持续不断地修订和完善，以满足"自律"管理和现场施工的需要。根据工程总承包建设模式对物资采购的特殊要求，建立健全物资采购质量管理流程，明确各物资采购相关部门的管理职责，规定试验检测人员参与物资材料从进场验收、物资存储到调拨流转、现场使用的全过程质量管理，严把物资材料质量关。建立物资材料和工程实体质量内部"第三方"检测检验制度，充分利用试验、监测两个生产实施部门（工区）作为质量内部管理的两个有效抓手，严格检查和监控物资材料和工程质量水平。通过制度化建设，有力地保证了杨房沟总承包项目部质量管理体系高效地运转。

4.2 标准化

标准化是在管理活动中对于重复性的事务通过制定、发布和实施标准达到统一，以获得最佳秩序和最优效益。质量管理始于标准，而标准又是在质量管理活动中的经验总结，对于质量管理水平的提高具有重要作用[5][6]。杨房沟总承包项目部质量管理标准化建设是为了保证和提高产品质量，实现总的质量目标而规定的各个方面的具体标准。

4.2.1 制度文件标准化

杨房沟总承包项目部根据合同文件规定及达标投产、工程创优相关文件要求，随着国家及行业新标准、新规程规范等的颁布执行，及时梳理适用于本工程规程规范和相关规定，以满足现场使用，同时供外部单位检查。严格贯彻执行国家部委和行业工程建设质量管理法律法规，深入落实工程建设标准强制性条文，确保工程顺利通过达标投产验收与考核，总承包项目部编制了《工程建设标准强制性条文实施计划》，全面梳理本工程涉及的强制性条文，定期进行强制性条文培训学习及落实情况检查。

4.2.2 工艺标准化

杨房沟总承包项目部根据工程进展，制定主要施工工艺的标准化文件，开展工艺标准化的宣贯培训，全面覆盖现场质量管理、工程技术、施工管理等各级人员，现场严格按照标准化要求施工。为了让标准化成果深入一线、落实到人，总承包项目部针对不同层级和不同管理部门的人员，将施工工艺文件细分为"施工工艺标准、施工工艺手册、施工质量明白卡"三个层次，分别供项目管理人员、现场质检员、一线操作工人使用，做到重点突出、浅显易懂，方便现场操作，极大地提高了现场各级人员的标准化施工意识，有力地促进了工程质量的提升。

4.2.3 模块工厂标准化

总承包项目部对质量、安全相关材料进行统一采购、统一调配、统一管理，设置标准化物资管理模块工厂，保障资源的高效利用和质量安全标准化的有效落实。针对施工现场临时制浆站、供水供电设施等临建布置，采用标准化模块工厂型式，保证了质量标准的统一，提高了场内物资利用效率。

4.3 表单化

表单化管理是以工作表单为载体，将文本制度、规范和标准要求等作为表单的执行内容和顺序。表单的制定过程本身就体现了对制度、规范和标准的理解以及对过往经验的总结，是对制度、规范和标准严格执行的一种表现形式。实现表单化管理就是解决制度、规范和标准"落地"的问题，降低违章或执行的成本，实现决策者满意执行者愿意的目标[7]。

4.3.1 质量目标表单化

杨房沟总承包项目部对各级质量目标进行了层层分解，形成了各级质量目标表单，细化了质量指标控制标准，实现了工程质量目标可量化、可考核。总承包部各部门依据分解后的质量目标，结合本部门实际，有针对性地开展工作，做到精细管理，精细施工，使工程各项目、各工序严格满足质量要求，达到质量总体目标。

4.3.2 管控过程表单化

针对质量管理过程中的计划、监督、巡视、检查、整改、处罚各类管理行为实现表单化，明确各类管理要求、要点和流程，方便管理者对制度要求的严格执行和被管理者对制度要求的深入理解。质检系统人员日常工作日志表单化，保证了信息的互通和工作的落实。

4.3.3 考核评价表单化

为规范项目现场质量考核相关工作，促进各工区加强工程质量管理，实现过程自律控制，推动质量管理水平和实体工程质量不断提高，实现工程建设质量目标，总承包项目部每月按照"月考季评"实施细则对各生产实施单位（工区）进行质量考核，按照质量自律检查体系管理规定对质检员进行履约考核，按照施工质量管理实施细则对作业队伍进行考核。考核评价表单化，做到考核要点明确、考核标准清晰、考核结果公开透明，实现了考核评价工作规范化，营造了内部公平竞争、赶超争先的良好工作氛围。

4.4 信息化

党的十九大报告中提出建设"数字中国"，推动互联网、大数据、人工智能和实体经济深度融合，实施大数据战略，加快建设数字中国，促进产业发展创新升级。杨房沟水电站是践行国家发展战略，首个实现建设、运维与 IT 深度结合的大型水电工程，建立了全方位、全过程的项目级 BIM 建设管理系统和数字化的电站，全面提升了电站品质。

4.4.1 OA 办公系统

杨房沟总承包项目部综合办公 OA 系统是基于全新的管理架构和思想，涵盖系统门户、个人办公、信息发布、综合办公、人力管理、函件管理、图档管理、采购管理、系统管理、移动办公等子系统模块，实现总承包项目部的协同管控和移动办公。综合办公 OA 系统主要面向总承包项目部内部机构信息发布、信息共享，各模块根据部门分工权限独立运行。目前已经有 20 多个与日常管理、办公、服务相关的子系统和模块正常运行，为项目现场各项工作的开展提供了强有力的信息化技术手段和支撑，大大提高了工作效率。

4.4.2 BIM 质量验评模块

总承包项目部设计施工 BIM 建设管理系统是基于"多维 BIM"的工程数字化设计和施工管理一体化管理平台，以工程大数据管控为切入点，通过利用数字化手段和 BIM 技术对工程建设进度、质量、投资、安全信息等进行全面管控，实现工程可视化智慧管理，提高工程建设与运营管理信息化水平。

BIM 系统质量管理模块作为杨房沟设计施工 BIM 管理系统的组成部分，于 2017 年 4 月完成开发并交付使用。质量管理模块 PC 端包含质量展示、单元填报、表单配置和质量评定四个子模块。移动端配套开发的质量验评 APP，完成了现场开挖、支护、预应力锚索、混凝土四大类共计60余张验评表单的电子版转化,实现在移动平台上完成各类验评数据的在线表单下载、离线数据录入、在线数据同步和影像资料上传等功能。通过移动端设备在现场完成各分序工作质量验评,并依据过程数据完成单元工程的最终质量评定。同时,在单元工程的BIM模型中挂载工程量、施工计划与实际时间、质量等级等工程信息,实现工程投资、进度、质量、安全的可视化展示。

4.4.3 质量管理APP

为进一步提高自律管理成效,快速高效地处理现场出现的质量问题,严格落实质量管理计划,保证质量管理信息的畅通,总承包项目部研发了质量管理APP,包括质量问题追踪处理、质量信息统计、质量验评申请、制度标准文件、质量新闻、质量通讯录等功能模块,实现项目参建单位人员在个人移动终端即可全面了解工程质量管理信息,及时了解质量问题处理进展、制度文件、质量标准、标准化文件电子化,督促检查、问题处理流程化,营造了良好的质量管理氛围,提高质量管理效率、增强质量管理透明度。

4.4.4 大坝施工智能管控

根据杨房沟工程高拱坝的特点,研发了大坝混凝土智能振捣监控系统、大坝混凝土智能温控系统、大坝智能灌浆系统,针对影响大坝实体工程质量的混凝土振捣、温控和基础灌浆施工,建立全方位的数字化在线监控,并接入BIM建设管理平台,实现智慧大坝的建设目标。

5 质 量 展 厅

杨房沟水电站建设完成了水电行业首个质量管理标准示范展厅,全方位、多角度、立体地展示了杨房沟水电站设计施工总承包项目质量管理工作成效,也是杨房沟、卡拉水电站项目质量教育培训基地。

质量管理标准示范展厅建筑面积为480.10m²,展厅分为质量管理总厅、土建项目厅、机电项目厅和培训演示厅四个部分。展厅内整体呈现了项目管理程序文件、项目管理方案、项目实施方案、质量控制方案等质量管理体系文件,细致地展示了水工、建筑、机电、金结等各专业的施工工艺质量控制标准和标准工艺展品,从而明确了杨房沟水电站项目质量管理的方针、质量目标、质量标准和手段,为工程创优提供了坚实基础和保障。

杨房沟水电站质量展厅的投入使用,是全面贯彻落实"安全为天、质量是命""好字当头、质量第一"的工作方针,充分体现了工程建设各方对工程质量的高度重视,提高了参建各单位和人员的质量意识,也极大地促进了总承包单位自律管理意识的提升。

6 质 量 管 理 成 效

杨房沟总承包项目部牢固树立质量"自律管理"的核心指导思想,从质量管理自律体系建设、制度保障、资源统筹、工艺工序标准化、教育培训、科技创新、创先争优活动、考核奖惩、信息化建设等方面全方位加强质量"自律管理"工作,取得了良好的效果。

截至2018年6月,主体工程开挖阶段接近尾声,即将转向混凝土浇筑阶段。根据统计,主体工程质量优良率达到95.7%,超过同类工程质量水平。杨房沟总承包项目管理成效也得到水电质量监督总站的高度肯定。

7 结 语

杨房沟总承包项目部通过创新性地引入"自律"管理思想并实现落地管理，全面构建质量管理体系，强化落实管理责任，不断完善质量管理"制度化、标准化、表单化、信息化"的建设，实现了全过程质量控制和精细化管理；利用互联网技术等信息化手段，提高了质量管理效率和透明度，营造了"人人关注质量、人人重视质量、人人享受质量"的质量管理氛围；通过水电行业首个质量管理标准化示范展厅的建设和运行，生动地展示了质量管理成效，提高了参建人员对标准化的认知水平，促进了质量意识的提高。

水电七局·华东院联合体总承包项目部通过与参建各方对水电工程 EPC 建设管理模式的实践、探索和工作磨合，工程质量管理工作稳步提升，建立了一整套在水电工程EPC 建设模式下行之有效的质量管理模式，取得了良好的效果，为类似工程提供经验参考。

参考文献

[1] 崔金虎，王红斌. 桃源水电站总承包管理模式探讨[J]. 水力发电，2014，40(6)：11-13.

[2] 强冠军. 水电施工质量管理[J]. 中国新技术新产品，2009(21)：114-114.

[3] 王孝红. 水电总承包项目风险管理[J]. 云南水力发电，2015，31(1)：157-160.

[4] 张伟. 略谈工程项目施工管理的"制度化"方法[J]. 魅力中国，2016(22)：181-181.

[5] 张晟，肖莉萍. 标准化与质量管理浅析[J]. 机械工业标准化与质量，2009(5)：44-45.

[6] 金玲，吴剑. 论质量管理与标准化[J]. 水利技术监督，2012(6)：7-9.

[7] 张鹏，蔡晔，王朝硕. 表单化管理[J]. 企业管理，2009(1)：60-62.

杨房沟水电站 EPC 模式下的设计监理工作实践

刘大显，张俊德

［长江水利委员会工程建设监理中心（湖北），湖北武汉 430010］

【摘　要】 杨房沟水电站是国内首个百万千瓦级采用设计施工总承包 EPC 模式建设的大型水电工程。新的模式下最大优点是让工程建设投资节省，减少对生态的破坏，工期更有保证。缺点是由于设计与施工采取了紧密联合，其主导意识有所下降，为寻求总承包人利益最大化，设计优化频繁，容易忽视设计中存在的问题，进而大大增加了工程安全管理风险，这是为何 EPC 模式下需要有对等或更高水平的设计单位进行设计审查（监理）的道理。目前，设计审查（监理）工作尚无成熟经验可以借鉴，也无规程规范可循。如何在设计审查中确保工程设计既合理、合规，又安全、可靠，又能让总承包部有利可图，是设计审查（监理）工作终极把控目标，也是最难把控的关键点。杨房沟水电站在两年多来的工程实践中进行了有益的探索，取得了较好工程建设效果。对其工程经验总结对类似工程建设管理有较高的参考价值，对规范 EPC 模式下设计审查（监理）工作有较好的现实意义。

【关键词】 杨房沟水电站；设计审查（监理）；工程安全技术巡视

0 引 言

杨房沟水电站位于四川省凉山彝族自治州木里县境内的雅砻江中游河段，杨房沟水电站为一等工程，工程规模为大（一）型。工程枢纽主要建筑物由挡水建筑物、泄洪消能建筑物及引水发电系统等组成。挡水建筑物混凝土双曲拱坝，坝顶高程 2102.00m，正常蓄水位 2094.00m，最大坝高 155.00m；泄洪消能建筑物为坝身表、中孔＋坝后水垫塘及二道坝；引水发电系统布置左岸，尾水洞布置在杨房沟沟口右侧。杨房沟水电站的开发任务为发电，电站总装机容量 1500MW，安装 4 台 375MW 的混流式水轮发电机组。

本工程于 2016 年 1 月 1 日开工建设，设计施工总承包由中国水电七局·华东勘测设计研究院组成的联合体承担，设计施工监理由长江委监理中心·长江勘测设计公司联合体承担，均为国内知名企业。

1 设计审查 （监理） 合同要求

1.1 工作范围

杨房沟水电站设计施工总承包主要包括挡水建筑物、泄洪消能建筑物及引水发电系统、金波石料场开采及右岸坝前旦波崩坡积体减载处理等的设计、施工[1]（见图 1）。

作者简介：刘大显（1957—　），男，高级工程师，E-mail：496260574@qq.com。

设计审查（监理）合同要求对总承包合同范围的所有勘测设计文件审查，并参与单元工程验收与安全鉴定等工作。重点是研究及审核与工程施工、运行安全、工程效益发挥、工程进度及投资控制等密切相关的重大技术方案，对工程重大技术方案进行研究审核和咨询。

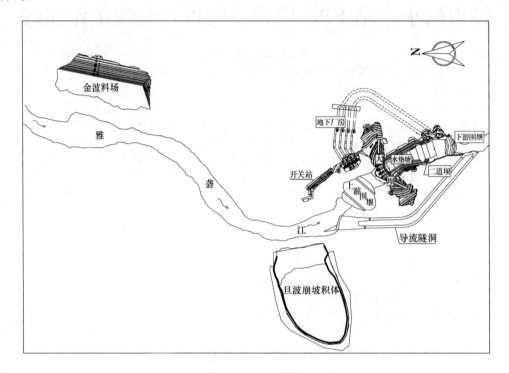

图 1　杨房沟水电站总体布置图

1.2　设计审查（监理）依据

（1）《设计施工总承包合同》关于设计质量的规定。

（2）《杨房沟水电站可行性研究报告》及审查意见、《环境影响报告》及批复意见、《项目申请报告》及核准要件的批复意见等。

（3）国家及行业现行规程规范、强制性标准。

（4）发包人企业标准。

（5）政府及行政主管部门审查、审批意见。

（6）发包人出具的其他书面要求。

1.3　设计审查（监理）内容

（1）《设计总承包合同文件》约定的合同条件的符合性。

（2）工程建设标准强制性条文执行情况。

（3）建筑物及结构的安全性能。

（4）设计变更、设计方案调整的必要性、合理性、安全性以及经济评价。

（5）主要建筑物结构计算和稳定性计算成果。

（6）施工安全、职业健康卫生合法性、保障性。

（7）环境保护和水土保持的合法性。

（8）防火、消防合法性、保障性。

（9）科研试验成果的应用。

（10）新材料、新设备、新技术、新工艺应用的可行性和合理性。

（11）设计计划管理和设计变更投资变化复核。

1.4　设计变更管理

设计变更是指相对招标文件规定的发包人的要求，合同明确的方案、发包人或监理人已正式批准的设计方案的变更，分为一般变更、较大变更和重大变更。

（1）重大设计变更是指涉及工程安全、质量、功能、规模、概算，以及对环境、社会有重大影响的设计变更。

（2）较大设计变更是指对本合同约定工程标准或审定设计方案进行调整，和工程安全性、适用性、耐久性、工程节点工期有关的设计变更。

（3）除此之外的其他设计变更为一般设计变更。

1.5　设计文件审查深度

监理人须对设计文件的完整性、合理性等进行符合性审查，审查方法包括对照检查、现场勘验、复核计算、调查询问、会审、咨询评审等。发包人认为必要时，可要求监理人对设计方案进行复核性论证审查。

1.6　设计监理现场服务

（1）设计审查（监理）人员必要时会同现场施工监理、总承包设计施工人员，进行现场调查，掌握现场情况，进一步复核设计文件与现场实际情况的符合性和差异。

（2）设计审查（监理）人员应积极沟通协调工程设计中存在的有关问题，推进工程设计工作。

（3）设计审查（监理）人员必要时参加有关施工技术讨论会，或应发包人要求参加相关技术会议，为其提供施工技术服务。

1.7　科研试验管理

（1）设计审查（监理）人员应对总承包人开展的专题研究、试验研究等试验大纲、科研试验大纲、研究成果进行审查，并跟踪检查研究、试验情况。

（2）设计审查（监理）人员应发包人要求参加发包人开展的科研试验大纲、研究成果审查。

2　异于 DBB 模式下的设计工作特点

2.1　设计理念不同

DBB 模式设计是独立的机构，他们为规避工程设计安全风险，往往会让工程设计方案尽量偏于保守，在工程建设期间对可研、招标阶段上级已审批通过的设计方案很少改变，即使后期基础（地质）条件变好，在调整设计中也会尽量做到稳中求稳。EPC 模式下设计和施工成为紧密结合体，设计主观意识大大改变，在设计土建中容易重视地质条件变好，忽视地质条件变差，在安全取值方面也会力求有益于已的规范允许范围值。

2.2 设计工作先易后难

DBB 模式设计工作几乎不存在对前期已定的设计方案进行优化调整，在后期出施工图时只考虑前期设计方案到不到位，工程安全是否可靠，后期出现因设计方案不到位引起的反复变更设计概率不大，故难在先。EPC 模式下因有设计监理把关，设计先考虑的是如何在规程规范允许的条件下获取利益而对招投标设计方案不断优化调整，以致后期施工过程中因设计方案不到位而引起的这样或那样问题太多，而又不得不反复变更设计，故而难在后。正因如此，本工程的许多问题都是被动的处理，不仅耗时耗力，且在后期支护处理强度上也成倍地增加。如地下主副厂房 1 号、2 号、3号机的下游侧边墙和尾水调压室 1 号、2 号机的上游侧边墙的异常变形，右岸旦波崩坡积大规模变形和左岸拱肩边坡出现的两次异常变形等问题的处理均付出了高昂的代价。

3 设计审查（监理）工作措施

3.1 以组建高素质设计监理团队作为提高设计监理工作成效的根本措施

本工程监理单位为长江委监理中心·长江设计公司联合体，长江委监理中心主要承担施工监理工作，长江设计公司主要承担设计监理工作，长江设计公司组建了一支理论功底扎实、工程经验丰富的设计监理团队，各专业设计审查人员均具有高级工程师以上职称，担任设计科室主任工程师、副主任以上职务，是长江设计公司在拱坝设计、泄洪消能设计、高边坡设计、地下厂房设计、机电金结设计、施工导流设计等专业设计领域的技术骨干。另外，设计监理还组建了以钮新强院士为组长、杨启贵大师为副组长、水工、地质、施工、机电等各专业领域知名专家为组员的经济技术委员会，为设计监理工作提供全方位的技术指导。

3.2 以设计质量、变更（优化）、进度和工程安全控制为工作主线

设计质量、变更（优化）、进度和工程安全控制是设计审查（监理）工作的重点。而工程设计方案是否科学合理，是上述"四控制"目标能否实现的前提。设计审查（监理）工作自始至终以这"四控制"目标为工作主线，围绕工作主线进行工作大纲和工作计划编制，开展各项监理工作，并分阶段进行工作总结，及时发现工作中的问题并予以纠正。

3.3 以设计质量和设计变更（优化）控制为核心，全过程参与勘察设计和科研工作

以设计质量和设计变更（优化）控制为核心，采用全过程参与、分阶段审核及必要的复核验证的方式开展设计审查（监理）工作。在前期勘察设计成果及总承包人设计投标方案的基础上，分阶段、分部位、分专业对勘察设计及科研任务进行分解，从任务策划、初步成果审核到最终成果确认，再到实施效果全过程参与，并及时了解施工进度和实施效果，必要时督促总承包人设计方进行必要调整。

3.4 以重大技术方案审核为重点，提高设计成果质量

设计审查（监理）工作在兼顾一般性设计方案的同时，重点是研究及审核与工程施

工运行安全、工程效益发挥、工程进度及投资控制等密切相关的重大技术方案，充分发挥设计监理的技术和人才优势，对工程重大技术方案进行研究审核与咨询，并按合同规定提请发包人组织上级主管部门开展咨询和审查。

3.5 加强与总承包人设计方的沟通联络，加强设计成果过程控制

水电工程勘察设计研究工作具有很强的经验性和实践性，总承包人设计方是承担工程勘测设计和科研工作的主体，设计审查（监理）需与其进行充分的沟通和交流，做到优势互补、经验共享、相互支持配合，建立良好的沟通机制，加强设计成果过程控制，不断提高设计质量和监理工作效果。

3.6 开展工程安全技术巡视

工程安全技术巡视是工程实践中探索出的一种工作方法，是专门针对施工过程中存在的设计施工问题进行的定期或不定期的现场巡视检查工作。目的在于深入了解现场实际，让设计审查符合性更强、设计安全性更加可靠。截至 2018 年 3 月，共进行现场安全技术巡视 129 次，发现设计施工问题 53 个，并将枢纽区危岩体问题、地下主副厂房蚀变带问题、金波料场开挖高边坡问题提交技术经济委员会讨论，组织现场工程技术巡视讨论会 20 余次，发出提示或提醒函 14 次。举例如下：

（1）原设计枢纽工程区开挖线外只关注了结构面切割不稳定块体，而未关注自然坡体上的崩坡积块碎石混合土、架空块石堆和附着在陡峭坡面上的破碎块石等的危害性。提醒后让自然坡体上的危岩治理更加全面到位，使下部工程施工及运行更加安全。

（2）在地下厂房三大洞室开挖过程中，设计监理首次提出成因分析与合理化建议。尤其在第Ⅱ、第Ⅲ层开挖过程中发现了下游侧墙厂右 0+015～厂左 0+035 段蚀变破碎带，敦促设计提出了钢筋混凝土板＋深层预应力锚索建议，确保了下游边墙的稳定。

（3）原设计金波石料场开挖边坡未考虑下部开挖对上部高近 600m 的自然坡体不利影响，尤其上部分布的大量崩坡积土，危岩、危石等均须做防护处理。揭顶时又发现 A 区分布有深厚的崩坡积及崩塌架空块石堆，土层清理后不仅让开挖边坡增高近 100m，还发现基岩中顺坡中缓倾结构面极其发育，进而又提出了开挖高边坡单面滑移破坏是最危险的破坏模式，敦促承包人提出了加强开口外支护的设计方案。

（4）发现了旦波崩坡积体物质 EL.2130m 以上土体结构疏松，以下较密实，其组成不仅仅是崩塌块碎石混合土与碎石土，还夹有大量早期离位体，即假基岩，还有部分基岩强风化呈土状、粉末状、性状极差。敦促总承包方为该边坡稳定性分析找出了更加清晰的边界。

（5）提出了极端气候下格给、里尼滑坡的稳定问题及营地后边坡可能存在的坡面泥石流问题，引起了参建各方的高度重视，敦促总承包方制定了防范预案与处置措施。

（6）对众多高位危岩体治理、洞室开挖不稳定块体处理、边坡及洞室变形支护，工程区环境边坡治理等进行了巡视，提出了诸多的建设性处理建议，提高了工程施工和运行安全度，避免了重大生产安全事故的发生。

4 EPC 模式下设计监理的思考

4.1 设计监理人员素质要求高，工作量大，但经费少

本工程是国内首个采用设计总承包方式开展建设的大型水电工程。设计监理需要完成设计文件技术审查、商务审查、设计计划管理、设计变更管理、工程安全技术巡视及安全监测资料分析、总承包项目各类重要验收等工作，设计审查（监理）要求为具有丰富的同类工程设计和监理经验的高级技术人员，涉及专业多，需要投入的高素质人力资源较多，还需要技术实力雄厚的专家委员会作为技术支撑。本项目监理费用少，年设计监理经费不到 3 个一般设计人员产值。

4.2 参建主体多，协调难度大

杨房沟水电站建设单位为雅砻江水电开发公司，现场管理机构为杨房沟建设管理局，设计施工总承包单位为水电七局·华东院联合体，监理机构为长江委监理中心·长江设计公司联合体，行业权威咨询机构为中国水利水电建设咨询公司，行业主管部门为水电水利规划设计研究总院。设计监理工作需要协调处理多方的不同意见和利益关系，协调工作量和工作难度大。

4.3 设计变更和设计优化多，设计文件一次通过率低，设计监理工作量大

EPC 模式下，设计单位主体意识和龙头地位有所下降，设计方案寻求总承包人利益最大化，设计优化调整较频繁，加大了设计监理工作量和工作难度。

杨房沟水电站设计施工总承包人为水电七局·华东院联合体，第一责任人为水电七局，在联合体内部，施工单位处于牵头地位、设计单位处于从属地位，设计单位在工程建设的龙头作用和主体意识有所降低，在 EPC 模式下，设计施工双方是利益共同体，其设计方案必将在满足工程安全的前提下寻求利益最大化，并频繁提出设计优化和变更方案，加大了设计监理工作量和工作难度。

经过对两年多工作成果统计，设计文件一次通过率仅约 30%，复审次数多，有的设计文件复审达 6 次，大大增加了设计监理的工作量。

4.4 科研试验专题多，技术难度高

本工程部分设计方案可研及招标阶段设计深度略有不足，拱坝体形设计、泄洪消能方案、混凝土骨料性能等重大技术问题遗留到施工阶段继续深化研究，设计监理需要组织或参与科研项目过程管理和成果评价级应用，技术难度高。

施工过程中，地下厂房开挖支护工程、围堰工程、危岩体治理工程、金波料场开挖工程、旦波堆积体治理工程等均出现了前期没有预料到的重大技术难题，承包人开展了专题研究，设计监理组织开展了多次咨询审查，上述问题均得以解决，工程建设得以不断向前推进。

5 结 语

杨房沟水电站是国内第一个采用设计施工总承包模式建设的大型水电工程，设计监

理工作内容、工作方式等没有成熟的经验可以借鉴，总承包监理合同对设计监理工作内容和工作范围规定不够全面，根据工程建设需要，在工程建设过程中，设计监理创新工作方式与方法，全过程技术把控，从设计监理角度提出了系列意见和建议，保证了工程建设的有序推进。工程建设进展顺利，工程质量、进度、安全和环水保管理可控，工程质量满足规范和合同要求。

参考文献

［1］ 曾新华，谢国权. 杨房沟水电站总承包建设模式探讨［J］. 人民长江，2016(20)：1-4.

［2］ 焉江平，李启常，章环境，等. 杨房沟水电站 EPC 建设模式的初步实践［J］. 人民长江，2016(20)：5-7.

［3］ 王慧. 浅谈设计阶段监理的认识与思考［J］. 科技信息，2011(31).

［4］ 史桢. 设计阶段监理对工程的作用和意义［J］. 科技风，2010(12).

［5］ 张自争. 论设计施工总承包模式下的监理工作探讨［J］. 公路交通科技(应用版)，2014(10).

［6］ 刘建勋. 联合体施工总承包模式下的监理工作体会［J］. 建设科技，2014(23).

［7］ 李连山. 电力建设采用传统与 EPC 模式下的监理工作的特点［J］. 电力勘测设计，2008(06).

雅砻江杨房沟水电站 EPC 总承包工程监理实践

杨剑锋

（长江水利委员会工程建设监理中心（湖北），湖北武汉 430010）

【摘　要】 雅砻江杨房沟水电站是国内第一个采用 EPC 总承包模式建设的大型水电站，经过两年多的工程建设实践，优势明显，成效显著。基于国家相关法律法规对水电工程监理的规定，大型水电站 EPC 总承包监理在合同项目管理、目标控制和设计监理方面还处于摸索阶段。本文以杨房沟水电站总承包工程监理实践为例，介绍了大型水电站 EPC 总承包监理的主要工作做法，提供同类水电工程 EPC 建设监理借鉴。

【关键词】 杨房沟水电站；EPC 总承包；工程监理；实践

0　引　　言

随着中国建筑市场与国际市场快速接轨，为提高国内水电勘察设计、施工企业的国际竞争力，国家对国有水电企业进行了改革重组，国内水电实力最强的勘察设计和施工企业改制为两大集团公司。这样一来提高了中国水电企业的国际国内承包工程竞争力，但同时带来国内水电工程招投标实际上变为两大水电集团之间的竞争，大中型水电工程尤其是国有资产投资的大型水电工程由于对承包人资质、业绩要求高，业主通过招投标只能在两大水电集团之间选择，增加了业主的投资风险。

为控制工程投资，合理降低工程造价，在水电工程承发包模式中选择 EPC 总承包模式是新时代水电工程建筑市场的发展趋势。雅砻江杨房沟水电站是国内第一个采用 EPC 总承包模式建设的超百万千瓦级大型水电站，经过两年多的建设实践，优势明显，成效显著。继杨房沟水电站之后，国网新源公司投资的新疆阜康抽水蓄能电站、辽宁清原抽水蓄能电站也相继采用 EPC 总承包模式建设，工程建设进展顺利[1]。

基于国家相关法律法规的规定，采用 EPC 模式建设的大型水电站，一般由业主招标选择 EPC 总承包监理单位，对 EPC 总承包工程进行合同项目管理和目标控制，主要包括设计审查（监理）、施工监理和采购控制。本文以作者所从事的杨房沟水电站总承包监理实践为例，结合参与国网新源公司两个 EPC 抽水蓄能电站监理调研成果，介绍了杨房沟水电站 EPC 总承包监理的主要工作做法，可为同类水电工程 EPC 建设监理借鉴。

1　杨房沟水电站 EPC 总承包监理基本情况

1.1　工程概况

杨房沟水电站位于四川省凉山彝族自治州木里县境内的雅砻江中游河段上，电站坝址位于雅砻江支流杨房沟沟口上游约 450m 处，是雅砻江中游河段一库七级开发的第六

作者简介：杨剑锋（1966—　），男，教授级高工，E-mail：ycyjf01@sohu.com。

级，上距孟底沟水电站 37km，下距卡拉水电站 33km。

杨房沟水电站为一等大（一）型工程。工程枢纽主要建筑物由挡水建筑物、泄洪消能建筑物及引水发电系统等组成。挡水建筑物采用混凝土双曲拱坝，坝顶高程2102.00m，正常蓄水位 2094.00m，最大坝高 155.00m；泄洪消能建筑物为坝身表、中孔＋坝后水垫塘及二道坝；引水发电系统布置在河道左岸，地下厂房采用首部开发方式，尾水洞布置在杨房沟沟口上游。杨房沟水电站的开发任务为发电，电站总装机容量1500MW，安装 4 台 375MW 的混流式水轮发电机组。

1.2 总承包监理合同范围和工作内容

杨房沟水电站总承包监理工作范围包括杨房沟水电站施工辅助工程、建筑工程、环境保护工程和水土保持工程、机电设备及安装工程、金属结构设备及安装工程等的勘测设计、采购、施工、安装、试运行、竣工验收和缺陷责任期全过程监理以及发包人移交总承包人执行的项目和总承包合同约定的其他相关工作的监理工作。

监理合同工作内容包括杨房沟水电站总承包工程的全过程监理，全面负责总承包项目的合同管理。对总承包项目的勘测设计、安全、工程质量、工程进度、环境保护与水土保持、采购、设备管理、材料管理、投资控制、安全监测、风险和保险、资金管理、验收工作、信息管理、档案管理、组织协调、质量监督、安全鉴定等进行监理。

1.3 总承包监理部组织机构

杨房沟水电站总承包监理由长江委监理中心与长江设计公司组成的联合体承担，现场监理机构为长江委杨房沟总承包监理部，直接承担和组织杨房沟水电站总承包工程的监理工作，履行监理合同规定的监理任务。另外，联合体设置杨房沟水电站总承包监理"技术经济委员会"，协助和指导监理部进行技术审查和咨询等监理工作。

监理部采用矩阵组织结构模式，设置大坝工程监理处、厂房工程监理处、机电物资监理处等 3 个项目监理处，实施现场监督管理；设置设计管理处、质量管理处、合同商务管理处、安全环保监理处、安全监测监理处以及办公室等 6 个专业或职能处（室），承担专业管理、内部协调和后勤服务工作。形成工程质量、进度、造价、安全、水保环保、信息由职能机构纵向管理、项目监理处横向展开的双向控制运作模式。监理部组织机构如图 1 所示，设计管理处组织机构如图 2 所示。各项目（专业）监理处根据工程项

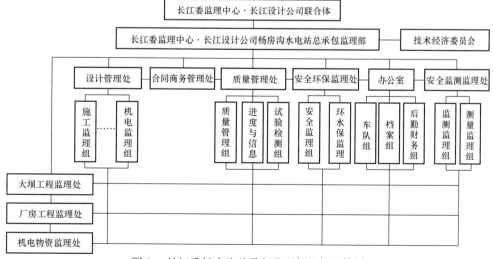

图 1 长江委杨房沟总承包监理部组织机构图

目开工、施工进展情况，再分设项目监理站或专业监理组。

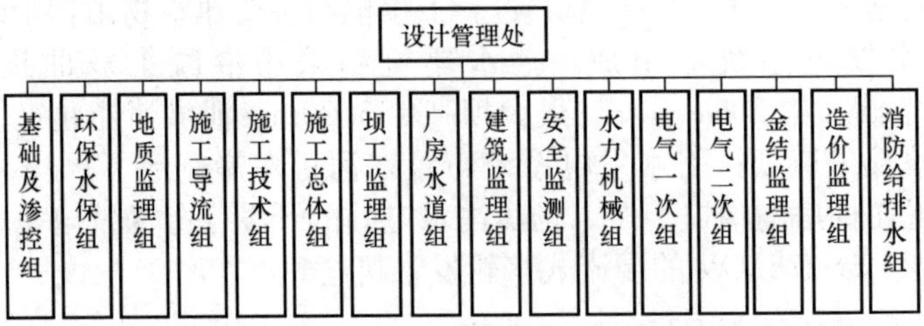

图 2　监理部设计管理处组织机构图

2　杨房沟水电站总承包监理主要特点

2.1　施工监理和设计监理的高度融合

杨房沟水电站 EPC 总承包监理由长江委监理中心牵头，与长江设计公司组成的紧密联合体承担，联合体成员单位均为长江水利委员会下属二级单位，在水利水电施工监理和勘察设计方面各自具有较强的管理和技术优势，双方融合度较强。从杨房沟水电站总承包监理合同执行情况来看，施工监理与设计监理相互配合，优势互补，较好地发挥了监理在总承包合同目标控制中的作用。设计监理在总承包合同设计全过程控制，尤其是设计变更控制方面发挥了十分重要的作用。

2.2　总承包监理工作范围更广、更全面

与传统 DBB 模式施工监理相比，杨房沟水电站总承包监理增加了设计审查（监理）、采购管理、环境保护与水土保持等工作内容，监理工作范围更广、更全面，包括杨房沟水电站施工辅助工程、建筑工程、环境保护和水土保持工程、机电设备及安装工程、金属结构设备及安装工程等的勘测设计、采购、施工、安装、试运行、竣工验收和缺陷责任期全过程监理以及发包人移交总承包人执行的项目和总承包合同约定的其他相关工作的监理工作。项目监理范围广、覆盖面大，对监理单位综合技术水平、不同专业技术人员要求高，尤其是对设计审查监理人员，涉及专业面更广。

2.3　参与材料和机电设备的采购管理

杨房沟水电站总承包工程主要材料水泥、钢筋及粉煤灰采用"业主辅助管理、协助供应"的管理模式，由发包人和承包人联合招标采购。其他工程材料由承包人自行采购。

总包工程合同工程量清单中列明的主要工程设备由承包人和发包人联合采购，其合同价款由发包人承担，性能及参数参考杨房沟水电站可行性研究报告，设备供应商资质条件、设备具体参数、设计联络会、备品备件、专用工具、技术服务等内容在设备招标文件审定时确定。联合采购设备的备品备件应满足安装、调试和试运行需要。除联合采购的设备和合同约定由业主提供的部分设备外，其他设备均由总承包人自己采购。

按总承包监理合同约定，监理需对材料和机电设备的采购进行合同管理。不管是联合采购的主要材料和主要机电设备，还是总承包人自购材料、机电设备，监理均进行全

过程的管理。要求总承包监理提前介入材料和设备的采购阶段，对主要材料、主要设备的采购文件进行严格的审核，经审核满足合同要求后再报业主审查、进入招标采购程序。

2.4 利用 BIM 与视频监控系统，强化信息化管理

杨房沟水电站总承包合同对 BIM 系统和视频监控系统的开发应用有着明确的约定，BIM 系统开发应用涉及项目设计审查、质量管理、进度控制等板块，视频监控系统需覆盖主体工程全部和主要施工系统。目前杨房沟水电站 BIM 系统及视频监控系统开发建设基本完成，其应用效果明显，极大地促进了信息化管理水平。

利用 BIM 系统，设计监理可以通过远程终端完成设计文件的审查，提高了设计审查工作质量和效率。

利用 BIM 系统及视频监控系统，实现了网上单元工程质量验评，并可随时通过 BIM 系统查阅质量验评动态。利用视频监控系统，业主、监理和总承包单位相关管理人员随时可以查看现场施工情况，较好地保证了工程施工质量。

2.5 总承包监理安全监测管理职责范围扩大

传统的大型水电工程项目中，业主一般通过招标设置安全监测中心，承担安全监测专业管理职能。杨房沟水电站总承包工程，业主未设置安全监测中心，而是通过总承包监理合同谈判，将安全监测专业管理职能转化给总承包监理的一项合同工作内容，对监理安全监测专业人员配置、安全监测资料分析提出了较高要求。

2.6 总承包监理工作重心发生改变

相比传统的 DBB 模式施工监理，EPC 总承包监理的工作重心发生改变。按照总承包合同"自律管理"要求，总承包人在设计施工协调方面和进度控制方面有较大的优势，总承包监理相应的工作量大大减少。总承包监理的工作重点转移为设计审查和设计变更控制、质量控制、安全管理、环水保管理及材料与设备的采购管理，尤其是对质量控制（包括设计质量）、安全管理的责任更大。

3 杨房沟水电站 EPC 总承包监理主要做法

3.1 实行总承包及总承包监理合同交底

大型水电站工程采用 EPC 总承包模式，受国家法律法规、规程规范的制定滞后制约，目前尚无标准的、可有效执行的招标文件范本，合同双方的合同责任界面、职责和管理办法需在实践中摸索，业主、监理和总承包需要有一个磨合期。为规范合同履约执行，统一合同各方对合同条款及业主相关管理制度的理解，细化完善合同执行条款、管理制度，杨房沟水电站总承包工程开工后的第一个月时间内，由业主组织相关合同单位主要人员（包括业主各职能部门管理人员、总承包主要设计与施工管理人员、监理单位主要设计审查与施工监理人员）参加的合同交底，各方人员联合办公，共同对总承包合同、总承包监理合同、业主相关管理制度进行仔细阅读研究，对有争议的合同条款、管理制度进行解释和讨论，以进一步明确合同各方的职责和管理措施，使合同各方的目标、任务更加明确。合同交底后，形成合同交底备忘录，作为合同的有效组成部分，促进了总承包合同及总承包监理合同的有效执行。

3.2 严格设计审查 (监理) 控制

为保证 EPC 总承包工程设计成果质量，总承包监理部建立了完善的设计审查工作制度，监理部设置设计管理处，专门负责设计审查监理工作，监理部副总监兼总工分管设计审查工作。设计管理处主要负责人均由长江设计公司各专业处室负责人担任，结合工程建设进展，现场常驻 2～3 名设计审查监理，各专业设计审查负责人按报业主批准人员进场计划定期到工地现场巡视检查。

监理部依据合同文件规定，制定了满足设计审查要求的实施细则，如《杨房沟水电站设计文件报审实施细则》《杨房沟设计施工总承包项目设计质量考核实施细则》《杨房沟水电站工程咨询技术服务制度（试行）》《总承包监理部技术经济委员会工作机制（试行）》《杨房沟水电站设计审查技术要求（试行）》《杨房沟水电站设计审查成果质量保证制度（试行）》《雅砻江杨房沟水电站设计施工总承包工程安全技术巡视工作细则》等监理程序文件，确保了设计审查工作程序化、规范化和标准化。

为避免总承包单位过度进行设计优化，设计监理在对设计文件审查时，严格执行合同约定的质量技术标准，严格按合同约定的技术质量标准、相关设计规范、业主相关设计管理细则进行审核，严控设计变更。设计变更严格执行合同约定监理审查权限，超出监理审查权限的设计变更，经监理审查后报业主审批。重大设计变更须报原审查单位审批。

在设计监理审查过程中，对重大设计方案、设计报告或重大设计变更，经设计监理初审后，组织技术经济委员会进行审查。设计监理、业主与总承包设计单位对有关重大技术问题有争议时，监理部组织技术经济委员会进行咨询审查，以便参建各方达成共识。

3.3 加强采购管理

对于联合采购设备和材料，总承包监理全过程参加发包人和承包人的采购活动，对采购计划、采购文件进行初审满足合同要求后，报业主审查。

对于承包人采购材料设备，总承包监理依据总承包合同文件对招标文件进行符合性审核，重点审核招标文件技术标准，并参加总承包人组织的招标文件审查工作。招标文件发售需得到发包人和监理人批准，招标结果需得到发包人审查确认。

针对业主、总承包人联合采购和总承包自购材料、设备的不同特点和控制流程，监理部依据杨房沟水电站总承包合同、总承包监理合同规定，会同业主制定了《杨房沟水电站总承包工程辅协供工程材料实施细则》《杨房沟水电站总承包工程自购材料实施细则》《杨房沟水电站总承包工程联合采购设备实施细则》等管理细则，对采购计划管理、采购文件编制报审、采购过程管理、材料设备进场检验和仓储管理等进行了严格规定，明确了采购计划、采购过程管理的控制流程、监理控制要点等，保证合格材料、设备才能用于工程施工。

3.4 强化监理巡视监督，严格标准化管理

合同目标管理必须建立在总承包单位自律管理基础上，充分发挥总承包单位质量、安全管理的主动性、积极性，改变监理的"监工"管理方式为监理巡视监督检查为主、重要工序或作业旁站监督为辅的管理方式，充分利用数字信息化管理手段，强力推行标准化施工，严格现场施工质量管理。对不满足规程规范、合同文件、设计技术要求的单元工程或工序质量，必须按监理指令要求返工处理，直至达到规程规范、合同约定的质

量标准。对不满足合同约定的安全标准化管理要求的施工布置和文明施工设施，必须按合同要求进行整改，对未能按要求整改的，按合同要求进行违约处罚。

3.5 推行设计施工定期联合巡视检查制度

为促使 EPC 总承包工程设计、施工质量的不断提高，总承包监理部制定了《雅砻江杨房沟水电站设计施工总承包工程安全技术巡视工作细则》，由总监或分管副总监带队，设计管理处或质量管理处组织，业主、总承包部相关设计、施工负责人参加，定期（每周或每月一次）对总承包项目主体工程重要施工部位进行设计施工联合巡视检查，对检查中发现的设计或施工质量或安全文明施工问题拍照，并印发检查通报，要求总承包单位限期整改。

3.6 严格合同资质认证与跟踪考核管理

为推进工程施工有序进展，确保工程施工质量，总承包监理部依据监理规范和总承包合同要求，加强对总承包单位关键岗位人员的合同资质认证和跟踪考核评价管理，主要包括施工质检员、试验检测人员、安全员、测量员、安全监测及物探检测人员等，对跟踪考核不合格的人员禁止在监理项目从事相应岗位工作，从源头上控制工程施工质量，促使合同资质认证人员不断学习和提高工程施工质量管理（技能）、安全文明施工标准化管理水平，保证工程实体质量满足规范和合同要求。

4 大型水电站 EPC 总承包监理工作建议

4.1 关于合同设计交底

EPC 总承包工程一般是在工程可研阶段完成后进行招标，为更好地做好 EPC 总承包监理的设计审查工作，进一步了解可研阶段设计总体思路、设计意图、工程总体布置、主要结构设计和设计质量标准要求等，明确设计审查的依据，工程开工后，业主应组织可研阶段的设计单位（也可能为总承包单位）进行合同设计交底，以提高设计审查质量和工作效率，避免设计监理在设计审查时由于标准问题与总承包设计单位发生争议，影响设计审查进度和设计审查质量[1]。

4.2 关于水电工程 EPC 总承包监理规范的制定

现行《水电水利工程施工监理规范》（DL/T 5111—2012）、《水利工程施工监理规范》（SL 288—2014）及《建设工程监理规范》（GB/T 50319—2013）均为 DBB 模式下的施工监理规范，缺少设计监理、采购管理等方面的内容，且施工监理与 EPC 总承包模式下承包人"自律管理"要求不相匹配，不利于总承包人"自律、创新、共赢"的作用发挥。建议国家相关部门或行业协会尽快出台水电工程 EPC 总承包监理规范或导则，推动新时代水电建筑市场健康可持续发展。

5 结　　语

雅砻江杨房沟水电站是国内第一个采用 EPC 总承包模式建设的大型水电站，在行业内被誉为"第二次鲁布革冲击"。经过两年多的工程建设实践，优势明显、成效显著。工程建设过程中，参建单位不断磨合、探索，创新出适合 EPC 模式的建设（监理）管理、设计管理和施工管理制度和方法，为大型水电站 EPC 总承包招标文件的制定、水电站承发包模式变革提供了实践资料。总承包监理在制度、体系建设及监理工作方法的创新，形成了具有杨房沟水电工程总承包监理特点的工作思路和工作方法，保证了工程建设质量、进度和安全等各项合同控制目标的顺利实现。杨房沟水电站总承包工程建设，加快了中国水电建设改革的步伐，为新时代水电建设改革发展开创了先河。

参考文献

[1] 孙玉生，杨剑锋，等. 辽宁清原和新疆阜康抽水蓄能电站 EPC 模式建设监理工作调研报告[R]. 2017, 11.

EPC 模式下杨房沟水电站的试验检测工作探讨

刘三明[1]，初必旺[2]，杨　勇[2]

（1. 雅砻江流域水电开发有限公司，四川成都 610051；

2. 中国电建集团昆明勘测设计研究院有限公司，云南昆明 650033）

【摘　要】　杨房沟水电站是我国首个采用设计施工总承包模式建设的百万千瓦级水电站，针对 EPC 模式对工程建设的特殊性，杨房沟水电站的试验检测工作者们经过开工两年多的不断探索，积极推进制度化建设，实施试验检测标准化管理，形成了材料检验全覆盖、关键部位混凝土配合比过程管控等特色，确保了试验检测工作规范、有序地开展，让试验检测真正成为工程质量建设的重要抓手和保障。

【关键词】　水利管理；EPC 模式；试验检测；杨房沟水电站

0　引　言

目前，我国在工程建设中越来越多地采用总承包模式，即设计—采购—施工总承包模式（以下简称 EPC 模式）。杨房沟水电站为一等大（1）型工程，开发任务为发电，电站总装机容量 1500MW，安装 4 台 375MW 的混流式水轮发电机组，是我国首个采用设计施工总承包模式建设的百万千瓦级水电站，其总承包模式在节约建设单位方人力投入的同时，调动了设计、施工各方的积极性，有效保证了建设进度与质量[1]。质量是工程建设的生命线，而试验检测工作可以对施工材料和施工工艺进行合理选择，对施工质量进行过程控制，为工程质量验收提供数据支撑，是工程质量控制和评判的重要依据。因此，本文对 EPC 模式下杨房沟水电站的现阶段试验检测工作进行了总结和梳理，可供同行借鉴。

1　杨房沟水电站的试验检测结构

目前杨房沟水电站的试验检测单位主要有三方：总承包试验室、监理检测站和建设单位试验检测中心（以下简称"试验检测中心"）。总承包试验室由中国水利水电第七工程局有限公司试验检测研究院组建，监理检测站由长江水利委员会杨房沟水电站监理部组建，建设单位试验检测中心由中国电建集团昆明勘测设计研究院有限公司科学试验研究院组建。

传统的电站 DBB 建设模式中，需要各主体标段施工单位组建自己的试验室，形成一个电站建设中有许多家试验室的局面，多而不精，且总体投资较大；总承包模式下的杨房沟水电站，则以总承包联合体中的施工单位中国水利水电第七工程局有限公司为主体，打破以往按工程造价提取试验费用的传统方式，改为以实物投入测算费用的方式进行试验室组建，配备了近 150 台套全新设备，拥有试验检测人员 30 余人，将总承包项

作者简介：刘三明（1980—　），男，工程师，从事材料试验检测管理工作。

目部试验室建设成一个全新的高标准工地试验室。监理检测站和试验检测中心则延续传统模式组建，三个试验检测单位隶属于工程参建各方，又构成完整的工程建设试验检测工作体系，相互监督、相互对比，为杨房沟水电站的精品工程建设提供数据支持。

1.1 检测各方职责

1. 总承包试验室

总承包试验室需对工程施工材料和施工工艺进行合理选择，对工程施工质量进行过程控制和验收检验，向参建各方提供工程施工质量基础信息，为参建各方决策提供依据。其开展的试验检测工作包括：各类试样的制取；施工用原材料检测与控制；施工工艺试验；半成品加工和生产、施工过程及成品质量控制和试验检测；试验检测成果整理；配合、协助监理机构和试验检测中心的试验、检测工作；建立完整的试验检测台账，并及时向监理机构报送相关资料等。

2. 监理检测站

监理机构开展试验检测工作的目的是及时了解和掌握施工用原材料质量、施工工艺和施工质量控制情况，对设计施工总承包部的试验检测工作进行复核和监督，向参建各方提供工程施工质量信息。其开展的试验检测工作包括：按规定的比例和频次进行独立抽检和复验，或达到能独立进行对照与统计分析的数量要求；工地现场配备简易的检测仪器设备，可以在施工过程中由现场监理工程师随时开展对混凝土坍落度、含气量，砂石骨料筛分等进行检测，以利于随时了解现场施工质量控制情况；监理机构每月适时开展对设计施工总承包部工程材料的检验或试验工作进行不低于30％的旁站见证；建立完整的取样台账和检测不合格闭合台账等。

3. 建设单位试验检测中心

试验检测中心代表建设单位承担试验检测专业监督和管理职责，同时提供专业技术服务、管理和指导；开展的具体工作包括对工程施工用原材料、半成品、成品以及其他指定材料进行独立抽样检测和现场施工质量检查，并承担监理机构送样委托的试验检测任务。试验检测项目和频次不低于合同中规定。在试验检测项目和频次总体满足要求的前提下，根据重要性或要求，对关键项目和重要部位（根据项目划分执行）适当加大抽检频次。

1.2 检测各方的相互关系

1. 检测工作层层推进

监理单位应对总承包试验室的资质、认证和运行情况、试验检测计划方案、人员资质及数量和仪器设备、试验检测工作等进行审查、检查和监督；检查和审批设计施工总承包部提出的各类试验检测报告、施工配合比报告、施工质量检测资料和对工程施工质量的评价意见；配合、协助试验检测中心的试验、检测工作。

试验检测中心负责按建设单位要求和相关规定对总承包试验室和监理机构的试验检测工作进行监督检查，包括试验室体系建立及运行、制度建设及内部管理，试验室的标准化建设、试验检测方法及工作质量，技术方案、报告等质量和提交的及时性，现场质量控制及服务意识等。负责对混凝土配合比报告及监理机构审批意见进行技术性审核，必要时对重要配合比进行试验复核。

2. 样品抽检层层把关

总承包试验室应按相关规程规范对现场样品开展抽样检测工作，监理机构独立抽检不应低于总承包试验室检验数量的 10％且同时对总承包试验室的检测工作开展不低于 30％比例的旁站见证试验，试验检测中心独立抽检不低于监理机构抽检数量的 20％；对于重点和关键项目（根据项目划分执行）或出现异常情况时，监理机构、试验检测中心和建设单位可要求增加试验检测项目及增加相关项目的试验检测频次。

总承包试验室重在对进场材料的入口把关，整体掌握工程的检测质量，监理和中心在总承包试验室检验合格的基础上加强抽检，重在随机开展抽样，以保证整个检测工作多层把关，防止错检、漏检等现象发生，确保工程质量受控。

2　杨房沟水电站检测工作的标准化管理

2.1　制度化建设

建设单位高度重视试验检测工作的开展，根据杨房沟水电站的实际情况制定了《杨房沟水电站试验检测工作规程》，建设单位后方工程管理部在工地组织召开了试验检测技术与管理工作专题研讨会，对现场的试验检测工作做出了统一部署和安排，目前基本形成了一套固定的工作制度，包括月报制度、月度检查制度、对比试验制度等。

月度检查制度充分调动现场各方检测负责人，重点对总承包试验室、拌和系统和砂石加工系统试验室开展专项检查，以打分的形式对试验室管理体系建设、人员、设备、环境、样品管理、标准执行、检测频次和检测资料等多方面进行考核，确保试验室严格按照体系文件开展检测工作，保证试验检测数据的溯源性和真实性，充分发挥试验检测在工程质量中的指导作用。

比对试验制度是为促进各试验室间检测经验交流，减小各检测方之间的检测误差。其中开展的水泥和粉煤灰品质比对检测除了要求现场试验室参加外，还要求生产厂家参与比对检测，检测结果与国家水泥质量监督检验中心的检测结果比对，以此在对比试验中寻找检查差异，逐步提高各方检测水平，为工程建设提供可靠的检测数据。

月报制度要求每月月底各检测方统计检测数据，形成试验检测月报，对数据进行系统的分析比较，发现问题及时反馈，促进施工质量提高。

2.2　人员能力保证

要求现场所有试验检测人员都必须持证上岗，对于检测报告的批准人等关键岗位人员，还需取得所在单位授权签字人权利并经后方母体试验室授权。考虑到总承包工程仅有一个施工单位试验室的特殊性和总承包试验室对基础质量把关的重要性，杨房沟水电站加强了对总承包试验室检测人员的考核，其检测人员除了持有本单位上岗资质外，还需通过由监理机构组织、试验检测中心参与监督的试验检测人员理论和实操考核，考核合格后颁发上岗证书，方可在现场开展试验检测工作。

此外，在保证各方试验室人员数量和上岗能力的基础上，还要求各检测方根据现场检测参数变化及标准更新等及时开展内部培训，适时对试验人员进行考核，考核 1 次不合格或连续 2 次考核基本称职人员将被要求离开试验检测岗位，以此来保证现场试验检测人员的岗位能力。

2.3　检测设备和环境满足要求

各方试验室均根据各自体系文件建立了设备管理制度，包含设备标牌和状态标识、设备使用和维护等记录、仪器检定或校准台账等，设立兼职设备管理员，确保设备的正常运行和对检测数据的可追溯性。

不同的检测项目对检测环境有不同的要求，符合规范要求的检测环境是检测数据可靠的基本条件之一，现场不同试验间常见的检测环境要求列于表 1。并对各检测方做出如下要求：①在有检测环境要求的试验间粘贴相应标识；②对有检测环境要求的试验间，应按规定安装温度计、湿度计来时时监控室内的环境条件，进行温度和湿度的记录。③针对不同的试验条件的要求和不同的试验检测对象，还建设互不影响的独立工作区。

表 1　　　　　　　　　　现场试验间检测环境要求

试验间名称	温度（℃）	相对湿度（％）	执行标准
胶凝材料试验间	20±2	≥50	GB/T 1346—2011
水泥比表面积试验间	—	≤50	GB/T 8074—2008
混凝土带模养护间	20±5	>50	DL/T 5150—2017
外加剂检验混凝土拌和间	20±3	—	DL/T 5100—2014
砂料表观密度和吸水率试验间	20±5	40～70	DL/T 5151—2014
干缩间	20±2	60±5	DL/T 5150—2017
水化热试验间（溶解热法）	20±1	≥50	GB/T 12959—2008
金属拉伸试验间	10～35	—	GB/T 228.1—2010
水泥湿气养护箱	20±2	≥90	GB/T 1346—2011
水泥胶砂养护池	20±1	—	GB/T 17671—1999
混凝土养护间	20±2	>95	GB/T 50081—2002

2.4　检测方法和样品管理规范化

要求各检测方严格依据设计文件、技术标准、有关规程规范和《杨房沟水电站试验检测工作规程》对工程用材料及各部位逐项进行试验检测，其中设计下发了《关于明确部分物资材料检测项目的设计通知》，明确了进场材料的检测项目和检测依据。

样品管理方面，除了按常规工作开展外，还对进场材料取样、样品储存等环节加强了管理。①取样：要求各方规范取样，保证抽检样品的代表性，做好样品标识和运输过程中的保护，对于工程用材料的取样工作，要求各检测方尽可能在厂家代表人员和监理人员的见证下开展取样工作，并留有检测副样，防止检测不合格时发生争议；②样品检测：除了有龄期要求的检测外，各检测方必须在两日内启动试验检测工作；③样品储存：现场各检测方设立了专用的样品留存间，实现了试验室自检材料与外送检验材料分区存放，外送检材料的留样原则上不少于 6 个月。

3　杨房沟试验检测工作特色

3.1　进场材料检验全覆盖

目前，杨房沟水电站工程使用原材料有工地试验室现场检验（水泥、粉煤灰、钢筋、外加剂、钢绞线等 10 大类）和外送有资质的检测单位检验（水泥矿物组份，钢筋化学和金相分析，钢筋机械连接型式检验，波纹管，锚夹具，土工膜，铜绞线，聚丙烯纤维，主、被动防护网，橡胶止水条，膨胀止水条，紫铜带，软式透水管，短丝土工布，膨润土防水毯，EVA复合防水板等18大类）两种。

所有进场材料中仅有水泥、钢筋和粉煤灰采用"统筹协供"模式[2]，其余材料均为总承包项目部自购，为了防止不合格材料用于工程实体，杨房沟水电站加强了对进场材料的验收和检验工作，要求对所有用于工程实体的材料必须执行"先检后用，使用前报审"的原则，并开展了以下工作：

1. 明确检测材料所检项目和检测依据

为全面覆盖工地项目建设使用各类原材料的质量控制和统一技术标准及检测标准，结合建设单位组织召开的试验检测技术与管理工作专题研讨会会议精神，设计方根据工程设计需求，印发了《关于明确部分物资材料检测项目的设计通知》，该通知梳理了第一批39大类原材料的适用规程规范和材料检测项目清单，并经设计监理组织审查、施工监理组织交底后开始实施，后续将根据工程进展和使用原材料的变化实施动态化管理。该通知明确了土建工程用原材料检测项目和检测标准，确定了原材料检测频次，对杨房沟水电站开展试验检测工作的开展提供了指导和依据。

2. 适时开展原材料专项抽检工作

为杜绝西安地铁"问题电缆"事件的再次发生，建设单位将根据工程进展和质量控制情况，适时开展全面检查现场使用原材料质量状况的专项抽检工作，以杜绝不合格原材料用于工程实体。2017年上半年，建设单位安排总承包监理部和试验检测中心对工程使用水泥、粉煤灰、钢筋、外加剂、钢绞线、锚夹具、波纹管、主被动防护网、铜绞线等15大类用于永久工程和临建重要部位的材料按不同生产厂家、品种分别进行了全面取样检测，确保工程所用原材料质量受控。

3. 外委送检工作程序化

由于波纹管、主被动防护网、土工膜等非常规材料在工程中用量相对较小，现场试验室并不具备这些材料的检测资质和检测条件，因此将该类材料外送检验。为保证外委送检工作的开展和工程的顺利推进，杨房沟水电站相关的检测单位对外委送检工作逐步梳理后，形成固定模式，主要包含以下几个方面：①准备工作：根据总承包物资需求计划，各抽检方制订并上报外委检测计划，包含计划送检材料和数量、送检单位及其检测资质、检测费用等；②进场检验：材料进场后，首先需开展材料初验工作，要求材料外观质量和尺寸满足相关规定，进场材料的包装均按相关规定进行标识，袋装材料在外包装上必须有清晰的出厂批号、生产日期等可追溯性信息，否则一律按不合格材料进行处理。在相关部门对材料初验合格的基础上，由总承包试验室对进场材料进行取样并外送检验，取样和封样过程需在厂家代表和监理单位的见证下进行，并留有副样，待发生争议时作为仲裁样品；③过程抽检：由于相关合同中对外送检验材料的费用和检测频次未有明确规定，故本着质量第一，但又避免出现重复检测的情况，对外送检验材料的过程抽检，取样工作由监理单位和试验检测中心联合开展，试验检测中心负责样品的送检和报告的及时取回，取样频次不低于总承包试验室取样次数的10%，当建设单位另有指令或对现场用材料有怀疑时可开展随机抽检，确保用于工程实体的材料是合格的。

4. 着眼于工程，面对问题不断思考和总结

由于现场检测人员对大多外送检验材料检测标准不熟悉，且目前国内具有相关检测资质的单位并不多，因此如何及时并高效的开展外委送检工作，是所有现场检测工作者面临的一大难题。经过前期的探索和思考，总结出如下经验：①及时送检，保持沟通：现场取样单位须在取样后两日内启动外委送检工作，保证样品尽快送达检测单位；送检

期间，须保持和检测单位的沟通，发现问题及时反馈；②在工程材料"先检后用，使用前报审"的原则下，因外委送检材料须将样品送至检测单位，各类材料的检测单位又不尽相同，送样耗时和检测时长各不相同，现场检测各方根据送检经验，统计出检测周期列于表2，总承包项目部可根据工程进展和检测周期做好原材料使用申报（采购）和储备，确保工程进度不因材料的外委送检工作受到影响。

表2 外送检验材料送检周期统计

序号	外送检验材料名称	送检周期（天）	
		总承包试验室	试验检测中心
1	波纹管	20～29	26～36
2	复合土工膜	23	10～17
3	HDPE土工膜	22	17
4	铜绞线	18～23	22
5	钢筋化学分析及金相分析	18～22	16～26
6	聚丙烯纤维	18	13
7	主被动防护网	20～22	17～28
8	橡胶止水条	28	41
9	紫铜带	20～30	37
10	锚具	20～28	14～33
11	钢筋机械连接型式检验	30	37
12	软式透水管	20	30
13	短丝土工布	29	37
14	膨润土防水毯	27	46
15	EVA复合防水板	34	46
16	橡胶止水带	30	37
17	SR止水材料	37	46
18	预应力螺纹钢	20	25

注 送检周期受送检单位所在地区远近、送检方式（邮寄或车送）、检测单位样品排队情况等影响。

3.2 过程管控关键部位混凝土配合比

杨房沟水电站工程枢纽主要建筑物由挡水建筑物、泄洪消能建筑物及引水发电系统等组成。挡水建筑物采用混凝土双曲拱坝，最大坝高155.0m；泄洪消能建筑物为坝身表孔、中孔、坝后水垫塘及二道坝，泄洪建筑物布置在坝身，消能建筑物布置在坝后；引水发电系统布置在河道左岸，地下厂房采用首部开发方式，尾水洞布置在杨房沟沟口上游。整个电站混凝土工程总量约208.9万m³，其中，施工辅助工程15.9万m³，双曲拱坝工程97.7万m³，水垫塘、二道坝工程26.7万m³，引水发电系统及变电工程53.1万m³，其他部位约15.5万m³。混凝土配合比的科学合理是工程质量的重要保障。

对常规混凝土配合比，其审批流程如图1所示。

对关键部位混凝土配合比，将对其试验大纲、中间成果和复核试验成果等中间过程

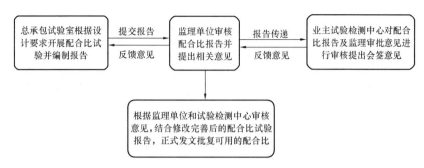

图 1　常规混凝土配合比审批流程图

均开展严格的过程管控工作，确保得出科学合理、经济可靠的最终推荐配合比。

目前，对已开展的杨房沟水电站拱坝坝体、水垫塘及二道坝混凝土配合比设计工作实行的过程管控，其过程管控流程如图 2 所示。将现阶段得到的杨房沟水电站三、四级配大坝混凝土配合比中的水灰比和用水量参数与国内同坝型的大型工程相比，可发现几个工程混凝土配合比用水量和水灰比并无太大差距，体现出对关键部位混凝土配合比开展过程管控的必要性和有效性，国内双曲拱坝电站大坝混凝土配合比参数比较列于表 3。

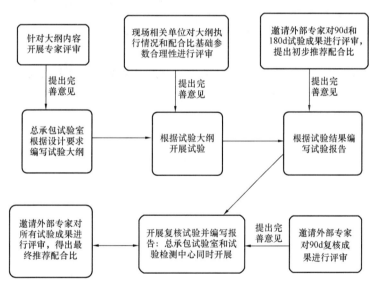

图 2　杨房沟水电站大坝混凝土配合比过程管控流程图

表 3　　　　　国内双曲拱坝电站大坝混凝土配合比参数比较[3]~[5]

电站名称	强度等级	四级配		三级配		粉煤灰掺量（%）
		水灰比	用水量（kg/m³）	水灰比	用水量（kg/m³）	
杨房沟水电站	$C_{180}30W10F_{90}200$	0.50	86	0.50	103	35
锦屏一级水电站	$C_{180}30W13F250$	0.46	83	—	—	35
小湾水电站	$C_{180}30W_{90}10F_{90}250$	0.50	89	0.50	103	30
溪洛渡水电站	$C_{180}30W13F300$	0.49	82	—	—	35

注　杨房沟水电站大坝配合比参数为初步推荐配合比参数。

4 结　语

在工程总承包建设模式下，可以集中投入打造出一个硬件设施先进且齐全的高标准工地试验室。与此同时，在工程检测各方的共同努力下，持续提升现场试验检测的标准化管理水平，根据工程特点形成自己的制度和特色，将现场试验室打造成为精品试验室，让试验检测工作真正成为工程质量建设的重要抓手。

参考文献

[1] 曾新华，谢国权. 杨房沟水电站总承包建设模式探讨[J]. 人民长江，2016，47(20)：1-4.

[2] 童建，胡德清. "统筹协供"模式下工程物资供应实践[J]. 人民长江，2016，47(20)：14-18.

[3] 万晓丹，陶永霞. 四川锦屏一级水电站双曲拱坝施工中的温度控制研究[J]. 黄河水利职业技术学院学报，2012，24(3)：17-19.

[4] 陈平. 小湾水电站水工大体积混凝土温度控制技术[J]. 葛洲坝集团科技，2009(3)：1-4.

[5] 杨富亮，张利平，王冀忠. 溪洛渡水电站大坝混凝土配合比优化试验研究[J]. 水利水电施工，2010(2)：74-78.

EPC 总承包项目技术管理探索

蒋建伟，车向群，张　哲

（中国水利水电第八工程局有限公司，湖南长沙 410004）

【摘　要】 EPC 总承包模式对开拓国内、国际市场具有很大的发展空间，由于 EPC 总承包具有灵活多样组合模式，因此对技术的预测性、先导性、可靠性和变现能力提出了更高、更多的要求。

【关键词】 技术管理，EPC 总承包，矩阵关系接口；定位与地位；"大部制"

0　引　　言

我国自 20 世纪末对基础建设进行大规模投入，在规模效应的带动下，国内的土木技术、设备工装和技术水平在国际市场具有良好市场竞争能力。在国内市场日益萎缩背景下，国内储蓄的领先技术和力量为"走出国门"夯实了基础，也是一代土建技术人员希冀方向。EPC 总承包模式分交钥匙总承包、设计—采购总承包（EP）、采购—施工总承包（PC）、设计—施工总承包（DB）、建设—转让（BT）等灵活多样模式[1]，为开拓国际市场提供了想象空间。随着"一带一路"倡议的深入，以及中国倡导的亚洲基础设施投资银行（AIIB）业务的拓展，可以想象 EPC 总承包模式的发展空间。

本文从技术实践的角度试图诠释 EPC 总承包项目模式下的技术管理和改进方向，为 EPC 总承包管理提供有益的探索。

1　技术管理在 EPC 项目管理体系中角色定位

1.1　技术管理在 EPC 项目管理体系的双接口

EPC 项目管理中的技术是竖、横双线单向管理的模式[1]。其竖线为专业领导，横线是行政管理部门。横线行政管理部门负责技术人员在轮休、值日、请假和上下班时间等日常工作状态检查和考核，由总承包项目部总经理工作部或秘书处负责；竖线专业归口是总包部分管技术副总经理或总工管理，工作质量对技术副总经理（总工）负责，由其分管的策划部负责对技术人员专业技术质量进行考核。

1.2　技术管理在 EPC 项目功能

技术管理是以"总包部项目管理为中心、专业技术管理为基础、技术副经理负责制"的管理方式，按矩阵双接口模式进行项目技术管理[1]。

在项目策划阶段，根据项目特点对工作内容进行分解，不同任务落实到相应的专

作者简介：蒋建伟（1970—　　），男，高级工程师，E-mail：627336682@qq.com。

业，将专业组织与专业工作内容相互对应，项目工作任务与专业组织结构之间构成矩阵网络。项目部技术团队将对项目的进度、费用、合同、信息、协调和技术咨询、技术指导、质量控制进行协调管理。强化执行的整体性和可控性，充分利用联合体后方各类技术、人力资源，保证工作进度与产品质量，为总承包项目管理部提供优质产品和满意服务。

1.3　建设 EPC 项目临时性技术团队的执行能力

EPC 总包技术组织关系具有开放性、一次性和临时性特点，其技术资源由各股东方按照权益比例，按合同分工进行资源投入，技术团队是随着工程开工而集结、随着工程完工而解散，各股东方在权益分配上可以用合同刚性约束，但技术团队来源于不同股东方，团队内聚力和稳定性是临时性的柔性组合，在项目实施过程中，临时性组织对个体的执行力和贯彻力管理作用减弱。鉴于此，各股东方在技术干部资源投入上有较大的要求，即由执行能力强的人组成技术团队是不可或缺的环节，以最大限度发挥设计、施工技术各方最大能量。

2　技术在 EPC 项目管理中的主要作用

2.1　工程投资控制的决定性作用

工程项目的成本控制是投资方预期收益的实现与否密切相关，也直接影响项目的正常履约，从技术着手减少工程投资是降低工程费用最行之有效的手段。重要的是要发挥设计的灵魂作用，经过统计分析：投资关键控制阶段主要还是在于决策阶段和设计阶段，其中工程初步设计影响项目投资的可能性为 $70\% \sim 90\%$，施工图设计影响项目投资的可能性为 $5\% \sim 35\%$[2]。显然，当 EPC 项目一旦做出决策后，技术对控制投资是起决定性作用的。

2.2　进度控制的超前作用

技术的领先性和超前性是确保工程项目顺利实施的基础和保证，应将设计和施工技术进度管理纳入 EPC 工程总承包项目管理中，使技术工作各阶段的进度与设备材料采购、现场施工及试运行等进度相互协调，确保设计进度满足 EPC 工程总承包项目工程总体网络计划要求。例如：常规项目是施工单位在设计出图按流程中下发蓝图后编制方案报审，而在 EPC 项目中可以草图或未审批蓝图先发施工单位，施工方可提前进行方案和采购计划编制，这样提前介入，可以尽早为现场创造施工条件。

2.3　资金保障的基础

工程技术对控制造价是起决定性的作用的，在 EPC 项目中，应从以下几个方面控制项目造价：一是设计科学化，避免"过度设计"；二是精细设计，避免漏缺；三是动态调整设计方案，结合现场实际提出优化措施。

2.4　工程安全的技术保障作用

安全的技术保障依托项目技术经理或总工程师为主要责任人的技术支撑体系，充分发挥设计与施工技术技防能力。根据施工安全操作和防护的需要，在设计文件中注明涉及施工安全的重点部位和环节，提出保障施工作业人员安全、预防生产安全事故的措施建议；施工过程中，分层次明确规定设计、施工方案、安全技术措施交底和作业指导书工作的内容、程序及要求。对交底工作组织或参加的交底工作留存交底记录。对于采用新技术、新工艺、新流程、新设备、新材料和特殊结构的工程，编制防范安全生产事故的指导书。

2.5　工程质量管控作用

全方位、全过程参与和实施勘测质量管控、设计质量管控、施工质量管控。质量管控遵循 TQC 全面质量管理和 PDCA 持续改进循环的原则。

2.6　达标创优实现的目标性作用

对合同承诺的达标创优总目标分解为质量目标、安全目标、水土保持和环境目标、调试试验扩投产后性能目标以及工程档案管理目标。明确技术、施工、机组调试达标投产、工程管理信息化、规范工程档案管理等创优目标，组织实施达标投产检查、达标投产考核、达标投产申报等工作。

2.7　做实、做好科技管理和 "四新" 技术应用

开工之初，根据工程需要进行科技内容和方向的策划，科技管理和"五新"应用管理过程中收集技术情报、信息，确定主要的研究内容及研究目标；进行科研项目立项、申报、实施和报验工作。

应用新材料、新技术、新工艺、新设备，制定技术措施、推广技术标准自创新技术的开发、应用及总结，组织技术改造、技术革新、技术发明、工法、专利技术的申报、资料整理工作等；提高建设项目经济效益、环境效益和社会效益。

3　各股东方总部高端人才后台支撑的重要性

3.1　技术预测的可靠性，设计的合理性、科学性，技术方案的可行性是履约的必要条件

合同履约要求在约定工期内，满足进度、质量、投资、安全等工作目标，EPC 项目具有"一次性、独特性、目标的确定性、成果的不可逆性、组织的临时性和开放性"五个维度，五个维度均与技术有紧密关系，技术的先导性、可预测性是需要 EPC 项目重点强化的功能，主要原因是 EPC 项目属于固定总价合同范畴，一旦技术无法预警，或被动接受环境变化，项目资金流和进度会出现很大的问题。预测的可靠性，技术的先导性，设计的科学性，方案的可行性是履约先决条件。

受各股东方企业发展可持续的需要，项目技术团队年轻化是常态，作为土木工程而言，技术理论是工程实践、实验基础上的提升。如果项目技术仅由现场年轻技术团队把控，受技术水平、专业能力、工程经验影响，要做到精确预测、精心设计、精细方案尚存在一定的难度，这都需要后台专家队伍支撑。

3.2　技术的复杂性、专业性也需要后台操作

科学工序下的 WBS、OBS、RBS、BOM、CWS 是工作分解、组织分解、采购分级、风险分解、成本分解系统，技术将全系统参与，而如此庞大的项目系统建立和运行、纠偏等，若只依赖于现场技术年轻团队，受专业水平和能力制约，系统建设很难达

到项目管理要求。

本人通过 20 世纪末对四川二滩水电站调查地下厂房施工,地下厂房由德国 SGEJV 公司承建,该公司在开工之初由德国总部教授、博士后和博士组成高端人才团队。对项目系统建立,纠偏两个环节,由高端团队操作,在地质条件、工程环境、设计变更、施工协调等可变因素影响下,每个工作面能精确到天完成节点。遗憾的是,本人在所参建国内工程中,能精确到天的从未有过,一般是工期滞后。这说明高端人才团队参与项目建设操作的重要性。

3.3 最大限度利用专家团队技术先进性的变现能力

EPC 总承包项目部与业主、监理不可避免有利益博弈关系,从 EPC 项目部角度来说尽可能进行技术优化,但业主和监理对优化是相对来说是反感的,一般认为设计越保守安全度越高,技术优化方面需要后台专家团队给业主和监理一个科学合理的依据,以达到技术先进性变现能力的目的。

4 EPC 项目技术层面的改进方向及推荐性建议

4.1 工地现场 "技术大部制" 的必要性

在策划阶段要确定技术的灵魂作用,一旦技术解决不好,对项目实施和执行力有很大的负面影响,特别是前期施工如果不充分发挥技术先导作用将对后续施工进度和项目履约有不可逆转和不可挽回性损失。

"技术大部制"是整合设计、施工各方的技术力量,以设计为龙头,成立工地现场技术部,设计能掌握现场一手资料,设计方案与施工方案将固有的直线作业调整为搭接作业,有效缩短文件报审时间,为项目顺利实施和工程进度创造有利的条件,同时能与现场结合紧密联系,也能与业主、监理方沟通有快速反应能力,容易达到各项优化目的。

4.2 EPC 矩阵式竖向关系应增加专家操作团队, 并与项目决策层平列

增加与项目决策层平列专家操作团队,对庞大的项目系统进行建立、运行、纠偏等,专家操作团队至少要控制 PDCA 循环的 P、A 环节。正如文中所言及德国 SGEJV 公司项目管理在 20 年前的水平,国内公司通过 20 来年的发展,达到 SGEJV 公司项目管理 20 世纪末的高度也鲜有所见。

4.3 清晰技术管理的接口关系

应成立策划控制部,与专家操作团队紧密联系,向设计、采购、施工、合同部门提出进度和投资目标,以及质量、调试、创优提出目标与要求的指令。以体现控制是龙头、设计是灵魂、商务是效益、施工是基础、质量是保障的管理要素。技术管理的接口关系应归属于技术副经理(或总工)分管策划控制部管理,明确好接口关系是确定技术人员的定位和角色,避免出现工作真空,技术人员需接受策划控制部指令与其他部门配合,避免体外循环,策划控制部建立健全各项制度和程序文件,防止管理混乱和相互推诿现象或指令相互矛盾。

4.4 充分融合产生合力

与常规模式不同,设计图和设计文件报审流程较多,首先设计院按合同进行施工详

图设计，由总包管理部和施工项目部会审，会审后由管理部上报设计监理审核，重要和关键结构还要报业主审核，审批流程同意后，再由施工部编制施工方案上报，总包部才能组织各类资源进入实施阶段。这只是常规设计，若涉及设计优化还要业主专家和各部门会审，时间更长。

综上所述，这就需要设计与施工技术、采购深度融合，提前介入，改常规项目的直线作业关系为搭接作业关系，为现场实施留出提前量，以保证进度有序进行。关于技术融合需要重点关注以下几个方面事项：

（1）设计和施工技术之间的利益关系应以制度固化，在保证 EPC 项目整体正常运行的基础上，建立共享利益、共担风险机制。

（2）一定要按"大部制"组建设计技术部，以形成合力。

（3）杜绝家长式技术管理，应充分民主。

（4）技术、施工方应克制傲慢与偏见，避免"只会体力"与"书呆子"等惯性思维，抛开成见，积极互动、融合。

参考文献

［1］ 王伍仁. EPC 工程总承包管理［M］. 北京：中国建筑工业出版社，2010.

［2］ 王保卫，冯守佳. 中国核科学技术进展报告［M］. 北京：中国原子能出版社，2014.

［3］ 范云龙，朱星宇. EPC 工程总承包项目管理手册及实践［M］. 北京：清华大学出版社，2016.

浅析乌干达卡鲁玛水电工程 EPC 项目的技术管理

侯伏强，刘　豫

（中国水利水电第八工程局有限公司，长沙湖南 410004）

【摘　要】 在中国改革开放政策和"一带一路"倡议的主导下，中国经济得到快速发展，中国企业也相继走出国门，并在世界各地开花结果。EPC 项目作为典型的合作模式，如何履约非常关键。而作为技术管理，如果充分理解合同、规范和当地国情是国外 EPC 项目技术顺利履约的前提。在项目履约过程中，技术管理覆盖的范围非常广，要求技术团队具备很强的综合能力，并对各个环节的技术进行动态监督和预警控制，而在执行合同过程中，取得双方的信任是项目良性发展的基础，聘请专业的外部咨询是推动项目技术工作的开展的有效手段。EPC 项目的技术管理涵盖了设计、采购、施工、运维等环节，各个环节相辅相成，缺一不可。

【关键词】 水利工程；项目；EPC；技术管理

0　引　　言

随着改革开放的深入发展，在"一带一路"倡议的带领下，越来越多的国企和民营企业走出国门，并利用现在国内的资金和大企业强强联合，相继开始国外 EPC 项目的履约和实施，而如何在复杂背景下的实现 EPC 项目的顺利履约成为企业能够继续在国际上扎根发芽，体现中国制造的强劲实力显得尤为重要，而技术作为项目履约的强有力的支撑服务部分，如何实现项目的技术支持和服务，为 EPC 项目保驾护航将越来越重要。本文以乌干达卡鲁玛水电站技术管理为例，总结了本项目的技术管理工作经验，以供后续参考。

1　EPC 项目的背景

众所周知，EPC 项目是包括设计、采购、施工、运行维护为一体的项目，此项目的优势主要是集中优势资源，以大集团或者综合能力强的企业，综合完成单个或者多个项目，此项目的优势是缩短项目的修建时间，可以利用大企业的综合能力为项目提供有力的进度、质量和安全的保证。乌干达卡鲁玛水电站是中国电建国际工程有限公司委托中国水利水电第八工程局有限公司和中国水利水电第十二工程局有限公司组成联营体全面实施的一个 EPC 总承包合同模式的一个水电站工程。设计由中国电建集团华东勘测设计院有限公司承担。

EPC 的项目技术管理贯穿项目的整个过程，包括投标阶段、实施阶段、运行维护阶段。技术作为核心支撑，在项目的全生命周期中起到了非常关键的作用。

作者简介：侯伏强（1982—　），男，高级工程师，E-mail：hfq82@sinohydro8.com。

　　　　　刘　豫（1982—　），男，高级工程师，E-mail：yu.liu@sinohydro8.com。

2　EPC 项目技术管理的风险识别

EPC 项目的技术管理的风险涵盖投标阶段、设计阶段、采购阶段、施工阶段、运行维护阶段等。

投标阶段的风险主要是对合同文件的理解，尤其是对采用的技术标准或规范、雇主要求的理解，同时规范的优先次序，地质情况和原始地形地貌、移民征地也是重要的风险源。本工程合同要求采用欧美标准，同时对 HSE 健康、安全、环境要求比较高，需遵守乌干达当地法律法规。

设计阶段的风险则是对于 EPC 合同内的设计规范理解的风险，各国的规范要求不一样、计算模型、采用的边界条件、应用软件等都存在很大的差别。其次则是征地和地质、水文条件等，国外项目往往不像国内水电项目具备较长时间的调查勘测阶段，且已经掌握了大量的数据和观测资料。国外项目受准备工期短，社会制度等因素影响，调查勘测资料不足，尤其是水文资料往往是缺乏的。这往往会给初步设计带来很大的难度和风险。卡鲁玛项目在实施过程中，由于业主提供的水文资料与实际有偏差，导致电站水头需要重新复核并采取措施满足合同要求。

采购阶段的风险主要包括技术标准的风险和产品供应商的风险，包括对招标文件规范的理解不透彻，或者规范说明不清楚，以及供应商的资质是否满足要求等，还有设计能力、供货周期、产品质量保证等。

施工阶段对合同和施工应用规范的理解是重大风险，在技术方案的制订过程中怎样保证质量满足合同要求也是重大风险之一。

运行和维护阶段的风险主要包括移交前的整体试运行的风险、雇主员工培训的风险、运行过程中设备损坏的风险、后期整体移交的风险。

3　EPC 项目技术管理的策略和对策

3.1　统一的整体组织机构

作为 EPC 项目，尤其是水电行业的国外 EPC 项目，一般都是大型或者特大型工程，工程规模大，投资金额高。所以作为项目技术管理必须有一个统一的组织结构，包括含 EPC 技术管理部、设计管理、采购管理部、永久机电部、实验室、观测室、测量室、质量管理部等组成的统一的整体组织结构。要摆脱以前的以施工为首或者以设计为首的施工 EPC 或者设计 EPC，这两种模式都有局限性，要么偏向于施工，要么偏向于设计，都不利于管理。

3.2　设计的管理

1. 熟悉和充分理解合同和规范

EPC 项目的设计是整个 EPC 项目的火车头，设计工作质量的好坏将直接决定 EPC 项目的质量和效益。而充分了解合同和规范是做好设计的前提。这就要求设计单位对于合同和规范要有彻底的理解。作为主执行团队，要对合同的条件和规范向设计团队进行详细的交底。并且要求设计团队各个专业都进行交底，这是开始 EPC 设计的基本条件。

2. 设计产品质量的管理

设计产品的质量是 EPC 项目的关键之一，包含设计优化和项目基础设计和施工设计。工程投标时段提出优化设计理念是能否取得 EPC 项目建设权的关键。承包商优秀的设计将提供优秀的报价，这个报价有可能高于业主的原设计，也可能低于原设计，但优秀的设计可能为业主提供更好的经济效益，从而获得项目的建设权；后期项目实施过程中与规范和合同的吻合也是关键。首先，当前国内大设计院还是沿用国内思维，习惯以自己的理念为主导，而事实上在国外，不管是业主、监理、EPC 方都要求的是遵循合同规范。所以设计单位设计产品的时候不能犯经验主义错误，不要认为在国内是怎么干的，国外就可以怎么干。这是非常危险的，也会降低沟通的效率。其次，就是工作思维的方式不一样，中国人比较灵活，思维开阔性大，而欧美咨询原则性较强，讲究中规中矩。所以在项目执行过程中，也会发生理念和理解偏差的问题。

从本项目的执行情况来看，请第三方设计对重大产品质量进行联合会审是非常必要的，通过第三方可以客观地评价主设计方案的水平，并从客观的角度给予不同的见解和建议，以便为主承包商的决策提供支持，当然聘请国外咨询也能够积极地推动设计院与监理和业主咨询的沟通。

施工设计要充分考虑施工的现场情况是作为 EPC 项目的重点工作，在设计院进行结构设计的时候，要发挥 EPC 项目的优势，将设计和施工有效地结合起来，充分考虑施工方的经验，从而设计出经济、简单、高质、高效的产品。

3. 设计进度计划管理

作为 EPC 项目，设计的进度困扰是普遍存在的。由于 EPC 项目的优点就是能够快速地执行项目，利用 EPC 的整合资料，减少设计和施工中间的时间，从而尽快将项目投入使用。但这也给设计工作提出了更高的要求，要求设计院在项目的前期整体设计和后期的施工设计阶段必须满足总体进度要求。如果设计落后，在后期是很难通过赶工追回来的，而设计院由于科室分组的原因，往往在国外项目投入的资源是不够的，而且国内的设计师很多没有做过国外工程，习惯于使用国内经验进行设计和计算，在设计图审批时往往难以过关。

所以对设计团队制订计划非常重要。这里值得一提的是，一般 EPC 合同要求施工前 90 天报送施工图纸，这个 90 天看起来很长，实际上图纸审查的往返次数有时候超过 10 次，所以 90 天的提前量是非常必要的，甚至还应增加时间。在国内除了大型设计开专题讨论会外，小方案基本不要求太多计算，仅根据经验或采用标准图集设计即可，而国外即使一个盖板或者一个排水沟，都会要求提供详细的计算书。否则在审查时无法通过。

所以在总进度计划的编制过程中一定要仔细考虑设计的周期，同时要加强设计的管理，及时要求设计院根据总进度要求提供年度供图计划和月供图计划，同时要对设计的所有报批图纸进行详细登记和注册，随时更新状态，并根据总进度计划和现场的实际生产情况做好预警。

卡鲁玛项目要求设计院报送年度和月供图计划，并将月计划纳入了项目月报和监理月报中，对于项目的设计管理起到了促进作用；项目也安排了土建和机电专人设计院的图纸进行动态的滚动监督，主要包括根据总进度计划要求设计图纸报送的时间，已经报送的图纸的批复状态的统计，随时能够发现设计图纸的供应问题同时将设计院作为项目的部门管理，要求参加项目的周例会，及时解决未完图纸的批复问题。但是在卡鲁玛的技术管理中，要求与监理工程师召开设计评审月会，后面由于监理的原因没有严格执行，降低了图纸批准的效率。

在合同谈判阶段约束监理的审图时间是非常有必要的。这样施工阶段可以在客观上约束监理的审查速度，另外在项目现场每月或者定期组织设计审查联络会能够较好地、高效地解决周期性的图纸遗留问题，也能促进双方的沟通。

4. 外聘咨询

在国外 EPC 的设计管理中，对于以欧美规范为主并由欧美公司为咨询的项目，为较好地进行设计交流和沟通，建议聘请国际设计院作为外聘咨询。中国现在的水利水电行业很发达，技术成熟，但是在国外的推广其实是比较慢的，随着"一带一路"倡议的开展，中国技术也势必走出去，但是在走出去的过程中要别人接受并不是一件容易的事情，所以聘请咨询专家，能够较好地起到牵线搭桥的作用。

（1）利用外聘设计咨询，能够对设计成果进行校核。本校核主要包括校核计算原则和计算错误。中国规范和欧美规范对于参数、标准值、计算模型都有很大的不同，在进行计算前，能够与外聘咨询进行沟通和交流，并进行各国模型的对比计算，可以为后期与监理沟通创造有利条件，同时也能够利用外聘咨询增加沟通效率。

（2）利用外聘设计咨询对欧美监理工程师进行约束，截止到目前，中国的发展所取得的举世瞩目的成绩使国家地位大幅度提高，但是欧美国家的优越感依旧没有降低。对于 Made in China 还是保持有色眼镜或谨慎的心理，所以利用外聘设计咨询可以起到较好的沟通和对欧美监理的约束作用。

（3）欧美工程师的整体逻辑性比较强，利用外聘咨询工程师能够按照欧美国家的思路编写计算稿件和图纸，加快监理工程师对图纸的理解和审查图纸的速度。

卡鲁玛项目的设计聘请了澳大利亚的恩图拉（Entura）咨询公司参与设计咨询，在 TRT 的衬砌设计、EPCC 运维手册等方面起到了很好的推动作用。另外聘请了挪威咨询公司 Norconsult 的专家参与业主组织的专家组的现场视察和会议，有效解决了 TRT 的透水衬砌设计等问题。故采用第三方的咨询能够有效地推动设计。

3.3　采购阶段的管理

1. 充分理解合同或利用投标阶段尽量明确潜在的制造商和合作伙伴是必要的

国外 EPC 合同讲究严格按照合同执行，一般要求在投标阶段就明确制造商和采购方的相关信息，有时为了保护当地企业和民族利益，还会要求一定比率的当地成分的采购或者分包。这些将作为合同的条件。另外，在局部的一些国家，对于施工设备都提出了详细的要求，这就要求 EPC 承包商在投标阶段做好充分的调查和研究，根据合同和规范的要求，在投标阶段尽量明确合格的制造商和采购商，可以减少后期项目履约时的困难。同时在后期项目履约过程中，一定要重视合同内对于相关设备和厂家的要求，以便其总部或者项目能够有条件地选择潜在制造商。

2. 合同执行阶段，充分理解合同和规范要求进行招投标

合同的执行阶段是关键，在 EPC 合同执行过程中，作为项目团队，一定要充分理解合同和规范，再进行招投标，不能由于工期紧张等因素而盲目招投标。在招标阶段，对合同条款和技术条款采用捆绑式可以降低项目的风险，另外坚决反对最低价中标原则，在 EPC 合同中最好是技术和商务各占一定的比率，尤其是技术要占到更大的比率，而不能只考虑成本，这样会对后期履约造成非常大的困难。同时对于中国企业的制造商的英语水平要做要求，以便后期项目履约过程中和厂家服务的时候能够确保和监理工程师的有效专业沟通。

3. 采购过程中加强团队建设和规范制造、验收、安装流程

项目采购合同一旦确定后，首先主要的工作是协调主设、厂房各方完成相关图纸的批准，这个是 EPC 合同中的关键，有时候由于厂家和主设沟通不畅通、或者主设与监理工程师沟通不畅通都将可能导致图纸批复的延误进而造成工程的延误。比如，某电站输变线项目，根据合同的图纸先后顺序是批复设备图纸—地质勘查—土建技术设计—土建装修设计—土建施工—设备安装—调试与运行，而在项目实施阶段，由于对于合同的不理解，在设备厂家报批过程中启动较晚，从而造成设备图纸批复迟迟不能完成，从而造成后续工作开展不了。而非中国传统做法中机电设备基本厂家确定后，可以根据厂家的经验和设计院的经验确定设备的基本尺寸和荷载，往后设备图纸和土建图纸可以同步进行，这样造成整个项目的工程延期，不但设备不能采购，土建也不能实施。

在整个项目履约过程中，要对设备采购进行动态沟通，包括设计、制造、验收、运输、安装、调试、运行各个环节制订项目的计划，在过程中及时进行监督和预警，才能保证采购不会影响其他相关工作。

4. 采用第三方进行提前验收

采用第三方知名咨询公司进行出厂前的预验收和协助相关厂家的质量文件的准备，对于推动项目的验收工作有促进作用，本项目在前期采用项目的工程师进行设备等的出厂验收，由于国内外的验收保准不一样、质量文件的准备不一样造成验收非常困难。本项目后期利用经监理批准的第三方验收单位（上海必维国际检验集团）全程负责制造过程监控，与监理、业主 FAT 验收时的专业解释等相关工作，起到了很好的效果。

3.4 施工阶段的管理

1. 施工技术的规范理解和贯彻执行

在 EPC 施工过程中，对于施工技术规范的理解和执行非常重要，在国外做工程，首先第一条就是要忘记你在中国干过什么，也就是所说的经验主义。国外项目的履约注重的是合同的履约，也就是规范的执行力度，合同和规范是执行项目的唯一准则，这就决定了在从事国际项目的时候，不能像在国内一样，可以广泛地参考以前工地的施工规范或者施工方法。所以做方案和措施前掌握好技术规范的要求是必备条件。

2. 施工方案制订的原则

在 EPC 施工方案的制订过程中，要结合现场的实际情况，并结合合同技术规范要求进行详细的编制。传统编制方案的时候不仅讲究系统性，也讲究完整性，所以在制定方案的过程中，在文字部分将花费大篇幅的描写，但是具体实施起来可能做不到，而国外工程编制施工方案的时候，要求有针对性、可操作性。要求对方案要有具体分析、具体研究，并针对结构的特殊性，制定专门的措施和技术保证说到做到，同时要确保质量和安全能够满足要求，而不要求长篇大论，讲究一针见血，专事专案。

3. 现场施工的技术管理

在 EPC 的现场施工技术管理中，关键的工作是做好技术服务和监理工程师的沟通，国外工程的最大特点是管理团队人员复杂，有时候一个项目的咨询和业主团队的工程师国籍超过 6 个，尤其是非洲等国不具备成套规范或者工程经验的项目，这些国家吸收了以前的经验，即使自己没有能力进行工程管理，但是他们会聘请国外各方咨询进行监督，本项目业主就请了两个平行咨询进行管理，一个来自印度，一个来自瑞士，而瑞士

公司的人员又采用外聘，驻地工程师为瑞士和欧美等国联合人员，甚至业主还组织了自己的现场检查团队。在这种背景下，将对技术管理团队提出更高的要求，但是总的来说，合同和规范是依据，在国外工程施工，施工技术管理从来没有根本上的谁对谁错，尤其在多国工程师参与的情况下，要想改变或者调整规范是比较难的，充分理解合同和规范并执行是首选。在相互信任的基础上再进行规范的调整才有可能，否则在目前阶段想与世界顶级企业如西门子、GE 等一样将自己的规范作为行业甚至国家规范的指导几乎是不可能的，回归合同和规范指导现场施工是现实的、有效的。

4. 外聘咨询的管理

在施工技术阶段，聘请外部咨询或者外聘工程师是非常有必要的，利用外聘咨询主要是为了解决欧美工程师的沟通和交流，聘请当地工程师是为了能够利用当地资源优势，并及时掌握当地的习俗和习惯，这样有利于与当地监理工程师和当地政府的沟通，尽早完成验收。在卡鲁玛项目的项目技术部，外聘当地工程师占技术部总人数的 40%，采用当地工程师能够很好地与监理当地工程师、业主代表进行良好的沟通，在现场技术交底便于当地工人的理解和沟通，效率也比较高。但是在卡鲁玛项目由于没有聘请施工方面的国外专家，所以在与业主的沟通过程中存在短板；卡鲁玛项目业主不仅聘请了印度监理，同时也聘请了特别咨询 PMC 进行现场的设计和技术咨询。PMC 为欧美工程师，一切为了业主的利益出发，在沟通过程中，经常采用一些欧美规范中有利的条件，强行要求承包商执行，而项目由于没有聘请相应的欧美工程师，与其沟通或者讨论中，缺乏同平台对垒条件，且中国工程师对于国际规范不能全面系统地掌握和了解，对于国外的案例掌握也不多，故在激烈的讨论和对垒中，不能掌握主动，造成沟通困难，解决问题效率低。

3.5 运维阶段的管理

运行维护阶段的管理主要包括项目的验收，竣工资料的准备、运行维护手册的提交、后期运维时候的技术支持和缺陷处理方案等。

在其中验收阶段主要的技术管理是缺陷修复和试运行前的总体规划和布局，充分与监理和业主沟通试运行前提条件，这个是作为是否能够按照合同进行试运行的基础，有些项目由于业主其他的客观原因将会有意识地推迟试运行时间，减少合同风险，这个时候在前面谈好试运行的条件对于项目风险控制有利，当然这个也是一把双刃剑，如果项目履约晚，也将成为不利条件。

在很多 EPC 合同中，都将竣工图纸和运行维护手册作为发电的具备条件，所以在国外项目的执行过程中，一定要了解合同里面的这些要求，以便能够及早准备相关的资料。

在前期策划时候，为了能够满足国际要求，卡鲁玛项目的运维手册由设计院的合作伙伴恩图拉（ENTULA）共同参与了运维手册总章节和目录的编写，为后续详细的运维手册的编写提供了较好的前提条件。

4 结 语

总之，在国外 EPC 项目的履约过程中，充分理解合同和规范是 EPC 项目技术顺利履约的前提，不能有经验主义错误，也不能将这个国家的经验照搬到另外一个国家，只能根据合同和当地国情选择合适的工作方法，在项目履约过程中，技术管理覆盖的范围非常广，要求技术团队具备很强的综合能力，并对各个环节的技术进行动态监督和预警控制，在执行合同过程中，由于双方缺乏合作经验，故在前期取得双方的信任是项目良性发展的基础，聘请专业的外部咨询将非常有利于项目技术工作的开展。

参考文献

［1］ 江世强，王志文，蔡涛．浅谈国际 EPCC 项目的管理经验［J］．当代石油石化，2011，19(11)：18-20.

［2］ 陈永艳．EPC 项目工程管理存在的问题及对象［J］．石化技术，2017，24(8)：238.

［3］ 刘明亮，张君诚，刘瑞光．建筑工程总承包项目管理标准相关问题的研究［J］．中国标准化，2016(18)：87-88.

［4］ 苏琪．工程总承包项目管理模式在建筑工程中的应用［J］．江西建材，2017(02)：297-298.

EPC 模式下大型水电项目设计管理的创新

王继敏，刘健华

（雅砻江流域水电开发有限公司，四川成都 610000）

【摘　要】 EPC 模式下，可更好地发挥设计龙头作用，设计产品更具可施工性，控制工程建设投资。但也存在一些值得项目业主关切的问题。如何开展设计管理，促进 EPC 项目顺利建设，值得思考和研究。雅砻江公司在采用 EPC 模式建设管理的杨房沟水电工程的设计管理方面开展了有益的探索和实践，可为类似工程项目提供借鉴。

【关键词】 EPC 模式；杨房沟水电站；设计管理；设计监理

0　引　言

杨房沟水电工程装机容量 150 万 kW，多年平均发电量约 69 亿 kWh，工程总投资约 200 亿元。雅砻江公司在认真分析新形势，结合自身创新与改革、转型与升级的需求，广泛调研、项目试点的基础上，在杨房沟水电工程选择采用设计—采购—施工（Engineering-Procurement-Construction）总承包建设管理模式（以下简称"EPC 模式"）进行项目建设，开创了我国百万千瓦级大型水电项目采用 EPC 模式进行建设的先河[1]。

工程总承包是指承包企业按照与建设单位签订的合同，对工程项目的设计、采购、施工等方面实行全过程承包，并对工程的质量、安全、工期和造价全面负责的承包模式[2]。EPC 模式下的设计施工一体化管理，可更充分发挥设计的龙头作用，使设计方案兼顾合理性和可施工性；同时，设计技术供应的及时性和优化设计的主动性明显增强[3]。因此，EPC 模式已成为国外采用较为广泛的工程管理模式。

在国内相关政策的鼓励和引导下，EPC 模式最近几年在我国建设行业得到快速发展。但是，在我国中小型水电工程 EPC 模式已有的实践过程中还存在一些问题，如勘测设计深度不够导致风险较大，受设计施工利益一体化影响导致设计过度优化等情况，项目业主设计管理面临新的挑战。因此，如何在大型水电项目充分发挥 EPC 模式的优势，高效开展设计管理，有效规避设计风险，促使设计工作更好地服务于项目建设，值得进一步思考和研究，也需要在实践中不断创新。

1　DBB 模式下设计管理存在的问题

传统的设计—招标—建造（Design-Bid-Build）建设管理模式（以下简称"DBB 模式"）下，设计单位单独参与项目建设，承担项目的设计工作任务，直接对项目业主负责，与施工单位无直接合同关系。项目的设计管理由业主主导，设计产品完成后，经由

作者简介：王继敏，男，教授级高工，Email：wangjimin@ylhdc.com.cn。

设计单位内部逐级校审，提交监理工程师审查后交由施工单位实施。工程建设过程中，设计单位充分发挥技术优势，在工程建设中作为独立方，承担工程各阶段勘测设计工作，确保了我国大中型水电项目的顺利建设。

但是，DBB 模式下的设计管理也存在一些弊端和不足，在新的建设环境和形势下日益凸显，亟待研究解决。DBB 模式下，设计单位可能出于工程设计责任的考量，对"新技术、新材料、新设备、新工艺"等"四新"应用不足，在设计参数（系数）的选用上倾向设计规范范围内的较大（高）值，设计产品相对较为保守；同时，考虑到设计单位自身利益，在设计过程中可能出现设计资源投入不足、勘测设计深度不够、优化设计主动性不强等问题，导致建设期间设计变更较多，且由于 DBB 模式下采用单价承包，直接造成工程投资控制困难；此外，由于设计单位施工经验、项目管理经验相对欠缺，设计产品可施工性相对较差，而项目分标过多，项目业主在设计技术供应及现场服务等方面的协调工作量也较大。上述问题可归因于设计能力相对不足、设计资源较为紧张、设计与施工协调力度不够、利益风险分配不尽合理等方面[4]。

2 EPC 模式下业主对设计管理的关切

2.1 受经济利益影响，可能发生设计过度优化

与 DBB 模式相比，设计单位在 EPC 模式下的角色发生较大转变，往往主动开展优化设计工作。一方面可更为有效地控制项目经营风险、使设计方案更具经济性，提高项目利润及效益；另一方面，由于其在设计过程中力求先进，部分设计产品在相关参数（系数）选取上可能考虑设计规范范围内的较小（低）值，一定程度上降低了设计产品的安全性及可靠性，甚至可能由于安全裕度或安全系数的较大调整，导致设计的过度优化，影响到工程的安全和质量，给项目的后续运行带来较大风险，进而影响到项目业主的根本利益。

2.2 受施工单位影响，可能降低施工技术要求

EPC 模式下，项目业主和总承包单位对于设计单位在项目中承担的设计责任、设计成果等方面的认识和期望存在较大差异。

项目业主希望设计单位能通过与施工单位的高度融合，更好地发挥其在项目建设中的龙头作用，调动设计人员的主动性和创造性，统筹项目建设全局，采用新材料、新技术、新设备、新工艺，促进设计产品的质量提升，从而更好地满足工程建设及项目后期运行的需要；但对于总承包单位而言，则希望作为利益共同体的设计单位更多地从施工角度出发，不仅要考虑设计产品的经济性，还应考虑并提供更具施工便利性及满足快速施工要求的设计产品。在此情况下，设计单位可能受施工单位关于施工便利及进度等因素影响，会在设计方案的选取以及对施工有关的技术要求方面有所降低或放松。

2.3 受模式变化影响，设计管理认识存在差异

由于水电行业长期采用 DBB 模式开展水电工程的建设管理，国内设计单位通过多年的发展积淀，已建立起一整套适应 DBB 模式的组织架构和管理思路。但由于设计单位技术专业划分过细，综合型人才较为缺乏，项目管理经验相对不足，难以适应新的 EPC 模式的建设管理需要；同时，EPC 模式下，总承包单位认为既然整个项目工程全部交由其承包建设，则设计管理、施工管理是总承包单位内部的事，无须项目业主、监

理的监管；而项目业主、监理则认为在目前的建设环境下，如不对项目进行监管，一旦总承包单位发生设计管理重大失误，将给项目带来不可挽回的风险和损失。由此看出，参建各方对设计管理的认识还存在差异。

因此，EPC 模式下的设计管理，特别是在电力企业一体化改革重组后的新形势下，分析并厘清参建各方在设计管理方面的职责划分，有效发挥项目监理、业主技术主管部门的设计管理职责，明确设计审查的权限及流程，对于确保设计产品质量、保障项目总体利益至关重要。

3　EPC 模式下设计管理创新

基于以上关切，雅砻江流域水电开发有限公司（以下简称"雅砻江公司"）结合自身实际和长期的建设管理经验，开展了杨房沟水电工程 EPC 模式下的设计管理策划，驱动国内大型水电工程设计管理创新。

3.1　开展设计深化，规避重大设计变更风险

在国内，根据水电工程项目建设管理程序，项目需在完成核准后方可开工建设。而项目核准的前提是项目可行性研究报告等设计成果编制完成并通过审查。因此，相较于国外项目在概念设计后即开始 EPC 项目实施，项目设计方案深化过程中存在重大不确定性[5]的情况，采用 EPC 模式建设管理的杨房沟水电工程在前期勘测设计工作方面已达到一定深度，发生重大设计变更的可能性相对较小。

为确保 EPC 模式的顺利实施，雅砻江公司主动作为，在可行性研究报告通过审查后，进一步组织开展了杨房沟水电工程项目的深入研究和设计深化工作，使项目设计达到招标设计甚至施工图设计深度，并对工程量进行了全面复核，尽可能规避和降低重大地质及设计风险，同时也为更为合理地确定项目造价奠定基础。

3.2　优化组织机构，保证设计管理控制高效

雅砻江公司已有的水电项目管理组织结构在 DBB 模式下形成，而 EPC 模式对企业进行水电项目投资决策、建设与运营管理都提出了更高的要求。为达到 EPC 模式下设计管理控制高效的目标，雅砻江公司对设计管理所涉及的组织架构开展了深入研究，对组织机构进行了优化设置。

项目业主方面，雅砻江公司在总部设置了与 EPC 项目相匹配的设计管理职能部门，负责项目设计工作的宏观管理与协调；同时，在工程现场成立项目建设管理局，代表公司对项目建设全过程进行管控，管理局设有总工程师、副总工程师以及相应的设计管理职能部门。为满足 EPC 模式下的设计管理需要，雅砻江公司选调了专业能力强、设计管理经验丰富的技术和管理人员，具体承担和负责杨房沟水电工程的设计管理工作；此外，为把控重大设计方案的安全性，雅砻江公司还通过招标引入了第三方技术咨询服务机构，委托其对项目重大设计方案开展咨询和评审。

项目监理方面，为适应 EPC 模式，在监理机构中新增了设计监理岗位，将其工作内容全部纳入总承包监理范围，以发挥设计监理、施工监理相互融合、综合管控的优势。明确了总承包监理设计管理的具体工作内容和要求，配备满足相关资质条件的设计副总监，设置设计管理部门，明确主审人员的任职要求等；同时，对于总承包单位，同样对设计负责人、设计部门以及设计人员的任职条件和职责提出了明确要求，以提高 EPC 项目设计水平；此外，为充分发挥项目监理、总承包单位等后方专家的技术、管理优势，项

目监理、总承包单位相应成立了后方专家参与的工程技术委员会以及技术经济委员会，定期开展工地现场巡检，为项目的重大设计方案、施工技术方案提供技术支撑。

3.3 严谨合同设计，确保设计产品安全可靠

合同是参建各方履行各自职责和义务的行为准则和基础。开展对杨房沟水电工程总承包相关合同的研究与设计，合规合理划分参建各方的职责、权利，将有利于项目管理的规范、有序开展，促进工程安全、质量、进度和投资等目标的实现。雅砻江公司在认真分析 EPC 模式特点的基础上，对 EPC 合同进行了严谨的设计，并对设计管理方面有关内容进行了约定。

首先，雅砻江公司明确了相关的设计标准。一方面认真梳理了与项目建设相关的规范及标准清单，并要求在项目实施过程中根据最新颁发文件及时更新；另一方面，结合雅砻江流域项目特点及公司实际，组织内部专家研究并制定了企业标准，作为设计工作开展的重要依据。

其次，雅砻江公司开展了对 EPC 模式下参建各方关于设计管理职责的分析和界定，对设计管理的主要内容、审批权限、流程、措施等进行了专项研究，并在合同中予以明确；制定了 EPC 模式下的设计管理制度及办法，为设计工作的顺利开展提供制度保障。

最后，EPC 模式下，由于合同总价不变，设计变更及设计优化是设计管理的重点和难点。设计变更可能新增工程量而增加费用，也可能优化工程量而费用减少。作为项目业主，在满足项目安全、功能和运行便利性的前提下，支持适当开展设计优化工作。但为防止设计的过度优化，在合同中明确"主要构、建筑物的安全裕度或安全系数不得低于可研报告审查意见要求"以及"优化后的安全裕度或安全系数不得低于行业或国家标准和规范规定值的 110%"；同时，对设计变更设置了专项条款，对设计变更的分类、审批权限及流程、审批时间要求、费用处理原则等逐一进行明确和规定，对于项目业主提出的变更引起工期及费用变化的，明确由双方协商处理。

3.4 建设信息系统，努力提升设计管理效率

EPC 模式下，工程项目全部委托总承包单位承担，相较 DBB 模式，项目业主、监理对工程介入深度明显降低，由此带来参建各方对工程建设信息掌握的全面性、准确性、及时性等存在较大的不确定性，面临信息不对称的问题；同时，EPC 模式下设计、采购和施工间信息交流量巨大，要求实现规范化、实时化和高效化的一体化信息管理。很多设计问题可归因于缺乏信息技术支持和难以高效管理设计过程中不同专业及参建各方的相关信息[3]。

为满足 EPC 模式下杨房沟水电工程数字化、网络化、智能化，进行高效信息化管理的需求，雅砻江公司明确要求需研发并建设基于"多维 BIM"的工程数字化设计和施工管理一体化系统（以下简称"BIM 系统"）。BIM 系统以工程大数据管控为切入口，利用数字化手段和 BIM 技术对项目的设计、进度、质量、投资、安全等信息进行全面管控，并在系统中实现设计产品的审批功能，实现了工程可视化智慧管理，提高了工程建设管理信息化水平和项目管理效率。

4 EPC 模式下设计管理成效

通过杨房沟水电工程两年多 EPC 模式下的设计管理实践，设计管理体系运行良好，设计单位与施工单位深度融合，设计产品质量可控，可施工性较强，基于 BIM 系统的

设计管理使设计管理效率得到明显提升。

4.1 管理体系运行良好，设计产品质量可控

总承包单位能按照合同要求和工程需要完成设计文件的内部编审程序并及时提交，项目监理能较为及时地开展设计文件审查并提出合理化建议；工程技术委员会、技术经济委员会定期开展现场巡检并对重大设计方案开展咨询和评审，项目业主密切关注设计管理体系运行情况，发现问题及时督促整改，积极推动流程优化工作；第三方技术咨询单位能有效做好重大设计方案把控。目前，设计管理体系运行良好，设计技术供应及时，设计产品质量总体可控。

4.2 设计施工深度融合，设计方案施工性强

EPC 模式下，设计单位与施工单位深度融合、互为补充。设计单位在开展设计工作时，综合考虑物资设备采购、施工设备配置、施工便利性等因素，加强了对现场工程施工和工程实体质量的巡视，主动根据现场条件和施工需求进行深化设计。通过设计方与施工方的文件会签，充分发挥设计技术优势和施工管理优势，保证了设计产品的可施工性，促进了设计产品快速通过施工转化为工程实体，保障了项目的顺利开展。

4.3 基于信息系统管理，设计管理效率提升

BIM 系统中研发并设置的设计管理模块，主要包括设计图纸报审、修改通知报审、设计报告报审、流程监控、分项维护、工程量项维护等子模块。该模块于 2017 年 4 月正式上线投入使用，截至 2018 年 5 月底，共记录 543 条设计报审流程，包含 9231 个审批节点。随着项目的推进，工程文件日益增多，但实际上项目业主关于总承包设计文件的纸质收文相比同时期减少了 2455 份·次。BIM 系统设计管理模块的应用，支持了总承包单位内部和参建各方之间迅速、高效的信息交流与业务流程管理，满足了参建各方在线查阅需求，实现了设计文件的在线审批，做到了审批流程可追溯，节约了管理成本，提升了设计管理效率。

5 EPC 模式下设计管理有待改进的问题

5.1 对设计监理的认识还不统一

杨房沟水电工程引入设计监理以来，设计监理在设计管理过程中发挥了重要作用，保证了设计产品供应的进度和质量。但参建各方对设计监理的认识还不统一：项目业主希望通过设计监理承担起整个项目的设计管理工作；设计监理认为其主要工作是对设计产品进行复核及审查，对设计产品供应管理、试验科研管理、现场技术服务等的关注和投入相对较少；总承包单位则认为项目业主和设计监理对设计工作的管理过细过严，对其部分设计产品开展计算复核是对其设计资质和能力的不信任，希望项目业主、设计监理尽量减少对设计的审查。

5.2 设计标准选取方面存在分歧

由于设计单位角色的转变，项目业主、监理以及总承包单位在设计优化、设计标准选取等技术问题的认识上还存在分歧。对于部分设计产品及成果，由于各方认可的计算边界条件不尽相同，工程设计及管理经验因人而异，导致在 EPC 模式下参建各方针对

某一技术问题的沟通时间较长、论证工作量较大，技术分歧难以得到统一和解决，且从目前来看，技术分歧的解决方法和途径有限。此外，对于项目监理及业主提出的合理化建议，特别是可能涉及工程量和费用增加的，总承包单位可能出于经济利益考虑而较难得到采纳和落实。例如，大坝坝肩开挖支护施工过程中关于浅层、深层支护的有关设计技术要求存在一定安全风险，项目业主和监理均提出总承包单位应根据实际开挖揭露的岩体节理裂隙发育情况，研究和调整边坡开挖分层与支护的相关要求。但一段时间都未得到总承包单位的采纳，直到多次强调后才得到落实。

5.3 设计审批流程需进一步规范

BIM 系统上线运行后，设计文件全部实现在线审批，审批流程可追溯，提高了设计产品审批效率。但部分设计文件的审批流程依然较长，一方面，参建各方对合同的理解存在差异，总承包单位设计资源投入不足，部分设计文件审查意见设计单位落实不够及时；另一方面，鉴于设计监理对设计文件的审查深度，审查意见有时不够明确，"设计—审查—修改—复审"等环节反复较多；此外，项目业主有时需第三方技术咨询服务机构出具咨询或评审意见，也一定程度上延长了设计文件的审批流程。因此，设计文件的审批流程需在后续项目建设管理过程中进一步规范和优化。

6 结 语

EPC 模式下大型水电项目的设计管理无现成经验可循，通过杨房沟水电工程的实践不断总结经验与不足，具有重要价值。对于目前 EPC 模式下设计管理方面存在的问题，参建各方需提高对 EPC 模式的理解和认识，达成对设计管理目标、设计标准选取等方面的共识；参建各方需加强合作，从项目全局出发，充分发挥设计的龙头作用和设计监理的管控作用；借鉴国际 EPC 项目中咨询工程师对设计文件的审批要求，进一步细化和优化设计审批流程、明确设计审查深度并加强对重大设计变更的预判，提高 EPC 模式下的设计管理水平，确保 EPC 模式下大型水电项目的顺利建设，实现合同多方共赢。

参考文献

[1] 陈云华. 大型水电工程建设管理模式创新[J]. 水电与抽水蓄能，2018(1)：5-10＋79.

[2] 中华人民共和国住房城乡建设部. 住房城乡建设部关于进一步推进工程总承包发展的若干意见(建市〔2016〕93 号). 核工业勘察设计，2016.

[3] Deshpande A.，Salem O.，Miller R.. Analysis of the higherorder partial correlation between CII best practices and performance of the design phase in fast-track industrial projects[J]. Journal of Construction Engineering and Management-ASCE，2012，138（6）：716-724.

[4] Lopez R.，Love P.，Edwards D. et al. Design error classification, causation, and prevention in construction engineering[J]. Journal of Performance Constructed Facilities-ASCE，2010，24(4)：399-408.

大型水电工程 EPC 设计管理探讨
——以杨房沟水电站项目为例

殷　亮，徐建军，张　帅，徐江涛，周　明

（中国电建集团华东勘测设计研究院有限公司，浙江杭州 311122）

【摘　要】 设计管理是工程建设管理的一个重要环节和核心工作之一，也是一种技术性极强的管理工作，既要具有一定的设计经验，又要懂得施工，还应具有高水平的组织管理能力，应始终给予高度的重视。以国内首个百万千瓦级大型水电工程杨房沟水电站总承包项目为例，分析总结了在设计管理方面的经验教训并提出了意见、建议，可为后续大型水电工程 EPC 项目提供借鉴。

【关键词】 大型水电工程；EPC；设计管理；杨房沟水电站

0　引　言

2016 年发布的《住房城乡建设部关于进一步推进工程总承包发展的若干意见》，明确提出了"深化建设项目组织实施方式改革，推广工程总承包制"。工程总承包迎来了大力发展的春天。有资料表明，大约 60% 的工程费用是通过设计所确定的工程量进行实施的，工程总承包模式中设计工作直接影响工程安全、质量、功能、造价、工期以及现场施工便利性和可行性。要体现工程总承包模式的优势，必须深入了解 EPC 项目设计管理的特点，充分发挥设计对工程造价的控制优势、设计采购施工深度融合的优势。

对大型水电工程 EPC 项目而言，更是如此，设计管理关系到水电工程建设的成败，是保证工程安全、质量、合理缩短建设工期和降低工程造价的重要前提，是决定水电工程建设技术、造价和效益水平的关键。

设计管理也是一种技术性极强的管理工作，既要具有一定的设计经验，又要懂得施工，还应具有高水平的组织管理能力，应始终给予高度的重视。大家常说设计是龙头，是工程建设的灵魂，就是基于设计工作的重要性而提出来的，这也决定了设计在项目建设中所处的主导地位和作为项目建设的关键重要环节。

本文以国内首个百万千瓦级大型水电工程杨房沟水电站总承包项目为例，分析总结了在设计管理方面的经验与不足，并提出了意见、建议，可为后续大型水电工程 EPC 项目设计管理工作提供借鉴。

1　杨房沟水电站 EPC 项目

杨房沟水电站位于四川省凉山彝族自治州木里县境内的雅砻江中游河段，是规

作者简介：殷亮（1980—　），男，教授级高工，E-mail：yin_l@ecidi.com。

划中该河段一库七级的第 6 级水电站。该工程的开发任务主要为发电。水库正常蓄水位 2094m，水库总库容 5.125 亿 m³，电站装机容量 1500MW，多年平均发电量 68.56 亿 kWh，保证出力 523.3MW。杨房沟水电站为一等大（1）型工程，枢纽主要由混凝土双曲拱坝、坝后水垫塘及二道坝、左岸引水发电系统及地面开关站组成。

杨房沟水电站工程于 2012 年 11 月开始前期筹建，主要为"三通一平"等施工辅助、营地工程和征地移民工作。项目业主单位雅砻江公司为响应国投集团关于"深化改革、促进转型、创新发展"的决议，把创新发展作为责任和使命，通过大量的调研、实践和咨询等工作，于 2015 年 8 月将杨房沟水电站所有主体、附属、剩余辅助工程的设计、采购（合同约定统筹协供、共同采购内容除外）、施工、试运行以及前期辅助工程的合同执行管理等全方面、全过程的工作一并打包进行公开招标，以工程总承包的方式实施，签约合同价约为 60.395 亿元人民币。

2016 年 1 月 1 日，工程总承包单位中国水利水电第七工程局和华东勘测设计研究院联合体进场。杨房沟水电站 EPC 项目建设面临点多、面广、战线长、工作量大、施工程序复杂、工期紧、统筹协调要求高等特点。同时，业主聘请的总承包监理单位工作内容涵盖 EPC 招标范围全过程，与传统施工监理模式相比，新增了设计监理审查与咨询等方面的工作，涉及专业更广、业务和管理能力要求更高。设计管理工作面临设计文件繁多、协调工作量和难度大、设计文件流转时间长等一系列需要高效解决的难题。

截至目前，杨房沟水电站 EPC 项目总体进展顺利，安全生产平稳有序，工程实体质量稳步提升，进度和投资总体受控。

2 项目在设计管理方面的经验与不足

2.1 设计管理主要工作

按照联合体协议，杨房沟水电站 EPC 合同范围内的勘测设计工作按照内部专业承包管理模式由华东勘测设计研究院负责，总价承包、自负盈亏。联合体总承包项目部设有设计管理部，负责对勘测设计、科研试验、安全监测、物探检测及信息化等工作的日常管理，主要工作概括如下：

（1）深化限额设计的理念，加强投资控制。自始至终把限额设计的理念贯彻在设计工作中，每一套施工图均要求进行招标、投标、施工图工程量及投资的对比分析，不让限额设计变成一句空话。各专业设计人员一定要常念招/投标合同这本"经"，对招标设计所确定的工程项目、工程量心中一定要清楚，确保在设计方案安全可靠的基础上，做到经济合理，严格控制合同外新增项目和工程量，以达到为承包商创造效益、为工程建设增值的目的。同时，为调动勘测设计人员的工作积极性、鼓励其创新劳动，建立了设计优化奖励机制，极大地改观了传统模式下"施工单位希望改，设计单位不愿改""设计单位要求改，施工单位不愿做"的情况。

（2）强化设计质量管理。设计质量直接关系到工程的质量、安全、进度和投资，设计质量管理应本着是否有利于方便工程施工、有利于保证工程质量、有利于缩短建设工期、有利于降低工程造价的原则，分层次进行监督管理。为此，总承包监理部制定了设计质量考核实施细则，从质量管理体系及资源配置、工作计划及完成情况、设计成果质量、勘测设计服务等四方面按照季度、年度进行考核，奖优罚劣。

（3）设计与施工相互会签，发挥设计施工一体化优势。设计文件在报审设计监理前经总承包项目部相关部门、相关工区互签，把施工经验加入到设计中，大量减少了因设计文件印发后的非现场条件变化修改或返工，确保设计文件满足质量、安全及合同要求，便于现场组织实施。同样，在重大施工组织措施、施工方案、施工支洞、临建布置等文件报审前，由设计进行会签，确保相关施工措施、方案、临建布置在不影响永久建筑物或结构等合同要求的前提下，更为合理经济，有利于工程质量控制，确保安全。重大技术问题由设计管理部组织联合体工程技术委员会或外部专家提供技术、经济咨询服务。

（4）组织设计力量配合现场，保证设计产品及时供应。紧密结合实际，做好现场设计服务工作，了解现场施工情况，及时开展设计修改、优化及变更工作。此外，还建立了由设计牵头的技术质量风险管控例会制度，定期或不定期针对日常巡视过程中发现的技术、质量、安全、风险、隐患等明确设计要求、处理措施、意见及建议，并要求生产管理部门督促相关工区落实闭环。设计进度应以满足工程建设需要为前提，根据工程总进度和分年度进度计划，制订设计产品供应 3 个月滚动计划，并考虑设计审查周期适当提前。临时新增或提前的施工项目，提前通知设计单位，留出合理的设计时间。

2.2　设计管理的经验与不足

水电工程建设早已推行项目法人负责制、工程招投标制和工程建设监理制，但我国长期以来形成的设计与施工分离的行业结构，工程建设监理制主要是对施工承包商进行监理，真正对设计实施监理尚且较少。尽管目前各大水电开发企业在工程建设中对加强设计管理做了很多探索工作并取得了一定成绩，但还不能与工程施工监理的深度、广度相比，只能说是进行了很多有益的尝试。结合杨房沟水电站近两年半来的实践，在设计管理方面有以下几点经验与不足：

1. 基于多维 BIM 的工程数字化设计管理系统

为满足 EPC 模式下杨房沟水电站建设管理需求，提升项目管理水平，提高设计产品生产效率和产品质量，总承包项目部开发了一套基于多维 BIM 的工程数字化设计管理系统（OA＋BIM）。系统以华东勘测设计研究院有限公司 Hydro Station 水电水利工程三维数字化设计平台及相关应用成果为基础，针对大型水电工程建设的技术特性和管理特点，充分研究移动物联网、云平台、BIM、大数据等现代前沿信息技术的基础上研发而成。OA 综合办公平台主要对总承包项目部内部，除日常设计管理外，设计产品和施工技术文件均通过网上表单进行会签。BIM 管理系统主要针对业主、总承包监理部和总承包项目部三方，设计管理模块可对所有设计图纸、设计修改通知、设计报告等进行全过程流程监控与查询。高效的信息协同共享平台，极大地提升了项目管理信息化水平，充分发挥了管理效益。

2. 积极开展设计优化，为工程建设增值

总承包项目部充分发挥设计技术优势，在确保工程各部位功能满足合同要求、运行维护便利的情况下，通过主动思考、精细化设计，积极开展科技创新和设计优化。自 2016 年 1 月 1 日进场以来，完成并通过审查的较大及以上设计优化、变更项目共计 23 项，节省工程投资超过 7000 万元。

3. 设计与施工、采购深度融合

设计代表按照工程建设需要常驻现场，不仅及时解决现场施工相关技术问题，还可以参与大型或复杂开挖、混凝土结构、机电设备安装等施工方案的制订，对涉及安全性的重大方案进行评估分析，大大提高了项目实施的可靠性。

采购在大型水电工程 EPC 模式中处于举足轻重的地位，对整个工程的工期、质量和成本都有着密切的联系。为此，设计在第一时间将永久工程部分有关的材料、设备、仪器等购置明细清单和详细的设计参数提供给总承包项目部相关管理部门，从而为资金准备和物资购买提供充足的准备时间。物资进场后，现场设计代表还可以协助对材料、设备、仪器等进行检查，确保满足工程需求。

4. 设计文件审查流程有必要简化

目前我国对设计监理在资质、管理深度和广度等方面都没有相应的法律法规或规程规范，设计监理工作无法可依，在日常开展工作时，难免与工程总承包单位、业主单位存在一些认识上的差异。同时 EPC 合同约定：凡投资相对投标阶段减少大于 50 万元或增加大于 200 万元的单项设计，除设计监理审查外，还需报送业主单位审核。这就导致部分设计文件审查流程和审查周期较长，也间接增加参建三方的工作量。此类设计文件往往需要极大程度提前进行报审，否则会影响工程建设。

笔者建议确定设计审批权限时，不再单纯以工程量及投资作为基础，设计监理审查、业主审核的重点放在设计方案以及由于方案性变化而引起的投资变化，以满足合同和规范要求、结构安全、功能要求为原则，从而使最终批复执行的设计方案是综合最优的，体现整个工程的设计先进性。此外，建议对一般的钢筋图、接地、埋管、设备安装等"车间图"采用抽检方式进行审查，对重要的设计文件尽量采用三方审查会议形式以减少往返修改次数、一步到位，以应对工程建设中后期出图高峰，确保技术供应满足现场施工要求。

5. 精细化管理水平有待进一步提高

尽管总承包项目部内建立了设计施工会签制度，地质、设计、科研、监测、施工各方一起建立了完整的动态反馈分析体系，未出现决策失误造成返工、影响工期的现象。但在执行过程中存在少量流于形式的情况，未能充分发挥设计技术优势和施工管理优势，传统建设模式的思维还需要进一步改革和转变，精细化管理水平有待进一步提高。做好精细化管理，笔者建议：首先，任务分解要横向到人、纵向到时间；其次，要制定并强化可量化或行为化的绩效考核标准；最后，流程要优化，本着复杂问题简单化、简单问题流程化、标准化的思路，不断改进和优化业务流程。此外，工程管理人员应该尽早参与到工程设计中，将采购、施工、运营等经验尽可能地融入工程设计中，将施工便利性、可行性始终贯穿于整个项目实施过程中。

3　结　语

杨房沟水电站作为国内首个采用设计施工总承包模式建设的百万千瓦级大型水电项目，被业内誉为"第二次鲁布革冲击波"，开创了全国大型水电站建设模式的时代先河，是对我国新常态下水电开发理念与方式、传统建设体制和管理模式的重大创新。通过近两年半来的实践，在参建三方的共同努力下，设计管理各项工作总体进展顺利。

在现阶段国家大力推进工程总承包发展的大环境下，依托杨房沟水电站工程实践，探索一种大型水电工程 EPC 项目规范化、标准化、信息化设计管理体系，充分体现设计的龙头作用，高效地发挥设计施工一体化深度融合优势，前瞻性地预判工程建设中的各种风险、难题，快速解决处理施工过程中的实际问题，缩短管理链条、减少管理环节，提质增效，全面适应 EPC 建设模式的需求，从而实现工程项目又好、又快、又省的综合目标，实践出一条"杨房沟 EPC 设计管理"之路。

参考文献

[1] 李章浩，唐世来．阿海水电站工程建设设计管理实践与探讨[J]．水力发电，2012，38(11)：28-30.

[2] 王腾飞，唐文哲，漆大山．国际 EPC 水电项目设计管理中伙伴关系的应用[J]．项目管理技术，2015，13(5)：9-12.

创新技术在海外流域水电站群 BOT 总包中的应用

胡胜丰，曹际宣

（中国电建集团海外投资有限公司，北京 100048）

【摘　要】 老挝南欧江流域是中资企业首次境外 BOT（建设、运营、移交）总承包投资开发的整条流域梯级开发项目，工程地跨多省县、点多面广、基础设施落后、山高坡陡、地质条件复杂，投资开发面临严峻挑战。针对工程开发特点、难点，中资企业开展了一系列颇有成效的技术创新，取得了显著的应用成果。

【关键词】 水电工程；创新；新技术；材料；工艺；方案；营销

1　流域开发技术创新背景

1.1　流域开发环境的复杂性

老挝南欧江流域（以下简称"流域"）水电 BOT 总承包投资开发是中资企业境外首次获得的全流域水电开发项目，流域按"一库七级"规划，分两期开发。其中，一期项目为二、五、六级三个水电站，二期项目为一、三、四、七级四个水电站，七站投资额高达 27.3 亿美元，总装机 1272MW。七站地域跨越老挝北部三个行政省，多个民族区域。流域属老挝北部山区，交通、电力、通信等基础设施薄弱，建筑市场极不健全，工程区地质条件复杂，林深山高坡陡。

1.2　今日中国发展理念之要求

创新是历史进步的动力，是时代和企业持续发展的不竭源泉，创新位居今日中国"五大发展理念"之首，把创新提到首要位置，表明创新是引领发展的第一动力，第一动力的龙头就是技术创新。

1.3　创新对现代跨国企业意义重大

随着我国"一带一路"战略达成世界共识，加速了经济全球化，全球化趋势对企业是机遇，也是挑战，如何把握世界经济发展的潮流，用世界的眼光审视企业自身发展的有利因素和不利条件，只能通过改革创新，创新对于一个跨国企业来讲是寻找生机和出路的必要条件，是推动企业自身发展，在优胜劣汰的市场竞争大潮中立于不败之地一剂良方。

作者简介：胡胜丰（1976—　），男，高级工程师，E-mail：158153245@qq.com。

2 流域开发技术创新具体做法

2.1 材料应用创新

成功应用含铬合金钢替代普通碳素钢。紧密结合中国当前政策，合金钢筋出口可享受 13％出口退税优惠，每吨钢材出口可退税逾百美元。经试验检测含铬 0.3％~0.6％的合金钢各项技术指标完全能满足南欧江梯级电站工程设计及相应规范要求，最终成功将含铬合金钢应用于南欧江二期工程。

水工混凝土成功应用掺石灰石粉技术。粉煤灰是混凝土的重要掺合料，因老挝燃煤电站稀少，粉煤灰基本不生产，国外进口成本高且因路况原因，运力难以满足施工强度要求，开展了南欧江水工碾压和常态混凝土的掺工地石灰岩制作的石灰石粉研究。国内外在常态水工混凝土中用石灰石粉作掺合料尚属首次，通过深入的科学试验研究明确了石灰石粉的生产控制指示，将石灰石粉成功应用于南欧江水电站群项目。

水工混凝土成功应用掺石灰石粉技术。粉煤灰是混凝土的重要掺合料，因老挝燃煤电站稀少，粉煤灰基本不生产，国外进口成本高，且由于路况原因，运力难以满足施工强度要求。我们开展了南欧江水工碾压和常态混凝土的掺工地石灰岩制作的石灰石粉研究，国内外在常态水工混凝土中用石灰石粉作掺合料尚属首次，通过深入的科学试验研究明确了石灰石粉的生产控制指示，将石灰石粉成功应用于南欧江水电站群项目。

成功应用浮筒式浮桥拦污漂。南欧江六级电站为当今筑坝软岩比例和柔性复合土工膜面板防渗同类型最高堆石坝，为防止库区蓄水大量漂浮物及南欧江沿库岸居民民族节日放水灯对裸露的土工膜面板造成损坏，必须在大坝上游设置拦污漂设施，常规拦污漂设施采用金属钢丝索结构，我们在南欧江项目上开创性首次应用了高分子聚乙烯新型环保材料制作的浮筒式浮桥作为拦污漂，该技术具有造价低、安全环保、操作简便、易维修保养、可快速施工等诸多优点。

2.2 工艺应用创新

胶凝砂砾石（CSG）在南欧江纵向围堰工程成功应用。胶凝砂砾石筑坝技术是在碾压混凝土和面板堆石坝基础上发展起来的一种新筑坝工艺技术。我们通过充分利用南欧江各梯级坝址附近易于获得的河床砂砾石中加入少量水泥等胶凝材料，采用通用的土方设备——反铲简单坑拌形成胶凝砂砾石（CSG），再经碾压形成的南欧江梯级电站纵向CSG围堰，经过南欧江多个水电站多年应用实践证明，该工艺筑堰具有施工快速、经济、安全和环保的特点，具有良好发展前景。

气举法工艺在水电站尾水闸门清淤中成功应用。自然和人为因素导致水土流失，水土流失带来水库或河道产生泥沙淤积，南欧江多个梯级电站机组尾水闸门被泥沙淤积导致闸门启闭困难。我们打破常规的采用潜水渣浆泵抽排清淤或填筑围堰排干水后人工机械清淤工艺。而是创新成功应用了气举法清淤工艺。该工艺具有操作便捷、低耗、安全、环保、高效等优点。

辉绿岩砂石骨料干法生产环保工艺成功应用。南欧江一级电站近邻联合国教科文组织列为世界文化和自然双遗城市琅勃拉邦，工程建设环保水保受老挝政府及其聘请的奥地利 ILF 咨询、国际友人、国际非政府组织（NGO）高度关注和频繁督导。为减少周边植被和环境破坏，工程混凝土骨料采用工程上坝基开挖的辉绿岩石料。辉绿岩人工骨料仅在广西百色电站上应用过，目前尚无成功生产工艺可借鉴。辉绿岩加工对设备磨损高，加工骨料难度大且针片状多、级配差、石粉含量高，常规干法生产易导致粉尘超标。通过对辉绿岩骨料生产工艺不懈研究和创新，骨料生产系统采应用全密封干法生产工艺，对骨料生产粉尘采用风机和收尘器回收，实现了扬尘和污水零排放要求，圆满实现了严要求、高标准的环保目标，受到了中老政府和社会各界的极度好评。

2.3 建设规划方案创新

成功应用境外"流域、梯级、综合、绿色、分期"规划开发创新方案。中企在境外实施整条流域梯级水电站群 BOT 总承包开发对中老均属首次，此乃商业运作模式运作的一种创举。结合全流域系统开发特性，我们应用"一库七级"开发方案，根据投资规模、开发条件、老挝电力负荷需求分两期开发，一期先开发二、五、六级，充分利用一期所生产的电力并架设专用供电系统为二期建设供电，同时将一期各种资源充分利用于开发二期电站，真正实现流域、梯级、综合、绿色、分期科学开发总体综合效益最大化。仅分期开发利用一期网电与柴油发电对比节约投资估算为：南欧江二期目前 3 个电站用了南欧江一期网电，每电站按 4000kW 负荷计算，建设期 2016 年 4 月至 2020 年 12 月共计 4.67 年，老挝南欧江柴油发电每千瓦时约 0.41 美元，网电每千瓦时约 0.16 美元（含线路建设摊销费用），南欧江二期建设应用南欧江一期网电节约投资约 1.23 亿美元［计算式：$3 \times 8760 \times 4.67 \times 4000 \times (0.41 - 0.16) = 122727600$ 美元］。

2.4 水电工程新技术应用

软岩高堆石坝复合土工膜防渗面板新技术成功应用。老挝南欧江六级水电站为软岩堆石坝，软岩填筑比例高达 81％为世界第一，坝高 85m 在目前同类型坝中世界最高，上、下游坝面坡比分是 1∶1.6、1∶1.8。面板堆石坝传统上为钢筋混凝土面板，混凝土面板施工受天气等环境影响进度慢、成本高、工艺复杂，混凝土刚性面板常有脱空、沉降变形开裂漏水诸多通病。针对六级堆石坝混凝土面板适应性差的难点，公司深入开展了堆石坝复合土工膜防渗面板科技攻关，成功引进了国外专利复合土工膜产品作面板防渗及配套技术。六级大坝安全稳定运行多年来，证明技术引进消化吸收创新是非常成功的。该项技术具有综合成本低，综合效益好，施工速度快、功效高，施工简便，质量易保证，安全环保，适应软岩筑坝的较大变形，防渗效果好，对引领世界水电技术同类坝型具有里程碑意义。

水介质换能爆破专利技术在南欧江梯级水电站成功应用。"水介质换能爆破技术"从炸药爆炸的热力学、化学机理出发提出简单便捷的技术解决方法，能够较大幅度提高炸药能量的有效利用率、减小炸药爆炸的危害，并且实施方法简单易行，与现行的各种炸药爆破作业施工工艺没有多大差异，但效果更好。经南欧江三级和七级电站应用表明，在相同爆破介质的条件下节约炸药单耗 20％～30％，爆破振动减小 20％～30％，爆破烟尘降低 40％～90％，爆破介质破碎粒度与普通爆破相比较为均匀、大块率降低、基本无爆破飞石，个别飞石可控制在 20.0m 左右，且爆堆集中方便挖装和运输作业，故成本下降 20％～25％。

2.5 电力营销技术创新

市场经济下，企业海外市场营销活动面临着诸多挑战，许多问题需营销技术创新谋求企业发展，这是摆在跨国企业面前一个十分现实而又至关重要的难题。我们在流域水电站 BOT 总承包开发电力营销技术创新方面坚持以"顾客至上、顾客满意、顾客感动"为目标，充分利用中国水电一流技术、海外业务集团化全产业链一体化优势、国际经营属地化战略，以全面有效加强南欧江电力营销竞争力。如：我们通过均为电建集团内懂水熟电的投资、设计、监理、施工单位实现了流域建设"最少移民搬迁、最少征地、最小环境影响、最大综合效益"，这是任何一家企业无法企及的电建集团化核心竞争力优势；针对老挝打造"东南亚蓄电池"目标之致命短板（一是老挝电力基本是"靠天吃饭"的径流式水电，发展电力供需结构性和季节性严重矛盾，二是老挝电网建设相对滞后），为此我们在流域上游修建了近 20 亿 m^3 库容的多年调节龙头水库，建立全流域自动水情测报系统和流域统调中心，调节径流分布，在大大提高了南欧江流域电站乃至下游湄公河电站电能供应质量，为老挝电网提供了核心出力的同时，也大大缓解了如 2016 年湄公河遭遇旱灾协调中国澜沧江电站开闸放水救急的状况。同时我们充分利用中国"互联互通"战略与中国电网规划建设技术、经济、资源优势，实现了中国电网与老挝北部电网互联，下步推动老挝电网进一步与泰国、缅甸、马来西亚、新加坡等东南亚国家电网的互联互通，全面推动老挝电力出口创汇并更利于提升老挝电网供电质量。

3　实　施　效　果

3.1　取得了巨大经济效益

南欧江流域梯级水电站群 BOT 总承包开发，通过材料、新工艺、规划方案、水电工程新技术、电力营销技术等创新，在各项开发目标保证并有提高的前提下，实现了巨大经济效益，节约直接投资数亿美元。从南欧江七个电站总投资 27.3 亿美元，而泰国人同期在老挝北部湄公河开发的装机 1285MW 沙耶武里水电站总投资为 40 亿美元，泰国投资的沙耶武里水电站单位千瓦比我们高出近 1/3，可见中方创新技术所带来的巨大经济效益。

3.2　取得了良好的政治社会效益

创新技术在南欧江国家"一带一路"重点项目成功应用，流域开发各要素优质高效实现，南欧江一期提前 4 个月发电为老挝建国 40 周年献厚礼，投产后为老挝发展提供了源源不断的低碳清洁能源；二期有序推进，工程截流节点较合同工期提前了 30 天实现，项目开发解决老方员工就业的同时为其培训了大量水电技术和管理人才，为老挝政府和周边社会居民带来了可观的经济收入，大大改善了周边基础设施条件，为老挝北部经济腾飞注入了强大动力，受到了中老政府高层高度关注和肯定，受到老挝社会各界的高度认可，为中国电建创立国际名牌获得老挝乃至世界水电市场奠定了坚实基础。

3.3　对水电科技进步具有重要意义

南欧江是中企海外全流域梯级水电站群 BOT 总承包开发的首次，应用"一个主体开发一条江"的模式体现了诸多显著优势，软岩高堆石坝复合土工膜防渗面板、浮筒式浮桥拦污漂创新技术等创造了多项世界第一，这些技术对推动世界水电科技进步具有重要意义。

国际工程 EPC 项目总承包商采购管理关键要素分析

雷　振，唐文哲，强茂山

（清华大学水沙科学与水利水电工程国家重点实验室，

项目管理与建设技术研究所，北京 100084）

【摘　要】 设备和材料采购在工程 EPC 项目中具有重要地位。已有研究提出供应链一体化理论来帮助提升项目采购工作的集成度，但对哪些合作伙伴、哪些采购环节是 EPC 总承包商应该关注的重点还需要进一步的实证研究。本文收集了我国国际工程 EPC 总承包商采购管理数据，对国际工程 EPC 项目采购管理在合作伙伴和采购环节方面的关键要素进行了分析。研究发现，EPC 总承包商与各供应链伙伴的接口效率均会对采购绩效造成一定的影响；EPC 项目采购过程管理中，采购计划编制和仓储管理作为采购工作的初、始端，对采购绩效的影响最为突出，此外，设备生产监造、采购合同管理对采购绩效的实现也有较大的作用。研究结论同样也对国内 EPC 承包商采购管理具有一定启发：注重与供应链上下游伙伴的接口管理和信息集成；注意采购计划的合理性、完善性；注重现场的仓储管理；注重关键设备的生产监造。

【关键词】 国际工程；EPC 项目；采购管理；关键要素

0　引　　言

国际工程承包领域，设计、采购、施工（EPC）总承包商模式成为项目实施的主流模式之一。EPC 模式下，承包商除了负责设计和施工任务之外，也会负责设备和材料的采购工作，以为项目实施提供有效的物质保障[1]。设备和材料采购费用会占到项目总成本的一半以上，采购管理是 EPC 总承包商的工作重点之一[2]。国际工程 EPC 项目采购管理中，当地缺少必备的材料设备、所需材料设备的价格上涨、材料设备质量问题、采购方案的性价比不高等都是承包商需要关注的风险[3]。

供应链一体化理论提出了整合供应链上下游参与方、集成原本相互割裂的工作环节，以降低供应成本、节约时间[4-6]。对于工程 EPC 项目而言，总承包商统筹设计、采购和施工等全流程作业，在采购活动中能够扮演管理集成的角色来促进项目设备和材料采购水平的提升。由此，供应链一体化理论的应用也拓展到工程行业，对于指导 EPC 总承包商整合资源，实现设备和材料供应链的集成管理具有重要价值[7, 8]。

近年来，EPC 总承包模式在国内也得到了较多的应用。国内 EPC 承包商同样也面临着许多采购问题，也面临着设备和材料供应链整合的挑战。通过对国际工程 EPC 总承包商采购管理的研究，也有助于启发国内 EPC 承包商提升采购管理水平。

基金项目： 国家自然科学基金资助项目（51579135，51379104，51479100，51779124）；中国电建集团重大科技专项（SDQJJSKF-2018-01，DJ-ZDZX-2015-01-02）。

作者简介： 雷振（1990— ），男，博士研究生，E-mail：leiz13@mails.tsinghua.edu.cn。

1　实 证 研 究 问 题

已有研究中从实证的角度对国际工程 EPC 项目采购管理中的关键要素分析较少。供应链一体化理论在国际工程 EPC 项目的应用中，哪些合作伙伴、哪些采购环节是 EPC 总承包商应该关注的重点还需要进一步的实证研究。对此，需要通过对我国国际 EPC 总承包商采购管理进行调研，回答以下问题：

（1）我国国际工程 EPC 总承包商采购管理中与各供应链伙伴的接口效率如何？

（2）采购过程管理各环节表现如何？

（3）项目采购工作绩效如何？

（4）哪些供应链伙伴对采购绩效的影响较大？

（5）哪些环节是承包商采购工作中需要关注的重点？

为回答上述问题，需要收集我国国际 EPC 项目总承包商采购管理相关数据进行分析。

2　数 据 收 集

采用问卷调研方式进行数据收集。问卷包括：EPC 总承包商与各供应链伙伴（业主、设计方、分包商、国内战略设备供应商、国外重要物资供应商）的接口效率、采购过程管理（采购计划制订、供应商选择、合同管理、设备生产监造、物流管理、仓储管理）以及采购最终绩效（采购质量、采购进度、采购成本）评价。Likert 5 分法被用来量化被调研者对相关问题的回答。

通过邮件发放 70 份问卷，共回收 51 份有效问卷。所有的被调研者都具有国际工程经验，64% 的被调研者具有 10 年以上的国际工程经验。被调研者专业涉及采购、施工、技术、行政后勤等。样本涉及项目地区包括非洲（45%）、亚洲（20%）、南美洲（8%）和大洋洲（8%）。样本整体上具有较好的代表性。

3　调 研 结 果 分 析

3.1　国际工程 EPC 项目采购绩效

被调研承包商国际工程 EPC 项目采购各方面绩效得分均值和标准差见表 1。其中，1 分＝绩效很差，5 分＝绩效很好。

表 1　　　　　　　　　国际工程 EPC 项目采购绩效

采购绩效	均值（标准差）
采购质量	3.86（0.60）
采购进度	3.94（0.70）
采购成本	3.92（0.80）

表 1 显示，整体而言，被调研承包商国际工程 EPC 项目采购各方面绩效得分均值均不足 4 分，表明我国国际工程 EPC 承包商还需要进一步加强采购管理。其中，采购质量得分均值最低，表明承包商在采购质量控制方面还需要特别关注。结合国际工程项

目实践来看，我国承包商在国际工程项目投标报价时，由于激烈的市场竞争或者优先市场开拓需求，多采用低价中标的方式获得项目。项目履约期间，为保障一定的盈利水平，承包商不得不在物资材料采购方面控制成本，使得部分材料设备存在潜在质量风险。成本控制与质量保障之间的矛盾值得承包商进一步关注。

3.2 EPC 总承包商与各供应链伙伴的接口效率

被调研 EPC 总承包商与各供应链伙伴的接口效率得分均值和标准差见表 2。其中，1 分＝效率很高，5 分＝效率很低。

表 2　　　　　　　　　　EPC 总承包商与各供应链伙伴的接口效率

与各供应链伙伴的接口效率	均值（标准差）
与业主	3.64（0.80）
与设计方	3.85（0.78）
与分包商	4.07（0.72）
与国内战略设备（机电设备等）供应商	4.06（0.57）
与国外重要物资（钢材、水泥、柴油等）供应商	3.72（0.74）

表 2 显示，EPC 总承包商与分包商、国内供应商的接口效率较高，其次是与设计方，而与国外供应商、业主的接口效率较低。接口效率反映了不同组织之间流程衔接和信息沟通的情况。与国外供应商、与业主较低的接口效率可能与国内外语言、文化习惯等因素有关，语言障碍等使得总承包商与国外相关方在沟通方面的效率较低。与设计方较低的接口效率则反映了总承包商与设计方在工作接口上还存在一定的融合问题。考虑到设备和物资采购计划的编制取决于设计方案的确定和设计出图的准确性和效率，因此 EPC 总承包商还需要进一步完善与设计的对接。

进一步对 EPC 总承包商和各供应链伙伴接口效率与采购各方面绩效之间进行简单相关分析，结果见表 3。

表 3　　　EPC 总承包商和各供应链伙伴接口效率与采购各方面绩效之间的相关分析

	采购质量	采购进度	采购成本	整体采购绩效
与业主	0.376*（$p=0.011$）	0.035（$p=0.818$）	0.338*（$p=0.023$）	0.511**（$p=0.000$）
与设计方	0.311*（$p=0.034$）	0.130（$p=0.384$）	0.319*（$p=0.029$）	0.413*（$p=0.003$）
与分包商	0.320*（$p=0.032$）	0.236（$p=0.119$）	0.209（$p=0.168$）	0.348*（$p=0.015$）
与国内战略设备供应商	0.273（$p=0.064$）	0.292*（$p=0.047$）	0.451**（$p=0.001$）	0.323*（$p=0.021$）
与国外重要物资供应商	0.284（$p=0.053$）	0.361*（$p=0.013$）	0.416**（$p=0.004$）	0.582**（$p=0.000$）

注　**表示在 0.01 水平（双侧）上显著相关；*表示在 0.05 水平（双侧）上显著相关。

表 3 结果表明，与国外重要物资供应商、业主的接口效率对整体采购绩效的影响最大（0.582、0.511），其次是与设计方的接口效率（0.413），再者为与分包商、国内战略设备供应商的接口效率（0.348、0.323）。具体而言，与业主、设计方的接口效率和采购质量、采购成本之间具有显著的相关关系。对于 EPC 项目而言，设计方属于采购工作开展的上游，设计方案和图纸是后续采购工作开展的前提，直接影响后续采购工作内容和设备材料规格的确定。业主在采购工作中也会扮演一定的监控角色，对设备材料

的质量提出要求。与业主高效的沟通效率也有助于承包商充分理解采购需求，避免采购工作中的重复和浪费，有助于采购成本控制。与分包商的接口效率和采购质量之间也存在显著的相关性。与分包商高效的信息沟通，有助于获得物资和设备采购质量的反馈，从而帮助完善后续的采购工作。与供应商的接口效率则与采购进度、采购成本之间存在显著的相关关系。供应商是材料设备的直接提供者，承包商需要与各供应商构建高效的沟通渠道，有助于双方之间准确界定材料设备参数要求，也有助于及时准确供货。

上述分析可以看出，EPC 项目中材料设备供应链各相关方均是采购工作的重要参与者，总承包商与各方的合作效率均会对最终采购绩效带来影响。结果表明，承包商在EPC 项目中要重视供应链各方一体化管理，打造完善、高效的信息链、流程链，来保障采购质量、进度和成本目标的实现。

3.3　EPC 总承包商采购过程管理

被调研承包商 EPC 项目采购过程管理得分均值和标准差见表 4。其中，1 分＝非常反对，5 分＝非常同意。

表 4　　　　　　　　国际工程 EPC 项目采购过程管理

采购过程管理	均值	排序	标准差
采购计划编制	3.99		0.60
能要求设计方提供合适深度的设计方案，以保障机电设备采购和制造时间	3.92	16	0.91
采购计划清单中能包含详细的图片、标准、参数等信息	3.98	12	0.81
采购进度计划制订能综合考虑各种制约因素	3.92	15	0.66
建有瓶颈物资的采购策略，以降低工期延误风险	4.08	10	0.69
制定有针对设计图纸的管控措施，以保障采购计划编制及时准确	3.84	21	0.89
能详细安排采购进度	4.16	6	0.76
供应商选择	3.42		0.90
构建有完善的全球化采购系统	3.14	31	1.06
能依据实际情况选择合理的采购渠道	4.10	9	0.85
设备采购方面，全球化采购程度高	3.25	29	1.15
材料采购方面，全球化采购程度高	3.20	30	1.13
采购合同管理	4.20		0.52
构建有完善的询价体系	4.02	11	0.88
构建有规范的议价策略	4.33	3	0.77
构建有正式的合同起草流程	4.35	2	0.60
构建有正式的合同签订程序	4.47	1	0.54
构建有清晰完善的索赔机制	3.96	13	0.76
构建有完善的争议解决机制	4.17	4	0.63
构建有正式的合同信息管理和存档机制	4.17	5	0.63
设备生产监造	3.93		0.54
与供应商联合制定完善的质量管理体系	3.72	23	0.78
针对重要设备，设置完善的驻厂监造	3.90	18	0.79

采购过程管理	均值	排序	标准差
能及时了解供应商生产状况	3.96	14	0.67
构建有完善的出厂检验和现场验收程序	3.92	17	0.70
构建有完善的机电设备试运行和移交程序	4.12	8	0.63
物流管理	3.60		0.69
构建有完善的物流信息数据库	3.62	25	1.01
构建有完善的物流决策支持系统，协助物流方式选择、成本计算等	3.44	28	0.84
能有效监控物流过程	3.88	19	0.66
构建有完善的物流风险预警和应急预案	3.46	27	0.91
仓储管理	3.81		0.71
构建有完善的仓储信息平台	3.88	20	0.89
能实时了解物料的供应和消耗情况	3.82	22	0.84
能合理平衡物流和仓储成本	3.63	24	0.89
针对瓶颈物资，构建有合理的管控措施	3.55	26	0.81
对特殊材料，如火药等，设置有完善的保存措施	4.15	7	0.78

表 4 显示，承包商国际 EPC 项目采购过程管理中，采购合同管理得分均值最高，其次是采购计划制订、设备生产监造，再者为仓储管理、物流管理，供应商选择的得分均值最低。对于国际工程项目而言，供应商选择的全球性较大，是我国承包商国际工程项目履约管理中的难点。承包商需要特别关注"构建有完善的全球化采购系统"（均值=3.14）。除了合同管理得分均值大于 4 分，其他方面采购工作得分均低于 4，我国 EPC 承包商在国际工程项目采购管理中还有较大的提升空间。

进一步对 EPC 总承包商采购过程管理与采购各方面绩效之间进行简单相关分析，结果见表 5。

表 5   EPC 总承包商采购过程管理与采购各方面绩效之间的相关分析

	采购质量	采购进度	采购成本	整体采购绩效
采购计划编制	0.464** (p=0.001)	0.443** (p=0.001)	0.489** (p=0.000)	0.562** (p=0.000)
供应商选择	0.183 (p=0.199)	0.253 (p=0.074)	0.298* (p=0.034)	0.301* (p=0.032)
采购合同管理	0.324* (p=0.023)	0.389** (p=0.006)	0.468** (p=0.001)	0.504** (p=0.000)
设备生产监造	0.443** (p=0.001)	0.294* (p=0.038)	0.549** (p=0.000)	0.545** (p=0.000)
物流管理	0.149 (p=0.303)	0.229 (p=0.110)	0.261 (p=0.067)	0.275 (p=0.053)
仓储管理	0.445** (p=0.001)	0.466** (p=0.001)	0.477** (p=0.000)	0.559** (p=0.000)

表 5 显示，采购过程管理中，采购计划编制和仓储管理与整体采购绩效的相关性最为大（约为 0.56），表明了采购计划和仓储在采购工作中占据着重要地位。对于采购工作流程而言，采购计划是采购工作的始端，仓储是采购工作的终端。仓储和计划同时又是衔接着的。在项目履约过程中，总承包商也需要根据仓储中的实际情况来动态制订和更新物资采购计划，形成动态上升的螺旋。从这个意义来讲，表 5 中的结果强调了采购始端和终端工作的重要性。

同时，设备生产监造和采购合同管理与整体采购绩效的相关性也较大（0.5～

0.55)，二者对采购各方面绩效均有显著的相关关系。对于 EPC 项目而言，机电设备采购工作是项目采购工作中的重点，设备生产监造对于承包商及时掌握设备生产信息，协同各方工作内容具有重要价值。合同管理中，完善的议价、定价和条款商议流程有助于保障采购合同的合理性，为后续采购工作提供边界划定和分工，有助于保障采购工作的顺利开展。

此外，供应商选择也与采购绩效具有显著的相关关系，主要表现对采购成本的影响。这个结果突出了全球化采购体系构建的意义。国际工程项目中，我国许多承包商由于不熟悉国外情况，倾向从国内采购相关设备和材料，由于运输距离远等，反而有可能带来成本上升。而拥有全球化的供应商体系，有助于承包商综合对比多家设备物资报价，有助于降低采购成本。

4 调研结果对国内 EPC 总承包商采购管理的启示

调研结果对国内 EPC 总承包商采购管理也有一定的启发。相关建议如下：

1. 注重与供应链上下游伙伴的接口管理和信息集成

相比国际项目会存在语言挑战、时差问题、文化习惯差异等，国内项目承包商设备和材料供应链整合相对简单一些。国内 EPC 承包商要加强与供应链各方的接口设置，包括业主、设计方、分包商以及供应商等，完善各方流程衔接和信息集成。承包商在采购信息系统构建时，既需要集成各方信息，也需要吸纳整合各采购环节工作流程，同时，要设置信息监控功能，以及时了解全过程采购工作情况。

2. 注意采购计划的合理性、完善性

EPC 承包商需要整合各相关方需求和资源信息，充分了解国内甚至国际市场上的设备、材料供应条件（包括型号、价格、供应时间、售后、市场不确定性等）；加强与设计方的沟通交流，以保障设计出图的及时和准确，为采购计划的编制提供条件；要注意与现场作业团队的沟通，注重对瓶颈物资的识别与分析，将相关供应风险及应对策略反映在采购计划中；计划编制要详细、准确，包含必要的信息（如遵照的标准、参数要求、说明、用途、图片等），以免发生采购错误。

3. 注重现场的仓储管理

EPC 承包商需要构建完善的仓储管理平台，整合各施工作业团队信息，及时了解发料和用料情况；特殊材料的存储，要制定专门的保存措施。

4. 注重关键设备的生产监造

EPC 承包商要聘请专业的监造公司，负责对关键设备生产厂家进行全过程监造，保障生产环节满足质量和进度要求。

5 结　　语

本文收集到的我国国际工程 EPC 项目承包商数据，对国际工程 EPC 项目采购管理的关键要素进行了分析，研究结果表明：

（1）EPC 总承包商与各供应链伙伴的接口效率均会对采购绩效带来一定的影响。承包商在 EPC 项目中要加强供应链各方的一体化管理，打造完善、高效的信息链和流程链，来保障采购质量、进度和成本目标的实现。

（2）EPC 项目采购过程管理中，采购计划编制和仓储管理作为采购工作的始、终端，对采购绩效的影响最为突出。此外，设备生产监造、采购合同管理对采购绩效的实现也有较大的作用。EPC 总承包商在项目采购工作中需要注重这些方面的管理。

（3）国内 EPC 总承包商应该：注重与供应链上下游伙伴的接口管理和信息集成；注意采购计划的合理性、完善性；注重现场的仓储管理；注重关键设备的生产监造。

参考文献

［1］ Guo Q，Xu Z，Zhang G，et al. Comparative analysis between the EPC contract mode and the traditional mode based on the transaction cost theory［C］//2010 IEEE 17th International Conference on Industrial Engineering and Engineering Management，2010：191-195.

［2］ Azambuja M M，Ponticelli S，O'Brien W J. Strategic procurement practices for the industrial supply chain［J］. Journal of Construction Engineering and Management，2014，140(7).

［3］ Yeo K T，Ning J H. Managing uncertainty in major equipment procurement in engineering projects［J］. European journal of operational research，2006，171(1)：123-134.

［4］ Schoenherr T，Swink M. Revisiting the arcs of integration：Cross-validations and extensions［J］. Journal of Operations Management，2012，30(1-2)：99-115.

［5］ Lau A K W，Yam R C M，Tang E P Y. Supply chain integration and product modularity：An empirical study of product performance for selected Hong Kong manufacturing industries［J］. International Journal of Operations & Production Management，2010，30(1)：20-56.

［6］ Sahin F，Robinson E P. Flow coordination and information sharing in supply chains：review，implications，and directions for future research［J］. Decision sciences，2002，33(4)：505-536.

［7］ Eriksson P E. Partnering in engineering projects：Four dimensions of supply chain integration［J］. Journal of Purchasing and Supply Management，2015，21(1)：38-50.

［8］ Sobotka A，Czarnigowska A. Analysis of supply system models for planning construction project logistics［J］. Journal of civil engineering and management，2005，11(1)：73-82.

杨房沟水电站总承包原材料采购和使用管理

付　闯，吴雄高，刘　涛

（长江水利委员会工程建设监理中心，湖北武汉 430010）

【摘　要】　雅砻江杨房沟水电站设计施工总承包工程为国内首起百万千瓦装机的 EPC 水电工程，工程主材采用业主和承包人联合采购，为确保工程质量，工程原材料质量控制至关重要。本文通过对总承包工程原材料采购与使用管理的总结，论述了 EPC 模式下监理对原材料采购与使用的管理方法和措施，可为 EPC 模式下水电工程监理提供借鉴。

【关键词】　原材料；采购和使用；监理；杨房沟水电站

0　引　言

水电工程项目施工用的原材料种类繁多，对储存场所空间要求高，材料周转较为频繁，且点多面广，同时在控制过程之中，受质量管理水平的限制和经济效益的驱动，存在着很多忽略质量标准的现象，直接导致施工材料的品种、规格以及技术参数等指标达不到工程建设的需要，最终给水电项目带来巨大的质量安全隐患。

为了更加规范高效地对施工原材料质量进行控制，避免施工材料给水电项目带来质量安全隐患，本文基于水电水利工程 DBB 合同模式与杨房沟水电站设计施工总承包 EPC 合同模式的特点和风险，浅谈国内首起百万千瓦装机的 EPC 合同模式原材料监理管理新方法。

1　工　程　概　述

杨房沟水电站位于四川省凉山彝族自治州木里县境内的雅砻江中游河段上（部分工程区域位于甘孜州九龙县境内），是雅砻江中游河段一库七级开发的第六级。电站开发任务为发电，总装机容量 1500MW，安装 4 台 375MW 的混流式水轮发电机组。本工程为一等工程，工程规模为大（1）型。工程枢纽主要建筑物由挡水建筑物、泄洪消能建筑物及引水发电系统等组成。坝高 155m，大坝混凝土工程量共约 209 万 m³。

工程主材（水泥、粉煤灰、钢筋）采用"业主辅助管理、协助供应"模式，招标采购工作由发包人牵头组织，发包人负责招标文件编制工作及招标组织，承包人参加招标文件审查、开标、评标、合同谈判及签订工作，发包人对采购招标结果拥有决策权，主材采购合同由发包人、承包人及供应商三方签订，承包人为买方，供应商为卖方，发包人为业主，承包人负责工程主材采购合同的执行和对供应商的日常管理。

除工程主材外，其他原材料由承包人自行采购，承包人负责自购原材料的供应。

作者简介：付闯（1987—　），男，工程师，E-mail：895457951@qq.com。

2 原材料管理模式和风险

2.1 原材料管理模式

水电工程 DBB 合同模式，工程主材和其他主要原材料（铜止水和橡胶止水、铜绞接地线、混凝土外加剂等）一般由业主负责招标采购（甲供）及执行采购合同管理，保障工程物资供应和原材料质量，承包人只参与原材料到货验收、进场取样检测和使用。

杨房沟水电站 EPC 合同模式，工程主材和自购原材料均由承包人负责采购合同管理、保障供应和原材料质量。

2.2 不同模式原材料管理风险

水电工程 DBB 合同模式，若甲供原材料供应不及时或原材料出现质量问题时，由此影响工程进展，存在承包人窝工和工期顺延等合同索赔风险。

杨房沟水电站 EPC 合同模式，原材料供应不及时和原材料质量风险均属承包人合同责任；若不合格原材料被用于工程实体时，风险虽然属承包人，但对工程影响甚大，业主同样存在风险。

故杨房沟水电站 EPC 合同模式原材料质量监理管理至关重要。

3 杨房沟水电站原材料管理流程

3.1 原材料管理制度

工程开工，监理机构协助业主制定了《杨房沟水电站辅协供工程材料管理实施细则》《杨房沟水电站设计施工总承包项目自购材料管理实施细则》《试验检测工作规程》等管理文件，规范原材料采购、供应、到货验收、仓储、取样检验等管理流程。

3.2 招标文件审查

工程三大主材的招标文件技术条款由承包人设计单位编制提交业主，承包人和监理参与招标文件审查，承包人参与开标、评标及合同谈判和签订。

自购物资的招标采购，监理机构审查供应商资质、原材料技术要求、出厂检验报告等资料，督促承包人选择信誉度高、有水电工程供货业绩和质量保障的供应商，重要物资督促承包人中标供应商生产基地进行实地考察。

3.3 原材料需求计划和采购计划

审查承包人辅协供和自购原材料供应规划、分年度原材料供应计划，审查承包人辅协供和自购原材料分月需要计划和次月、第三月滚动计划。

承包人按批准的月计划向供应商报原材料采购计划，供应商按计划组织生产和原材料进场。

3.4 原材料到货验收

监理全过程参与辅协供物资和自购物资到货验收，明确原材料外观质量、数量、尺寸、产品标识、质量证明文件进行检查验收，严控原材料到货验收，未经验收合格原材料不得用于工程施工。

3.5　原材料取样检验

依据合同文件规范和原材料标准要求，督促承包人对到货验收合格的原材料进行取样检验，现场试验室不具备检验条件的原材料取样后送第三方进行检验，经检验合格的原材料方可用于工程。

3.6　对承包人的物资考核

依据合同文件规定，监理机构会同业主每季度对承包人进行物资考核，检查季度承包人物资供应保障、资金支付、质量管理等环节管理情况，对存在的问题督促承包人及时整改。

4　原材料质量控制存在的问题

4.1　施工材料采购问题

许多水电工程项目材料在采购过程当中，没有学习国内外先进企业的采购经验，存在着采购目标不明确、采购计划不完善、采购技巧不熟练等许多问题，从而采购材料质量检验松懈，引入大量不合格的物品，致使施工材料质量问题不断产生。

4.2　施工材料技术含量问题

如今我国大多数水电工程施工材料因为技术条件和资金数额的制约，仍以钢筋、水泥、外加剂、混凝土等常规材料为主，对当前国内外新式材料、新式技术的引进力度不大，利用的施工材料技术含量低，对五新技术应用力度不大，这在一定程度上影响水电工程施工材料的质量控制水平。

4.3　施工材料管理人员问题

水电工程建设项目团队不乏一些优秀的施工和管理人才，但仍然也缺乏一些专业性较强的人才，特别是在施工材料管理方面，具有专业技能和经验的人寥寥无几，大部分施工材料管理人员存在着文化程度低、专业知识缺乏等问题。再加上水电建设施工周期较长，施工材料的质量控制贯穿整个工期，受重视程度明显不高，导致整体材料质量控制水平较低。

4.4　施工材料检测问题

即使国家有关部门对水电工程施工项目过程当中所涉及的原材料、半成品、成品等提出较为明确的质量检测标准、要求及流程，但是在水电工程建设实践过程中，依然存在着对进场原料检测不及时、漏检、错检等问题，直接致使大批不合格材料被应用于水电工程建设实践过程之中，为工程项目埋下安全隐患。

4.5　施工材料管理问题

水电工程项目多数是大型的建设工程项目，所用到的施工材料种类繁多，储存场所空间要求大，若材料标识备损坏或遗失，会给使用带来诸多不便。另外，施工材料在装卸过程中，发放混乱，施工材料领取不规范等亦是水电工程施工材料管理过程之中存在的问题。这些不良现象都会导致施工材料管理质量降低。施工材料现场管理是水电工程材料质量控制的一个主要环节，必须高度重视，但正是由于许多水电工程在建设过程中对现场材料管理的忽视，导致施工材料质量难以保障。

5　杨房沟水电工程原材料管理监理成效

5.1　重视施工材料源头的控制

为了保证原材料质量获得有效控制，必须抓好影响原材料的两大源头，即人和物。为了达到对人和物两个维度的严格控制，需要制定出具体的操作规范手册和施工质量控制手册，从而构建完整的材料质量控制系统。同时组建由项目负责人、职能部门及职能部门责任人等多方参与的组织机构。

5.2　原材料采购管理

通过对承包人采购招标结果和供应商资质的审查，严格控制了不合格原材料供应商进入杨房沟水电站工程，有效提高了原材料质量源头控制，成效明显。

5.3　原材料计划管理

合同约定的原材料需求计划提升较大。2018年1—5月份辅协供物资需求月计划均达到95％以上（合同约定当月计划准确率应达到85％以上），2018年自购物资供应满足了工程建设需求，未发生因原材料短缺影响工程进展的情况。

5.4　原材料到货验收管理

按制定的原材料进场到货验收办法，一般材料通常由监理和承包人进行验收，重要原材料由业主、监理、承包人、厂家进行四方联合验收，未发生不合格原材料进入工程使用情况。

5.5　原材料检测管理

1. 试验检测人员管理

制定试验检测人员合同资质认证考核办法及人员履职管理办法，明确试验检测人员上岗及履职要求，施工单位试验检测人员上岗前，必须经专业的监理工程师笔试、面试、实操等考核通过后方可上岗，并每月对试验检测人员进行履职考核，对不称职或弄虚作假的试验人员进行更换或清退出场。

2. 材料取样检测的要求

（1）制定试验检测工作规程，明确材料进场检测的流程和要求，如材料进场后，两日之内取样、取样两日之内开始试验，试验结果出具后2天内将试验结果报监理审批，各施工材料除水泥、外加剂28d检测结果外，其余规定指标必须按时全部提交。

（2）明确施工材料的检测标准、检测项目及要求。通常情况下，水电站工程主要对水泥、粉煤灰、砂石骨料、外加剂、钢筋、钢筋机械连接件等大宗材料进行进场检测。本工程吸取了西安地铁电缆事件的经验和教训，不光对大宗材料进行严格检测，同时明确了钢筋（金相分析和化学检测）、波纹管、止水材料、冷却水管等小宗材料的检测项目及频次等要求。

（3）对于现场工地试验室不能检测的材料，要求在规定时间内进行外委检测，外委检测之前，必须将检测单位报监理机构进行核查，经监理同意后方开展外委检测工作。

（4）为确保材料取样的代表性、真实性，试验结果的可靠性、准确性，监理制定了监理见证（取样、试验）实施细则，明确了不同材料的见证要求和见证频率。

（5）不定期组织试验检测中心、业主对施工单位的检测频次、检测项目、检测环境、检测条件、报告的可靠性等进行专项检测，就检测存在的问题限期要求施工单位进行整改落实。

5.6 质量管理人员管理

制定"三检"人员管理办法，即初检、复检、终检，充分发挥现场管理人员的资源调配能力，严格照图施工，逐级对施工材料及工序进行检查，监理进行全过程的旁站监督及核查，并每月对质检人员进行履职考核，对不称职或屡教不改的质检员进行更换或清退出场。

5.7 增强质量意思

树立全员质量意识，不定期组织开展"质量月""技能比武""观摩""知识竞赛"等质量活动，营造一个良好的质量氛围，以"安全是天、质量是命、施工材料是质量之根源"的方针打造杨房沟水电站工程为电力优质工程、国家优质工程。

5.8 整体评价

通过制定的施工材料采购、检测、旁站、见证、人员职责履行考核等实施细则及管理办法，以及过程中的巡视检查和质量控制，本工程从开工至今近两年，水泥、粉煤灰、外加剂、钢筋、钢筋机械链接件、波纹管、止水、锚具、土工膜、冷却水管等材料承包人共取样检测 3815 次，监理单位共检测 856 次，检测项目、检测频次满足设计和规范要求，工程实体质量满足设计及合同要求。

6 结 语

雅砻江杨房沟水电站设计施工总承包工程为国内首个百万千瓦装机的 EPC 水电水利工程，原材料管理与水电水利工程 DBB 合同模式有较多不同之处，做好原材料采购、供应、到货验收、质量控制和取样检验监理工作尤其重要，加强原材料管理意识，控制原材料采购源头，重视每个管理环节，杜绝不合格材料用于工程，为 EPC 模式下的工程实体质量提供了强有力的保证。

境外水电站机电设备备品备件管理

李效光

（中国电建集团海外投资有限公司，北京 100048）

【摘　要】 本文分析了境外水电站机电设备备品备件管理过程及其特点，基于某流域开发梯级电站项目备品备件管理实践经验，提出了定额管理的"ABC"控制法，并通过科学的统计分析，优化了库存管理流程，还创新性地通过备品备件管理专项效能监察活动，指导、监督备品备件管理工作，保证了相关各方尽职履责，提高功效，可供类似工程项目参考。

【关键词】 备品备件；定额；影响分析；效能监察

0 引　言

境外水电站建设、运维项目一般约定 EPC 总承包商负责工程需要的所有货物的包装、装货、运输、接收、卸货、存储和保护。其中机电设备备品备件管理通常也是 EPC 总承包商的合同义务，其管理效能直接影响工程进度、合同款结算，甚至间接影响工程竣工，履约证书获取。对应地，作为水电站建设、运维合同 EPC 业主方，高效的机电设备备品备件管理则可规避水电站境外建设、运维风险，提高执行力，带来较好收益。因此对水电站建设、运维合同中的机电设备备品备件管理的研究和实践，具有重要意义。

1 境外水电站机电设备备品备件管理特点

1.1 涉及专业面多

水电站备品备件作为水电站设备的重要组件，具有机电设备的共性，因而涉及机械专业、电气专业、材料加工专业、防腐涂装、物流运输、仓储等相关专业。备品备件管理人员需要具备全面的专业知识，留心各个环节，稍有疏忽，备品成为废品。

1.2 涉及合同相关方多

备品备件的项目和数量等与机电设备采购合同的双方业主和设备制造商有直接关系；施工期备品备件的领用与设备安装商和备品备件委托管理方有关；透平油、绝缘油等发生泄露可能导致污染的备品备件与 EPC 总承包商和工程所在国环境保护部门有关；备品备件的运输、交接与 EPC 总承包商和物流公司有关；备品备件的验收、移交与业主、监理和备品备件委托管理方有关；备品备件的保管、保养等与业主和设备运行维护商有关，备品备件管理全过程所涉相关方较多。

作者简介：李效光（1983— ），男，工程师，E-mail：xgzhb@126.com。

1.3 设备采购环节多，费时长

备品备件的采购往往涉及机电设备合同的变更或补充，需要合同相关方，甚至EPC总承包商内部管理部门（机电物资部、合同部、财务部）逐级审批。设备供货商准备货源需要一定时间，备品备件出厂发货和运抵现场更是需要经历出口/进口许可办理、报检、报关等环节。采购费时长这一特点，施工期会影响机组安装调试工期；运行期会影响机组安全稳定运行，甚至会导致机组被迫停机，引起发电损失。

2 境外水电站机电设备备品备件管理实践

2.1 分清管理界面，按照合同约定，明确各方责任

水电站建设项目BOT或EPC主合同签订后，BOT项目业主应在施工合同、设备制造合同、运输合同、电站运行维护合同、监理合同中明确约定备品备件管理责任，区分管理界面接口。建设项目开工后，EPC总承包商还应制定并实施设备物资管理办法，具体规定电站备品备件的管理组织机构与职责、验收移交程序、仓储管理、补充采购计划编制和审查等，以此强化对采购计划、制造运输、仓储保管、安装调试、运行维护等各环节的管控，确保备品备件管理主体和实施主体紧密合作，备品备件供应有序，满足工程的要求。

备品备件一般随永久设备一起到货。负责卸车接货的实施主体（一般是建设施工合同分包商）在完成卸货后，对于独立装箱运输到货的备品备件，当即交由备品备件保管实施主体（一般是运行维护合同分包商），保管责任划归到备品备件保管实施主体；对于未单独装箱运输到货的备品备件，则交由机电设备保管实施主体（一般是建设施工合同分包商），保管责任暂时划归到机电设备保管实施主体；等待相应箱件开箱验收时，分类取出备品备件，交由备品备件保管实施主体，保管责任划归到备品备件保管实施主体。如果在备品备件接收方负责照管期间，由于合同约定所列风险以外的原因，致使工程、货物或承包商文件发生任何损失或损害，备品备件接收方应自行承担风险和费用，修正该项损失或损害，使工程、货物和承包商文件符合合同要求。

设备到达电站现场后，备品备件保管实施主体应及时组织相关各方进行设备开箱检查清点工作，以期尽早获知备品备件情况，为其可能存在的问题留有解决处理的时间。开箱检查清点，填写"设备开箱清点检验单"。开箱检查所发现的问题，要分清责任，由业主机电物资部督促责任方限期解决。设备开箱后，根据备品备件特性和保管要求，重新清理分别存放，妥善保管。

备品备件的来源主要有两个方面：其一，按照供货合同要求，设备厂家随主设备一起发到现场的备品备件；其二，根据实际需要，由EPC总承包商批准单独采购的备品备件。

EPC总承包商还应负责核对到货备品备件是否满足采购清单要求或合同要求，并及时向各方通报核对结果。核对时，除根据装箱详单逐项核对每种物件的数量、外观，还应进行必要的检测。笔者所在项目公司即及时在备品备件到货后安排了绝缘测试、耐压测试、自动化元件测值偏差等监测试验，先后发现了个别止回阀漏水、RTD测值失准、电机绝缘值低等问题，及时联系相关方进行了更换，既确保了备品备件的可用性，规避了合同争议。

2.2 预先规划建设备品备件仓储库房

备品备件仓储库房的结构设计、配套设施应参照电站建设项目合同所列费用，综合

考虑备品备件仓储等级、特别要求、工程所在地气候条件等进行决策。水电站备品备件最大件为磁极备品或冷却器备品，最长件为线棒备品，其余备品备件则尺寸重量较小。如建设专用库房，整体面积可紧凑布置，考虑使用储物架进行立体存放，搬运工具则以手动叉车为主，小型机械叉车为辅，运输通道和库房高度、库门尺寸等也做相应考虑。安防监控方面则可通过设置摄像监控、入侵警报和火灾报警等，以实现无人值守的自动化要求。

备品备件的存储地点应提前规划，在水电站可行性研究报告的建设用地中考虑。设备仓库选址宜因地制宜，综合考虑设备存储要求、设计规划、建设的经济性、照管的便利性等，科学决策，选择布置在厂房、运行村、BOT业主永久营地等周边。笔者所在项目公司即利用流域开发优势，在七个梯级电站的适当位置，建立了具有完善安全、环保措施的备品油库，供7个电站共同使用，既节约了成本，避免了重复建设的浪费，又能够解决各梯级电站机组事故时的应急之需。

2.3 发挥流域梯级开发优势，强化备品备件库存管理

1. 备品备件分类管理

备品备件应先按照电站的项目和系统分类，再根据备品备件的用途、使用性质及材质、仓储要求进行分类。对于标准件，按照型号进行区分、建档、存放。精密贵重及易损部件应重点加强管理，存放要符合厂家和业主的技术要求，如云母带应低温保存放置在冷库或冰箱里。

软件类备品的储备不容忽视，在继电保护系统、电气控制回路的备品备件中，软件的备份与硬件一样，不可或缺，所以对于电站机电设备使用中涉及的所有软件，都需要进行统一的备份管理，根据设备的重要程度设置不同的备份策略，进行整机单体备份、整体复制或镜像备份。例如电站起重设备的控制系统软件备份则可采取备份PLC程序读写软件和各控制程序备份，更换硬件设备或接点时，只需将对应程序写入即可。

2. 备品备件定额管理

一定数量的备品备件是水电站正常生产和运营的保证，备品备件短缺，将影响电站设备及时修复、电力生产安全稳定运行。但库存的备品备件太多，则流动资金占用过多，库存维护费用也相应增多，提高了成本。作为备品备件管理的核心和重点，定额管理的目的就是在保证生产的正常维护检修的前提下，最大限度地减少备品备件的库存量。

备品备件定额分为消耗定额、储备定额、资金定额等。根据年消耗统计可计算出备品备件年消耗量，年消耗量的结果可以直观地看出需要储备的备品备件的数量，方便境外项目定期地、规律地进行全面的采购，充实库存。考虑到备品备件的采购周期较长，可以按照6个月使用量来储存常用的备品备件。针对关键设备和主要生产设备的备品备件，要做重点关注，确保这些设备正常运行，减少停机损失。

储备定额的决策方法，笔者推荐应用"ABC"控制法，其主要思路是抽象出一个关于备品备件库存的正交完备的属性集：{关键性、故障率、修复敏捷性}，并且对每一个属性进行"ABC"正交等级分类。由于属性是正交的，所以每一个器件类之间的差别是清晰的。通过为每一个属性的每一等级创建一个不同的控制模型，创建一个正交完备库存控制模型集合。这个集合的所有元素的任意一个全排列，对应一个设备类的库存控制模式，所有全排列的集合构成了所有设备类的正交完备控制模式集。

关键性是指备品备件对电力生产过程的影响程度。关键性主要由备品备件对所在系统的运行影响程度和所在系统对电力生产安全稳定运行的影响程度决定。根据设备发生

故障退出后机组是否可持续运行或短时运行的情况分别把备品备件分为 A（关键，缺少或故障后系统无法运行）、B（重要）、C（一般）三类。日调节水库电站备品备件重要性大于季调节和年调节水库电站备品备件，因此日调节水库电站同类型的备品备件可提高其关键性级别。

故障率是指备品备件出现故障的频率。故障率在设备出厂时主要参考平均无故障时间，在运行期主要依据同型号设备实际故障频次占比。应该注意到，设备故障率在水电站服役期会有不同的数值，一般随着设备的老化，故障率会逐渐增加。根据每月设备故障率的统计值或参考值大小，将故障率分为 A（每月故障率大于 1）、B（每月故障率大于 0.5）、C（每月故障率不大于 0.5）三个正交的类。

修复敏捷性是指综合考虑供货便捷性和检修时长，将其分为 A（修复时间大于 1 周）、B（修复时间大于 48h）、C（修复时间不大于 48h）三个正交的类。

对每个备件从这三个方面来进行考察，每个方面又可按三个等级来衡量，划分出从 "AAA" 到 "CCC"，共 27 类具有不同关键性等级的备件。根据不同的等级，就可采取不同的库存控制方式。这种专门为备品备件设计的控制方法，能全面反映备品备件在生产过程中的重要程度，且分类详细，便于根据具体等级采取有针对性的控制措施。

当然，除了对生产的重要程度外，还有许多其他属性，如备品备件的需求量、供货周期的清晰度，以及返修周期的清晰度等，对备品备件的库存管理具有重要影响，必须被特殊对待。例如有的备品备件的购买渠道少，采购周期长，购买不到的风险大，为了生产的连续性，就必须采用冗余存储的策略，有的备品备件购买渠道多，采购周期短，就可以采用"零库存"策略。另外，如果一个器件修复速度比较快，就可以少买甚至不买备品备件。

3. 备品备件定期盘点

备品备件的消耗和储存情况应进行动态更新和核对，备品备件仓库管理责任单位应该以月度为周期，整理台账，制作备品备件结存明细表，与入库单（采购单、到货接收单）、出库单（移交单、挪用单），各种票据手续等进行核对，确保一一对应。还应对库存备品备件进行定期盘点，保证单、卡、物相符，对盘点中产生的盈亏和报废情况及时查明原因，分析影响，及时决策。

备品备件到货验收合格后应及时建立台账，台账中应详细记录备品备件的名称、规格、数量、入库时间、接收人、存放地点等，管理人员应根据备品备件的种类、外形尺寸、保管要求、场地情况、存放时间合理安排存放地点，做到分类分区摆放、安全可靠整齐、维护搬运方便。

盘点备品备件时应对仓库内备品备件进行必要检测和维护，检测维护方式、检测维护周期以制造厂使用维护说明书为参考，结合仓库温湿环境等综合确定。通过对库存物品的入库、出库、移动和盘点等操作对备品备件进行全面的控制和管理，以达到既保证生产经营活动顺利进行，又降低库存、减少资金占用，杜绝物料积压与短缺现象的目的。

2.4 建立完善的备品备件清单

备品备件清单是备品备件管理活动中最基本的信息记录，是其他一切备品备件管理工作的依据。BOT 业主项目部应负责组织备品备件的清单完善工作。结合水电站具体项目特点、类似工程建设运行经验和自身管理水平，建立完善的备品备件清单。

备品备件清单初版一般由机电设备采购供货合同中的备品备件采购清单组成。设备采购招标时应把备品备件作为一项重要内容考虑，包括备品备件是否为标准件、合同价格及后续采购价格的浮动差额、配套图纸资料等；在项目实施阶段，应及时组织对制造商提供的设备备品备件清单进行审核，对到货品备件清单进行核查。EPC 建设期间的设备更换更新，对应的备品备件也要进行必要调整并配套更新。

备品备件清单应包含合同项目、备品备件名称、合同项目名称、型号规格、是否为标准件、对应图号项号、使用位置、使用数量、采购周期、单价、供货首选厂家、供货备选厂家、采购联系方式、仓储等级、存放位置、前期挪用数量、预计消耗数量、合同数量、库存数量等。

备品备件清单信息的完备性和准确性既有助于 EPC 总承包商机电、合同、财务等内部管理部门之间的沟通协调，也可减少设备管理人员专业知识受限的影响，对于建设期与运营期设备合规、顺利移交过渡，实现无缝对接至关重要。

2.5 做好备品备件统计和影响分析

设备的状态及备品备件的磨损通常呈随机型、发散型，难以把握，同时电站运行维护管理水平存有差异，对设备状态的分析不同，对备品备件的寿命周期、采购周期等的掌握程度不同，使得需求判断不同，容易导致备品备件库存越来越多，而有时现场急需的备品备件却无库存，需做紧急采购计划。备品备件采购需求计划缺乏有力的技术和数据支持。

因此，备品备件数据统计分析工作尤为重要，不仅能为备品备件采购需求提供支持，更能反映设备运行状况。需统计的数据主要有备品备件消耗量、备品备件周转天数、备品备件采购周期、备品备件历史价格、备品备件历史采购量等，并将这些数据记录进设备备品备件清单，作为设置备品备件存量的依据。例如，有些系统设备 PLC 模块本身具有输入、输出备用接点，如果是其中的接点损坏，则可以使用这些备用接点，而无须更换整个模块。只需在接线和软件程序中做相应更改。

通过备品备件统计对比分析数据，需延伸进行影响分析评价，对具体备品备件全生命周期进行经济性、可靠性、先进性评判，总结备品备件耗损规律，给技术改造提供决策建议，优化设备定期切换、试验计划安排，提升运行管理水平，选择性价比更高的合格供应商，提质增效，节约度电维护费用。

2.6 通过机电设备管理效能监察，提升备品备件管理水平

备品备件管理水平需要借助内部或外部的有效监督，实现 PDCA 管理循环，持续改进，不断提升。EPC 总承包商主管部门可成立专项效能监察组，明确备品备件监察内容，制定监察评定表，从制度流程、人员职责、工作台账、仓储管理、出入库管理及资料档案管理等方面实施监察。笔者所在项目公司即通过效能监察组的有效运作，指导、监督备品备件管理工作。监察组采取检查项目现场、听取汇报、核查资料、现场反馈等方式，对备品备件管理及执行过程进行监察，提出存在的问题及整改建议，监督整改落实结果，保证了相关各方尽职履责、强化管理、提高标准化的工作效益。

3 境外水电站机电设备备品备件管理展望

3.1 备品备件管理人员需要加强培训

笔者作为境外某梯级水电站项目部 EPC 总承包单位备品备件管理人员，全程参与

了水电站建设期、运行期的备品备件管理，其中一个重要体会即是各相关单位备品备件管理人员素质参差不齐，需要加强培训。从事境外项目的备品备件管理人员首先要具备扎实的英语基础和沟通能力，并且能熟练掌握工程所涉及的专业英语知识；其次对工程专业知识有相当的了解，例如整个工程项目的工艺流程如何运作，以及机械设备的构成和运转知识。如此才能在与境外客户的沟通中，精确掌握客户的意图和需要，进而提供专业的服务。

备品备件管理，区别于一般零部件管理，尤其是进口备品备件，对存储的要求更高，替代难度更大，回货期更长，涉及的流程也更多，管理人员的专业知识和经验更加影响备品备件采购、存储和分析。另外，作为生产线设备维修人员，关注重点为是否有足够的备件可用，而对于备件使用成本关注不多，在无法准确预测消耗量的情况下，通常会希望多备库存，从而容易导致备品备件溢库，影响资金运转。

3.2 物资设备管理软件应在备品备件管理中发挥作用

随着专业管理软件的普遍应用，备品备件的管理信息化也成为发展趋势之一。信息化管理有助于提高工作效率，大大缩短生产维护时间，降低备品备件采购成本，减少库存资金占用并保证合理库存。在设备管理专业软件中开发备品备件管理子模块，建立针对水电站实际需要的备品备件资源管理系统，并根据实际生产需要动态更新相关资源数据，实现备品备件采购预警及辅助决策、库存管理、技术管理、财务管理的整合，具备备品备件仓储信息检索智能化功能，自动生成备品备件定额统计分析报表，提升管理品质。

4 结 语

境外水电站备品备件管理水平，直接影响到电能发电成本。只有科学合理地采购与储备备品备件，才能使企业的生产设备以最优成本稳定运行。否则，过多的备品备件储备积压，不但增加企业产品成本，而且增加人工管理费用；相反地，备品备件储量过少，发电机组停机风险就会增大，可能导致发电企业的电力生产活动和经济效益遭受重大损失。

笔者所在项目公司充分利用了流域梯级电站开发优势，进行了备品备件统一化尝试，通过预先统筹规划备品备件库房，梳理建设期剩余物资，盘点备品备件库存，建立了翔实完整的备品备件清单，并初步实现了定额管理和影响分析，达到了建设、运营无缝对接的效果。管理方面，通过实施效能监察活动，确保在保证设备正常运行前提下，进行有效的管理以降低成本，综合相关因素对各种供应风险做出判断和决策，持续改进，取得了较好的管理实效。

参考文献

[1] 李葆文. 规范化的设备前期管理[M]. 北京：机械工业出版社，2010.

全生命周期设备物资管理模式在国际水电站总承包项目中的应用

王　亮，付绍勇，姚建中

（中国电建集团海外投资有限公司，北京 100048）

【摘　要】　随着总承包模式的不断发展，生产组织方式发生变化，"重采购，轻管理"的设备物资管理方式已无法满足国际水电站总承包项目实施的需要。创新建立基于全生命周期理念的设备物资管理体系，涵盖设计、采购、生产、验收、国际物流运输、出口退税、仓储、使用、维护及处置等各环节，更有利于国际水电站总承包项目建设进度与稳定运营。本文以老挝南欧江流域梯级水电站总承包项目为例，介绍了全生命周期理念在国际水电站总承包项目设备物资管理中的应用情况与实施效果，供相关从业人员借鉴。

【关键词】　全生命周期；设备物资管理；国际水电站总承包项目

0　引　　言

老挝南欧江流域梯级水电站是中国企业首次在境外获得以全流域整体规划和 BOT 投资开发的项目，也是中国电建以全产业链一体化模式投资建设的首个项目。作为老挝国家能源战略关键项目，电站以"一库七级"分两期建设，总装机容量 1272MW，年平均发电量约 50 亿 kWh。

老挝南欧江流域梯级水电站项目的总承包单位为中国电建集团海外投资有限公司（以下简称"电建海投公司"）。在项目建设运营期间，电建海投公司设备物资管理工作真抓实干、顺势而为，实现了管理方法和管理手段的创新，全面开创了管理工作新局面，积极创建了基于全生命周期理念的设备物资管理体系，有力保障总承包项目建设进度，商业效益显著。

1　实　施　背　景

随着海外投资业务的蓬勃发展，以及 EPC 项目管理模式的不断变化，电建海投公司也深刻地认识到设备物资管理水平与国内外先进企业还存在较大差距，国内集中采购及境外当地采购操作实务中的依法合规性与法治央企的高标准还有一定的距离，与企业发展的定位目标还不能完全匹配，当时面临的问题和内外部环境主要表现在以下几个方面：

（1）国际项目实体数量不断增多，设备物资管理的顶层设计与企业发展不适应，需不断优化调整，有效推动企业提升竞争能力；

作者简介：王亮（1984— ），男，硕士研究生，从事电站成套设备招标采购与技术支持工作，E-mail：wangliang@powerchina.cn。

（2）国际项目的国别市场分布广泛，项目所在国政府对设备物资招标采购、进关清关的法律法规与国内相比存在差别，境外设备物资采购管理存在风险；

（3）为适应带运营期要求的国际 EPC 项目特点，设备物资管理应向采购操作的上下游延伸，包括设计、生产、物流、出口退税、仓储、使用、维护、处置等环节，从重视单纯采购操作环节转变至全生命周期管理，确保设备安全稳定运行；

（4）随着世界各国设备采购管理理念的巨大变革，在"互联网＋"和"大数据"时代下，设备管理的资源整合能力、信息化应用的水平，都与国内外先进企业存在较大差距，需要进一步提升；

（5）在国内外经济增长持续放缓的新常态下，市场竞争更加激烈，企业为提高经济效益，打好提质增效攻坚战，不仅要努力降低设备采购成本，更需要站在全生命周期管理的高度去战略布局，向设备管理创新要效益。

鉴于上述问题及内外部环境，在具备一定的管理基础后，电建海投公司有必要引进全生命周期理念，以采购管理为核心，优化上下游环节管理链条，以实现企业设备管理先进水平为目标，全面提升企业设备管理能力。

2 全生命周期设备管理内涵与管理思路

2.1 内涵

按照全生命周期管理理念，结合老挝南欧江流域梯级水电站总承包项目的实施要求，电建海投公司不断强化设备管理的顶层设计，完善体制机制，设立管理领导机构与执行机构，搭建企业总部集中采购与境外当地采购两级平台；深入扩展境外当地设备物资管控范围，进一步熟悉当地设备物资管理相关法律法规，保证境外当地设备管理的依法合规性；建立设备监造、验收、国际物流操作、仓储、到货交接、使用、维护及处置管理的工作标准，延展采购操作上下游环节的管理内涵和功能；充分利用"互联网＋设备物资管理"的信息化手段，全面推广应用设备物资电子平台，并建立合格供应商库与专家库，加大资源整合力度，有效解决采购"四率"问题，提高设备管理水平；坚持设备集中采购的原则，将规模优势转化为效益，降低采购成本；立足于中国电建集团产业链一体化发展理念，以投资与国际总承包业务为先导，带动集团装备制造企业在海外项目中的市场份额，输出"中国制造"与"中国标准"，提升整体效益水平。

2.2 管理思路

老挝南欧江流域梯级水电站总承包项目设备物资管理围绕着企业管理的效率、效益、进度、质量以及依法合规等方面展开，通过完善采购管理机制、升级采购管理方式、强化依法合规建设，补强全生命周期短板，提升集约化、精益化服务能力，打造具有国际竞争力的设备物资管控与服务体系。

3 全生命周期设备物资管理模式的主要做法

3.1 持续完善体制机制创新，加强国内外采购管理制度建设，建立国内外两级采购平台

按照全生命周期理念，电建海投公司在企业总部层面成立设备物资管理领导小组，

负责指导监督设备采购管理的重大事项；对应的职能部门作为设备物资管理的执行机构，负责建立健全管理体系及具体业务的实施；有效整合业务人员、技术和流程等资源，实现企业内外部采购资源的共享；为保证项目进度，综合考虑进出口贸易与国际物流运输操作的便利性，建立总部集中采购与境外项目当地采购两级平台，并充分发挥两级平台优势互补的作用，统筹实施设备物资采购管理。

先后多次修订《设备物资集中采购管理办法》，制定出台《设备物资采购评标专家和评标专家库管理办法》《供应商管理办法》《设备物资物流运输管理办法》《设备物资仓储管理办法》《机电设备监造管理办法》《机电设备到货验收管理办法》《设备物资出口退税管理办法》《设备报废与废旧物资处置管理办法》《设备物资管理评优活动管理办法》等制度，覆盖总承包项目设备物资采购全过程。这一系列制度加强了项目设备物资采购管理，强化了考核的针对性，大幅提升了设备物资采购管理整体水平。

3.2 强化境外当地采购风险管控，规范采购属地化管理流程

由于国内外法律法规的适用性差异，为更好地在境外实施设备物资采购，电建海投公司与所在国相关行业的专业咨询机构开展合作，聘请当地律师事务所提供法律支持，不断熟悉当地法律与市场环境，积极拓展境外项目设备物资供应渠道。通过多年探索与实践，电建海投公司海外项目当地设备物资采购风险管控持续强化，设备物资采购"属地化"管理进一步规范与成熟，为集团（股份）公司及中央企业境外投资活动与国际总承包业务提供了可借鉴的宝贵经验。

3.3 统筹抓好全生命周期各阶段工作，保证国际总承包项目良好收益

1. 严格落实采购计划编报和技术文件评审制度

电建海投公司建立设备物资年度/季度采购计划编报制度，对采购任务进行有效汇总，科学规划，分级实施。在执行过程中，结合国际总承包项目实际需求，将年度采购任务分解到季度采购计划中，分阶段有效执行，更具有针对性。实践证明，采购计划的编报是基础性的工作，具有前瞻性的采购计划能促进采购业务高效实施。为了有效控制成本，确保设备物资质量，电建海投公司在采购业务实施前均会组织老挝南欧江项目公司、设计单位及外聘专家对技术文件进行评审，保证采购方案的性价比最优、设备稳定性最可靠。

2. 依法合规开展招标采购工作，建立"大监督"格局，防范廉洁从业风险

按照国家招标投标相关法律法规的规定，对于依法必须进行公开招标或邀请招标的采购项目，电建海投公司严格执行采购管理制度及实施细则，并在工作指导手册中规范细化招标流程，按步骤落实到位，依法合规开展有关工作，如在国家指定的媒介发布招标公告、严格控制招标文件发售时间、保证澄清答疑时间、进行公开开标、评标委员会人员专家人数均为100%等。按照采购管理工作"公平、公正和科学择优"原则，坚持评标与定标分离的程序要求，在评标工作完成后，将评标结果报设备物资管理领导小组审核，并最终确定中标供应商。

按照国家及集团（股份）公司招标监督有关规定，电建海投公司建立"大监督"工作格局，主要以两种形式进行采购监督，即邀请纪检监察部门实行现场监督、非招标商务技术组的专业人员进行过程监督。"大监督"工作格局的方式减少了招标采购业务的重复监督，降低了监督成本，也切实起到了防范廉洁从业风险的作用。

3. 规范评标专家管理，有效整合国内外技术资源

为保证设备物资采购活动的科学、阳光、公平、公正，根据国家招标投标相关法律

法规及《中国电建集团海外投资有限公司评标专家和评标专家库管理办法》的要求，电建海投公司建立了评标专家库，明确了入库、出库的动态管理流程，有效整合了国内外技术资源。入库人才均为从事相关领域工作满 8 年并具有高级职称或同等专业水平的专家，涵盖水电站机电设备各个专业，强大的技术支持体系确保了采购工作的质量与效益。

4. 创新供应商管理，实现由竞争关系向双赢模式转变

为有效规避合同履约风险，电建海投公司创新供应商管理模式，实现由竞争关系模式向双赢模式转变。按照《中国电建集团海外投资有限公司供应商管理办法》，依托集中采购电子平台，电建海投公司建立了合格供应商库，制定合理的评价机制和激励机制，相继开展了 2014、2015、2016 年度供应商考核评价工作，供应商动态量化考核率达 100%，实现全覆盖。同时，电建海投公司将考核结果应用于后续采购环节，与考核结果优秀的供应商建立长期、稳定的合作关系，实现闭环管理，达到共赢目的。截至目前，合格供应商库中共有 300 多家合格供应商。供应商及供应商库的管理工作已达到系统化、信息化、常态化的水平。

5. 建立国内外技术标准差异化信息库，规范设备验收工作，保证设备生产制造质量

电建海投公司深入开展国内外现行技术标准规范之间的差异性调研工作，建立差异化信息对比表与技术标准规范信息库，指导设备生产与验收，保证设备与境外当地电网环境的兼容性，服务于国际总承包项目设备选型设计、采购、安装调试与运营维护工作。同时，按专业进行划分，编制统一格式的设备关键部件生产制造验收单，进一步规范验收标准，提高验收工作质量与效率。

6. 建立"门到门"的设备物资国际物流运输服务体系

以设备监造、物流运输、仓储管理以及到货验收作为采购质量管控的重要环节。经过前期调研，电建海投公司先后制定了《机电设备监造管理办法》《设备物资物流运输管理办法》《设备物资仓储管理办法》《机电设备到货验收管理办法》，编制针对老挝国别市场进口清关实务操作手册，积极建立健全国际项目"门到门"的设备物资国际物流运输保障体系，以实现设备物资从工厂制造到境外项目再到场入库的全流程质量管控。该体系对规范海外项目机电设备厂内生产监造、跨国协同运输、现场使用维护等工作具有指导与借鉴价值。

7. 加强国际总承包项目特种设备使用维护管理，保证设备安全

特种设备的安全使用对项目建设、运营起着举足轻重的作用。由于国际总承包项目环境特殊，特种设备日常管理和安全管理难度较大，需要寻求创新的管理模式。确定国际总承包项目特种设备界定原则，综合参照执行所在国特种设备管理法律法规与《中华人民共和国特种设备安全法》。与国内特种设备安全检测机构合作，引领国内机构"走出去"，严格执行国内特种设备定期检测规定，填补项目所在国特种设备安全检测漏洞。积极与国内有资质、专业能力强的第三方监督检验机构联系，签订委托检测协议，建立长期合作机制，解决当地机构对某些特种设备无法进行安全检测的难题，保证特种设备运行安全。

8. 坚持问题导向，完善国际总承包项目报废设备与废旧物资处置管理机制

以问题为导向，抓住问题重点深入开展报废设备与废旧物资处置管理。受国际项目所在国的市场环境影响，当地未建立再利用资源的回收机制，报废设备、废旧物资、闲置材料的处理很难按国内价值衡量体系进行评估，经济收益无法达到预期效果，甚至无法严格执行按照国内的法律法规与规章制度。为巩固设备物资及采购管理基础工作，电

建海投公司结合项目所在国的实际情况，深入查找管理中存在的瓶颈与短板，修订《报废设备与废旧物资处置管理办法》；并给予项目现场一定程度的处置自由，符合当地市场规律，实施报废设备与废旧物资处置事前申请、事后备案的管理方式，有效开展报废设备与废旧物资处置工作。

3.4 全面推动信息化建设，升级管理手段，提高管理水平

在 2014 年至 2016 年，电建海投公司以信息化建设为抓手，逐步建成"互联网＋设备物资管理"模式。陆续推广使用设备物资集中采购电子平台、设备资产管理系统、进出口业务管理系统，实现管理工作手段的全面升级。集中采购电子平台实现了采购业务流程的信息化，采购信息、供应商信息和评标专家信息的共享，为提高采购管理"四率"指标奠定了坚实的基础。设备资产管理信息系统实现了采购计划和设备物资报表的电子报送，提高了采购管理基础数据工作的精细化水平。进出口业务管理系统实现了采购合同会签审批的流程化，使合同执行公开透明。信息化系统的应用极大地提高了工作效率，实现了信息数据互联互通、资源共享，提高了管理水平。

3.5 对标先进，应用全生命周期理念进行管理提升

根据国务院国资委《关于开展采购管理提升对标工作有关事项的通知》，电建海投公司在 2015—2017 年对采购管理情况进行了全面梳理，与国内先进企业对标。在深入查找差距，明确提升方向后，按照全生命周期管理的理念向采购操作的上下游延伸管理职能，积极探索新的管理模式。公司"四率"指标均为中央企业采购管理对标提升先进水平，管理提升效果显著。

3.6 积极落实集团公司全产业链一体化战略

在老挝南欧江项目实施过程中，电建海投公司积极落实集团公司"全产业链一体化"战略，以设备物资采购管理为抓手，充分利用集团公司内部装备制造资源。在 2014 年至 2017 年，以老挝南欧江一期、二期电站设备物资采购为载体，电建海投公司与集团（股份）公司装备制造板块成员企业共签订采购合同金额达两亿元。通过积极采购成员企业的优势产品，电建海投公司既满足了南欧江流域梯级电站总承包项目实施的需求，又推动了集团（股份）公司装备制造业务与国际总承包业务的深度融合，加快了集团（股份）公司产业链一体化运作。

3.7 坚持复盘理念，逐步提高国际水电站总承包项目设备物资管理水平

老挝南欧江流域梯级电站分两期开发，在一期项目总承包建设实施完毕后，电建海投公司以复盘理念为指导，对设计、采购、施工进行全面总结，在设备物资管理方面也进行了专项复盘，以便为二期项目提供改进措施，具体如下：

（1）加强机电设备设计质量管理，尽量避免土建工程与机电设备出现设计不匹配的问题，以减少电站总承包项目整体进度；

（2）在后续建设项目中电气二次设备应适当提前完成招标采购工作，保证现场技术施工图纸的出图时间；

（3）进一步加强合同履约期间设备生产进度的跟踪，并预留合同交货期与现场安装到场期之间的时间裕度，做好延迟交货的风险防范措施；

（4）结合南欧江一期项目机电设备出现的质量瑕疵问题，尤其是对后期运营维护有不利影响的缺陷，应在后续建设项目中尽量避免出现，保证设备使用性能更优越；

（5）加强电站设备现场技术服务工作的统筹安排，充分利用合同内技术服务时间完成调试工作，尽量避免因服务时间超期所引起的合同费用增加问题。

4 结　　语

2016 年 5 月老挝南欧江一期项目（二、五、六级水电站）9 台机组全部投产发电；2017 年 12 月老挝南欧江二期项目（一、三、四、七级水电站）完成大江截流；老挝南欧江二期项目计划于 2019 年底实现首台机组发电，2020 年全部完工。目前，老挝南欧江二期项目设备物资保障工作进展顺利。在南欧江流域梯级电站总承包项目建设中，全生命周期设备管理得到深入应用，具体实施效果如下：

（1）基于全生命周期理念的设备物资管理体系运作成熟，顶层设计、规章制度与业务流程日益完善，保证了南欧江流域梯级水电站总承包项目的顺利实施。

（2）设备物资采购管理降本增效成绩显著，在优化设备选型及保证使用性能要求的前提下，2012—2017 年共完成南欧江流域梯级水电站 600 多项采购业务，与采购预算相比，节约大量资金。

（3）以采购管理为核心向上下游环节延伸的管理方式，实现了全流程的设备质量管控，保证了项目设备运行正常，确保了正常的商业收益。

（4）通过多年国际水电站总承包项目设备物资管理的实践，为中资企业探索国际项目设备物资管理提供了开阔的思路和可供借鉴的成功经验。

（5）以国际总承包项目为驱动，带动国内设备制造企业"乘船出海"，与国内有资质的监造、检测、试验、咨询等机构合作，进入国际总承包项目实施设备物资管理，对相关行业标准、技术规范与品牌形象起到推广与宣传作用，扩大无形资产。

（6）与国际总承包项目所在国的设备物资供应、咨询、劳务等企业合作，开展设备物资属地化管理，降低经营成本，积极履行企业社会责任，促进当地社会发展。

参考文献

[1]　郝俊斌. 浅谈设备的全生命周期管理[J]. 煤炭工程 .2008(12)：109-110.

[2]　丁立汉. 设备的全寿命周期管理与专业管理. 设备管理与维修[J].2006(6)：6-7.

[3]　梁峻，陈国华. 特种设备风险管理体系构建及关键问题探究[J]. 中国安全科学学报.2010，20(9)：132.

水电站总承包项目中的机电设备采购
管理及案例分析

李兴华，郝　敏

（中国电建集团成都勘测设计研究院有限公司，四川成都610072）

【摘　要】　介绍了在水电站工程中采用施工总承包模式下，采购部门在机电设备供货商或承包商上的选择、分类和管理、设备交验及施工配合方面的一些方法。对具体水电站总承包项目的采购管理工作做了分析。

【关键词】　总承包项目；机电设备；采购管理；设备；供货商；选择；设备交验；水电工程

0　引　言

设计采购施工总承包项目管理是目前国际通行的工程项目组织实施方式。采用此方式的工程有利于节省投资、缩短工期保证质量、提高经济效益有利于实现工程项目的设计、采购、施工统一优化管理。积极推行工程总承包和工程项目管理，是深化我国工程建设项目组织实施方式改革，提高工程建设管理水平，保证工程质量和投资效益，规范工程建设市场秩序的重要措施。也是加快我国与国际工程承包和管理方式接轨，适应市场经济发展和加入世界贸易组织后新形势的必然要求[1]。建设项目总承包基本出发点是借鉴工业生产组织的经验，实现生产过程内设计和施工组织的集成化，促进设计和施工的紧密结合，达到为项目建设增值的目的。其中项目采购管理是EPC管理的一个重要组成部分，采购工作的好坏直接关系到工程总承包项目的成败。

在水电站工程施工总承包项目中物质设备采购管理贯穿在项目管理过程中，重点体现在项目规划阶段的采购规划，项目执行过程中的实施采购，项目监控过程中的采购管理和项目收尾过程中结束采购[2]。采购管理工作是水电站工程项目建设的物质基础。在水电站工程施工项目中材料、设备所占合同价款的比例较高，并且品种繁多、涉及面广、技术性强；协调管理工作量大，特别是实施阶段后期的机电设备物质管理尤为突出。其对质量、费用和进度都有严格要求，具有较大风险性。若管理不当，极易造成水电站发电工期延误，导致总承包项目单位的亏损。并且该部分设备的质量管理会延迟到项目使用阶段，在运行考核期间施工总承包方都会承担较大的设备质量责任。本文将重点结合坪头水电站项目的采购管理工作进行具体分析结合现场的机电设备管理过程中的各类问题，对设备供货商选择、分类、管理、催交、检验及施工配合进行一些探讨。

作者简介：李兴华（1979—　），男，四川仪陇人，高级工程师，E-mail：249764814@qq.com。
　　　　　郝　敏（1974—　），男，四川成都人，高级工程师，E-mail：903539054@qq.com。

1 项 目 概 况

坪头水电站为低闸引水式开发，隧洞线全长约 12.7km。电站装机容量 180MW。电站装设 3 台 60MW 的混流式水轮发电机组，总装机容量为 180MW。发电机-变压器的组合方式采用单元和扩大单元接线；220kV 侧接线采用单母线接线，共两回出线。中国水电顾问集团成都勘测设计研究院作为项目总承包单位参与该项目建设。

1.1 外部条件

该地区道路交通情况一般，在电站建设后期开始公路改线建设，导致进入工区的道路破坏严重并有强制交通管制，对大件机电设备运输极其不利。

由于该项目为长引水隧道工程，项目关键工期在隧洞施工上。机电设备安装工作在工期时间安排上处于极度不平衡状态，机电安装高峰工期为 6～10 个月，占整个项目总工期比例不到 20%。由于水电站施工总承包项目是以项目发电运行为最终考核目标，因此占项目总投资比例不到 17% 的机电设备系统要承担整个项目 100% 投资考核任务。所以到了项目建设后期，在引水隧洞主体工程要完工时机电设备安装工作压力会立刻凸显。

1.2 项目采购管理体系

中国电建集团成都勘测设计研究院有限公司在该项目管理上采用了弱矩阵的管理模式，现场临时项目部由依托于设计院各设计及管理职能部门人员组建。在项目执行前，设计院有一套完整的项目采购管理程序，规定了各项采购活动的程序和遵循原则。在此基础上组建了现场的采购部门，负责供货商的协调、催交、运输、检验、现场管理和综合管理。

在现场实际工作中，以控制采购成本、提高采购设备质量为目标，重点抓设备供应商的管理及设备催交、检验及协调施工配合等环节，以确保设备到货质量及工期。应明确采购设备和服务的基本要求、分工及相关责任。做到根据现场施工进度计划和原采购计划的及时修正、突发事件处理以及与上级主管部门信息反馈等工作。

采购管理工作是个系统工作，涉及内容较多[3]。本文重点从我院以上体系在现场机电设备采购管理工作的应用展开，并结合坪头水电站总承包项目中的实际案例来进行分析。

2 供货商的分类、选择和管理

2.1 机电设备供货商的分类

在水电站项目建设中，机电设备非常复杂，若要对现场设备进行有效管理，必须对供货设备有必要的了解。一般来说水电站机电设备总共涉及六个较大门类，分别是水力机械、金属结构、采暖通风、电气一次、电气二次、通信。这几个大的分类项目中又有很多子系统划分，彼此分别隶属于不同的合同以及不同的设备供货商。坪头项目的现场机电设备分类见表 1。

表1 机电设备分类

序号	合同设备项目	主要隶属专业	序号	合同设备项目	主要隶属专业
1	水轮发电机组及附属设备	水机、电一	22	电力电缆、控制电缆、计算机电缆	电一、电二
2	机组及辅助自动化元件、仪表	水机	23	计算机监控系统	电二
3	调速器及油压装置	水机	24	数字式继电保护系统	电二
4	水轮机进水球阀（蝶阀）、压力管道检修蝶阀	水机	25	直流系统、蓄电池及UPs电源设备	电二
5	主厂房及Gs楼桥式起重	水机	26	微机型可控硅励磁系统设备	电二
6	中低压空压机、储气罐	水机	27	电力故障滤波系统设备	电二
7	油系统设备	水机	28	机组辅助及公用设备控制系统	电二
8	渗漏深井泵	水机	29	电能量采集及计费继电保护管理子站系统	电二
9	机组检修泵	水机	30	调度数据专网设备	电二
10	辅助阀门及管道配件	水机	31	火灾自动报警系统及消防供水系统设备	电二
11	生态放空阀门	水机	32	工业电视系统	电二
12	主变压器及附属设备	电一	33	通风设备材料及配件	通风
13	SF6气体绝缘金属封闭开关设备	电一	34	空调除湿机设备及配件	通风
14	共箱母线及其附属设备	电一	35	程控交换设备及通信电源设备	通信
15	中压开关柜及其附属设备	电一	36	光通信设备	通信
16	低压配电屏和插接母线及其附属设备	电一	37	坝顶门机及启闭机系统	金结
17	厂用变压器、限流电抗器、发电机中性点设备	电一	38	进水口清污机设备	金结
18	户外高压电器设备	电一	39	尾水卷扬式启闭机系统	金结
19	照明灯具及配件	电一			
20	柴油发电机及其附属设备	电一			
21	电缆桥架	电一、电二			

2.2 供货商的选择

对于供货商的选择，必须考虑其技术水平、生产能力、财务、管理等要素。将采购风险控制在项目规划阶段。

建立严格、完善的采购制度。采购制度应规定设备采购的申请、授权、采购流程、支付方式、相关部门责任、规定报价方式、审批方式等。我院在采购管理上制定了详细的供货厂商管理体系，有完备的供货商选择方法及准入制度。重点是对上述现场机电设备供货厂家进行分类后，对国内设备制造厂商进行调查，重点是业绩、规模、制造水平、主要产品范围、质量管理体系等方面。由于我院主业为水电站设计，多年来为大量水电站进行机电设备招标、评标、与制造厂商设计配合及现场设计服务，故对于国内主要的机电设备了解较广泛及深入，在主要设备供货商选择上可以做到定位准确、选择恰当。特别对于主要机电设备而言，选择合理正确对项目成败具有直接影响。以坪头电站为例，由于水电站建设期较长，地下厂房施工工期发生调整，该项目主机设备供货厂商按合同要求已经完成首台机组主要部件的厂内生产，该部分设备当时不具备现场交运及安装条件，若运输到现场无地方存储，必须在厂内滞留。在此重大变化下，由于对主机制造厂商的加工及仓储情况在当时招标时作为考核项目，对中标供货商情况掌握清楚。通过协调让已生产机组在供货商制造厂仓库内存放1年多，解决了现场生产的矛盾。

由于总承包项目是必须对业主负责的，并且机电设备在水电站项目增值及运行期管理上至关重要，故有必要在设备准入后针对项目特点制订完备的供货商选择计划。制订此项计划的目的在于利用业主和承包商的共同经验选择最合理的供货商，满足双方对项目增值的需求。此计划的出发点是采购主要机电设备时的成本最低化。该成本最低化，并不是指中标价格最低，而是性价比最好；指在达到业主需要功能和质量前提下的设备合理化成本最低。由于项目运营阶段质保责任在总承包项目部，但管理责任已经全部移交给业主，故选择计划应积极引入业主参与意见，使供货商选择更灵活和准确，达到最大限度降低建设成本、保证工程运行质量的目标。基于此，在选择供货商方面除考虑技术水平、生产能力、财务、管理等要素外，还应该考虑业主和承包人合作关系、品牌知名度问题。特别是对于流域开发水电站，选择业主熟悉和在已经投运项目上的相同厂商的设备，无疑对安全可靠运行及维护检修有很多便利。以坪头水电站项目为例，该项目为流域水电站开发项目中的一级，上游项目电站已经投运发电。坪头项目在实施过程中，对于水轮发电机组、计算机监控系统、SF_6气体绝缘金属封闭开关设备以及复杂的机电设备等选择了与业主已经投运项目相同的厂家，极大地方便了业主对设备的熟悉和实际运行、操作，为项目投产发电后，尽快办理从总承包项目部向业主运行的移交手续提供了有力的保障。

2.3 供货商的管理

项目总承包管理模式下对于项目投标供货商的管理主要体现在对于合同执行过程的评估，以及对项目投标供货商名录的修订[4]。

在我院的总承包管理体系中，设有专门的采购部门，对各总承包项目提供采买服务。该部门建有评估设备供货商执行合同体系。这种体系的建立比价格因素更为重要，它直接关系到工程采购的质量和合同执行结果。该体系建立是体现在供货、质量、合同条款理解、合同执行及保障措施等因素上。只有现场采购管理才能最有效获得这些信息，并可以将这些信息整理，提供给上级采购管理部门，作为以后采购工作的重要依据。重点考核集中在：

（1）设备供货商是否按合同要求进行产品生产，产品数量及技术参数要求是否满足合同技术条款及设计联络会相关要求。

（2）产品质量是否严格按照合同要求进行质量检验程序，并提供检测支持文件。

（3）产品交货是否按照合同规定要求交货，并可以满足发标人的相关调整（如延迟交货时间）；发货是否备件工具齐全，点验清单完整、清晰；包装是否完整并满足运输保管条件。

（4）合同执行过程中是否严格履约，并充分理解合同条款及支付条件。产品的供货范围、点验手续、发票及变更等是否按照合同条款规定执行。在出现重大变化时是否能本着双方友好协作态度，从对项目有利角度出发进行相应的变化，以利于项目进行。

通过考核，一方面有利于现场总承包项目对设备供货商进行分析判断其是否能够满足工程需要；另一方面也有利于现场总承包项目及时向上级管理部门进行信息交流，对确定投标供货商名单、完成供货商调查表、形成采购黑名单有直接关系。坪头项目中，主变压器厂家提供的冷却水系统在设备运至现场后，才发现未按合同要求供货，生产厂商也未在发运前与项目部的采购部门进行沟通，所提供替换产品在水电项目上使用业绩及品牌均不如原合同约定产品好。由于项目投产发电工期紧迫，更换该产品周期较长，导致总承包项目部不得不接受暂时采用该产品以满足工期需要，在后期再进行更换或处理，但对项目安全投运埋下隐患，并加大了后期的费用成本（改造原配套设备以满足更换设备的需要，重新更换安装该设备）。坪头电站已经投运发电，但是该系统由于安装过程复杂，停电影响时间较长，无法完成更换，给该项目顺利向业主移交埋下隐患。该供货厂商这种严重违反合同约定及恶意隐瞒违约事宜，导致严重后果，已经通过信息沟通在采购管理中及时将其纳入黑名单管理，以减少后续项目的采购管理风险。

3 设备的交验

3.1 设备催交工作

对于水电项目来说，现场机电设备项目繁多、工期紧、任务重。虽然现场管理的采购人员参与几乎所有项目的采购管理工作，但对于设备催交来说远远不能满足总承包项目现场采购管理工作的要求。为了提高现场人员工作效率和满足现场项目要求，对现场采购管理人员设置专职催交管理或专业划分是非常有必要的。

完成专业化催交工作，首先要制订详细的催交计划。催交计划不能仅依靠原设备采购合同中的约定交货时间来落实及制订，必须结合现场的生产进度，对机电设备在现场分类基础上进行编制，特别是对于非标准设备的催交工作，一定要根据现场实际情况与制造商一起制订生产、运输计划，对计划逐条落实并核对；对于关键工期的制约条件，要及时做风险评估后汇报上级主管部门，在制造、运输及装卸方面协助设备供货商。

对于 EPC 工程总承包方设计的设备，厂家在理解上会存在差异，导致到场设备在安装或功能上不能达到设计要求，造成返工，延误设备投运，甚至需要更换。作为采购管理中催交人员应能及时发现问题，督促 EPC 总承包设计方与设备供货商尽快解决此类问题。此类工作受采购管理人员专业技术水平限制，只有在采购人力资源上考虑机电设备的专业性，有针对性地配置有经验的采购管理人员才可以完善。例如水电站项目，采购管理工程师的专业应涵盖电气设备和水力机械两个基本范畴。

水电项目中部分设备存在大量的外包件生产工作。对作为关键设备合同的子供货商的供货管理也是现场机电设备管理的一个环节，催交工作必须要掌握子供货商或厂家的制造、质量管控和交货情况。不能认为该部分与总承包项目部没有直接合同管理关系和责任，就忽略对此项目的管理。坪头水电站调速器油压系统的油箱就采用了子供货厂商提供的做法。虽然在管理中并未忽视对调速器设备供货商的管理及质量把关，但是未深入到外包件管理。在动态调试过程中发现调速器出现无法稳定油压的情况，经过多方检查发现是油箱管道内侧管路的止漏环损坏，最终导致现场机组调试时间延长。对该部分检查及管理工作在此项目总承包管理中完全空白，使项目存在极大风险和不确定性。

3.2 设备检验工作

项目总承包方所有施工过程都涵盖详细的工期计划。为了适应这个要求，现场采购管理工作对于到场设备应该安排经验丰富的工程师进行检验。该项工作主动积极地有效开展后，能在最快时间内发现设备缺陷或不满足设计要求之处，甚至设备缺漏等情况，可立即实施补救措施，能有效地降低机电设备后期安装及调试过程中的工期风险。

现场采购管理工程师应首先熟悉关键设备的主要制造工艺，了解设备供货商制造水平及质量管理流程，分析其质量保证体系及管理制度是否健全。设备现场验收时不是简单的清单验对，而是应该重点检查设备所提供的检验合格证书及相应的检验步骤与程序。对于所提供设备的关键数据应与合同比对。由于水电站机电设备中机械部分的设备若存在质量缺陷，会带来更大的工期风险，因此在涉及水力机械内的关键设备及部件，特别是非标准件应该重点关注。对到场设备检查焊接工艺评定和合格记录，包括焊接工艺、材料、焊材；检查关键部位的工艺工程记录，包括密封、法兰、压力容器孔洞及密封盖等的制造、总装、表面处理、探伤、耐压等工艺是否齐全；关键部位设备的材料是否具有合格证书，试验报告数据是否与合同要求相符。并且要结合上述数据与现场实际到货设备做出比对及判断。坪头电站引水隧洞的检修蝶阀就出现过此类问题。该设备出厂试验记录单上预装及水密试验均显示验收合格，但是现场设备法兰面上未开有密封用盘根槽，在设备到场数月后开始计划安装才发现此问题。由于该阀直径较大只有运输到有大型加工设备地方进行处理，总共耗费半个月左右时间，严重影响了隧洞工程的直线工期。若在设备到场点验时，掌握技术要点，重视关键部位环节，检查出的问题就可以在设备等待安装期间内及时处理。

4　设备管理与现场施工相结合

为了适应工程总承包管理需要，采购管理工程师的日常管理工作必须与其他部门保持良好合作，主要是工程管理部门和设计部门。

由于现场施工工作的管理都是动态模式，所有计划在实施过程中会有调整。对于水电站项目来说土建工作施工工期较长，机电工作施工工期较短。在我院总承包管理方式中，采购及到货计划均是按年度计划安排的，这个周期与现场施工管理工作按月或旬做计划明显不匹配。现场采购管理应积极与工程管理部门沟通，结合工程实际进度情况，按照月计划对设备加工、检验、设计联络会、运输、清验及存储等工作进行动态管理，做到机电设备的到货安装满足土建施工进度要求，但又要控制机电设备在现场闲置时间（机电设备，特别是电气设备闲置时间过长受保管环境及施工环境制约，会影响设备的可靠性）。在坪头水电站后期建设过程中外部交通条件恶化，对于大型设备的运输计划均要与供货商沟通进行相应调整以满足现场生产需要。

由于水电站项目机电设备的门类及数量都较复杂，现场采购管理工程师受专业范围限制无法对所管理的设备了解透彻。针对关键机电设备特别是与土建施工工作密切相关的设备，类似水轮发电机组、主变压器、GS设备、通风及管路系统等应积极与设计方沟通，了解设计意图，将现场设备生产管理情况及时反馈到设计方，便于现场机电设备的管理工作开展。例如坪头电站尾水检修门系统原合同编制较为简单，对设备的防腐、安装加工方式以及配电系统和附属设备均不明确，导致现场供货设备安装无法施工的情况，经过多次与设计方沟通最终明确上述要求，与原设备供货方进行协商后补供部分设备后满足了现场设备安装的要求。

5　结　　语

在项目管理中采购管理工作虽然最关键过程是在项目前期策划和招投标阶段，但是对于大型复杂的总承包项目现场设备管理工作也不可或缺。现场采购管理工作的良好开展是对前期策划和招投标工作的一个映射，也可以对采购前期工作进行修订补益。现场采购管理工作，特别是机电设备的现场管理工作，对于供货商的分类、选择和管理是基础，设备的交验及与现场施工相结合是提高；而通过现场设备管理使机电设备在质保期间可靠性提高、为项目增值才是核心。对于一个合格或高水平的总承包商来说，项目的增值必须要与业主的增值一致。机电设备对于一个水电站项目来说是后期运行生产的核心，设备的良好运行直接关系到业主的切身利益。因此，对于水电站总承包项目来说，机电设备的采购管理和现场的管理应该围绕核心、掌握基础、提高自身，达到为项目服务、为项目增值的目的。

参考文献

[1] 王伍仁. EPC工程总承包管理[M]. 北京：中国建筑工业出版社，2005.

[2] 李世蓉，黄福珠. 浅议工程建设项目中的采购信息管理[J]. 重庆工学院学报，2006，20(9)：39-41.

[3] 冷明辉. 企业物资采购管理模式探讨[J]. 化工管理，2008(2)：54-55.

[4] 李陶然. 采购作业与管理实务[M]. 北京：北京大学出版社，2013.

某公司设计施工装备全产业链一体化研究

李　斌

（中国电力建设集团有限公司，北京 100048）

【摘　要】 某公司具有设计施工装备全产业链一体化的天然优势，实施一体化的模式有重组、企业联盟、以项目（项目群）为纽带联营、以平台公司为主体组织和以专业投资公司为主体组织等。如何从众多模式中选择一种适合公司可持续发展和可具操作的最优模式，从而实现一体化的最终价值创造，具有重要而深远的意义。

【关键词】 全产业链；一体化；研究

0　引　　言

某公司成立前，各成员企业主要以法人单位为主体独立开展生产经营活动、参与市场竞争，相互之间协同较少，市场主体多，资源分散，内部竞争激烈，沟通不畅。该公司成立后，跨经营板块和产业链上下游一体化协作取得长足进展，成员企业之间协作日益增多、联系更加紧密。但从公司总体运行情况来看，绝大部分成员企业和项目仍然沿袭传统的各自为战模式，离一体化深度融合、形成紧密的命运价值共同体还有差距、全产业链整体优势还未充分发挥，主要表现在产业链上下游企业利益诉求不一致、根深蒂固的企业文化不一致、围绕考核指标的目标不一致、管理模式落伍、项目组织体系不健全、内部运行机制不合理、内耗博弈现象严重、利益共同体意识淡薄、未建立有效的横向协同机制、未实现信息资源共享、依赖传统路径、业主对一体化的组织模式的接受程度低、国家的标准和法制建设滞后等方面，各种因素自始至终制约一体化更好地发展。

1　公司推进设计施工装备全产业链一体化的重要意义

建筑行业是国民经济的支柱产业，为推进我国基础设施建设和城镇化发展，改善人民群众居住条件，吸纳农村转移劳动力等做出了重要贡献。但落后的建设项目组织实施方式和生产方式制约了建筑行业的发展，目前主要采用的设计施工平行发包的传统工程建设模式造成设计与施工脱节，设计与施工协调工作量大，管理成本高，责任主体多，权责不够明晰，容易推诿扯皮，造成工期拖延、造价突破等问题。有效推进设计、施工、装备全产业链一体化可以解决这些问题。公司作为我国建筑行业的重要企业，有责任、有能力推进设计、施工、装备全产业链一体化，推动建筑业发展，更好地发挥投资对经济的促进作用，提升公司的国际竞争力。

1.1　有效推进设计、 施工、 装备全产业链一体化是国家和行业要求

为了提升工程建设质量和效益，住房城乡建设部出台了《关于加快建筑业改革与发

作者简介：李斌（1975—　），男，高级工程师，高级经济师，一级建造师，E—mail：63193430@qq.com。

展的若干意见》和《关于进一步推进工程总承包发展的若干意见》等文件，要求统一开放国内建筑市场，大力推行工程总承包业务，实现设计、采购、施工各阶段工作的深度融合，提高工程建设水平，促进行业发展。采用设计、施工、装备一体化的模式，将有利于推进大型基础设施项目的管理体制创新，使得承包方在项目实施期间充分发挥技术优势、管理优势和资源优势，并与政府委派监管单位的管控能力形成优势互补，达成合作共赢的良好局面。

1.2 有效推进设计、施工、装备全产业链一体化是公司转型发展的需要

有效推进设计、施工、装备全产业链一体化，充分整合技术资源、提升融资能力和设计及项目管理能力、完善采购系统、充分微计算机专业分包资源，引导企业调整组织机构，建立一体化项目管理标准体系。进一步整合集团成员企业资源，有序规划和引领成员企业进入新行业，逐步打造形成"设计＋施工＋装备"的行业全产业链，从单一环节向完整产业链条发展，建设一批标杆企业，扩大集团经营能力，提升集团整体核心竞争力和盈利水平，促使公司从设计施工企业向建筑综合服务型企业转型。

1.3 有效推进设计、施工、装备全产业链一体化有利于与业主协调沟通

在传统工程建设中，业主需要设立庞大的机构对工程参建各方进行协调管理。在设计、施工、装备环节涉及大量技术和利益分配问题，协调将耗费业主大量的时间和精力，同时还可能造成沟通不畅，影响工程建设进度和质量。实施一体化模式，公司成员企业形成单一的责任主体，在充分了解业主意图的基础上，令设计构思与施工操作尽可能达到"无缝衔接"；减少业主与建设各方的协调工作量和协调难度，有利于工程建设顺利进行。

1.4 有效推进设计、施工、装备全产业链一体化有利于提高工程建设管控水平

有效推进设计、施工、装备全产业链一体化，在设计阶段就充分考虑施工的条件和能力，实现设计和施工的合理交叉，缩短建设工期；能够发挥责任主体单一的优势，由工程总承包企业对质量、安全、工期、造价全面负责，明晰责任；有利于发挥工程总承包企业的技术和管理优势，实现设计、施工、采购等各阶段工作的深度融合和资源的高效配置，提高工程建设管控水平。

1.5 有效推进设计、施工、装备全产业链一体化有利于降低项目交易成本

传统的建设生产模式日益显示出其勘察、设计、采购、施工各主要环节之间项目分割与脱节，建设周期长，效率低。实行一体化总承包的工程项目，由于工程总承包涵盖了设计、采购、施工、安装等环节，就如同一台高效整合的机器，减小了建设工程各环节运行中出现的机械磨损，在降低能源损耗的同时，更为有效地完成既定的建设目标。一体化工程总承包改变了设计单位机械地按业主要求设计和施工企业单纯地按图施工的传统，没有发挥各方技术人员的主观能动性和施工技术创新性。一体化能为业主和承包商降低成本、增收节支提供利润空间。

1.6 有效推进设计、施工、装备全产业链一体化有利于提升公司国际竞争力

国际工程市场普遍采用设计、施工、采购一体化的工程总承包模式。大力推广一体化工程总承包，能够使得公司成员企业与国际接轨，加快公司向具有国际竞争力的工程

公司转型，不断提高公司国际工程承包市场竞争力。

2　设计、施工、装备全产业链一体化指导思想

当前国际国内市场业务结构多元，基础设施、水环境等领域正积极推行 PPP、FEPC 模式，公司通过战略协同和产业链一体化的实施，达到多方共赢，最终实现集团利益最大化。

2.1　市场经营协同原则

以贯彻公司市场经营理念为前提，充分发挥成员企业区域市场及经营特色，形成合力拓展市场。

（1）以规划设计为引领，带动全产业链一体化发展。发挥集团全球最强的水电与新能源资源规划能力，在全球发现有价值的资源，以规划资源带动设计或工程总承包市场，为业主投资提供高端服务，引领全产业链发展。

（2）以资本为纽带，构建成员企业利益共同体。发挥集团的资本规模性优势，以集团经营平台为依托，以投资项目为载体，构建成员企业利益共同体，盘活资本储备、充裕成员企业的自有资金，促进多方的盈利能力。

（3）以龙头企业为核心，带动其他子企业共同发展。凸显成员企业在不同业务领域的特色与优势，对各领域的龙头骨干企业从主业核定、战略定位、决策授权等方面给予政策支持，围绕优势企业有效推进业务领域竞争力发展，同时规避无序竞争和成员企业之间的恶性竞争。

2.2　市场经营协同政策支持

（1）考核。根据成员企业协同情况和实施效果，适当增加企业工资总额计划和企业负责人专项业绩加分。

（2）融资担保支持。对实践效果好的企业优先给予投融资担保等金融支持，协助相关企业制订具体融资方案，创新融资模式，降低融资成本。

（3）市场管控优先支持。对市场协同实践效果好的成员企业，集团将从资源整合、企业高等级资质申报等方面给予优先支持，同时对集团直接获取的重大项目信息、承揽的重大项目，将其作为优先实施单位。

2.3　设计、施工、装备全产业链一体化举措

（1）加强前期协调工作。集团从高端切入，引领成员企业多种方式开展战略协同，所属成员企业充分发挥规划研究、项目咨询、设计评审等高端咨询优势和各自区位、技术优势，在项目前期阶段积极介入，加强信息跟踪和项目策划，积极培育总承包项目。

（2）构建"以规划设计为核心"的内部利益共同体联营模式，整合设计、施工、采购与运维资源。以项目为载体，构建"以规划设计为核心"的价值共同体，引领产业链上的企业深度合作。在一个主体的管控下，设计、采购、施工与运维之间深度交叉融合，发挥各自优势，使全产业链一体化能力真正成为参与全球竞争的核心优势。

（3）健全内部市场机制，避免内部恶性竞争。以提高总承包项目中标率为原则，鼓励所属企业通过内部市场化机制，以联合体形式承揽项目。建立项目前期信息等无形资源共享市场化补偿机制，完善项目合作投标过程和实施阶段市场化机制以及方案优化补偿机制。同等条件下优先选择集团内部协作单位。集团层面加强对成员企业的经营指导

和协调工作，有序市场布局，避免内部恶性竞争。

（4）推进大项目群（流域）管控理念，促进内部资源整合和高效利用。对区域、流域项目群进行内部资源高效整合，区域内统一配置和管理资源，同时，推行扁平化管理，发挥总部指挥调度作用，逐步实现施工核心要素和关键环节的集中管理。

（5）充分发挥设计龙头作用，强化成员企业优势互补。高度重视设计对工程价值创造与提升项目利润的重要影响，通过建立有效激励机制，充分发挥设计在产业链一体化协同中的先导性、引领性作用，通过设计优化提高工程质量、降低工程成本，提高企业总体利润率。

3 设计、施工、装备全产业链一体化组织模式

设计、施工、装备全产业链一体化的资源配置，使公司有能力肩负代表国家竞争力参与全球经济竞争、引领行业健康发展等的重大历史使命。根据公司各种业务特点，结合市场行情，经研究整理，目前主要存在以下五种模式：

3.1 重组

一是企业内部相关企业重组，实现强强联合、优势互补，提升子企业的竞争力；二是寻找弥补当前集团业务短板，吸收集团外相关企业，弥补自身不足。

基本做法：企业兼并重组。这里是指集团内一家或多家企业将其全部资产和负债转让给另一家现存或新设企业，实现两个或两个以上企业的依法合并。

优点：一是企业经济规模增大；二是对资源和技术的整合，可实现低成本战略扩张；三是完善企业的产业布局，有利于企业转变经营方式；四是增强企业的市场竞争力；五是提高企业应对市场风险的能力。

不足之处：一是实现兼并重组后职工安置问题突出；二是兼并重组完成后，浪费企业大量精力进行后续的结构调整和关系协调，使得企业的资源不能得到有效配置，不利于企业正常地参与市场竞争；三是由于企业文化、地域的差异，兼并重组后，增加了后期整合的难度，降低了企业的价值创造能力，甚至会损害企业以往所具有的竞争能力，给企业的发展带来管理上的阻碍；四是企业收购的目标公司如果资产质量较差，长期以来沉淀的不良资产和大量的负债加重了企业负担；五是整合中如果忽略了对人员的关注，会导致关键人员、重要员工流失和员工士气下降，使得兼并重组后公司管理层在整合问题上面临了更多的任务和挑战；六是企业的兼并重组，都是以外延的方式扩大生产规模，而由于母企业的管理体制与被重组企业的原管理体制不尽相同，从而加大了企业扩张后管理上的难度，增加了经营风险。

3.2 企业联盟

为发挥集团成员企业各自优势，形成集团内子企业联盟，加强子企业横向合作，增强竞争力；在集团拓展新型业务领域，尤其是拓展国际业务方面，也可以考虑集团与其他企业集团形成企业联盟，发挥各自优势，进行长期稳健的合作，夯实持续合作的基础，实现互利共赢。

基本做法：企业之间结成长期的战略合作伙伴关系。

优点：一是企业之间资源优势互补；二是增强了企业的市场竞争力；三是企业之间实现了双赢；四是可操作性强。

不足之处：一是联盟资源管理效率低；二是不注重联盟关系的管理；三是战略联盟的增值收益不均衡；四是降低了自主创新能力；五是财务税务操作复杂。

3.3　以项目（项目群）为纽带联营

针对单个重点项目或项目群，子企业间组成紧密联营体，发挥各自优势（资质、业绩、区位、能力），共同开展市场营销，提供全产业链一体化服务，争取集团利益最大化。

基本做法：以特定的项目（项目群）为纽带，子企业之间组成联营体。

优点：一是企业之间资源优势互补；二是增强了企业的市场竞争力；三是企业之间实现了双赢；四是减少了现场资源配置；五是增强了项目的管理能力；六是减少了项目的管理层级；七是节省了项目总投资；八是工期得到了保证；九是减少了协调的难度。

不足之处：一是联营体内部协调难度加大；二是利益分配不均衡；三是临时性组织，不利于经验积累。

3.4　以平台公司为主体组织

以公司路桥、铁路、房地产、水环境等平台公司为市场营销主体，利用高端资源引领子企业，参与市场竞争，通过一体化模式，组织设计、施工、装备企业顺利实施项目。

基本做法：平台公司为总承包方，子企业为股东方及（或）分包方。

优点：一是集中了各企业的优势资源；二是增强了平台公司的市场竞争力；三是平台公司利益最大化；四是小比例投资带动EPC。

不足之处：一是子企业获得项目的机会差异大；二是平台公司占据大部分利润，而子企业利润微薄。

3.5　以专业投资公司为主体组织

充分发挥公司各投资公司的投融资优势，依托集团设计、施工、装备企业品牌和技术，获得优质资源，由集团设计、施工、装备、运维企业承担项目实施，形成全产业链一体化模式。

基本做法：专业投资公司为业主，子企业为总承包方或分包方。

优点：一是集中了各企业的优势资源；二是增强了专业投资公司的市场竞争力；三是集团利润最大化。

不足之处：投资能力有限，获取项目少，项目规模小。

3.6　某公司设计、施工、装备全产业链一体化推荐组织

经过以上几种组织模式的比较、分析，各种模式均有各自的优势和不足之处，在当前国内大力推行PPP模式和营销国际市场的前景下，某公司在设计、施工、装备全产业链一体化进程中，推荐采用以项目（项目群）为纽带的紧密联营组织模式。为确保该模式顺利实施，需明确股份比例、牵头方确认原则、利益分配和保障机制。

3.6.1　股份比例

投标阶段采用1＋N组合模式，即1家设计单位和多家施工、装备单位组成联营体，并明确牵头单位控股和各联营单位的股份比例。

3.6.2　牵头方确定原则

一体化项目招标文件有规定的按其规定确定牵头方；若招标文件未做明确要求，则以设计和施工企业整合资源能力强的一方做牵头方。

3.6.3 联营体各方经营责任和业绩考核确认原则

（1）参与一体化项目履约的子企业，其新签合同、营业收入业绩首先按在联营体中的股份比例确定。同时，子企业以法人名义（可以是二级项目部或工区形式组织实施）与一体化项目部签订的分包合同中的营业收入和新签合同业绩，公司可以认可，但是对于同一法人企业在总承包部和分包项目部的业绩需进行抵扣。

（2）联营体总承包部下属各工区（或二级项目部）以母体企业及社会资源投入方式组建作业队性质的履约组织模式（子企业与联营体总承包部无合同关系，仅是内部经济责任制考核关系），由于母体法人企业不直接承担各工区（或二级项目部）履约责任，其业绩不能由投入资源的母体法人企业单独计算，子企业业绩只按在联营体中的股份比例一次性确定。

（3）总承包部本部直接形成的利润按各方股份比例分配。子企业和总承包部以合同形式分配任务的工区（或二级项目部）实行在总承包部统一管理下的自主经营、自负盈亏。

（4）承担联营体公共服务的工区由总承包部直接管理并对盈亏成本负责。

（5）各工区（或二级项目部）的经营范围、合同价格等由联营体总承包部统一规划、组织测算后确定，并组织参与各方签订协议。

（6）联营体总承包部对于相关子企业均不具备能力实施的任务可以通过招标方式在社会资源中选择。

3.6.4 组织机构设置及人员配置原则

设计、施工、装备全产业链一体化项目的总承包项目经理部是联营体全面履行合同的实施机构，原则上由联营体各方按股份比例共同组建，联营体牵头方即为项目履约的责任方。总承包部应按照投标文件中的联营协议成立董事会，代表各法人单位全权负责项目实施过程中的重大事项决策和对经营层的监督管理及业绩考核。董事长由牵头方法定代表人担任，其他参与方的法定人担任副董事长，董事一名（项目总经理兼任）及董事会秘书一名，在满足招标文件的要求下，原则上董事会不再设置其他机构。联营体设立监事会，监事会主席一名，由非责任方轮流担任，监事两名。

总承包项目经理部为非法人机构，在董事会的授权下全权负责项目实施过程中的全部经营管理。总承包部设项目总经理1名，由责任方派出，经营班子职数分配和内部职能部门设置按投标文件并结合项目实际合理设置。联营体总承包部各职能部门主要负责人与副职一般由各方交叉配置，部门编制按需求安排，人员薪酬、劳动关系、职称评定等均由总承包部负责，调入联营体总承包部机关工作的人员与原单位暂时脱离直接管理关系，其社会保险由总承包部委托各母体单位缴纳，费用由总承包部承担。

总承包部下设勘测设计、施工、设备成套等二级项目部（或工区），要求职责要明确，人员要精简、管理要顺畅。总承包部统一组织履约实施，统一进行现场项目管理，统一对外，工作中深度融合，加强项目管理信息化建设，通过组织机构的一体化充分发挥总承包模式的优势，进而提升一体化模式的精髓价值。

4 公司设计、施工、装备全产业链一体化组织模式实际案例

4.1 重组

2014年10月30日，公司子公司由某区域的设计研究院、工程公司4家重组而成，

参与重组的四家公司成为其子公司，这种模式是典型的重组模式。2年来，子公司审时度势，坚持深化改革，着力提质增效，践行整合发展，实现一体化运营。积极实践"两大平台，三大中心"功能（投融资平台、资源整合平台，市场营销中心、大项目运营中心、战略决策与管控中心），统筹实现对战略、投资、市场、项目的集中管控，获得了总体向好的基本盘、融合稳定的支持面、市场突破的着力点。企业实力不断增强、优势开始显现。

主要成效：

（1）公司实体经营稳步推进。2016年，公司签订合同总额较去年同期增长54.70%。

（2）海外拓展稳步推进。公司海外新签合同总额占新签合同总额的58.9%，成为公司未来的战略支撑性业务。

（3）业务结构优化稳步推进。进行业务结构优化、多元化发展、机制变革等一系列创新实践，确保企业协调持续健康。

（4）运营模式转型稳步推进。积极探索优化一体化经营管控模式、项目管控模式。

（5）投融资实现较大突破。公司重组优势成效明显，资产规模达55.9亿元，银行授信达100亿元，可较好地支撑公司主营业务扩充。获得了总体向好的基本盘、融合稳定的支持面、市场突破的着力点。

不足之处：

在重组过程中也存在历史遗留问题千头万绪，矛盾错综复杂，以及成员企业经营理念、管理方式和企业文化迥异等诸多问题，需要花较长时间实现真正融合。

4.2 以项目（项目群）为纽带联营

2015年，A水电站采用以项目（项目群）为纽带联营模式，以A水电站为依托，某子企业工程公司（以下简称"工程公司"）和勘测设计研究院（以下简称"设计院"）强强联合，中标第一个大型水电站EPC设计施工总承包项目，合同额60.4亿元，取得了历史性突破。其中工程公司为牵头方（责任方），股份比例60%，设计院为非责任方，股份比例40%。

项目中标后，工程公司和设计院根据业主的要求成立了董事会和监事会，共同组建了总承包部，双方派员进入联营体总承包部各个职能部门，统一组织履约项目实施，统一进行现场项目管理。工作中做到无缝对接，设计施工深度融合，通过组织机构的一体化保障总承包模式的优势充分发挥。通过组建紧密联营体，成效显著，主要效果如下：

（1）工作中做到无缝对接，设计施工深度融合，努力争取价值最大化，通过组织机构的一体化保障总承包模式的优势充分发挥。

（2）便于建设方指令的快速传达与贯彻落实，减少了业主、监理单位对设计与施工、不同承包人的协调工作量，有利于总承包人对整个项目的宏观把控与统筹兼顾，为项目的快速推进创造了有利条件。

（3）减少了资源的重复配置和临建设施的重复建设，最大限度地节约了附属设施、加工厂等占地面积，避免了多个标段、不同承包人之间设备、劳动力不能共享和调配的闲置浪费，大大提高了施工资源的利用率，在一定程度上节约了建设成本。

（4）有利于项目总体投资、建设进度的控制。杨房沟水电站为国内首个以设计施工总承包模式进行建设的百万千瓦级大型水电站工程，采用一体化模式，能有效控制项目的总体投资；充分调动总承包人对于保证关键节点工期的自觉性和积极性，从而保证了总体施工进度按期实现和发包人利益。

（5）有利于成本控制，在本项目的设计过程中，已充分整合集团公司内部资源，调动设计人员的工作积极性，让每位参与设计人员都认识到了成本的重要性，将集团公司的设计优势转化为成本优势。加强施工管理，合理组织资源，做到均衡施工，避免盲目赶工而突然性增加资源，提高资源的使用效率。加强各种采购的计划性，既要做到合理库存不影响现场生产，还要避免盲目采购增加采购成本以及对进项税额的流失和库存过大对资金的占用。

（6）一体化模式下的工程进度款结算相比有较大的区别，多了合同清单节点划分工作，节点形象完成且对应单元的工序验收完成才能进入结算，在次季度结算时对上季度未进行单元验评的节点进行检查，若节点对应的单元验评未完成，则该节点金额将被扣除，待验评后再行结算。此种结算方式将结算工作与工程进度计划和单元验评紧密结合在一起，系统推进工程建设，保证了充足的资金流。

（7）一体化模式下的设备物资管理工作逐步走上正轨，从计划编制、招标采购、合同管理、供应管理、进场检验、现场储存、使用过程质量控制，到材料台账统计、核销管理等各项工作不断规范和日趋完善。主要材料与采购程序符合主合同相关条款约定，供应商管理与材料价款符合合同支付规定，材料供应质量满足主合同与规范要求。

（8）加强了人才培养，提供了培养设计、施工一体化复合性高端人才的项目平台。

（9）此种模式操作易落地，可复制性强。

当然，此种模式也存在一些不足之处，如联营体内部协调难度加大，利益分配不均衡等，需要在实践中不断探索总结提高。

4.3 以专业投资公司为主体组织

4.3.1 项目实施背景

B 国外流域梯级水电开发项目是公司下属海外投资公司在 B 投资建设的水电开发 BOT 项目。该项目不仅是公司首次在海外获得整条河流超过 100 万 kW 装机开发权的项目，也是中资公司在境外获得的第一个完整流域水电开发项目，更是公司迄今为止最大的境外投资项目，是公司全产业链整体进军海外的第一个项目。

4.3.2 主要做法及成效

海外投资有限公司为 B 项目投资人，公司所属设计院、监理、工程局均参与其中。B 项目一期工程投资、工程进度均按计划推进，工程工期、安全质量均处于受控状态。项目准时开工，安全度汛，按期截流，年年实现安全、质量"零事故"的目标。同时，该模式主导参建各方持续优化方案设计并确保方案有效实施，工程技术各项经济指标良好，节省各参建单位建设成本总计 2000 多万美元。在投资产业链一体化模式下，各参建方的单一优势转化为整体优势．实现了价值创造能力、增值能力和创新能力联动提升。

但此种模式可复制性差，公司投资能力有限，获取项目少，项目规模小。

5 结 语

通过前面五种模式优缺点比较和部分模式主要案例实际分析，按照国家、行业和公司战略要求，结合公司的实际情况和成员企业成功经验，推荐在公司采用以项目（项目群）为纽带联营模式，有效推进、实现公司设计、施工、装备全产业链一体化长远发展。

海外水电项目应急能力建设探索与实践

高展鹏，邓吉明

（中国电建集团海外投资有限公司，北京100048）

【摘　要】　针对制约海外水电总承包项目应急能力提升的客观因素，分析电建海投公司海外应急管理工作需要解决的主要问题，通过构建海外投资水电总承包项目应急能力建设"三维结构"，探索从知识维、时间维、逻辑维三方面提升应急能力，明确了海投公司提升应急能力的重点工作任务，并应用于老挝南欧江二期梯级电站总承包项目建设中，为解决其他海外水电总承包项目应急能力不足的问题提供了可供参考的经验。

【关键词】　应急管理；应急能力建设；三维结构；海外水电总承包项目

0　引　　言

近年来，水电工程建设项目应急能力建设越来越受到国家重视。《国家突发事件应急体系建设"十三五"规划》和《国务院关于全面加强应急工作的意见》等重要政策文件都明确提出，到2020年要建成"应急管理基础能力持续提升，核心应急救援能力显著增强，综合应急保障能力全面加强"的突发事件应急体系。国家有关部委要求水电工程建设项目从实际出发，坚持预防与应急并重、常态与非常态结合，以加强应急基础为重点，以强化应急准备为关键，以提高突发事件处置能力为核心，健全完善的应急管理持续改进提高的工作机制。

中国电建集团海外投资有限公司（以下简称"海投公司"）全面落实国家"走出去"战略和"一带一路"倡议，在老挝、柬埔寨、尼泊尔等国家投资了多个水电建设总承包项目。作为所在国电力建设的责任主体，这些水电工程建设项目在施工过程中如果因为危险有害因素失控发生事故，不但会造成生命、财产损失和环境破坏，还会面临政治风险、法律政策风险、文化风险等。因此，如何加强海外投资水电工程建设项目应急体系建设，提升应急处置能力，就显得尤为重要。

基于霍尔三维结构，本文明确应急预案、应急体制、应急机制、应急法制为应急管理的知识维，预防与应急准备、风险监测与预警、应急处置与衔接、事后恢复与重建为应急管理的时间维，建设方案、应急组织、应急资源、培训演练为应急管理的逻辑维，建立全方位、立体化的应急管理体系，指出了海投公司提升应急能力的重点工作任务。通过落实应急管理主体责任、强化风险评估和控制、提升监测和预防、推动应急管理队伍建设等举措，成功提升老挝南欧江二期梯级电站建设项目的应急处置能力。本文的做法具有一定的普适性、通用性，可复制性强，在操作层面能够落地实施，具有良好的示范推广应用价值，为解决其他海外水电总承包项目应急能力不足的问题提供了可供参考的经验。

作者简介：高展鹏（1985—　　），男，工程师，E-mail：gaozhanpeng@powerchina.cn。

1 应急能力客观情况

海投公司的水电工程建设项目均"孤悬"海外，可能遭遇地震、极端恶劣天气等自然灾害，火灾、爆炸、坍塌等事故灾难，食物中毒、流行疾病等公共卫生事件，非传统安全等社会安全事件。各种风险相互交织，呈现出自然和人为致灾因素相互联系、传统安全与非传统安全因素相互作用等特点，突发应急事件压力极大。受地理条件及所在国国力影响，这些项目大多地处深山峡谷的偏远地区和不发达地区，现场可利用的社会资源极为有限，外部救援力量相当薄弱，应急救援基本上只能靠自救。

当前，海外水电工程建设项目应急管理普遍存在"重事后处置、轻事前准备"的现象。同时由于地处海外，导致各项目也存在以下客观问题：应急预案未经外部专家评审，专业性和规范性不足；应急预案自成一体，尚未与海投公司对应急预案形成联动机制；缺乏国内广泛采用的移动救援设备，如消防车等设备设施；无训练有素的专职救援队伍，兼职人员没有接受先进、适用的应急救援专项培训；应急救援经验不足、应急救援物资匮乏，监测与预警和应急需要不协调，等等。

2 提升应急能力需要解决的问题

海外水电工程建设项目这些客观制约因素，使得海投公司实施工程总承包管理面临着更为复杂、严峻的挑战。海投公司深挖应急能力建设不足之处，系统归纳了自身需要解决的问题。

2.1 应急管理体系不健全

一是应急管理机构建设亟待推进，已设立的应急机构由于重视程度不够导致应急管理职能发挥不到位；二是应急管理人员及应急指挥员缺乏系统的应急能力培训，其相应的应急知识专业水平与管理能力尚不能完全胜任工作要求；三是应急预案的针对性、有效性、可操作性不强，大多照搬上级或其他单位预案内容，与项目自身实际情况脱节。

2.2 应急管理联动有待完善

当前，海投公司与海外项目间的应急管理处置联动机制尚未完善，应急协同联动机制不健全，如何尽快将重要批示在第一时间传达，如何促进应急协作能力，将部署在第一时间落实是加强应急能力建设急需解决的问题之一。

2.3 应急救援能力有待提升，应急救援队伍亟待建设

一是海外项目应急救援队伍均为兼职，成员普遍缺乏专业性训练；二是专业应急救援装备配备数量和种类不足，缺乏先进适用的专用装备；三是应急演练基础条件欠缺，难以贴近实战情形，基层演练活动质量有待提升。

2.4 安全生产应急管理信息化建设弱，信息化利用率低

建设现代化应急管理平台，是提高应急指挥能力，科学处理危机的重要技术支撑。目前海投公司尚未建立完善的安全生产应急平台，尚未开展通信网络等基础支撑系统建设工作，无法实现突发事件信息的系统性汇集、分析、传输与共享。

2.5 管理人员及员工的应急能力管理意识素质亟待提高

海外项目应急救援队伍的指挥员、员工的培训宣教有待进一步规范和加强，应急培训的系统性、层次性、专业性、实战性有待提高，一线作业人员缺乏应急意识和先期处置技能。

3 应急能力建设 "霍尔三维结构"

霍尔三维结构是系统工程方法论的重要内容，因其完善的系统化分析思路，被广泛应用于分析研究各种大型复杂的系统问题[1]。霍尔三维结构将复杂的系统工程综合为三个维度：时间维、逻辑维和知识维。根据霍尔三维结构理论的精髓，结合海外水电建设工程项目应急能力建设的实际，本文提出了如下应急能力建设三维结构模型（见图1）：

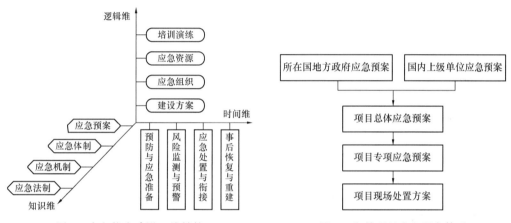

图 1 应急能力建设三维结构   图 2 海外项目应急预案体系

3.1 知识维

一案三制（应急预案、应急体制、应急机制、应急法制）是应急能力建设的核心。应急预案是应急管理的重要基础，具有应急规划、纲领和指南的作用，是企业应急理念的载体，也是海外项目应急管理实施应急教育、预防、引导、操作等多方面工作的有力"抓手"。海外项目应建立完善的应急预案体系（见图2），明确事故/事件发生之前、之中及之后谁负责做什么、何时做，以及相应的策略和资源准备。应急体制是指建立健全集中统一、坚强有力、信息畅通的指挥机构，要求海投公司应明确指挥机构和上级单位、所在国当地政府对应部门和海外项目之间的纵向关系，以及海外项目各应急保障部门之间的横向关系。应急机制是根据突发事件发生发展的特点和规律，制定的一套行之有效的制度和措施，既可以促进应急管理体制的健全和有效运转，也可以弥补体制存在的不足，海投公司应根据自身特点，建立监测预警机制、信息报告机制、决策和协调机制、分级负责与响应机制、国际协调机制等。应急法制就是依法开展应急工作，努力使突发公共事件的应急处置走向规范化、制度化和法制化轨道，维护国家利益和公共利益，使公民基本权益得到最大限度的保护[2]。

一案三制是一个有机结合的整体，四者相互依存，共同发展。健全的一案三制能够保证海投公司应急管理水平螺旋式上升。

3.2 时间维

应从预防与应急准备、风险监测与预警、应急处置与衔接、事后恢复与重建四个阶段开展应急能力建设。

3.2.1 预防与应急准备

重点包括法规制度、应急规划、应急预案管理、应急队伍、应急保障能力等方面，内容如下：

（1）识别、获取、更新适用的我国及项目所在国应急管理法律法规和有关要求，及时修订应急管理制度，并在项目内部进行宣传、培训和落实；

（2）将应急管理工作纳入项目中长期发展规范，同步实施、同步推进；

（3）结合项目风险分析，根据有关标准及其他要求开展应急预案编制、评审、备案工作；

（4）建立专/兼职应急队伍，具备条件的应与所在地社会救援、医疗、消防等专业应急队伍及应急协作单位建立长期稳定的联系；

（5）建立上下联动机制，保证应急所需的资金，同时与周边协作单位建立装备物资互助机制。

3.2.2 风险监测与预警

包括监测与预警能力、事件监测、预警管理等方面，内容如下：

（1）建立分级负责的常态监测网络，明确各级监测职责和范围；

（2）明确水电工程建设重点危险区域和高风险作业岗位，设置必要的监测、监控报警系统；

（3）明确突发事件预警的具体条件、方式方法等，能够根据事态发展调整预警级别并重新发布或解除。

3.2.3 应急处置与衔接

包括先期处置、应急指挥、应急启动、现场救援、信息报送、信息发布、调整与结束等方面，内容如下：

（1）突发事件发生，现场施工人员第一时间进行先期处置，防止事故扩大，重点做好人员自救互救，及时报送信息；

（2）应急领导机构确定响应级别，启动应急响应，应急指挥机构按照预案开展救援，保证处置人员安全，防止次生灾害；

（3）及时向我国使领馆、所在国政府、上级单位报告情况；

（4）根据情况开展舆情引导，按要求调整或解除应急响应。

3.2.4 事后恢复与重建

包括后期处置、应急处置评估、恢复重建等方面，内容如下：

（1）开展原因调查，统计分析各项损失；

（2）总结现场处置并开展评估工作；

（3）开展事后恢复重建，制订整改计划，针对水电施工现场存在的隐患，落实方案、资金、责任、时限、措施。

3.3 逻辑维

逻辑维是制定应急能力建设策略的过程，包括建设方案、应急组织、应急资源、培训演练等主要方面。

3.3.1 制订建设方案

首先,海外水电建设项目在制订应急能力建设方案前,应成立领导小组,与所在地政府、分包单位、当地村民等进行充分沟通,明确各利益相关方的利益诉求;其次应结合风险分析报告,从社会安全事件、公共卫生事件、自然灾害事件、生产安全事件分析,全面掌握危险有害因素并量化;最后经过充分的分析和讨论,编写应急能力建设方案,内容通常包括指导思想、工作目标、实施步骤、工作要求等。

3.3.2 建立应急组织

海外项目应成立现场指挥机构,统筹协调、组织各应急小组应对突发事件,根据突发事件等级采取相应措施,包括信息报告、应急响应、应急恢复等。应急指挥机构应与海投公司的安全生产、环境保护理念、方针保持一致,既要有针对性,也要有综合性,力求做到国内外职责边界清晰、前后方无缝衔接。

3.3.3 保证应急资源

海投公司海外项目所在国大多基础设施相对落后,且存在一定的非传统安全因素,一旦发生突发事件,要求海外项目必须具备充足的应急资源,如信息、设备、物资等。

(1)信息资源。可依靠驻外使领馆、当地政府、军方、合作伙伴和网络、媒体如微信等收集信息;其次可以与气象、交通、防汛、公安、消防、卫生部门等专业机构及周边企业建立常态联络机制,充分利用现有外部资源,及时获取可能的情报信息,以提前做好应急准备。

(2)装备资源。补充专用应急救援装备,重点加强小型便携、机动灵活、适应性强的专业应急救援装备,补充完善抢险救援装备、监测预警设备、通信指挥设备、个人防护装备、后勤保障设备等装备器材,切实提升应急队伍的实际救援保障能力。

(3)物资资源。储备充足的急救药品、人员转移和撤离所需的交通工具、卫星电话、应急食品和饮用水、资金等应急物资,定期进行检查和维护。

3.3.4 强化培训演练

将应急培训纳入安全教育培训工作中,开展分级、分类、分层次的培训活动,增强员工应急意识和突发事件应对能力。同时根据水电项目特点,有针对性地编制年度应急演练计划,制定科学的演练方案和严格的评估标准,演练结束后形成总结评估报告,认真分析应急演练中存在的问题并提出整改措施和应急预案修改意见。

4 重 点 工 作 任 务

霍尔三维结构从系统工程学角度给出了海投公司应急能力建设重点工作任务。

4.1 落实应急管理主体责任

完善海投公司及海外水电工程建设项目应急管理领导组织体系,落实应急管理主体责任到位,明确机构性质及职责,强化机构职能,优化人员结构,完善工作制度,理顺工作关系,落实保障条件,提升协调指挥能力,完成信息沟通、指挥协调、预警通报等制度和应急管理机制建设。

4.2 强化风险评估和控制

推动海外项目建立较大危险因素辨识管控责任制,将责任逐一分解、层层落实到班组和岗位；海外水电项目应更新完善较大危险因素辨识，登记建档，实施有效防范措施，定期进行检查排查和安全风险评估，加强日常管控；将辨识出的较大危险因素及其防范措施、应急处置方法写入应急处置卡，并纳入岗位操作规程，做到"一岗一单"，培训员工掌握要领，熟练岗位操作流程，防范安全事故发生。

4.3 提升监测、预防能力

坚持源头防范、分级负责、分步管控原则，对风险源进行辨识与评价，对重大危险源进行有效监控。推动海外项目加强防灾减灾应急能力建设，加强水情测报系统建设和持续改善，提升其预报的准确度。对接有关政府气象、地震机构国际气象、地震组织，常态化管理区域气象、地震信息中心等，以便及时应对台风、地震、暴雨等自然灾害。

4.4 强化应急管理队伍建设

加强应急队伍日常训练与考核，提高实战技能，鼓励一专多能，充分发挥救援队伍在预防性检查、预案编制、应急演练等事故防范和日常应急管理工作中的作用。通过企业投入、市场化服务等方式，提高经费保障能力，组织专项应急培训，确保应急救援队伍正常运作。

5 应急能力建设的实践

老挝南欧江二期工程是海投公司在南欧江干流七级开发方案中，开发建设的一、三、四、七级 4 个水电站，开发任务以发电为主，兼有防洪、旅游、库区航运等综合利用效益。二期工程总装机容量 732MW，多年平均发电量 28.3 亿 kWh，项目总投资 16.98 亿美元。自 2016 年 4 月开工以来，南欧江二期项目高度重视应急管理工作，将应急能力建设融入项目安全生产标准化建设、隐患排查治理体系建设、专项整治和日常监管中，提升应对各类突发事件的综合能力。

5.1 加强组织，统筹策划，全面完善应急预案体系

南欧江二期成立应急能力建设领导小组，由项目总经理担任组长。应急能力建设领导小组全面部署项目应急能力建设工作，审批应急能力建设实施方案、保障应急能力建设工作的人力和资金等资源、组织协调应急能力建设过程中的重要问题，确保应急能力建设工作顺利推进。结合老挝当地形势和项目建设实际，南欧江二期组织各部门共编制 1 项总体应急预案，18 项专项预案（见表 1），15 项现场处置方案。应急预案体系内容完整，与所在国地方政府、上级单位衔接紧密，可操作性极强。

表 1　　　　　　　　南欧江二期专项应急预案清单

类别	名称	适用范围	编制部门
自然灾害类	极端天气预案	用于处置大风、台风、暴雨、极端高温等气象灾害造成的人员伤亡、财产损失	工程管理部
	地震灾害预案	用于处置地震灾害以及次生灾害造成的人员伤亡、财产损失	HSE 管理部
	地质灾害预案	用于处置泥石流、滑坡、崩塌、地面塌陷等地质灾害造成人员伤亡、财产损失	工程管理部
	洪水灾害预案	用于处置超标洪水引发的人员伤亡、紧急转移、财产损失	工程管理部

类别	名称	适用范围	编制部门
事故灾难类	交通事故预案	用于处置员工乘坐项目交通工具（含雇用交通工具）发生的人身伤亡	综合管理部
	火灾事故预案	用于处置因火灾造成的人员伤亡、财产损失	HSE 管理部
	环境污染事件预案	用于处置对项目构成损失和影响的各类环境污染	HSE 管理部
	危险化学品泄漏预案	用于处置因化学危险品储存、运输、使用场所可能发生的泄露	机电设备部
	辐射事故预案	用于处置因放射源被盗、丢失、失控，或者射线装置误操作造成的环境辐射污染	机电设备部
	坍塌事故预案	用于处置高边坡、深基坑、地下工程、脚手架、模板支撑体系等坍塌造成的人员伤亡	工程管理部
	突发职业危害事故预案	用于处置中暑、急性中毒等突发性职业危害	HSE 管理部
	机械设备事故预案	用于处置机械、设备事故造成的人员伤亡、设备设施损坏	HSE 管理部
	起重吊装事故预案	用于处置起重吊装设备在安拆、吊装作业造成的人员伤亡	机电设备部
	中毒窒息事故预案	用于处置中毒造成的人员伤亡	HSE 管理部
公共卫生类	急性传染病预案	用于处置各类急性传染病事件	综合管理部
	食物中毒预案	用于处置各类食物中毒事件	综合管理部
社会安全类	突发群体事件预案	用于处置老挝当地村民冲击项目部等群体性事件	综合管理部
	恐怖袭击、暴乱、抢劫、绑架等安全事件预案	用于处置恐怖袭击、暴乱、抢劫、绑架等事件	综合管理部

5.2 严控风险，问题导向，齐全配置应急救援物资

南欧江二期对工程施工过程具体活动涉及危险因素的进行动态分析与识别，确定 4 大类 18 种风险类型，明确风险存在部位，通过 LEC 评价法确定危害程度，并制定切实可行的控制措施。通过安全风险分析、应急资源调查、应急管理现状调查，对项目应急能力的现状进行全面梳理，分析查找应急管理存在的问题，按照"五定"原则（定人员、定时间、定责任、定标准、定措施）跟踪问题并整改。根据风险辨识和应急调查结果，南欧江二期制订应急物资和装备购买计划，及时购置齐全的应急物资，建立管理台账，定期检查保养，确保应急物资在紧急状态下能"拉得出、用得上、战得胜"。

5.3 策划周密，贴近实战，精心组织各项应急演练

南欧江二期每年年初结合工程建设进度，制订周密的应急演练计划。每次演练前均编制详细的演练脚本及导演台本，对参演小组和人员角色进行明确分工，确保演练过程职责分明、有条不紊；进行系统的应急能力教育培训、演练方案交底、桌面推演、彩排预演等，对各环节进行仔细推敲和完善，使演练更加贴近真实情况；投入大量人力物力，对演练区域进行布置，与安全文明施工相结合，设置门禁系统、安全体验馆，搭建模拟施工区域以及各种功能区域，充分打造形象逼真的演练环境。

5.4 加强监测，科学研判，构建应急协调联动机制

南欧江二期健全突发事件信息监测制度，对重点危险区域和高风险工作岗位如边坡及基础开挖工程等设置必要的监测、监控，及时发现倾向性、苗头性的问题，强化专业研判机制建设，注重对次生、衍生灾害的分析。同时南欧江二期建立与相关各方顺畅的应急协调联动，如加强琅勃拉邦总领馆、老挝地方政府、老挝地方驻军、附近中资企业救援队和医疗站、中老医院、昆明和景洪医院及 SOS 救援机构等的常态联络机制等。

6 结 语

海投公司从实际出发，系统分析海外水电工程建设总承包项目应急能力建设重点工作内容，坚持常态与非常态结合，落实应急主体责任，建立和完善"一案三制"，强调预防与应急准备、监测与预警，加强应急演练、应急救援队伍、应急救援物资等环节建设，在老挝南欧江二期为我国企业海外水电项目提升应急能力探索出一条成功之路。

参考文献

［1］ 王红卫. 系统科学与系统工程科学发展战略研究［J］. 中国科学基金，2009：70-77.

［2］ 韩树举，王洪涛，等. 中国石油天然气集团公司海外防恐安全培训［J］. 中国安全生产科学技术，2010，6(3)：126-128.

海外水电站投资项目总承包模式的
安全生产管理实践与探索

宋荣礼

（中国电建集团海外投资有限公司，北京 100048）

【摘　要】 以柬埔寨甘再水电站和尼泊尔上马相迪 A 水电站项目的建设实践，分析和探讨海外水电站投资项目总承包模式的安全生产管理。

【关键词】 海外投资；水建站；总承包；安全生产

0　引　言

　　柬埔寨甘再水电站和尼泊尔上马相迪 A 水电站是中国电建集团海外投资有限公司（以下简称"海投公司"）在海外投资建设水电开发项目，分别于 2011 年 11 月 1 日、2017 年 1 月 1 日投入商业运行。作为中资企业在柬埔寨和尼泊尔投资并以总承包模式建设的首座电站，不仅树立起以资本投资带动中国标准、中国设计、中国施工、中国装备"走出去"的价值典范，更以其成功实践诠释着中国电建海外水电站投资项目总承包模式的示范效应。

　　甘再水电站和上马相迪 A 水电站总承包模式中坚持"安全第一，预防为主"的方针；坚持"以人为本，安全第一"的理念；坚持"安全、高效、务实、和谐"的工作思路，通过各参建单位人员全员参与安全生产管理实现项目建设安全目标。

1　安全管理的特点

1.1　施工区域外部干扰大

　　甘再水电站在环境保护区和旅游区，上马相迪 A 水电站在著名的徒步旅游线路上且施工区有四个自然村，均难以形成封闭管理，村民和旅游者经常进出施工道路。

1.2　重大危险源较多

　　甘再水电站存在火工材料、料场开采、隧洞开挖、高边坡和高空作业等重大危险源；上马相迪 A 水电站存在大坝和厂房开挖爆破、隧洞开挖、高边坡和高空作业、道路雨季地质灾害威胁等重大危险源。由于项目在海外，受语言沟通、施工习惯、法律意识和安全意识等因素制约给项目建设安全管理困难较大。

1.3　当地劳务法律和安全意识差

　　甘再水电站和上马相迪 A 水电站出于所在国对项目建设用工须雇用当地人员及总

作者简介：宋荣礼（1968—　），男，高级工程师，E-mail：229139778@qq.com。

承包模式下的成本控制，雇用大量的当地劳务人员，这些人员大部分水电站工作经验少、自身素质较差、安全意识缺乏；受当地政府对特种设备从业人员资质和交通安全管理较宽松的情况影响，违规操作、安全行车是安全管理需解决的问题。

1.4 非传统安全形势严峻

柬埔寨和尼泊尔都是多党制民主国家，虽然治安状况较好，但发展都相对落后，易发传染病以及易与当地发生冲突等突发事件，特别是尼泊尔时不时发生全国或局部区域罢工，这是项目建设面临的一大安全风险。

2 安全管理的实施

2.1 建立健全安全生产管理体系及规章制度

1. 安全生产管理体系

甘再水电站和上马相迪 A 水电站项目均成立了以业主总经理为主任、总承包商总经理为副主任、各参建单位主要领导为成员的项目建设期安全管理委员会。安委会为项目现场的最高领导机构及指挥机构，安委会下设办公室负责日常管理工作。两项目均建立并落实了安全生产四个责任体系（参建各单位一把手为责任人的安全生产责任体系，以技术负责人为责任人的安全技术体系，以生产责任人为责任人的安全实施体系和以安全总监为责任人的安全监督体系）；上马相迪 A 水电站项目与时俱进，及时建立和落实了国家及上级要求的"党政同责、一岗双责、齐抓共管"的安全责任体系。

2. 安全生产管理规章制度

甘再水电站和上马相迪 A 水电站项目主要的安全规章制度有安全生产责任制度、安全工作例会制度、分包管理制度、安全检查工作制度、危险点（源）的辨识及预控管理制度、地下洞室施工安全规定、施工用电管理规定、爆破安全管理规定、施工区交通管理规定、防尘、防毒、防火、防盗安全管理规定、安全档案和事故统计及报告制度、安全奖惩制度等一系列制度。在此基础上又制订有突发事件综合应急预案、防洪度汛应急预案、当地重大传染病紧急防控救治预案、境外突发事件应急处理预案、非传统安全事件（事故）预防及应急救援等专项应急预案，在专项预案向下制订了人身事故、机械设备、火灾和环境类事故等一系列现场处置方案。

2.2 安全生产管理体系及规章制度实施

甘再水电站和上马相迪 A 水电站项目以对人、环境、设备、管理为对象实施安全生产全过程、全员、动态化管理，以项目公司为主导，总承包商为主体，设计参与、监理控制，项目公司总部监督的安全保障体系。主要做法如下：

（1）定期或不定期召开安委会会议，总结分析项目建设过程中的经验、不足及存在的问题，部署下阶段的工作重点，随工程建设的不同阶段或参加单位主要管理人员有调整时及时对安委会组成人员进行调整。

（2）签订安全生产责任书，层层落实安全生产责任制，将安全目标层层分解，一级抓一级，做到安全生产人人有责。强化考核奖惩制度的落实。在进度节点考核中，实行安全一票否决制（进度节点目标实现但发生安全事故即取消进度节点奖励）；上马相迪 A 项目实施了更细化的安全考核，每月对分包商单位考评，每半年对监理和设计进行考评，年终进行安全考核兑现。

（3）强化全员安全生产意识，强化安全价值观和安全防范措施。通过安全月活动、安全培训、班前 5 分钟等形式的安全教育强化宣传效果，以逐步形成"人人讲安全，事事讲安全，时时讲安全"的氛围，逐步实现从"要我安全"到"我要安全"的思想跨越，进一步升华到"我会安全"的境界为目标，开展对所有参建人员的安全生产管理。甘再水电站和上马相迪 A 水电站项目除加强对中方员工的安全教育培训外，重点抓对当地劳务的安全教育培训，以家庭幸福与个人安全的关系的人性化教育使其明白水电施工的危险性，工作中应注意的安全事项，逐步解决当地员工正确使用安全用品，不断纠正其习惯性违章行为。

（4）认真落实安全例检、例会制度和隐患排查治理及重大危险源点排查与监控制度。甘再水电站和上马相迪 A 水电站项目除个别参加单位的日常检查外，每月 25 日由总承包商单位组织参建四方进行四方联合检查并召开安全例会，重点是上月存在问题的处理落实和下月应解决的问题。另外，专职安全管理人员深入工地现场个工作面对安全技术措施、现场安全制度的执行等进行详细检查，对发现的问题，做到"定措施、定责任人、定整改完成期限（时间）、定验收人"，做到安全隐患整改闭环管理；根据工程进展情况，不定期开展隐患排查治理及重大危险源点的专项安全检查。

（5）落实防洪度汛措施，确保安全度汛。每年汛前，根据设计院提交的年度防洪度汛设计报告，总承包商召开会议部署防洪度汛工作；制定防洪度汛专项措施，明确参建各方工作任务、职责。制订防洪度汛应急预案，落实防洪度汛演练；组织汛前专项检查，检查监督度汛措施落实情况。

（6）落实对特种设备管理。首先严格执行特种设备操作人员持证上岗制度、特种设备管理制度、安全操作规程、检修规程、维护规程及日常的维护保养、点检制度；其次建立特种设备安全技术档案及特种设备管理台账。

（7）认真落实突发事件和非传统安全的防范管理。制定并落实了较完善的《非传统安全事件（事故）预防及应急救援管理办法》和《境外突发事件（故）应急处置预案》，落实与大使馆和地方政府的信息沟通机制。尼泊尔上马相迪 A 水电站项目还成立了在当地注册的由不同党派和社会组织参加的上马相迪 A 水电站协调委员会，有效防止因工程建设对当地因利益相关者引起的突发事件和非传统安全事件的发生。

2.3 非传统安全及培训管理

（1）针对甘再水电站和上马相迪 A 水电站项目都在国外且处在当地旅游区无法形成施工区封闭管理，首先聘请所在国部队人员进行施工区安保值守，其次在加强中方员工遵守当地法律法规和民风民俗教育的基础上，不定期对项目周边居民进行当地村民对项目建设的疑虑、项目进展和项目对当地经济发展进行解答和宣讲，鼓励当地人员参与项目建设。最后教育项目参建中方员工和当地员工不介入当地的罢工活动。

（2）创新组建由当地不同党派和村民的上马相迪 A 水电站协调委员会，并由总承包商给提供办公场所和经费。该模式首先及时解决当地村民合理诉求的同时也化解了其不合理的要求；其次通过协调委员会实施社会责任项目，使当地村民切实感受到项目建设对他们生产生活带来的便利和经济收入的增加；最后通过协调委员会雇用当地人员参与项目建设。协调委员会的运作模式构建了良好的总承包商与当地村民的关系，在尼泊尔全国罢工期间和尼泊尔与印度海关口岸禁运期间，不但未发生总承包商与当地村民的冲突和投诉事件，而且项目建设未陷入全面停工，受禁运期间，水泥、油料等物资受限，除少部分非关键线路工作面停工外，其余大部分工作面正常施工。

（3）甘再水电站和上马相迪 A 水电站项目都对雇用的大量当地人员进行了安全知

识培训和工作技能培训，培训合格方可录用。首先是进行进场水电站施工通用安全知识培训。其次针对不同的应聘工种进行作业技能和进一步的安全培训。如对隧洞施工人员重点进行地下工程的施工安全培训，对大坝和厂房施工人员重点进行深基坑作业、高空作业、交叉作业和安全用电等知识培训。最后是对录用人员发放安全知识手册并加强了班前和班后会的安全工作总结。甘再水电站项目培训后录用的焊工进行了两水轮机的蜗壳焊接，经探伤检查全部合格。甘再水电站和上马相迪 A 水电站项目开工至工程完工未发生当地雇员重伤以上安全事故。

3　安　全　管　理　效　果

甘再水电站成功抵御了 2010 年的超标洪水；上马相迪 A 水电站先后克服了"4.25"大地震、长达半年的尼泊尔与印度海关口岸禁运和 2 次持续 1 月的全国性罢工等不可抗拒事件，实现按期发电。甘再水电站和上马相迪 A 水电站从开工到工程完工，未发生人员重伤以上事故，未发生重大设备损坏和火灾事故，无环境污染事件发生，未发生对公司造成影响的安全事件，达到"零事故"和"零投诉"。

4　结　　　语

海外投资水电站项目总承包安全管理工作有一定的特殊性，但在识别和分析项目工程的安全风险及需控制的重点和难点，按照我国的安全法律法规、中国电力建设集团安全生产管理制度，参照工程所在国的安全管理法律法规，针对性地建立适合项目工程特点的管理体系和制度，实施全过程预防控制，做到目标明确、责任到位、措施到位、监管到位，能够实现海外投资水电站项目的安全管理目标。甘再水电站项目获得 2013 年度中国建设工程（境外工程）鲁班奖，甘再水电站和上马相迪 A 水电站是中资企业在境外投资水电站总承包模式的典范工程，目前运营良好，为水电股份公司创造了良好的经济效益和社会效益，得到了柬埔寨和尼泊尔官方和人民的一致赞同。甘再水电站和上马相迪 A 水电站项目为中资企业在"一带一路"建设领域的海外投资项目总承包模式安全生产管理进行了经验性探索，具有积极的借鉴意义。

我国首个百万千瓦级 EPC 水电工程安全管理与创新

王登银[1]，侯　靖[1]，陈雁高[2]，徐建军[1]，吕国伟[2]

徐　宇[2]，殷　亮[1]，刘家艳[3]，张　勇[4]，熊　荣[2]

（1. 中国电建集团华东勘测设计研究院有限公司，浙江杭州 311122；

2. 中国水利水电第七工程局有限公司，四川成都 610081；

3. 雅砻江流域水电开发有限公司，四川成都 610051；

4. 长江委工程监理中心杨房沟水电站总承包监理部，湖北武汉 430022）

【摘　要】 雅砻江杨房沟水电站是我国首个采用总承包模式建设的百万千瓦级大型水电工程。通过几年的探索与实践，发挥设计施工一体化管理模式的优点，总结了安全管理"一个手册、两个规划、七个台账"的主线，制定并严格落实危险性较大的分部分项工程作业安全标准化管理、通用及特种设备安全标准化管理等规定；通过安全自律管理、安全风险分级管控及隐患排查治理双控机制、安全科技应用等安全创新管理，提升安全管理的水平。总承包部开工以来全面展开安全生产标准化建设工作，2016、2017 年度，项目均通过第三方机构安全生产标准化考评，达到电力安全生产标准化一级水平，有效提升了员工作业安全标准化和现场文明施工标准化水平。

【关键词】 杨房沟水电站；EPC；安全管理；创新管理

0　引　言

雅砻江杨房沟水电站是我国首个采用总承包模式建设的百万千瓦级大型水电工程，由中国水利水电第七工程局有限公司（责任方）与中国电建集团华东勘测设计研究院有限公司组成设计施工总承包项目联合体承建。杨房沟水电站位于四川省凉山彝族自治州木里县境内的雅砻江中游河段上，电站是雅砻江中游河段一库七级开发的第六级。杨房沟水电站为一等工程，工程规模为大（1）型。工程枢纽主要建筑物由挡水建筑物、泄洪消能建筑物及引水发电系统等组成。挡水建筑物采用混凝土双曲拱坝，坝顶高程 2102m，正常蓄水位 2094m，最大坝高 155m；泄洪消能建筑物为坝身表、中孔＋坝后水垫塘及二道坝，泄洪建筑物布置在坝身，消能建筑物布置在坝后；引水发电系统布置在河道左岸，地下厂房采用首部开发方式，尾水洞布置在杨房沟沟口上游。杨房沟水电站的开发任务为发电，水库总库容为 5.125 亿 m^3，电站总装机容量 1500MW，安装 4 台 375MW 的混流式水轮发电机组，多年平均发电量 68.557 亿 kWh，保证出力 523.3MW。

工程 2016 年 1 月 1 日开工，2016 年 11 月 11 日大江截流；计划 2018 年 10 月 31 日前，大坝基坑开挖完成并完成建基面验收，2020 年 4 月 30 日前，枢纽工程具备度汛条件，2021 年 2 月 28 日前，大坝混凝土浇筑完成，2021 年 9 月 30 日前，枢纽工程具备蓄水条件，首台机组具备带水调试条件，2021 年 11 月 30 日前首台机组投产发电，2022 年 10 月 31 日前，全部机组投产发电。

作者简介：王登银（1982—　　），男，高级工程师，E-mail：wang_dy3@ecidi.com。

1 工程存在的安全风险

借鉴同类工程的施工经验，结合本工程施工特点，杨房沟水电站工程安全风险主要体现为以下几个方面：

1.1 大坝坝肩和水垫塘两岸高边坡开挖施工安全风险

工程区为典型高山峡谷地貌，两岸自然边坡高陡，左岸边坡开挖高度 385m，右岸边坡开挖高度 359m，坝顶高程以上的开挖边坡最大高度达 230m，居于国内工程前列。受两岸地形、地质条件等影响，高边坡开挖出渣、支护施工通道布置困难，施工难度大；受岩体节理、断层切割及风化卸荷等地质作用影响，开挖后人工高边坡的稳定性问题突出；因此，枢纽区两岸高边坡开挖及后续边坡稳定安全问题非常突出。

1.2 高陡边坡危岩体治理施工安全风险

受河谷及其支流强烈侵蚀切割影响，坝址区两岸边坡高陡，自然边坡高度最高达 500m 以上，整体地形坡度 45°～75°，局部为直立悬崖，岩性为花岗闪长岩，基岩裸露，坡体中裂隙小，断层较发育。受小断层、节理裂隙等因素影响，浅表层岩体局部完整性差，在陡壁或地形突出地带，危岩体广泛分布。经地质复核，整个枢纽区工程边坡开挖线外具备一定规模的危岩体达 64 处，且大部分分布在边坡的高高程，治理难度极大，施工安全风险十分突出。

图 1 为坝肩工程边坡开挖线外危岩典型分布图。

图 1 坝肩工程边坡开挖线外危岩分布图

1.3 地下洞室群开挖施工围岩稳定安全风险

杨房沟水电站引水发电系统洞室众多且布置密集、地质条件复杂，地下主副厂房［开挖尺寸 232.5m×28m×75.57m（长×宽×高）］、主变压器室［开挖尺寸 210m×18m×22.3m（长×宽×高）］、尾调室和尾闸室等洞室开挖跨度和高度较大，压力钢管、尾水洞等地下洞室开挖断面较大；地下主要洞室具有高边墙、大跨度的特点，且厂房轴线与地应力形成的交角偏大，对地下厂房洞室群的围岩稳定及支护的要求较高，洞室开挖过程中顶拱、边墙及洞室交叉部位安全稳定问题比较突出。

1.4 爆破施工安全风险

工程建设过程中涉爆工作面众多，工程全建设期累计使用乳化炸药约 5800t；据统计超过 300 个部位需要使用炸药起爆，特别是危岩体局部爆破，因位于高高程，且属于浅层爆破，孤石飞行轨迹毫无规律、飞行距离较远，对整个枢纽区施工作业安全均会带来影响；坝肩边坡开挖起爆总药量较大，对边坡的稳定、人员设备安全均有潜在威胁。因此，本工程爆破施工安全风险极高。

1.5 缆机运行、门塔机和桥机等垂直运输作业安全风险

大坝混凝土浇筑布置有 3 台 30t 平移式缆机，坝前布置了 2 台 C7050 型建筑塔机，水垫塘边坡布置 1 台 20t 施工缆索吊，在水垫塘、二道坝和左岸电站进水口和地面开关站等部位布置了 2 台 MQ900B 门机、1 台 M900 塔机和 1 台 QT5013 型建筑塔机用于混凝土浇筑入仓和材料吊运，另外机电设备及金属结构安装也主要依靠地下厂房系统的桥机、启闭机、坝顶门机和汽车吊等，因此垂直运输过程的安全风险突出，施工安全风险较高。

2　工　程　安　全　管　理

2.1 认真落实 "一个手册、两个规划、七个台账" 的管理理念

杨房沟总承包部经过两年多的摸索、实践，总结出了安全管理的一条主线，即"一个手册、两个规划、七个台账"的管理思路，"一个手册"为《安全文明施工标准化手册》，"两个规划"为安全文明施工标准化实施规划、安全专项措施规划，"七个台账"为安全生产费用台账、安全教育培训台账、安全技术交底台账、安全隐患排查与整治台账、特种设备和人员的管理台账、设备设施及车辆的使用维护保养台账、强条检查台账。

"一个手册"为项目安全管理的指导性文件，是现场安全生产过程管控、文明施工标准化建设的重要依据。因此，该手册的编制需考虑周全，覆盖到工程施工时的每个部位，细化到安全防护设施标准化、标识标牌、安全管控等多个方面；编制过程中应充分参考其他工程建设经验。杨房沟水电站安全文明施工标准化手册共计十三章，涵盖：安全标志及标识、构筑物标准化、施工用电标准化、职业健康设施化、临建设置标准化、起重作业安全文明措施设置标准化、边坡脚手架支护安全文明措施设置标准化、爆破器材管理安全文明措施设置标准化、砂石系统文明措施设置标准化、氨制冷系统安全措施设置标准化、地下洞室施工安全措施设置标准化、渣场管理安全文明措施设置标准化。

"两个规划"是从安全管理、施工技术保障两个方面着手，进行现场安全管理的规划性文件。安全文明施工标准化实施规划以施工平面布置图为蓝底，将安全设施、设备、标准化构筑物、"五牌一图"及相关安全管理等要求在施工平面布置图上进行详细标示，组织施工、技术、安全等部门专业人员评审后下发执行，过程中按照该规划进行控制，完成后组织验收，并在使用过程中进行维护管理；安全专项措施规划是现场施工的技术保障措施，该项工作在开工前完成，即根据施工组织设计报告，对现场危险性较大的分部分项工程进行系统梳理，制定相应的安全专项措施方案编制清单及计划，施工到每个阶段，对照清单编制相应的安全专项措施方案，以满足现场施工及安全管理的需要。

"七个台账"是安全生产管理的基础性工作，也是落实安全过程管控，确保安全投入到位、技术保障到位、教育培训到位、隐患管理到位等的重要手段。"七个台账"每周更新一次，每月统计汇总归档，每周更新时，及时发现上述七个方面管理的漏洞，并提醒相关部门及时补充相关的工作。

2.2 严格执行 《危险性较大的分部分项工程作业安全管理标准化》

为了从源头上对水电工程施工过程存在的危险性较大的分部分项工程（含高危作业）进行全面作业安全监控，从安全组织、技术措施、监督检查、安全许可等方面严格把关，依据国家相关法规等[1-2]文件，对电力建设各方应该履行的安全生产管理职责、权限、工作内容及工作流程进行梳理和细化，确保施工过程中的安全管理全面受控，防止和减少生产安全事故，杜绝较大及以上安全事故，杨房沟水电站编制了《危险性较大的分部分项工程作业安全管理标准化》，该文件根据现场施工的实际情况，依据梳理的危险性较大的分部分项工程清单编制而成，文件包含脚手架施工、大模板安装与拆除、洞室开挖、高边坡开挖支护、大型施工设备的安装与运行、爆破施工、大件吊装等十三项子文件。

以脚手架施工为例，脚手架施工安全措施方案审批—方案交底—脚手架搭设前作业部位安全许可检查—搭设过程检查与完工安全许可验收—脚手架使用过程维护—脚手架拆除，整个作业过程控制工作流程，涉及了作业部位（主要是脚手架施工上方）清理安全检查表、搭设过程控制安全检查表（将脚手架施工技术指标细化到检查表中）、完工安全许可验收表、过程维护检查表、拆除许可及过程管控表等，上述表单的使用明确规定了要做什么、怎么去做、达到什么标准、留下什么记录。对于安全管理整体文化水平偏低的安全管理人员，可依据该文件从容地进行现场管理，弥补了文化水平及专业素养偏低的缺陷。

2.3 严格执行 《通用及特种设备安全管理标准化》

为加强通用及特种设备安全管理，确保设备安全运行，为工程的顺利推进提供合法、安全、可靠、有效的硬件设施设备保障，使设备安全管理工作步入系统化、规范化、制度化、科学化的轨道，依据法规、规范[3]的要求，结合杨房沟水电站建设施工的实际情况，编制了《通用及特种设备安全管理标准化》，文件包含油车油罐、载人车辆、各类起重机、多臂钻、混凝土喷护台车、乌卡斯冲击钻、卷扬机、缆机、10kV 配电设备、锚索张拉机等共计 15 种通用及特种设备的安全管理。为便于安全管理人员现场操作，每种设备的安全管理条款及标准均细化到标准化的表单上，管理人员现场执行检查时，只需要对着表单逐项核对即可。

以乌卡斯冲击钻为例，作为一种依靠重力冲击成孔的设备，乌卡斯冲击钻使用过程中易出现事故，杨房沟水电站在围堰防渗墙施工中大量使用乌卡斯冲击钻。因此，该类设备标准化管理清单中包含操作人员持证及作业（身体或精神）状态检查、现场安全防护设施检查、施工用电检查、钻机检查、钢丝绳检查等共计 6 大项，35 细项，涵盖了可能造成人员伤亡的每个细节。

2.4　强化应急管理，　提升应急管理能力

加强应急管理，提高预防和处置突发事件的能力，是关系工程建设和施工人员生命安全的大事。为进一步提高杨房沟水电站总承包部处置突发事件的能力，有效防范或化解各类突发事件所带来的灾害或损失，按照国家有关法律法规[4-5]、上级管理部门的有关要求，工程应急管理分以下五个方面开展工作：

（1）健全应急管理组织体系，强化管理责任。项目开工初期，组织形成了应急领导小组、应急管理办公室，负责应急制度建设、应急队伍管理、应急物资储备、应急预案编制与审核、培训与演练等应急管理事务，指导各工区设置应急管理机构、明确责任，形成了自上而下的应急管理体系，实现了一级抓一级、层层抓落实的应急工作格局。

（2）完善应急管理制度，确保应急工作有序开展。根据工程施工现状及灾害特点，制定了《应急管理办法》，对应急管理组织机构、预案、培训、演练、应急队伍和物资等各方面进行了具体要求和规定，并对管理办法不断修改和完善，为应急管理各项工作的开展提供了制度保障。

（3）加大应急投入，增强应急物资保障能力。杨房沟总承包部在下属各工区均设置有应急物资专用库房，根据各个工区面临的灾害特点，配置有不同的应急物资。总承包部定期对应急物资进行核查，以确定应急物资配置满足要求，保障应急事件发生时应急物资能用、好用、够用。

（4）优化应急预案，确保预案的实用性。杨房沟水电站应急预案按照"不同场所、不同位置、不同灾害、不同处置措施、不同避险路线"的思路编制，并根据预案内容提炼了应急响应流程和应急处置卡，制作成卡片，交底后人手一份。

（5）加强应急演练，提高现场应急处置能力。自 2016 年 1 月 1 日开工至 2018 年 5 月底，杨房沟水电站总承包部先后开展了防洪度汛、防地质灾害、地下洞室防坍塌、营地消防和森林防火等应急演练 27 次，并对演练情况进行了总结、评估，提高了广大参建人员应对突发事件的防范意识和应急处置能力。

2.5　充分吸取其他工程安全事故教训，　有针对性地开展安全管理工作

建筑施工行业很多的施工工序、施工方法、采用的设备等大致相同，因此，其他工程发生的事故案例可作为"鲜活的教材"来学习，吸取他人事故之教训，为我所用，方能蒸蒸日上，不断提升。

通过中国安全生产报、百度检索、google 检索等途径，统计出了 2012—2017 年我国建筑施工行业安全生产事故人员伤亡与事故类别的情况，并绘制了两者的关系图，如图 2 所示。从图中可以发现，2012—2017 年，地灾事故人员伤亡占比最大，达 37.52%，其次为脚手架失稳事故，占比为 17.63%，机械伤害、塌方/垮塌、洞挖、交通、火灾、物体打击等事故均维持较高的发生率，人员伤亡占比分别为 9.58%、8.12%、6.8%、5.37%、4.2%、3.81%。上述事故发生人员伤亡占比较大、发生频次较高的事故类别为杨房沟水电站安全管控的重点。

杨房沟水电站安全管理过程中，定期总结其他工程的事故案例，吸取事故管理的薄

弱环节，举一反三，在本工程安全管理过程中加以重视，并针对性地加强防范措施，确保其他工程发生的事故不在本工程中发生。

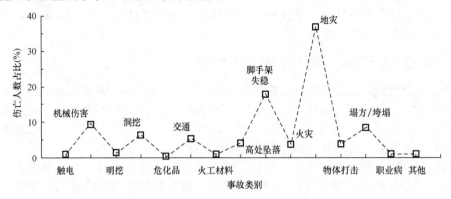

图2　建筑施工人员伤亡与事故类别统计图（2012—2017年）

3　安全创新管理

3.1　安全自律管理

为规范杨房沟总承包部工程管理秩序，切实履行合同约定，充分发挥设计施工总承包一体化管理优势，引导总承包部各职能部门、工区及个人深刻理解设计施工总承包项目管理模式创新的重大意义、经济关系及项目成本控制内涵，积极发挥主观能动性，自我约束，自我管理，践行"自律、创新、共赢"的项目管理理念，促进项目部健康有序发展，总承包部严格推行安全自律管理，编制了《安全生产个人自律管理办法》《安全生产自律班组管理办法》。

安全生产自律管理重在引导、侧重奖罚。本工程分三个阶段推行自律管理：第一阶段为培训宣贯阶段，该阶段让管理人员、作业人员深刻认识到自律管理对安全生产的重要性、自律管理可为他们带来的好处（项目品牌创建、人身安全、经济收入等）、自律管理要做哪些事情、自律管理要达到怎样的成效；第二阶段为试运行阶段，该阶段一方面让管理人员、作业人员渐渐进入自律、他律的角色，以奖励为主导来调动各方的积极性，另一方面对管理办法的实用性进行验证，并及时对其进行修订；第三阶段为稳步提升阶段，该阶段深入推行自律管理，严格按照管理办法执行，使自律管理制度化，让管理人员、作业人员习惯化，该阶段要奖罚分明，重奖并宣传优秀自律班组和个人，重罚落后者。

由于各级各类人员众多、作业班组数量庞大，因此在推行自律管理时，应采取分层级、分区域的管理模式，将班组、基层管理人员、总包部管理人员的权责明确到每个施工面。

3.2　安全风险分级管控和隐患排查治理　"双控预防"　机制建设

传统的安全管理，只关注对隐患的排查和治理，即工作中排查是否存在各类隐患，排查出隐患后采取措施进行治理，而忽视事前预控。

基于上述管理的不足，杨房沟水电站在借鉴其他工程[6]先进管理经验的基础上，对风险采用分级管控与隐患排查治理"双控机制"，进而对风险进行全过程管理，其过程如下：①事前进行预控，事前就是发生隐患之前，通过识别风险、评估风险，进而进行分级管控，采取预防措施，减少风险，降低风险程度[7-8]，防止隐患产生。②在作业过程中，对风险控制情况进行监测，此过程也正是对隐患进行排查的过程，随时关注风险的失控情况。③对发现的失控情况，采取措施进行治理（隐患治理），并分析风险分级管控失效的原因，对事前预控管理要求和措施进行反思和回顾，形成闭环，能够逐步对风险分级管控的要求和措施进行完善。因此，风险分级管控和隐患排查治理之间的关系，是风险分级管控在前，隐患排查治理在后。

根据以上管理思路，杨房沟水电站创建了风险在线管控平台（APP），APP主要界面如图3所示，实现了管理人员在线管控。

图3　风险在线管控平台（APP）主要界面图

3.3　安全科技应用

科技成果在安全生产中的应用可极大地提高安全管理效率[9-12]，降低事故发生的频率，减少人员设备的伤亡及损失。为提升杨房沟水电站安全管理水平，大量的科技产品在施工现场进行了使用。

1. 地下洞室群施工门禁及人员定位系统应用

门禁通道系统主要利用自动刷卡机记录进入洞室的人员及设备数量，禁止非工作人员设备私自进出洞室施工区域，门禁系统主要有主机、道闸、三辊闸、读卡器等组成。

人员定位系统分为人员进出考勤管理、人员定位系统、人员信息管理等。主要由监控主机、隧道人员管理系统软件、读卡基站、人员识别卡、传输数据接口转换器等组成。该系统实现了选择跟踪功能，即选择各部门工种等特定人员，掌握其在现场的工作情况；实时跟踪功能，即实时显示隧道内部各人员的位置状态及其来源地。能够清楚地反映其活动情况；位置跟踪功能，即选定某个监控段或是监控点，可以显示此段区域内的人员或车辆分布情况；个人定位功能，即显示特定人员的运动轨迹，并可显示其历史运动方向。

杨房沟水电站地下洞室群施工门禁及人员定位系统（见图 4）运行 2 年多来，效果良好。

2. 塔机防碰撞系统应用

杨房沟水电站在营地施工过程中，高峰期多达 10 台塔机，为防止复杂施工环境下多塔吊作业时发生碰撞，引起塔机倒塌倾翻等连锁反应，塔机安装时引入了 MT-105 安全防碰撞报警系统，该系统操作简单，可对工地特定区域内的多台塔吊进行路径防碰撞报警及保护；同时，MT-105 系统是一个安全有效的动态监视系统，能帮助塔吊操作员避免由于操作失误而造成严重的甚至致命的事故。其具备两套功能，即短信报警功能，当塔机出现违规操作现象时，会向管理人员发送短信报警；防碰撞功能，当多机重叠区域相距 15m 时开始报警，当频繁违章操作系统时，主机会出现自动锁机。

塔机防碰撞系统的成功使用，使得在承包商营地建设期间，实现了零事故、零伤亡的目标。

3. 地灾预警预报系统

从 2.5 节统计数据看，在水电站建设施工期间，地灾导致人员伤亡比重最大。为防止地质灾害的发生，最大限度地降低地质灾害发生时对人员设备的伤亡及损失，杨房沟水电站结合地灾点的分布及特征，有针对性地增加了地灾预警预报系统。

江边营地设置了水位预警系统，为防止汛期来水量过大，江水位上涨过快，在江边营地设置了一套水位监测预警系统，当水位达到设定值后，警报响起，营地人员按应急演练程序撤离。水位预警系统见图 5。

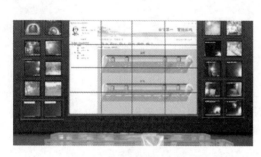

图 4　人员定位系统运行图　　　　图 5　水位预警系统图

泥石流沟布置了雨量自动监控报警系统，当降雨量过大，超过了预警值后，自动监控系统会及时报警，泥石流沟道两侧受影响的人员设备按应急演练程序撤离。

4. 安全体验展厅

为提高安全教育培训的质量，让作业人员亲身体验施工现场的各自风险，有效提高管理及作业人员的安全意识，杨房沟水电站打造了水电行业体验项目最多、功能最全面的安全体验展厅。展厅规划占地面积约 400m^2，共设置 17 个建筑施工安全相关的体验项目，如安全帽撞击体验、安全带体验、洞口坠落体验等。

安全体验是一个创意教育、掌握安全的有效途径，旨在为员工树立一种安全意识。过去填鸭式、会议式的安全培训教育，效果微乎其微。百闻不如一见，一见不如一试，只有亲身经历，才能预见后果的可怕性。通过个人亲身体验，就能达到一种"一朝被蛇咬十年怕井绳"的教育效果。知道害怕，才能在工作中有效地保护自己，从而达到爱惜自己、珍惜生命的目的。"安全体验厅"实现了由传统说服教育到实操教育的转变。

4 结　语

杨房沟水电站作为国内首个百万千瓦级 EPC 项目，经过两年多的建设与实践，在安全管理方面探索、总结了一些经验，也认识到了一些管理上的不足，这些有待我们在接下来的建设过程中深入地摸索，并一步步走向成熟，为国内大型 EPC 项目安全管理积累经验。

（1）安全管理永远在路上。在杨房沟水电站两年多的建设过程中，安全管理取得了一些成效，但仍然存在诸多问题，前方的路依然漫长。在此过程中，优质的管理方法和手段非常重要，全员安全生产岗位意识决定了安全管理水平能够达到一个什么样的高度。

（2）深入落实已探索的管理方法是保障安全生产平稳推进的前提。前文阐述的"一个手册、两个规划、七个台账"，编制的《危险性较大的分部分项工程作业安全管理标准化》《通用及特种设备安全管理标准化》等，这些标准化管理文件是加强过程管控的手段，也是安全生产管理的基础，必须严格落实。

（3）充分发挥设计施工一体化优势，深化安全管理。传统的安全管理深度较浅，是基于浅层的管理方式，对涉及有一定技术要求的工程安全管理经验不足，对此，要充分发挥设计施工一体化优势，强化设计、地质等专业人员介入安全管理的工作，主动参与项目安全管理，开展地质灾害隐患排查和地质超前预报，通过设计、施工等各方面的齐抓共管，共同确保杨房沟工程安全、高效施工。

参考文献

［1］国家电力监管委员会. 电力工程建设项目安全生产标准化规范及达标评级标准(试行)(电监安全〔2012〕39 号)［S］.

［2］樊晶光, 侯茜, 贾世国, 等. 企业安全生产标准化基本规范［S］. 北京：中国标准出版社, 2016.

［3］《特种设备安全监察系列》(国务院第 549 号令).

［4］吴宗之, 雷长群, 李定林, 等. 生产安全事故应急演练评估规范［S］. 北京：煤炭工业出版社, 2015.

［5］张兴凯, 孙庆云, 时训先, 等. 生产安全事故应急演练指南［S］. 北京：煤炭工业出

版社，2011.

［6］ 毛吉星. 煤矿"双控机制"运行难点与对策研究［J］. 神华科技，2017，15(1)：20-23.

［7］ 张吉苗. 矿山设备的危险源辨识和风险评估实践［J］. 煤炭科技，2013，(3)：114-117.

［8］ 郝贵. 煤矿安全风险预控［M］. 北京：煤炭工业出版社，2013.

［9］ 张云晶. 水利水电工程施工安全管理与安全控制研究［J］. 科技创新与应用，2016 (34)：240.

［10］ 何志民. 水利水电工程施工安全管理与安全控制［J］. 科技创新与应用，2016 (17)：199.

［11］ 方瑶. 水利水电工程施工安全管理与安全控制策略［J］. 山东工业技术，2016 (21)：134.

［12］ 曹树明. 水利水电工程施工安全控制研究［J］. 四川水泥，2015(6)：334.

水电工程 EPC 项目总承包商安全生产责任界限研究

李丹锋，任江成

（雅砻江流域水电开发有限公司，四川成都 610066）

【摘　要】　水电工程项目受地形地质条件影响较大，项目范围随时间推移与空间转移发生变化，加之国内相关法理依据不健全，导致 EPC 总承包单位承担较大的工程风险，安全生产责任风险尤为突出。本文分析 EPC 总承包模式的合同结构形式，分析水电工程生产安全风险分类及特点，从刑事、行政和民事三方面，对总承包商的安全生产责任进行法理分析，为总承包单位的安全生产责任界定提供依据，以期提高水电工程EPC 项目安全风险管控水平。

【关键词】　水电工程；EPC；安全生产责任；界限；法理

0　引　　言

EPC（Engineering Procurement Construction）是指承包单位受项目业主委托，按照合同约定对工程建设项目的设计、采购、施工、试运行等实行全过程或若干阶段的总承包[1]。由于 EPC 模式强调和充分发挥工程建设全过程集成管理，能有效克服设计、采购、施工相互制约和相互脱节的矛盾，建设工程安全责任主体明确，使得这种模式在国内外建筑市场都得到广泛应用。在 EPC 总承包管理模式下，总承包商承担最主要的安全责任。但安全是所有参建单位的责任，凡是和工程建设有关的干系人，包括政府、业主、总承包商、监理、设计分包商、施工分包商、供应商等都具有相应的安全责任。

在我国水电工程招投标市场体制下，EPC 项目总承包单位大多是设计单位和施工单位组成的联合体[2]。总承包项目经理是合同意义上的安全生产第一责任人，但分包商的经理部下属管理部门才是真正的实施者。从总体上来看，工程总承包在国内的应用尚处于起步发展阶段，特别是在大型水电工程中，哪些具体安全生产责任应归入总承包范围，哪些应由建设单位负责，参建单位各方的安全生产责任归责难以找到明确的法理依据[3-5]。

本文以水电工程 EPC 项目为研究对象，从法律法规、行业安全管理规定和标准规范等方面进行分析，厘清水电工程 EPC 总承包模式下总承包商的安全生产责任归因，为水电工程 EPC 模式下安全生产责任划分提供依据。

1　EPC 总承包合同结构形式

在 EPC 总承包模式下，总承包商对整个建设项目负责，但却并不意味着总承包商须亲自完成整个建设工程项目。除法律明确规定应当由总承包商必须完成的工作外，其余工作总承包商则可以采取专业分包的方式进行。在实践中，总承包商往往会根据其丰

作者简介：李丹锋（1961—　），男，教授级高工，E-mail：lidanfeng@ylhdc.com.cn。

富的项目管理经验、工程项目的不同规模、类型和业主要求，将设备采购（制造）、施工及安装等工作采用分包的形式分包给专业分包商。在 EPC 总承包模式下，其合同结构形式通常表现为以下 5 种形式[6]：

形式 1：交钥匙总承包（EPC/T）；

形式 2：设计-采购总承包（E-P）；

形式 3：采购-施工总承包（P-C）；

形式 4：设计-施工总承包（D-B）；

形式 5：建设-转让总承包（B-T）。

最为常见的是形式 1、形式 4、形式 5 这三种形式。

交钥匙总承包（EPC/T）是指设计、采购、施工全部发包给一家总承包单位，总承包商按照合同向业主单位提交一个满足使用功能、具备动用条件的工程项目。这种总承包合同模式是典型的 EPC 总承包模式。

设计-施工总承包（D-B）是指工程总承包单位按照合同约定，承担工程项目的设计和施工任务，并承担工程项目的质量、安全、工期、造价等合同责任[7]。在这种合同模式下，建设工程涉及的建筑材料、建筑设备等采购责任由发包人承担。

建设-转让总承包（B-T）是指具备投融资能力的工程总承包单位受业主委托，按照合同约定对工程项目的勘查、设计、采购、施工、试运行等全过程任务负责，并且自行承担工程项目的全部投资，在工程竣工验收合格并交付使用后，业主才向工程总承包商支付总承包价款。

2　水电工程生产安全风险分类及特点

在水电工程项目立项、分析和实施等阶段，往往存在不能预先确定的内部和外部安全风险因素。水电工程参建单位在项目管理过程中，面临这种随机安全生产风险因素，需要辨识关键风险因素，从而采取适当的安全生产风险控制措施[8]。安全生产风险管理属于一种高层次的综合性管理，包括风险的辨识、估计及控制等整套方法。

2.1　安全生产风险分类

水电工程安全生产风险的分类主要基于风险防范和风险处理。从性质上分析，安全生产风险可分为可计量风险和非计量风险。可计量风险属于技术性风险，是常规性的不可避免风险，包括地形地质条件、材料质量、设备可靠性、工程变更、技术规范、设计与施工等造成的风险；非计量风险属于非技术性风险，发生概率较小，但客观存在，是非常规性风险，包括社会风险、不可抗力风险、组织协调风险等。

2.2　安全生产风险特点

1. 个别性

任何风险都有与其他风险不同之处，没有两个完全一致的风险。比如：同样是混凝土重力坝，三峡工程大坝浇筑的安全风险包括查出混凝土罐大梁裂口、门机钢丝绳断丝超标、多卡模板拉杆变形等；而向家坝大坝浇筑的安全风险包括缆机吊运与坝面作业的交叉干扰、坝面作业人机混流碰撞风险等。

2. 主观性

风险识别都是由人来完成的，由于个人的专业知识水平与生理差异，包括风险管理方面的知识、实践经验、知觉敏感性等方面的差异，同一风险由不同的人识别的结果就会有较大的差异。

3. 复杂性

水电工程所涉及的风险因素和风险事件均很多，而且关系复杂、相互影响。比如：在原有的高边坡坍塌、隧洞透水等事故的基础上，由于救援方的疏忽或当事人的错误操作引起的二次事故与原有事故关系复杂。

4. 不确定性

风险识别本身也是风险，因而避免和减少风险识别风险也是风险管理的内容。

2.3 安全生产风险分解结构

1. 目标维

以工程建设安全生产事故控制指标（事故负伤率及各类安全生产事故发生率）、安全生产隐患治理目标、安全生产、文明施工管理目标为依据进行风险的分解，也就是在工程建设中需要考虑到对安全生产目标影响的各种风险。

2. 时间维

根据工程建设实施的阶段进行分解，也就是对工程实施的各个不同阶段的安全生产风险进行系统分解。

3. 结构维

根据工程的建设内容进行分解，也就是对单项工程、单位工程、分部工程、单元工程的不同安全生产风险进行分解。

4. 因素维

根据工程建设中的安全生产风险因素进行分解，比如工程的技术风险、管理风险、组织风险以及合同风险。

在实际工程施工安全生产风险分解中，常常采用时间维、目标维和因素维的三维组合形式。

3 水电工程 EPC 模式下总承包单位责任分析

在 EPC 总承包项目中，一旦发生安全事故，总承包单位可能承担的法律责任包括刑事责任、行政责任和民事责任。基于 EPC 合同类型和水电工程施工安全风险特征，从刑事、行政和民事三方面，对总承包商的安全生产责任进行法理分析。

3.1 刑事责任的法理分析

1. 法理条目

工程项目安全刑事责任主要条款包括《中华人民共和国刑法》和《中华人民共和国刑法修正案》规定的工程重大安全事故罪（第一百三十七条），重大责任事故罪（第一百三十四条第一款）、强令违章冒险作业罪（第一百三十四条第二款），不报、谎报安全事故罪（第一百三十九条第二款）等。

2. 法理分析

EPC 总承包单位一般实力较强，管理也较规范，因总承包单位自身原因导致发生安全事故的可能性比较小。导致安全事故发生的主要原因往往是分包单位违章作业、违章指挥、违反劳动纪律等。如果总承包单位相关人员在事故中不存在强令违章冒险作业，发生安全事故后不存在不报、谎报安全事件，在总承包项目管理过程中不存在重大过错或过失等情形，因其并非直接作业者，总承包单位及其相关人员往往不会涉及刑事责任。

然而，由于总承包单位对工程项目的质量、安全、工期、造价负全面管理责任，如果总承包单位违反国家规定、擅自降低工程质量标准、将工程分包给不具有资质等级的施工单位、不全面履行安全监督职责，放任分包单位降低工程质量标准、违章作业等，从而导致安全事故，则总承包单位及其直接责任人将承担相应的刑事责任。

3.2　行政责任的法理分析

1. 法理条目

（1）法律与法规。原建设部 2003 年发布《关于培育发展工程总承包和工程项目管理企业的指导意见》（建市 [2003] 30 号）后，国内采用工程总承包模式的项目日渐盛行。但是，相关立法与 EPC 总承包模式不相协调。例如：《中华人民共和国建筑法》仅在第二十四条对 EPC 总承包项目管理作了原则性规定，而未厘清总承包的责任；《建设工程质量管理条例》在第四章"施工单位的质量责任和义务"的第二十六条和第二十七条对工程总承包也仅作了原则性规定，仅明确总承包单位应当对全部建设工程质量负责，并与分包单位对分包工程的质量承担连带责任，但在第八章"罚则"部分没有对总承包单位的责任做出明确规定。所以，因质量事故导致的安全事故责任也难以界定。

《中华人民共和国安全生产法》、国务院《建设工程安全生产管理条例》、《生产安全事故报告和调查处理条例》等安全法律法规也未对 EPC 工程总承包单位在安全事故中的行政责任作直接规定，其仍然按照传统的发包模式，对建设单位、勘察单位、设计单位、施工单位、工程监理单位等相关单位分别规定相应的安全责任。

（2）部门规章。《电力建设工程施工安全监督管理办法》（国家发改委 28 号令）第六条规定："建设工程实行工程总承包的，总承包单位应当按照合同约定，履行建设单位对工程的安全生产责任；建设单位应当监督工程总承包单位履行对工程的安全生产责任。"第四十五条规定："建设单位有下列行为之一的，责令限期改正，并处 20 万元以上 50 万元以下的罚款；造成重大安全事故，构成犯罪的，对直接责任人员，依照刑法有关规定追究刑事责任，造成损失的，依法承担赔偿责任：（一）对电力勘察、设计、施工、调试、监理等单位提出不符合安全生产法律、法规和强制性标准规定的要求的；（二）违规压缩合同约定工期的；（三）将工程发包给不具有相应资质等级的施工单位的。"

2. 法理分析

目前，法律法规未对 EPC 总承包单位在安全事故中的行政责任做出直接规定。但是，由于总承包单位受托于建设单位，对工程项目的质量、安全、工期及造价负全面责任，如果在 EPC 总承包项目实施过程中，总承包单位出现以下情形：①不按照法律、法规和工程建设强制性标准进行设计；②对施工单位提出不符合安全生产法律、法规和强制性标准规定的要求；③要求施工单位压缩合同约定的工期；④将工程发包给不具有相应资质等级的施工单位；⑤不全面履行监督职责，放任施工单位降低工程质量标准、违规施工等，从而导致安全事故，则总承包单位可能会承担相应的行政法律责任。

3.3　民事责任的法理分析

工程项目安全事故的民事责任主要包括：侵权责任和违约责任。

1. 侵权责任

根据《中华人民共和国安全生产法》规定，生产经营单位发生生产安全事故，造成人员伤亡、他人财产损失的，应当依法承担赔偿责任。此外，按照《中华人民共和国民法通则》和《中华人民共和国侵权责任法》的规定，公民、法人由于过错侵害国家、集体财产，侵害他人财产、人身安全的，应当承担民事责任。

因此，在生产安全事故中，总承包单位是否需要承担侵权责任、赔偿事故给业主和第三方造成的损失，主要依据总承包单位在事故中的责任。如果总承包单位在事故中有责任，则应该依据责任大小给予赔偿。同时，总承包单位也有权要求：负有事故责任的单位和个人赔偿总承包单位的损失。

侵权责任的赔偿范围主要包括：①安全事故造成的直接财产损失及因人身伤亡应支付的赔偿金等；②事故处理费用；③修复工程的重置费用；④因事故导致的其他损失。

2. 违约责任

对于违约责任，应根据工程总承包合同、分包合同来确定。如果安全事故构成工程总承包合同中约定的违约责任，则无论总承包单位的责任大小，建设单位均有权要求总承包单位承担违约责任。

《中华人民共和国合同法》规定，因当事人的违约行为侵害对方人身、财产权益的，受害方有权要求违约方承担侵权责任。因此，对于建设单位来说，总承包单位就安全事故仅需承担违约责任或者侵权责任。

4　结　语

基于EPC总承包模式的合同结构形式，分析水电工程生产安全风险分类及特点。从刑事、行政和民事三方面，分析总承包商安全生产的法理责任，为总承包单位的安全生产责任界定提供依据。

（1）如果总承包单位违反国家规定，擅自降低工程质量标准、将工程分包给不具有资质等级的施工单位、不全面履行安全监督职责，放任分包单位降低工程质量标准、违章作业等，从而导致安全事故，则总承包单位及其直接责任人员将承担相应的刑事责任。

（2）如果在EPC总承包项目实施过程中，总承包单位出现以下情形：①不按照法律、法规和工程建设强制性标准进行设计；②对施工单位提出不符合安全生产法律、法规和强制性标准规定的要求；③要求施工单位压缩合同约定的工期；④将工程发包给不具有相应资质等级的施工单位；⑤不全面履行监督职责，放任施工单位降低工程质量标准、违规施工等，从而导致安全事故，则总承包单位可能会承担相应的行政法律责任。

（3）民事责任包括侵权责任和违约责任。侵权责任的赔偿范围主要包括：①安全事故造成的直接财产损失及因人身伤亡应支付的赔偿金等；②事故处理费用；③修复工程的重置费用；④因事故导致的其他损失。对于建设单位来说，总承包单位就安全事故仅需承担违约责任或者侵权责任。

参考文献

[1]　刘东海，宋洪兰. 工程EPC项目总承包商风险分析与综合评价[J]. 水科学与工程技术，2010(1)：74-76.

[2]　刘东海，宋洪兰. 面向总承包商的水电EPC项目成本风险分析[J]. 管理工程学报，

2012，26(4)：119-126.

［3］ Yeo K T，Ning J H. Integrating supply chain and critical chainconcept in engineer-pro-cure-construct (EPC) projects［J］. International Journal of Project Management，2002，20(4)：253-262.

［4］ 高慧，王宗军. EPC 模式下总承包商风险防范研究［J］. 工程管理学报，2016(1)：114-119.

［5］ 杨帆，朱毅，蒋超，等. 国际 EPC 项目风险因素研究——以刚果(布)国家一号公路为例［J］. 建筑经济，2013(1)：58-61.

［6］ 王立杰. 投标报价阶段风险对策［J］. 国际工程与劳务，2010(3)：11-15.

［7］ Okmen Onder，Oztas Ahmet. Construction cost analysis underuncertainty with correla-ted cost risk analysis model［J］. Construction Management and Economics，2010，28(9)：203-212.

［8］ 刘光忱，孙磊，赵曼. 基于 EPC 模式下总承包商项目风险管理研究［J］. 沈阳建筑大学学报(社会科学版)，2012(1)：32-37.

海外水电总承包项目中的移民生计恢复模式研究
——以老挝南欧江一期项目为例

黄 晶

（中国电建集团海外投资有限公司，北京 100048）

【摘 要】 水电总承包项目中除了技术问题外，往往还伴随有移民问题，而如今的移民问题已不再只是补偿和安置的问题，移民生计进行恢复和发展越来越受到重视和关注。尤其是在海外水电总承包项目中，除了自身责任外，还要受到社会各界广泛的监督，更要收到东道国政府的严格约束，移民问题关乎民生，如何安置后有效、长久发展成为当下重点研究课题。结合海外水电项目实践和国内经验，文章创新性地构建了阶梯式全周期的移民生计恢复新模式，提出了构建原则、机制、实施程序和保障措施，并在南欧江一期项目实践应用，效果较明显，可作为基础模式进行推广。

【关键词】 海外水电项目；移民生计恢复；模式创新

0 引 言

在"一带一路"倡议的互通互联下，越来越多的中资企业开始了全球化投资，成为全球能源行业最主要参与者之一。然而，在能源开发尤其是水电能源开发过程中，移民问题受到了越来越多的关注。如今的移民问题不再仅是如何补偿、如何安置，也更多地关注如何对移民安置后的生计进行恢复和发展。因此，探索海外水电项目移民生计恢复新模式成为当下必要的研究课题。结合海外水电项目实践，并借鉴国内移民生计恢复经验，文章创新性地构建了阶梯式全周期的移民生计恢复新模式，并通过在老挝南欧江一期水电项目中的应用反馈了较好的效果，对今后探索和发展更为适合国别要求的移民生计恢复模式提供参考。

1 阶梯式全周期移民生计恢复新模式构建

1.1 新模式构建的原则

1.1.1 因地制宜原则

立足当地实际自然和生产条件，以及移民生产生活习惯、特点，有区别性、针对性地制订生计恢复和发展实施方案，尽可能多地利用和挖掘本土性的特色资源，避免外部资源引入带来的相容性差、接受度低的问题。

1.1.2 分类规划原则

鉴于移民安置所在地区和移民自身差异性的存在，规划不能"一刀切"式地按照一

作者简介：黄晶（1988— ），男，硕士研究生，工程师，E-mail：huangjing@powerchina.cn。

种模式进行，需要针对安置特点和移民生计需求对不同类型的发展模式进行有机组合，以主、辅方案相结合的方式，确保规划方案的全面性和充足性。

1.1.3 分期规划原则

采用阶梯式的分期原则规划，以搬迁后基本生活条件能够恢复，短期基本生活条件有所提高，中期家庭标准逐步实现脱贫，长期生计能力得到可持续发展为标准，短、中、长期规划相结合，实现阶梯式、渐进性和可持续的发展目标。

1.1.4 可持续发展原则

从目标制定的长久性、方案实施的延续性、发展要求的阶段性等方面出发，要求方案规划覆盖移民生计恢复的全周期，能够在不同周期阶段发挥不同作用，并在长期实施下确保移民能力发展不间断，生计发展可持续。

1.2 实现路径和目标

根据分期、分类和可持续原则，将移民生计恢复模式按照短、中、长期的周期进行设计，并从阶梯式和渐进式的角度，分为两个阶段六个周期，即阶段Ⅰ生计恢复阶段和阶段Ⅱ生计发展阶段。

阶段Ⅰ可细分为两个周期，即缓冲期和恢复期，从移民搬迁后约持续1~2年时间。由于搬迁、生产资源被淹没、就业问题等客观因素的影响，根据经验曲线，恢复初期生计水平会有一定的降低，因此，该阶段重点开展生计恢复工作，主要通过口粮和现金补助的形式，同时辅助配套必要的生计恢复设施和配置新的生计土地资源等措施，保障移民搬迁后生计能力不降低。

阶段Ⅱ可细分四个周期，即过渡期、起步期、高峰期和稳定期，从生计恢复期目标完成后开始约持续10年时间。该阶段重点开展生计发展工作，通过扶持、委托、合作等不同模式的有机组合，针对不同的移民安置点进行详细规划，并配套必要的资金投入，采取资金扶持、项目援助、培训就业、联合发展等多元模式的有机组合实现移民生计发展目标。进入发展阶段的过渡期，用1~2年的时间，通过改善其基础设施条件，配合适当的培训，实现其生产能力的恢复，恢复目标也以在达到原生活水平的基础上，逐渐再提高20%~40%。其后，在3~6年内，通过项目扶持、技术援助、联合发展等多元方式帮助移民发展生计，并改善其生活条件和水平，将目标值设定为原有水平的160%~180%。当生计发展逐步稳定后，移民的生计恢复和发展工作将进入稳定期，结合项目所在地区的经济发展规划，更多地加强外部资源供给和条件改善，促进移民的产业发展，以最终实现生计目标达到搬迁前的200%。阶梯式全周期移民生计恢复新模式实施机制曲线见图1。

1.3 实施程序

由于新模式是分期、分阶段开展的，因此，其实施程序也分阶段规范。具体实施程序如下：

1.3.1 阶段Ⅰ：生计恢复期

第一步，通过调研评估移民生计能力，由此确定每个移民存的具体恢复期恢复目标和时间，并同时对移民村基础设施条件和生计资源情况开展初评估工作，比选确定主要恢复模式和辅助生计恢复项目；

第二步，业主为移民提供必要的基本口粮补助（实物或等额现金），并协调政府开展生计土地测量和分配工作，为移民提供新的生计土地资源；

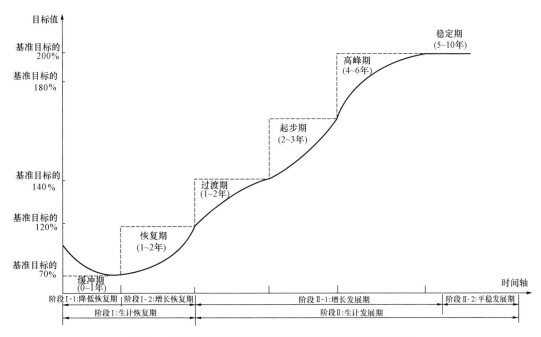

图1 阶梯式全周期移民生计恢复新模式实施机制曲线

第三步，在口粮补助发放期间，业主辅助修建生计恢复道路、灌溉设施等，帮助移民提高生计恢复设施条件，政府则监督移民开展恢复种植工作，以口粮种植为主，经济作物种植为辅；

第四步，在口粮补助发放结束后，由南欧江流域公司业主、地方政府、第三方咨询机构等组成联合评估小组，对移民生计恢复效果进行评估。其中，对于未能达到目标的移民村，将延长口粮补助期，并限定完成期限；对于已达到目标的移民村，将进入阶段Ⅱ生计发展阶段，开始实施发展项目。

1.3.2 阶段Ⅱ：生计发展期

第一步，对于通过评估进入发展阶段的移民村，由业主进行移民村自然资源、设施条件以及移民家庭生计信息收集和分析，并开展移民生计发展项目意愿调查；

第二步，根据信息分析结果和意愿反馈情况，比选生计发展模式，确定发展实施方案，并报送地方政府讨论、确认；

第三步，联合地方政府开展现场调查和详细方案规划工作，并聘请第三方专家对详细方案进行评审，最终报送政府批复实施；

第四步，从内部、外部两个维度由业主、独立第三方专家分别开展全过程独立跟踪监测工作，并对内、外部监测效果对比评估，由业主根据对比评估结果修正或调整实施方案，以完成优化和改进；

第五步，发展期结束，由业主、地方政府、第三方咨询机构等组成联合评估小组，对移民生计发展效果进行评估。其中，对于未能达到目标的，由业主适当延长项目发展期时间，并明确实现目标的底线时间；对于达到目标的，视为完成生计恢复和发展责任，业主同地方政府做交接工作，并由地方政府颁发最终的完成证明或成果证书。阶梯式全周期移民生计恢复新模式实施程序见图2。

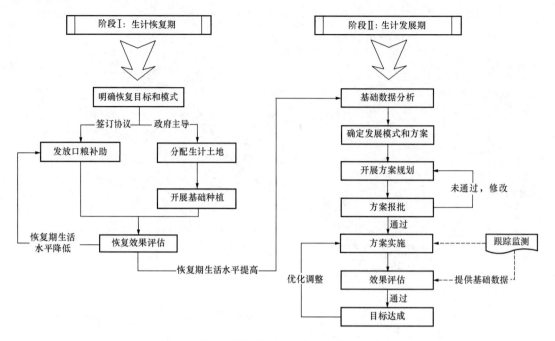

图2　阶梯式全周期移民生计恢复新模式实施程序

1.4　保障措施

为确保整体运行的顺利和每一个步骤实施的有效，分别从组织机构、资金、技术、培训和监测等五个方面为管理实施提供有力保障和支持，建立以组织保障为驱动力，资金保障、技术保障、培训保障、跟踪监测为助推剂的"五位一体"闭合环状保障机制，具体包括：

1.4.1　组织保障

在组织机构设置时将"一把手"设定为第一责任人，实行分层管理机制。按照管理职能划分层次，管理组织机构分为管理决策层、执行层、监督层三个层次。决策层实行"一把手"负责制。执行层负责移民生计恢复和发展总体规划的编审、指导、监督、对外协调以及现场管理实施。监督层分别从内部、外部对移民生计恢复和发展项目实施监管控制与考核评估。同时，由第三方咨询机构作为咨询专家以提供技术、决策等方面的建议和支持。

1.4.2　资金保障

建立专项移民生计恢复和发展基金，运营期前计入投资成本，进入运营期后按照既定比例从发电收益中提取。基金采取专款专用、独立建账建档形式，根据不同周期阶段和恢复发展目标提前规划设置预算方案，用于不同生计发展项目的实施和管理。

1.4.3　技术保障

一方面，成立具有层次性的专项管理和实施小组，对口管理、责任到人，按照模式规定的机制和程序有针对性地实施。另一方面，与地方政府合作，依托于政府的整体社会经济发展规划要求，在政府技术人员的协助下开展具体工作；并与咨询类机构或公司合作，从管理和实施方面提供技术、技能的咨询和支持。

1.4.4 学习培训

建立持续性培训制度，多方联合，发挥各方所长，不定期开展培训，并在移民村设置技术站，以方便对移民生计项目实施指导。另外，通过图册、宣传画、宣传片等简单易懂的方式向移民普及和宣传生产技能和生计政策，帮助移民提高生产能力，并对生产能力突出、学习能力强的移民家庭，提供深度培训学习。

1.4.5 跟踪监测

联合地方、中央等多级政府建立长期、动态的联动监测和评估机制，定期对移民村生计发展项目的效果进行评估，并根据评估结果对管理方案实施动态调整或优化，并通过政府的外部监督，协助业主加强相关管理，确保项目实施的效果。

2 新模式在老挝南欧江一期水电站项目的应用

2.1 南欧江一期项目移民影响概况

南欧江是湄公河西岸老挝境内最大支流，全流域共规划设计 7 个梯级电站，分两期开发，一期项目开发二、五、六级三个电站，共规划设计 9 个移民永久性集中安置点，涉及 22 个村庄 819 户移民搬迁。

2.2 实践效果

借助阶梯式全周期移民生计恢复新模式，南欧江一期项目移民生计恢复工作已初步完成阶段 I 的恢复工作，正在过渡进入阶段 II。通过阶段 I 的实施，南欧江一期项目已累计提供口粮补助资金近百万美元，为移民恢复至原有生活水平提供了充足的资金保障。同时，根据不同阶段的规划内容和目标，南欧江一期辅助修建了数十个基础设施项目、生计恢复配套项目等，多元化地推进了移民生计恢复工作。

从实施效果上看，口粮资金确保了其搬迁后生活水平不降低，生活有保障。对外交通道路的修建，不仅改善了移民村道路不通、对外交流不畅的落后条件，而且让大山深处从未通过公路的村庄通上了公路，大大增强了移民村的交通便利性。沿途，村民也开始经营商店、饭馆，收入渠道得到了拓宽。生计恢复道路的修建，一方面解决了原村庄淹没线上剩余可利用资源的再利用问题，方便了移民种植和减少了土地资源浪费；另一方面，为其开展生计工作实施提供了交通便利性，提高了机械化种植的程度。通过改善移民村周边基础设施条件，如修建排水设施、供水设施、灌溉设施，为移民的生活生产能力提升创造了条件。引入了咨询与监督服务的南欧江一期，让政府参与到生计恢复的规划、指导和监督工作中，不但让业主透彻了解了政府对移民村的发展要求和愿景，也更切合实际、因地制宜地指导开展了生计恢复和发展规划。

3 结 语

阶梯式全周期的移民生计恢复模式是在传统以补偿为主的生计恢复模式上的创新，并结合了移民生计恢复的经验曲线和周期特征，分阶段、渐进式地规划设计和实施移民生计恢复工作，并通过辅助项目、设施、培训、独立监测等措施，多元化、全方位地保障了移民在生计恢复的同时也能够具备可持续发展的条件。在结合不同国别法律政策和移民特点的基础上，以该模式作为基础模型，通过改造、变换、优化等方式可以创新出更多的具有针对性的新型移民生计恢复模式，可为海外水电开发移民生计问题解决提供参考。

参考文献

[1]　南欧江流域发电有限公司. 南欧江梯级水电站移民生计恢复规划方案[R]. 2016.

[2]　严登才. 水库移民可持续生计研究[J]. 水利发展研究. 2012(10)，40-44.

[3]　严登才，施国庆，伊庆山. 水库建设对移民可持续生计的影响及重建路径[J]. 水利发展研究. 2011(6)，49-53.

[4]　杨涛，李向阳. 工程建设被征地移民可持续生计研究[J]. 人民黄河. 2006(5)，8-9.

[5]　陈建西，何明章. 论工程移民后期扶持与可持续发展[J]. 华东经济管理. 2009(5)，158-160.

[6]　苏芳，徐中民，尚海洋. 可持续生计分析研究综述[J]. 地球科学进展. 2009(1)，61-68.

两河口水电站移民代建工程总承包
模式下的安全管理

丁惠华

（雅砻江流域水电开发有限公司两河口建设管理局，四川雅江 627450）

【摘　要】 本文主要阐述了总承包模式下，项目安全管理的认识以及需要改变的传统的管理思维模式，创新总承包模式下项目安全管理思路。

【关键词】 两河口水电站；移民代建；总承包；安全；管理

0　引　　言

两河口水电站位于四川省甘孜州雅江县，为雅砻江流域中、下游梯级电站的"龙头电站"。枢纽工程为一等大（1）型工程，永久性主要建筑物级别为 1 级，永久性次要建筑物级别为 3 级。电站大坝为砾石土心墙堆石坝，最大坝高 295.0m，电站装机容量3000MW。雅砻江流域水电开发有公司负责的移民代建工程包括：库区复建县道 X037线普巴绒至溪工沟段，库区复建县道 XV02 线两河口至瓦日乡段，木绒大桥及其引道段等六个库周交通恢复工程，雅江县瓦多集镇、普巴绒集镇、道孚县亚卓集镇及道孚县四座寺院基础设施复建工程，雅江县库区复建输变电工程，道孚县库区复建输变电工程，库区复建桥梁工程混凝土骨料加工系统建设及运行工程。其中，复建公路线路总长约235.06km，包括特大桥 7 座（总长 3303.8m），大桥 16 座（总长 3392.22m），隧道17177m/24 座。

1　工程总承包模式简介

按照《大中型水利水电工程建设征地补偿和移民安置条例》（中华人民共和国国务院令第 679 号）的规定，移民安置工作实行政府领导、分级负责、县为基础、项目法人参与的管理机制。大型水电站库区移民复建工程往往涉及点多、面广、战线长、规模大、设计施工技术复杂，为深入贯彻落实"先移民后建设"的水电开发新方针，充分发挥水电开发企业在工程建设管理上的优势，确保移民工程质量，有效控制工程投资，加快库区移民安置专业项目进程，满足电站按期下闸蓄水要求，由水电开发企业负责库区移民复建工程代建是大势所趋，移民代建工程管理模式是工程建设组织实施方式的体制创新。

采用设计施工总承包模式实施的代建工程包括库区复建县道 XV02 线密贵沟至瓦日乡段，木绒大桥及其引道段等六个库周交通恢复工程，雅江县瓦多集镇及道孚县亚卓集镇基础设施复建工程二期，雅江县普巴绒集镇及道孚县四座寺院基础设施复建工程，雅

作者简介：丁惠华，男，高级工程师，E-mail：dinghuihua@ylhdc.com.cn。

江县库区复建输变电工程二期及运行维护，道孚县库区复建输变电工程，库区复建桥梁工程混凝土骨料加工系统建设及运行工程，复建雅新路 X037 线普巴绒至溪工沟段、复建雅道路 XV02 线两河口至密贵沟段、雅江县库区输变电复建工程（一期）等验收移交、复建雅新路 X037 线普巴绒至溪工沟段和复建雅道路 XV02 线两河口至密贵沟段的隧道机电设备采购和安装。

工程设计施工总承包是工程总承包单位受发包人委托，按照合同约定对工程建设项目的设计、采购、施工、试运行（竣工验收）等实行全过程承包或若干部分内容进行承包。根据《建设工程安全生产管理条例》，建设工程实行设计施工总承包的，由总承包单位对施工现场的安全生产管理负总体责任。总包单位应当自行完成建设工程主体结构的施工，总包单位依法将建设工程分包给其他单位的，分包合同中应当明确各自的安全生产方面的权利、义务。总包单位和分包单位对分包工程的安全生产承担连带责任。分包单位应当服从总包单位的安全生产管理，分包单位不服从管理导致发生生产安全事故的，由分包单位承担主要责任。如何搞好总包工程安全管理，充分发挥总承包设计龙头优势，不断应用、总结和提高，是一个创新的课题。

2 两河口水电站工程总承包模式安全管理特点

2.1 明确了目标界面管理

两河口建设管理局在总承包单位一进场即与总承包单位签订了明确的安全生产目标责任书，界定了各自安全管理的界面及职责，将目标进行层层分解、落实到每一个部门，从而规范安全管理，防止安全管理错位、越位、缺位，促使参建各方各司其职。针对目标如何实现，对目标进行了详细分解，根据不同项目的施工特点制定详细的施工专项方案，方案制定后进行层层交底，促使每一个人员充分认识如何实现目标的各项管理方法、手段、技术等要求。针对具体目标采取激励机制。在现实的施工管理过程中，尤其是对作业人员的管理尤为欠缺，事儿是作业人员干出来的，如何使作业人员严格按照规程、规范执行是管理的核心，激励机制如果能深入作业基层，将是实现目标至关重要的环节。

2.2 精细化安全管理

千里之堤溃于蚁穴。回眸事故，触目惊心，发生的任何重特大事故，基本都是由于细节疏忽和粗放式管理所致。血淋淋的事故教训警示我们，细节决定安危与成败，要安全更多的是需要"精细化的管理"。"精者"乃去其粗也，不断提炼，精心筛选，从而找到解决问题的最佳手段与措施。"细者"乃入其微，穷其根源，乃由粗及细，从而找到事物的内在规律性和相互联系。不难看出，任何一个细节上的疏忽和管理上的缺失，都可能带来惨痛教训。许多人身伤亡的重大事故都是从那些不起眼的"细节"疏忽和管理粗放而造成。因此，总承包项目实施安全精细化管理可为我们的人身和财产安全起到保驾护航，添加一道更加坚实的安全屏障。

2.3 建立高效的安全管理组织机构

管理局成立了以党委书记、局长为主任，各参建单位主要负责人共同参与的工程项目安全生产委员会，并根据各阶段人员变化情况及时调整更新；设置了安全环保部，配置 7 名专职安全管理人员负责工程建设日常安全生产监督管理工作。建立起以管理局局长牵头，管理局领导、各部门和各参建单位主要负责人全面负责的安全生产保证体系；建立起以工程项目安委会为领导，各参建单位安全分管领导、安全管理人员组成的安全监督体系。安全生产保证体系和安全监督体系根据职责分工分别做好工程建设安全生产管理工作，满足了总承包工程项目安全生产管理需要。同时总承包单位和各分包单位也建立了满足要求的安全管理机构，确保了施工现场凡事有人负责、凡事有章可循、凡事有据可查、凡事有人监督、凡事有查必果。不断提高作业人员对安全文明施工的重视，时时将"我要安全"放在第一位，所有参建人员需统一思想，增强安全责任意识，没有安全就没有进度的意识。安全管理组织机构假如是一台机器，那就需要机器上的每一个部件均需发挥各自的安全职责，整个组织才能安全运转，安全目标才有保障。

2.4 以安全文明示范创建为抓手， 推进安全生产标准化建设

为进一步夯实安全管理工作，强化现场安全风险管控，提高安全管理水平，确保工程安全有序推进，2014 年 4 月，两河口建设管理局就开始推进施工现场安全生产标准化建设。管理局多次邀请外部专家到工地进行咨询，本着集中整治、阶段提升、持续改进的原则及"业主主导、监理单位监督、施工单位主体负责、设计检测单位参与"的管理机制，以创建安全示范区、安全文明示范班组为抓手，建立安全绩效持续改进的安全生产长效机制。现场以点带线、以线促面，着力推进安全生产标准化建设，推动工程安全文明施工再上新台阶，努力打造水电开发安全文明施工示范工程。

2.5 确保安全生产保障投入并有效使用

为了有效保证、控制安全生产投入，管理局制定了《建设项目安全生产费用管理制度》，明确要求各参建单位应当及时、足额提取安全生产费用，应当按合同项目清单和规定范围安排使用，实行专户核算，按规定范围安排使用，不得挪用、挤占或提而不用，不得转移资金或不合理使用。各参建单位制定了年度安全生产投入计划，月度安全生产投入计划并报监理单位审批，监理批准后实施，具体实施工程量由监理单位现场进行签证，严格按照计划—审批—实施—验收—支付的流程及时足额支付安全生产费用，确保安全生产费用落实到位，建立安全生产费用台账，做到专款专用。另外各分包单位按照项目进度制定详细的安全生产费用使用和投入计划，在费用使用过程中严格审核，各分包商上报的每一笔安全生产费用的支出要做到使用证据明确、票据完整、性质合理、账目清晰，确保安全生产费用投入有效，从而为安全施工创造必要的资金条件。

2.6 危险源的辨识和过程监控

为加强和规范各类重大危险源的管理，切实保证重大危险源管在可控范围，防止重特大事故的发生，印发了《建设项目重大危险源管理制度》。为了指导、监督各参建单位开展危险源辨识和重要风险管控，根据工程建设状况实时印发了《关于开展危险源辨识和重要风险管控的通知》、《关于全面做好工程项目重大危险源安全管理的通知》，要求按照安全和职业卫生管理的相关规定和要求，对工作、活动范围内的各类风险（危险源）进行辨识、评价，汇编后形成风险（危险源）辨识清单和管理方案，推进安全与职

业卫生管理体系持续有效运行。同时，推行两河口工程安全"四级预警"（蓝色预警表示安全可控、黄色预警表示需要整改、橙色预警表示需要立即整改、红色预警表示停工整顿）及"三级约谈"（一级由管理局项目管理部门约谈、二级由管理局安监部门约谈、三级由管理局局长约谈）机制，并着力推进重大问题挂牌督办机制，促进管理水平的提升。

2.7　加强隐患排查治理

任何安全事故的发生、发展都有一个从量变到质变的发展过程，通过精细化安全生产管理，遏制各种不利要素量变发展，防止其发生质的突变，及时发现事故苗头和存在的隐患，及时"对症下药"，未雨绸缪，从而防患事故于未然。一般任何事故发生前，均会有预兆。隐患排查和分包单位的自查，虽无法覆盖各作业时段，但通过不断的隐患排查，事故危险一定能被发现。通过多年总承包施工安全生产管理的工作实践，体会到隐患排查最到位最可靠的方法就是通过群查法，更新时空观念，延伸安全管理触角，建立安全生产监督网络制度，全员参与、群策、群查与群防。安全生产管理是一个系统复杂的管理工程，必须依靠参与各方的共同努力才能得以实现。各单位要建立健全适合自身的有效的具有群众性基础的安全监督网络，充分发挥各基层班组人员的安全职责，充分调动全员预防事故的积极性和主观能动性。

2.8　完善应急管理机制

为加强建设项目应急救援管理，有效预防和妥善处置突发公共事件，维护公共利益和社会秩序，最大限度地减少人身财产损失，保持社会政治稳定，保障工程建设的顺利进行，根据国家、行业和地方人民政府关于加强突发事件安全生产应急工作的要求，编制印发了《建设项目应急管理制度》，经过风险分析，编制了相应的应急救援预案，组织成立了由各参建单位第一负责人参加的两河口工程突发公共事件应急救援领导小组，成立了建设工程项目应急管理办公室，明确专人负责日常的应急管理工作，形成了较为完善的应急管理体系；建设管理局协商有关单位，建立工程区域移动、电信通讯及网络系统，制订了应急通讯录及必要的图纸、图表并适时更新；理局组织相关单位负责统供物资的供应保障工作，根据应急功能和需要，配备充足包括应急人员防护用品、破拆、吊装、运送、挖掘、切割、探测、支撑、电力等设备和仪器的应急装备；管理局按照制度要求，执行 24 小时应急值班，通过手机短信及 QQ 信息及时传达水情、道路及降雨降雪信息，并做好应急值班记录；管理局每年组织参建单位开展防洪度汛及地质灾害方案应急处置演练，通过应急处置演练，提高了参建单位在突发情况下的应急处置能力，检验了管理局应急指挥中心、单兵系统、对讲机系统和卫星电话联动运行效果，为更好的应对灾害性气候、抓实防灾减灾工作打下了良好基础。

3　结　　语

两河口水电站库区复建工程地处藏区腹地，康巴文化核心区，高寒、高海拔、自然环境恶劣、社会环境复杂、征地移民困难、生态保护要求高、施工条件艰苦、特大桥设计施工难度大，点多面广战线长，安全管控难度大，库区复建工程管理难度大。为确保工程安全、质量、进度、投资、水保环保等目标，库区复建工程由地方政府委托企业法人代建是大势所趋，可将移民代建工程目标与电站下闸蓄水、发电等主体目标有机结合起来，充分发挥企业法人的管理优势、主观能动性及社会责任意识。而对在藏区进行移民代建工程管理模式的研究是新形势下管理模式上的一种创新，可为雅砻江流域及其他流域类似移民代建工程管理模式提供借鉴。

参考文献

［1］ GB/T 50358—2005 建设项目工程总承包管理规范［S］. 北京：中国建筑工业出版社，2005.

［2］ 饶勃. 工程项目管理与总承包［M］. 北京：中国建筑工业出版社，2005.

［3］ 王伍仁 .EPC 工程总承包管理［M］. 北京：中国建筑工业出版社，2008.

信息化技术在海外梯级水电站建设总承包
项目工程造价管理中的应用研究

吴相双

（中国电建集团海外投资有限公司，北京 100048）

【摘　要】　水利水电工程投资巨大，但长期以来其造价管理工作相对滞后，信息化程度较低，本文阐述了水利水电工程造价管理中所存在的问题，论述了信息系统集成技术和 BIM 技术，针对水利水电工程造价管理信息化需求，构建了水利水电工程造价管理信息化系统，为水利水电工程造价管理提供了信息化管理平台，从而更好地发挥水利水电工程投资效益。

【关键词】　水利水电工程；造价管理；信息化；BIM

0　引　　言

　　水利水电工程是国家重要的基础设施工程，在国民经济发展中占有重要地位，我国在水利水电工程建设方面的投资巨大，"十三五"期间投资规模将进一步提高。为了充分发挥水利水电工程投资效益，开展了水利水电工程造价管理工作，为水利建设项目决策提供科学依据，对水利水电工程投资规模进行宏观控制；然而，目前我国水利水电工程造价管理工作相对滞后、管理体系不够完善、信息化程度落后，在很大程度上影响了水利水电工程投资效益的发挥[1]。本文通过研究信息化技术在水利水电工程造价中的应用，构建水利水电工程造价管理系统，以期达到科学、合理、高效地开展水利水电工程造价管理工作的目的。

1　水利水电工程造价管理中存在的问题

　　工程造价管理是在统一目标、各负其责的原则下，为确保建设工程的经济效益和有关方面的经济权益而对建设工程的建设成本和工程承发包价格进行管理的一项活动，涉及项目从可行性分析到竣工决算的各个环节，牵扯到项目的业主方、设计方、监理方、施工方等多方单位[2]。水利水电工程造价管理在水利水电工程建设中发挥了重要的作用，为建设项目决策、投资规模控制、筹措资金、工程招投标和工程施工提供了重要的基础资料和可靠的科学依据。然而，目前在我国水利水电工程造价管理中依然存在着许多问题，主要体现在以下几个方面。

1.1　管理制度不够健全

　　我国水利水电工程造价管理工作受计划经济影响较大，管理体系相对滞后，相关法律

作者简介：吴相双（1990—　），男，工程师，E-mail：wuxiangshuang@163.com。

法规不够健全，工程造价控制和管理程序不够规范和系统化，且缺乏灵活性[3]。以工程定额为例，工程定额包括全国统一定额、行业统一定额、地区统一定额、企业定额和补充定额等，在执行过程中存在着相互矛盾的现象，影响工程造价管理工作的顺利进行。

1.2　工程计价方法不够标准

我国普遍采用工程前预算确定工程造价，按定额计算直接费用，按取费标准计算间接费用、利润、税金，再依据有关文件规定进行调整、补充，最后得到工程造价。这种工程计价方法不能真实、准确地反映建设工程造价[1]。

1.3　过程监督及控制不够完善

水利水电工程建设中存在着一些不正当竞争，通过违规手段压低造价、拖欠工程款、垫资施工、转包、违法分包等现象仍然存在，导致部分工程项目质量较差、建设周期延长，预算成本增加，造成工程造价管理工作无法顺利进行[4]；另外，动态的水利水电工程施工与实际造价管理工作脱节，难以实现对工程造价的有效控制[3]。

1.4　信息化水平较低

水利水电工程造价管理信息化工作起步较晚、水平较低，而且造价管理体系不够健全、计价方式不统一，造成了工程造价信息缺乏统一标准且缺乏时效性、软件重复开发且功能单一、各类软件相互独立且难以数据共享等[4]。

2　水利水电工程造价管理信息化技术

随着信息技术的快速发展，借助先进的系统集成技术与 BIM（Building Information Modeling，建筑信息模型）技术能够有效推进水利水电工程造价管理信息化进程，为水利水电工程造价管理工作提供数字化平台。以下从信息系统集成技术和 BIM 技术两个方面进行阐述。

2.1　信息系统集成技术

信息系统集成技术主要包括系统开发模式、系统开发平台和系统架构等内容。

1. 系统开发模式

目前常见的软件系统采用的开发模式主要包括 C/S（Client/Server，客户端/服务器）模式和 B/S（Brower/Server，浏览器/服务器）模式。

C/S 模式是最早出现的开发模式，通常采用高性能的服务器、工作站和大型数据库系统，客户端需要安装专用的客户端软件；B/S 模式是 Web 兴起后的一种网络结构模式，将系统的核心部分集中到服务器上，用户只需安装浏览器即可使用系统，简化了系统的开发、维护的工作量。

C/S 模式和 B/S 模式各有优劣，C/S 模式适用于对人机交互和安全性要求高、数据处理量大的系统，而 B/S 模式适用于具有分布式特性、有大规模应用需求的系统。

水利水电工程造价管理信息化系统一般需要开放给各类单位和人员使用，具有较强的分布式需求，且系统计算量不大，较宜采用 B/S 模式进行开发。

2. 系统开发平台

目前，主流系统开发平台主要包括 Java、.Net、PHP 等技术体系，均能够满足系统集成需要，可以根据实际需要，结合已有信息系统情况，选择成本较低、易于集成的系统开发平台来进行系统构建。

3. 系统架构

软件系统通用的三层架构，将系统划分为界面表示层、业务逻辑层和数据访问层三个层面，其中，界面表示层主要为用户提供交互式操作界面，业务逻辑层主要实现系统核心业务的处理，数据访问层为业务逻辑层提供数据服务，从而实现层内"高内聚"和层间"低耦合"，提高系统的开发效率和可扩展性。另外，用面向服务的架构（Service Oriented Architecture，SOA），将各个功能模块封装成独立的模块化的 Web 服务，服务间利用标准化数据接口进行通信，从而实现多类系统的有效集成，解决"信息孤岛"难题。

2.2 BIM 技术

建筑信息模型（Building Information Modeling，BIM），是以建筑工程项目的各项相关信息数据作为模型基础，进行建筑模型的构建，通过数字信息仿真模拟建筑物所具有的真实信息，可为设计、施工、造价等环节提供模拟和分析的协同工作平台，使得整个项目在设计、施工和运维等阶段都能够节约成本、提高效率，相对于传统工程建设方式，BIM 具有可视化、协调性、模拟性、优化性和可出图性等特点。

BIM 在水利建设项目造价管理信息化方面有着传统技术不可比拟的优势，其应用贯穿工程造价管理的全过程：在项目的决策阶段，对多个方案 BIM 档案信息比较，对项目的可行性、合理性及费用可直观进行综合分析，做出科学决策；在设计阶段，设计方案的 BIM 模型可将数字信息无缝传递给建筑、结构、安装等各专业；在招投标阶段，利用 BIM 模型直接统计出实物工程量，根据清单计价规则形成招标文件的工程量清单，业主可快速完成招标控制价或标底的编制；在施工阶段，利用 BIM 模型，可分析统计成本费用，工程结算时可以根据 BIM 模型进行施工进度款的支付，有效避免超付或者延付情况的发生[6]。

3 水利水电工程造价管理信息系统

针对水利水电工程造价管理的现状以及存在的问题，结合先进的信息系统集成技术和 BIM 技术，构建水利水电工程造价管理信息系统，将水利水电工程造价管理流程与制度集成在软件系统中，以达到管理标准化与规范化的目的，并利用信息化的手段提高水利水电工程造价管理工作的效率，从而更好地发挥水利水电工程投资效益。

水利水电工程造价管理信息系统分为信息管理子系统和 BIM 子系统，两者相互融合，数据共享，形成统一的造价管理平台。水利水电工程造价管理信息系统功能结构如图 1 所示。

信息管理子系统主要是实现工程管理、概预算管理、变更管理、合同管理、结算管理和统计分析等功能，BIM 子系统主要实现 BIM 模型管理、BIM 数据采集和 BIM 算量等功能。

（1）工程管理：主要实现对工程信息的管理，包括工程的基本信息、工程状态信息等，是整个工程的信息基础。

（2）概预算管理：主要用来实现项目概算阶段和预算阶段的工程审核审批工作，实现工程造价的合理控制，提供各类工程概预算数据的查看及对比功能。

（3）变更管理：主要实现功能变更登记、审批及明细表管理，用于控制变更费用。

（4）合同管理：主要实现各类工程合同的管理。

（5）结算管理：主要实现结算文件、结算数据管理和结算报表的功能。

（6）统计分析：主要实现工程造价数据的查询统计、生产报表和费用分析的功能。

（7）BIM 模型管理：实现对功能内各类 BIM 模型的管理，是 BIM 子系统的基础。

（8）BIM 数据采集：实现对工程造价管理数据的采集，与信息管理子系统实现数据共享，并在 BIM 系统中进行集成。

（9）BIM 算量：基于 BIM 模型进行工程量计算，并与信息管理子系统相关联。

另外，水利水电工程造价管理信息系统针对实际工程需求可以进行功能定制，并提供系统用户、角色、权限管理，实现系统的权限控制。

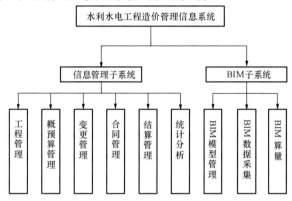

图1　水利水电工程造价管理信息系统功能结构图

4　结　　语

本文分析了水利水电工程造价管理中存在的各类问题，论述了目前应用在水利水电工程造价管理中的信息化技术，并针对水利水电工程造价管理需求，构建了涵盖信息管理子系统和 BIM 子系统的水利水电工程造价管理信息系统，以期通过信息化技术提高水利水电工程造价管理效率与水平。

参考文献

［1］　马明娟．水利水电工程造价管理存在的问题及发展方向[J]．水利水电技术，2012，43（10）：48-49．

［2］　刘兴华，吕晶．水利水电工程造价管理与信息技术[J]．中国科技信息，2006(6)：100-101．

［3］　曹秋双．水利水电工程造价管理与控制[J]．科技资讯，2015(9)：115-115．

［4］　梁姈．试论信息技术在水利水电工程造价管理中的应用[J]．科技与创新，2015(3)：52-53．

［5］　赵丰，赵端正．基于 B/S、C/S 集成模式应用软件的开发研究[J]．中国科技信息，2006(18)：171-173．

［6］　王淑珍．BIM 技术在水利工程造价中的应用[J]．河北水利，2014(3)：30．

以标准化和信息化"两化融合"促企业管理提升

田少强

（中国电建集团海外投资有限公司，北京 100048）

【摘　要】 企业标准化是现代企业集约化高效管理的基本方法，是企业进一步提高生产经营水平、不断推动技术和管理创新、完善企业治理结构的需要，是企业科学管理、规范管理的重要内容。信息化是将现代信息技术与先进的管理理念相融合，重新整合公司内外部资源，提高公司效率和效益、增强企业竞争力的过程。标准化和信息化融合，将使企业生产经营更加规范、高效，进而提升企业管理水平。

【关键词】 标准化；信息化；两化融合；管理提升

0　引　言

进入 21 世纪以来，世界经济全球化深入发展，全球治理结构进入调整期，围绕市场、资源、人才、技术、标准等的国际竞争越来越激烈。标准化作为现代企业集约化高效管理的基本方法，是全面规范企业生产经营活动，控制生产成本、创造最佳经济效益的有效手段，是推动企业技术进步的重要方法，是企业优化产业结构，进行经济转型升级，提升企业核心竞争力与品牌影响力的有效途径。信息化系统作为信息管理平台，将现代信息技术与先进的管理理念相融合，优化整合公司内外部资源，提高企业经营效益、增强企业竞争力。通过信息化系统固化标准化建设成果，有助于将标准化要求落到实处。标准化和信息化"两化融合"管理概念的引用与实施具有重要的现实意义。笔者曾分别在四川沙湾水电站和老挝南俄 5 水电站从事标准化、信息化建设，见证了标准化和信息化"两化融合"为企业带来的发展变化。

1　标准化和信息化间的相互关系

1.1　标准化建设需要信息化提供技术支持

标准化建设是一项复杂的系统性工程，其涉及企业生产经营的各个方面，需要汇集生产技术、企业管理等诸多方面的信息，标准化建设者之间需要信息交流和沟通，以达到管理规定协商一致的要求。作为先进的信息传递及存储系统，信息化系统无疑将为标准化建设提供优异的信息传递平台。企业通过信息化手段，将有力推进企业管理的标准化、流程化、信息化，促进企业创新发展。企业标准体系进行信息化管理将固化标准化建设的成果，落实标准化的要求。因此，企业实施标准化需要信息化提供技术支持。[1]

1.2　信息化建设离不开标准化的基础支撑

信息化系统的实效性主要取决于其业务流程是否满足企业生产经营的实际需求。作

作者简介：田少强（1977—　），男，高级工程师，E-mail：17142919@qq.com。

为信息化建设的关键环节，即需求分析阶段的核心任务是厘清企业的管理链条，明确业务管理中各环节的关系，制定合理的管理流程，并根据管理环节的需要定制相应的记录表单。而上述信息化建设所需的基础资料正是标准化建设形成的成果。按照标准化建设要求，标准体系应形成企业管理流程及相应的记录表单。在此标准化成果的基础上开展信息化建设将事半功倍，借助计算机软件将标准化成果转化为信息系统控制流程及对应的人机界面，即可达到信息化实效的要求。因此，标准化为信息化的发展提供流程开发、界面设计、数据加工等一系列需求成果，是信息化建设的基础支撑。[1]

2 标准化和信息化"两化融合"的实施要点及措施

2.1 准确定位，制定符合企业实际的标准化和信息化 "两化融合" 战略

标准化和信息化建设都是复杂的系统工程，在项目实施前就应结合企业实际情况，统筹考虑、准确定位，制定符合企业发展需要的标准化和信息化"两化"融合战略，并将标准化和信息化工作纳入企业发展战略，充分认识到企业的标准化和信息化建设的重要性以及两者之间的相互关系，坚持"企业标准化建设应依托信息化技术，信息化技术应用以标准化建设为前提"的原则，既考虑当前需求，又结合企业发展适度超前筹划，制定科学的标准化和信息化融合战略，为企业可持续发展提供支撑。

2.2 扎实开展标准化建设，提高标准文本质量，为信息化建设奠定基础

企业应紧密结合自身业务的具体特点和管理内容，扎实开展标准化建设，制订符合实际的企业标准化实施方案，建立健全标准体系表，做好全局性、统筹性工作。对企业管理事项的规定应在国家、地方、行业相关法律、法规和标准的要求下，结合企业实际情况进行细化、明确，力求可操作性。因此，企业在标准化建设中应做好相关法律、法规和标准的收集、整理、分析、对比工作，并结合企业相关管理制度，编制标准体系文件。在体系创建及实施过程中应建立完善的信息收集与传递渠道和平台，及时开展监督、检查与改进，确保标准化体系实现"PDCA"的良好运行与不断改进。实现技术标准全业务覆盖，管理标准全流程覆盖，工作标准全岗位覆盖。通过采用企业标准化创建成果，统一规范企业业务处理流程，为信息化建设提供系统开发所需业务流程及记录表单的支持，为信息化建设奠定良好的基础。

2.3 通过信息化技术固化、优化业务流程，确保标准 "落地生辉"

信息化作为先进的管理策略，能通过信息化技术固化、优化企业业务流程，严格按照已经制定的标准落实各项工作事务。因此，在信息化建设中，应在充分运用标准化成果的基础上，力求进一步简化、优化业务流程，实现专业工作标准化、管理工作信息化，进一步理顺生产工作流程；实现生产经营业务流程的闭环管理，做到企业账、卡、表、票等全部实现电子化生成、传递、流转；实现企业从决策人员到各部门、车间（班组）等生产业务计算机网络化管理。通过信息化系统的开发和运用，实现标准体系的持续改进，确保标准"落地生辉"。

2.4 充分发挥专业带头人的引领作用

企业发展的关键是人才，标准化和信息化建设作为专业性很强的复杂工程，专业带头人的引领作用尤为重要。企业需要专业带头人在标准体系创建、信息化系统的搭建中

发挥引领作用。对此，企业应招贤纳士，引进、抽调和培训人才。打造出懂专业、懂管理、有责任心的标准化、信息化建设专业带头人及相应的管理团队。这样一是能在专业带头人的创建导向下避免走弯路，提高工作效率及成效；二是通过自身打造的标准化和信息化建设管理团队，既能够保证企业标准创建的质量，又有利于开展标准的贯彻执行和持续改进，亦为企业可持续发展奠定了好的人力资源基础。

2.5 夯实基础、循序渐进

为了保证信息化项目顺利实施和稳步推进，依据信息化系统自身内在规律及实施顺序，应在标准化创建成果的基础上，坚持"夯实基础、循序渐进"的原则。采取"先基础，后高级；先固化，后优化""先易后难，重点突破，兼顾一般""管理提升与变革同步，流程变革先于系统实现"等技术策略，先进行信息化系统的基础模块，逐步实现高级分析类的应用模块和高级决策分析功能。突出系统建设的阶段性重点，逐步实现从基础功能到高级决策支持的发展。

3 实施效果

实践证明，深入推行标准化和信息化"两化融合"将实现企业标准体系和生产经营信息共享，为标准的执行奠定基础。通过信息化系统对标准流程固化、优化，把标准内容和要求嵌入业务流程的每项操作和环节，将实现标准强化执行。比如，四川沙湾水电站和老挝南俄 5 水电站通过生产管理信息系统建设，"两票三制"等电力生产管理要求得到深入贯彻落实。企业开展标准化和信息化"两化融合"，将把企业生产经营全过程的各个要素和环节组织起来，使的各项生产经营活动达到规范化、科学化、程序化，建立起生产、经营的最佳秩序。实现标准化和信息化的协同发展，企业工作效率将得到大幅提高，管理水平也将得到很大提升。

3.1 标准化和信息化 "两化融合" 有利于企业提升经营管理水平、促进企业降本增效

实施标准化和信息化"两化融合"能够使企业生产经营活动各项规定更加明确具体，可以使企业的经营决策者、经营管理者、监督者和执行作业层恪尽职守，形成良好的运行机制，各项工作能按照标准要求扎实开展，从而切实提升企业管理水平和生产经营能力，有效降低生产成本，增加企业效益。例如，四川沙湾水电站和老挝南俄 5 水电站在标准化创建的基础上开发了生产管理信息系统，通过"两化融合"的协同发展，有力降低了设备故障率和生产成本，提升了公司各级管理人员对现场生产的管控能力和管理水平。

3.2 通过信息化手段固化标准化管理流程和表单，实现标准化落地

作为标准化贯彻落实的有力手段，信息化系统的开发应用固化了标准化管理流程和表单，将有力推进企业标准化建设进程，切实将标准化工作落到实处。一是提升各项闭环管理和痕迹资料的保留；二是流程和表单通过运行得以检验提升，进而，促进了标准体系的不断完善，实现标准化落地。比如，四川沙湾水电站和老挝南俄 5 水电站通过生产管理信息系统中的工作票和操作票功能模块将电力生产"两票"的相关管控要求落实到具体各个环节，切实提升了公司安全生产管理水平。

3.3　建立健全设备台账，规范生产基础数据

根据标准化创建成果，通过信息化系统生产设备目录的梳理及编码，运用设备缺陷管理、设备检修及技改管理、工单、工作票等功能，能够高效地建立起完善的设备台账。通过信息化系统的开发运用，可以方便地查看到设备的缺陷处理、检修、技改等信息，从而借助信息化平台将进一步建立健全生产设备台账，规范生产基础数据。

3.4　培养和造就一批人才、提高人员素质

通过标准体系的构建和信息系统的开发建设，促使员工一道思考企业生产经营管理的各项事务，对一些与岗位有关的技术标准、管理标准和工作标准进行深入思考，形成比较明晰的工作思路，将提高员工的管理水平和能力。标准化、信息化的工作涉及企业管理的方方面面，对人员的素质要求较高，在创建过程中，一方面能培养一批标准化、信息化工作的骨干，另一方面也将发现一些潜在的人才以及个别员工的工作特长。在实施标准并借助信息系统贯彻过程中，员工的责任心、凝聚力和团队意识显著增强，企业文化不断提升。

4　结　语

通过标准化和信息化"两化融合"，企业将细化明确生产经营活动中的管理规则和实施流程，有利于企业优化、整合各项资源，形成良好的生产经营秩序。建立企业标准化和信息化"两化融合"体系，是企业增强核心竞争力，促进可持续良好发展的需要。

参考文献

[1] 尹建新. 企业标准化信息化融合存在的问题与对策[J]. 企业科技与发展，2012(10)：70-72＋77.

杨房沟水电站总承包模式下信息化建设管理探索

翟海峰，章环境

（雅砻江流域水电开发有限公司，四川成都 610051）

【摘　要】 在水电建设发展的新形势下，雅砻江公司创新性地在杨房沟水电站采用设计施工总承包建设模式，结合总承包模式下工程建设的管理需要，建设了杨房沟设计施工 BIM 管理系统，通过对工程设计、质量、进度、投资等信息全面把控，对系统模块进行了功能及应用简介，并对总承包模式下信息化建设过程中的组织、培训、功能、性能四方面保证进行了探讨。

【关键词】 水利水电；总承包；信息化；BIM

0　引　言

国家"十三五"规划中明确了各行业信息化发展必须紧紧围绕"互联网＋"行动计划实施。从传统基础设施信息化角度来看，"十三五"期间基础设施智能化、信息化改造将会进一步加速，走一条"水泥＋钢铁＋数字"的基础设施建设改造道路，将成为传统基础设施建设在"互联网＋"时代的一种必然选择。通过应用现代信息技术使得工程管理组织趋于"扁平化"，解决工程管理中信息的收集、处理、存储、共享等问题[1]。

杨房沟水电站作为国内首个采用设计施工总承包（EPC）模式的大型水电项目，被业内誉为"第二次鲁布革冲击波"，开创了全国大型水电站建设模式的时代先河，是我国新常态下水电开发理念与方式的重大创新[2]。为满足 EPC 模式下杨房沟水电站建设管理需求，急需研发一套基于"多维 BIM"的工程数字化设计和施工管理一体化系统，以工程大数据管控为切入口，实现工程可视化智慧管理，通过利用数字化手段和 BIM 技术对工程建设进度、质量、投资信息进行全面管控，提高工程建设与运营管理信息化水平，改善工程质量，发挥经济和社会效益。

1　总承包模式下信息系统模块建设

结合总承包项目的业务需求，建设了杨房沟设计施工 BIM 管理系统（以下简称"BIM 系统"），通过各业务模块开发建设应用，实现了对总承包项目设计、质量、进度、投资、安全监测、视频监控等的全面把控。杨房沟设计施工 BIM 管理系统界面见图 1。

1.1　设计管理模块

杨房沟总承包模式下引入设计监理对总承包设计成果进行审查，在 BIM 系统中设

作者简介：翟海峰（1989—　），男，从事工程信息化项目管理，E-mail：zhaihaifeng@ylhdc.com.cn。

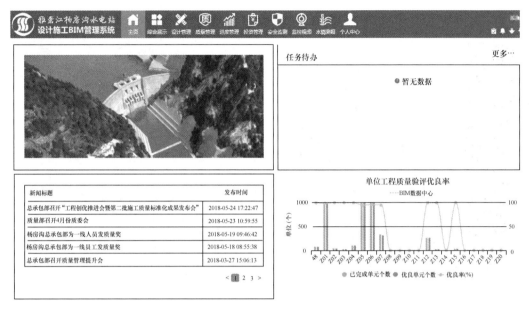

图 1 杨房沟设计施工 BIM 管理系统界面

计管理模块实现对设计图纸、修改通知、报告等设计成果的线上流程报审，设计监理的专业审查人可以通过 BIM 系统进行远程线上审批，审批痕迹全流程进行记录，有助于现场设计成果的及时审批、文件共享、线上沟通，提高了设计管理效率。

通过在设计管理模块中实现报审流程的全程监控、过程文件归集，以及工程设计数据的分项划分，为实现总承包项目成本核算对比打下基础。

1.2 质量管理模块

质量管理模块实现质量验评文档录入、单元工程填报、现场移动端质量验评。目前质量管理模块已在大坝及泄洪系统、地下厂房及引水发电系统应用。

质量验评表单填报实行数字化填报，主要有两种形式：一种基于计算机网页端进行填报，另一种采用移动端（Android）工区现场填报。主要功能包括验评任务管理、现场验评执行、验评信息上传（系统支持离线状态下的现场验评）。

现场质量验评工作任务在系统上发起时，需填报质量验评表基本信息，选择质量验评的类型，分为混凝土工程、开挖工程、喷锚支护工程等，质量验评数字化表单的基础信息包含承包人、合同编号、单位工程名称、分部工程名称、分项工程名称、单位工程名称及编码等；系统后台将自动发起质量验评专用流程，当前用户处于流程第一个任务节点，用户还必须填写必要的流程信息，如后续执行人；提交后，任务流转至执行人处进行执行。考虑到现场部分未数字化纸质版质量验评材料（如工序验评附表、试验检测、测量、监测等资料），以扫描件上传至系统。

质量管理模块除实现单元工序验评功能外，还实现现场照片、短视频的上传功能，以反映现场实际施工情况，将与该单元施工相关的试验检测、测量、监测数据进行归类收集，方便在线查看。

此外，在基于单元工程的 BIM 模型中通过关联工程量、施工计划与实际时间、质量等级等工程信息，实现工程投资、进度、质量的可视化展示（见图 2）。

图 2 质量管理模块现场验评照片在线查看

1.3 进度管理模块

根据现场进度管理的需求，对不同的施工部位（边坡开挖、洞室开挖、支护工程等）采用不同的进度展示方式，结合三维展示基础功能模块，对工程进度计划、施工进展每周进行数据更新。

1.4 投资管理模块

投资管理模块实现结算统计、投资对比、节点台账、工程量统计，并通过与设计管理模块、质量管理模块的数据交互，实现对合同工程量、设计变更以及相应的工程投资量的统计、分析。

1.5 安全监测模块

通过对公司数据中心的数据接口开发，接入雅砻江流域大坝安全信息管理系统，能够对工程安全监测信息进行整合，并实现基于三维导航方式进行安全监测信息查询。

1.6 视频监控模块

通过接入现场施工期视频监控系统，实现以 B/S 方式进行访问和交互，并对现场参建各方开放相应查看、控制权限，方便现场项目管理人员及时了解现场施工信息，目前视频监控已覆盖左右岸坝肩、厂房三大洞室、上下游围堰、混凝土系统等工程重点部位。

1.7 其他模块

其他模块如水情测报、灌浆监控、混凝土智能温控、大坝仿真，均通过建立外部系统，通过开发相应系统接口，以模块的形式在 BIM 系统中进行访问，目前相应外部系统仍在建设部署中。

水情测报模块通过访问公司集控中心数据，及时获取流域上相关水文站信息，同时总承包内部维护自建水文气象站点，对电站相关水情信息进行整合，特别是对于汛期工程建设管理提供了信息支持。

灌浆监控模块实现对灌浆数据的监控、分析、展示，实现对灌浆过程管控，同时通过预设报警参数（灌浆压力、抬动监测等），能够及时报警，通知相关人员，有效实现了对灌浆施工的质量管控。

混凝土智能温控模块通过外接智能温控系统，接入大坝混凝土分仓信息、混凝土出机口温度、入仓温度、通水冷却情况、各仓动态温度、温控阈值、温控报警信息等，全面呈现大坝混凝土温控状态。

大坝仿真模块通过接入拱坝仿真与进度控制系统，将实时仿真计算结果在 BIM 系统上显示，为工程提供混凝土短期及中长期的进度计划安排，为管理人员提供决策支持。

2　信息化建设总结

针对总承包模式特点，充分发挥总承包设计施工一体化的优势，通过设计、施工在系统开发建设、推广应用方面的紧密结合，在建设阶段从组织保证、培训保证、功能保证、性能保证四个方面[3]，对信息化建设过程中的管理进行探讨。

2.1　组织保证

在信息化建设实施中，必须采取相应的组织措施，建立信息建设管理制度，保障信息化建设高效、系统地正常运行。这包括建立相应的管理组织结构、管理工作流程以及信息管理制度。

2.2　培训保证

在信息化建设推广过程中，围绕系统的推广应用对系统用户各级人员进行广泛的培训，是系统应用推广使用的保证。这包括项目领导者的培训、开发运维人员的培训、使用人员的培训。

2.3　功能保证

在工程信息化系统的开发建设过程中，特别是水电工程"个性"较强[4]，为了保障系统应用效果，系统开发建设须与工程实际紧密结合，这就要求从功能需求收集开始，系统开发人员与系统使用的工程人员进行充分的沟通，通过采取分级导航、建设协调会、需求专题会等形式对功能进行讨论、明确，同时以纪要或开发需求确认单的形式进行确认。既保证了系统功能开发的完整性，又避免了功能需求变化导致开发工作的反复。

2.4　性能保证

在系统建设中，通过选择合理的功能技术架构，从满足系统工程数据中心、业务应用及在线服务方面，做好软硬件资源配置，合理兼顾系统性能，保证系统的正常稳定运行。

3　结　　语

在水电建设发展的新形势下，雅砻江流域水电开发有限公司创新性地在杨房沟水电站采用总承包建设模式，通过在总承包模式下杨房沟设计施工 BIM 管理系统的建设应用，实现了对工程设计、质量、进度、投资等信息全面把控，为后续基于工程"大数据"的智慧应用挖掘奠定基础，为行业信息化建设发展做出有益的探索。

参考文献

［1］ 张理. EPC 总承包项目管理信息化建设研究［D］. 武汉：华中科技大学，2008.

［2］ 曾新华，谢国权. 杨房沟水电站总承包建设模式探讨［J］. 人民长江，2016，47(20)：1-4.

［3］ 叶国晖. 工程项目管理软件应用问题浅析——兼谈工程管理信息系统实施中的"四轮驱动"［J］. 建设监理，2000(2)：60-61.

［4］ 郭武山. 水利水电工程管理信息系统构建方式探讨［J］. 南水北调与水利科技，2006(2)：59-61.

杨房沟设计施工一体化 BIM 系统的研发和应用

徐建军，张 帅

（中国电建集团华东勘测设计研究院有限公司，浙江杭州 311122）

【摘 要】 杨房沟水电站是国内首个采用设计施工总承包（EPC）模式的大型水电项目，为满足 EPC 模式下工程建设管理需求，建立了杨房沟设计施工 BIM 管理系统。本文系统分析了 BIM 系统建设的背景、设计原则、系统主要内容和实际应用情况，总结了系统的特点，可为设计施工 BIM 管理系统在水电工程 EPC 总承包中的应用提供借鉴。

【关键词】 杨房沟水电站；EPC；BIM 系统；数字化

0 引 言

杨房沟水电站作为国内首个采用设计施工总承包（EPC）模式的大型水电项目，是我国新常态下水电开发理念与方式的重大创新。为满足 EPC 模式下杨房沟水电站建设管理需求，亟须研发一套基于"多维 BIM"的工程数字化设计和施工管理一体化系统，以工程大数据管控为切入口，利用数字化手段和 BIM 技术对工程建设进度、质量、投资、安全信息进行全面管控，实现工程可视化智慧管理，提高工程建设与运营管理信息化水平。

随着现代信息技术、计算机技术的发展，信息化、数字化技术越来越多地被应用于水电工程在建设过程中。BIM 即"建筑信息模型（Building Information Modeling）"，是以建筑工程项目的各项相关信息数据作为基础，建立起三维的建筑模型，通过数字信息仿真模拟建筑物所具有的真实信息。杨房沟设计施工 BIM 系统就是基于统一的工程数据中心和"多维 BIM 模型"建立起来的适应 EPC 模式下水电站建设管理需求的工程建设管理平台。

1 系 统 设 计 概 述

1.1 系统建设目标

建立杨房沟设计施工 BIM 管理系统，满足工程建设期内总承包单位、监理单位及业主单位工程管理要求，实现基于 BIM 模型和数字化技术的进度、质量、投资、安全等方面的智能化管控。

1.2 系统建设原则

杨房沟水电站设计施工 BIM 管理系统设计遵循以下八项原则：

作者简介：徐建军（1972— ），男，教授级高工，E-mail：xu_jj@ecidi.com。

原则一：符合工程设计施工一体化管控工作模式的要求。

系统的研发与应用目的是加强杨房沟电站建设期间设计施工一体化工程监管的力度，系统的运行应在满足现有建设管理体系的基础上，体现设计施工一体化的管理特点。

原则二：信息及时采集、传递和集中管理。

系统设计应遵循开放性原则，在信息管理方面应满足异地数据的采集、数据的远程网络传输与集中存储管理等要求。

原则三：系统功能完备。

为支撑整个电站施工信息化工作，系统具备信息采集、信息处理、信息远程传输、计算分析、图形分析、报警监控等功能。

原则四：专业化数据处理和分析。

水电站建设管理信息具有专业性高、数据量庞大等特点，系统通过对数据信息进行集中化存储管理，最终形成水电站建设管理大数据。系统在功能架构设计初期应充分考虑到工程大数据的专业性统计分析需求，以实际工程分析数据指导工程实际施工，提升工程管理效益。

原则五：使用简单、操作便捷。

系统在功能实现方式上兼顾用户已有的思维和工作习惯，降低用户学习新软件的难度；在界面设计方面吸收用户已有软件系统的设计风格并加以美化；增加人性化向导功能，引导用户自己完成相应操作。

原则六：便于升级与维护。

为确保系统后期改造升级的可行性，降低日常维护工作量，将基于高内聚、低耦合的原则设计整个软件架构，在保证系统内在联系的前提下，对整个软件系统实施有效分解，降低系统的复杂度，为系统的升级改造创造便利条件。

原则七：系统安全可靠。

整个系统应该能够长时间安全可靠地运行。通过硬件和软件等多方面的措施来确保系统的安全性和可靠性。尽量不增加已有网络的安全负担，通过适当的硬件冗余、数据传输加密、数据备份，确保系统的安全和可靠。

原则八：先进性和成熟性的原则。

在系统设计时，将充分应用先进和成熟的技术，满足项目建设的要求，把科学的管理理念和先进的技术手段紧密结合起来，提出先进合理的业务流程；确保系统具有较强的生命力，有长期的使用价值，符合未来的发展趋势。

1.3 系统建设主要内容

根据工程建设管理需要，杨房沟设计施工 BIM 系统以多维 BIM 模型为龙头，实现以多维 BIM 模型为主体应用框架，高度整合工程设计、质量、安全、进度等信息，达到水电站建设管理扁平化、提升管理效益的目的。

本系统包含主体工程设计三维信息模型、动态施工三维信息模型，在计算机中及时、正确、全面地反映水电站的设计、施工信息与面貌，建立基于 BIM 的水电站设计施工管理一体化基础数据内容。

本系统利用数据库技术和远程文档管理技术开发建立电站工程数据中心，实现数据的存储、访问、管理、共享等功能；开发建立基于 BIM 的设计管理、质量管理、进度管理、施工期安全监测、视频监控管理、水情测报管理、混凝土温控管理、系统管理等"一站式"管控平台，同时提供统一、全面的工程信息访问入口。本系统能够对工程数据中心数据进行分析，利用图表形式展示项目进度、质量管理表单数据、投资管理数据、安全监测埋设及测值分析数据等。

2 系统研发与应用

2.1 系统研发历程

2016 年 1 月，杨房沟水电站设计施工总承包单位进场，杨房沟 BIM 管理系统的建设工作同时启动。经过现场需求调研、系统设计、系统开发、三维建模和模型发布之后，BIM 系统 V1.0 版本于 2016 年 11 月正式上线。根据现场各方用户反馈的需求和意见，对系统进行了全方位更新和升级改造，并于 2017 年 12 月发布了 BIM 系统 V2.0 版本。

2.2 系统架构建设

基于系统需求，系统由两大部分构成，即工程数据中心、业务应用及在线服务（见图 1）。工程数据中心是实现数据存储、共享和流转的基石，用于管理、存储和控制项目相关的信息，为业务系统提供工程信息服务，同时，工程数据中心也是系统的基础框架，其通过相关技术确立了系统集成的规范和接口，为业务系统的集成奠定基础。业务应用及在线服务是构建在基础框架之上的结合水电工程项目的实际需要提供的业务应用和信息服务。

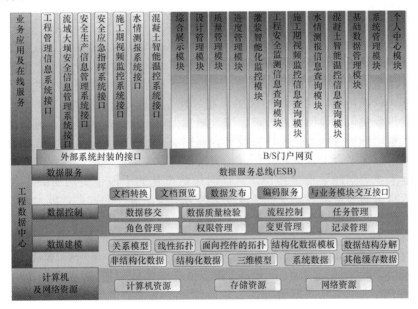

图 1　BIM 系统功能架构

2.3 系统主要功能模块

杨房沟设计施工 BIM 系统包括主页、综合展示、设计管理、质量管理、进度管理、投资管理、安全监测、水情测报、智能灌浆监控和大坝混凝土温控基础数据、系统管理和个人中心等 13 个模块。主要功能模块内容和现场应用情况介绍如下。

1. 综合展示

综合展示模块是杨房沟水电站三维精细化模型与设计、进度、质量等信息集成展示的窗口。依托中国电建集团华东勘测设计研究院自主研发的 Web BIM 插件，将含有编码及其他施工属性信息的轻量化模型在网页端进行了三维展示，如图 2 所示。综合展示模块包含设计模型、施工进度、工程质量三个二级导航菜单。

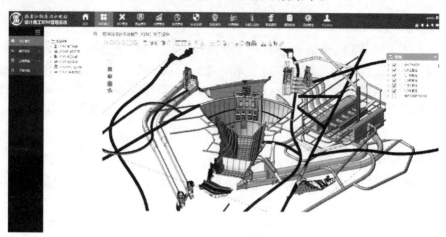

图 2　设计模型展示

2. 设计管理

杨房沟水电站在设计管理方面，与传统的 DBB 建设模式相比，新增了"设计监理"的角色，总承包方的设计文件需经过设计监理的审查同意后才能执行，且业主方深度参与设计审查过程。设计文件审查步骤更多，流程更长，这就对设计管理提出了更高的要求。为更好地规范设计审查流程，满足远程设计审查需要，保障设计文件质量，提升设计审查效率，依托杨房沟设计施工 BIM 系统，建立了设计管理模块。

设计管理模块包含设计图纸报审、修改通知报审、设计报告报审、流程监控、分项维护、工程量项维护等六个子模块。设计管理模块上线以来共记录了 543 条设计报审流程，各方均可以在平台上查询和操作，相关流程过程中的意见都可以保留和追溯，不至于因为沟通手段等问题导致过程遗忘。同时用信息化的手段也更加明确了各方责任界限，由于流程时间节点均有记录，也督促了各方对报审流程的推进，极大地方便了总承包部与设计监理的沟通交流，切实提升了设计审查效率。

3. 质量管理

质量管理模块总体架构可概括为"一平台＋两 APP"，一平台即 Web 端 BIM 系统质量管理模块，两 APP 是指质量验评 APP 和总承包质量管理 APP。其中质量验评 APP 基于联想平板计算机进行开发，其功能侧重于电子验评表单的填写和现场质量验评影像资料的采集、上传，是质量验评表单中主要数据的来源。总承包质量管理 APP 基于普通手机（Android 和 iOS）进行开发，功能侧重于现场质量问题在线处理和质量制度文件、新闻的在线查阅，是质量管理人员采用信息化手段进行现场质量管理的有力工具。

BIM 系统质量模块涵盖的功能如图 3 所示。

BIM 系统质量管理模块于 2017 年 5 月上线投用，使用位置覆盖了大坝和地下引水发电系统等主要枢纽部位。目前，BIM 系统质量管理模块已录入 21 个单位工程，200

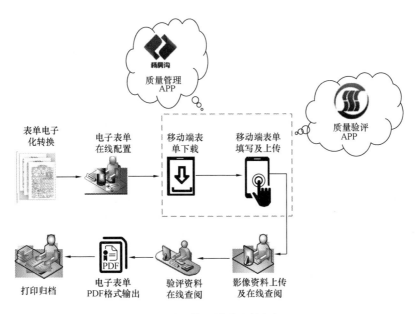

图 3　质量管理模块功能解析

个分部工程，179 个分项工程，7051 个单元工程的数据信息，系统中配置的各类电子验评表单累计约 2 万份，表单类型涵盖开挖工程、锚喷支护工程、预应力锚索及混凝土工程等。

4. 进度管理

进度管理模块的功能定位是基于工程数据中心的 BIM 模型进度展示。结合现场施工进度，对大坝边坡开挖、支护进度、洞室开挖、支护施工进度进行展示，随着工程的推进，系统还将接入高拱坝施工仿真系统中的数据。

该模块将传统的网络甘特图与三维可视化场景进行有机整合，实现在一个界面中工程进度信息、关键工序作业、三维可视化模型的综合一体化展示。通过以时间数据为驱动，实现基于多维信息模型的施工过程的可视化模拟仿真，并实现可实时播放实际施工进度、计划施工进度等结合进度信息的三维动画演示；系统实现两种进度的对比分析功能，形象地展示对比计划、实际进度之间的差异。

5. 投资管理

投资管理模块整合了总承包商和业主之间的各季度投资、结算信息，实时更新节点台账与实际工程量数据，达到实时监控工程实际结算额与合同投资对比的目的。

6. 安全监测

BIM 系统安全监测模块通过接口对接雅砻江流域大坝安全信息管理系统。BIM 系统将接入的监测数据结合三维 BIM 模型进行展示。可基于 BIM 模型导航方式，查询监测仪器的历史读数、过程曲线、仪器读数的矢量化展示、多仪器对比分析等，亦可与工程施工进度模型联合显示，供分析判断有关异常读数与施工进度（如爆破开挖）的关系。可分部位设置各个仪器的报警等级和报警阈值。目前，安全监测模块已接入杨房沟现场 200 多个安全监测点的实时监测信息，测点类型覆盖变形监测、渗流监测、应力应变及温度监测、环境量监测四大类。

7. 视频监控

BIM 系统视频监控模块嵌入视频监控插件，可读取视频监控系统磁盘阵列内存储的实时监控数据和录像回放数据。支持云台控制摄像头，不用去现场即可了解现场的施工情况，摄像头高清，对于一些现场细节也可以看到，方便远程掌控现场情况，提高管理效率。

8. 水情测报

水情测报模块主要功能为通过接口读取雅砻江流域水电开发有限公司水情预报系统中的关键数据，包含一周内天气预报和杨房沟水电站上下游水文站的水位流量信息等，在 BIM 系统中为杨房沟参建各方提供实时的水雨情信息推送，方便工程防洪度汛管理。

9. 混凝土智能温控

混凝土智能温控系统运用自动化监测技术、GPS 技术、无线传输技术、网络与数据库技术、信息挖掘技术、数值仿真技术、自动控制技术，实现施工和温控信息的实时采集、温控信息实时传输、温控信息自动管理、温控信息自动评价、温度应力自动分析、开裂风险实时预警、温控防裂反馈实时控制等功能，能够实现大坝混凝土从原材料、生产、运输、浇筑、温度监测、冷却通水到封拱的全过程智能控制。

杨房沟 BIM 系统与混凝土智能温控系统进行对接，结合三维模型，将温控系统中的关键数据接入 BIM 系统温控模块并进行展示。接入数据可包括（但不限于）大坝混凝土分仓信息、混凝土出机口温度、入仓温度、通水冷却情况（是否通水、通水流量、通水方向、出入口水温）、各仓动态温度、温控阈值、温控报警信息等。实现参建各方基于同一平台的对混凝土温控信息的智能监控。

10. 智能灌浆监控

依托现场组织开展的"高拱坝建设仿真与质量实时控制系统"，杨房沟 BIM 系统通过数据接口读取该系统内的部分信息，结合三维 BIM 模型对灌浆数据进行展示和分析。本系统通过研发相关接口程序，实现三维建模与灌浆监控分析系统的集成，实现从 BIM 管理系统中实时获取仿真计算分析、振捣监控、灌浆分析等所需的各类施工指标参数，同时根据不同用户权限，将系统监控结果数据实时上传至 BIM 管理系统，实现监控结果的实时共享。

3 系 统 特 色

杨房沟设计施工 BIM 系统与行业内其他施工管理系统相比，有以下特色：

（1）系统功能全面。本系统除了具备质量管理、进度管理、投资管理等设计施工建设管理平台常见模块外，还基于 EPC 管理模式特点增加设计管理模块，整合流域化公司优势研发水情信息模块，集成现场施工期视频监控系统、灌浆监控系统和大坝混凝土温控系统关键信息，形成一个功能完备的"多维 BIM"设计施工管理平台。

（2）系统推广范围大，应用程度深。杨房沟 BIM 系统在杨房沟管理局各部门、总承包部各部门及各工区、长江委监理各部门下全面推广使用，系统活跃用户数量多达 821 位。现场各类设计图纸、报告、修改通知等全部依靠 BIM 系统进行线上流转和审批；大坝和地下厂房等主体工程验收全部采用无纸化电子质量验评。杨房沟 BIM 系统是水电行业落地应用效果最好的 BIM 系统之一，受到了现场各方用户的一致好评。

（3）杨房沟水电站 BIM 系统将大坝、引水发电系统从开挖支护到混凝土浇筑实现全过程电子质量验评，该系统将流程表单全部实现数字化，大大提高了质量验评环节的规范性、准确性和效率。质量三检验评信息化流程在杨房沟水电站得到了全面、深入的应用。目前杨房沟主体工程施工部位的验评资料已全部采用电子验评，监理机构不再接受纸质版验评资料，真正实现无纸化办公和精细化管理，减少环境污染和资源浪费。

（4）系统涵盖的工程建设时期更长，从开挖阶段即开始投入使用，下一步将转入混凝土浇筑阶段，并集成大坝混凝土温控、大坝施工仿真等信息。

（5）创建BIM工程数据中心。本项目采用SOA服务、OAuth授权、企业数据总线（ESB）等技术，多级授权、模型格式、编码服务、数据加密等方案，建立了跨地域、跨系统的工程数据中心。在国内百万千瓦EPC模式下，通过系统功能模块的应用，将施工过程信息录入工程数据中心，形成大数据基础。如进度模块通过收集录入现场施工形象面貌，反映工程进度形象；质量模块通过现场验评，收集反映现场质量图片、影像、测量、试验等信息；安全监测模块基于物联网技术实现现场监测数据自动采集与报送。BIM工程数据中心既为各业务系统提供信息服务，又为后期电站全生命周期管理提供了数据基础。

4 结 语

杨房沟水电站响应国家长期以来大力提倡的工业化与信息化"两化"深度融合，基于当前热点的移动互联、BIM、云计算等新一代信息技术建立了杨房沟水电站设计施工BIM管理系统，以工程大数据管控为切入口，致力于工程可视化智慧管理，利用数字化手段和BIM技术对工程建设进度、质量、投资等信息进行全面管控，实现了基于"多维BIM"的工程数字化设计和施工管理一体化，满足了EPC模式下水电站建设管理需求。该系统的成功研发和应用，为水电工程总承包信息化管理创新和提升提供了良好借鉴。

参考文献

[1] 陈健. 追梦——工程数字化技术研究及推广应用的实践与思考[M]. 北京：中国水利水电出版社，2016.

[2] 陈健，李鹏祖，王国光，等. 水电工程枢纽三维协同设计系统研究与应用[J]. 水力发电，2014，8：10-12.

[3] 张翔，章程，徐蒯东，等. 三维设计在龙开口水电站的应用[J]. 水力发电，2013，2：43-46.